工业和信息化部"十四五"规划教材

自动测试原理与系统

主　编　徐立军
副主编　曹　章
参　编　王国华　孙江涛
　　　　谢跃东　高　硕

科学出版社

北　京

内 容 简 介

本书围绕先进自动测试系统，以信号发生、采集和分析理论为主线，结合自动测试、常规测量和前沿探索研究中的大量实例进行阐述。具体内容包括测量与计量基础，信号采样与量化，基于模拟/数字转换技术的测量，数字模拟转换及信号发生，基本电参量测量，时间与频率的测量，信号波形显示与测量，频谱分析与测量，自动测试系统概述，自动测试系统总线技术，仪器驱动器与软件平台。

本书可作为普通高等学校测控技术与仪器、智能测控工程、智能感知工程、光电信息科学与工程、自动化、电子科学技术、通信工程等相关专业的本科生和研究生教材，也可供相关专业的技术人员参考。

图书在版编目(CIP)数据

自动测试原理与系统 / 徐立军主编. —北京：科学出版社，2022.11
工业和信息化部"十四五"规划教材
ISBN 978-7-03-073716-8

Ⅰ. ①自… Ⅱ. ①徐… Ⅲ. ①自动测试系统-高等学校-教材
Ⅳ. ①TP274

中国版本图书馆 CIP 数据核字(2022) 第 208260 号

责任编辑：毛 莹 余 江 / 责任校对：胡小洁
责任印制：张 伟 / 封面设计：迷底书装

科 学 出 版 社 出版
北京东黄城根北街 16 号
邮政编码：100717
http://www.sciencep.com
北京凌奇印刷有限责任公司 印刷
科学出版社发行 各地新华书店经销
*
2022 年 11 月第 一 版 开本：787×1092 1/16
2023 年 1 月第二次印刷 印张：18 1/2
字数：450 000
定价：79.00 元
(如有印装质量问题，我社负责调换)

序

　　测试与测量是国家基础科学研究、科技创新、高端制造、民生保障、公共安全和国家安全的重要基础，是现代科学技术和工业生产制造的数据源头，为国家科技创新、经济建设和社会发展提供了重要技术支撑。随着现代科学技术的快速发展，传统的测试方式已不能满足现代化、信息化和智能化高科技产品日益增强的测试需求，迫切需要提高高科技产品的测试技术水平和测试效率，自动测试技术应运而生。物化产品自动测试系统能够提供成套测试解决方案，已经成为破解高科技产品测试难题的重要手段。

　　面向产品研发、实验验证、批量生产和运营维护的具体测试需求，自动测试系统是以台式仪器和标准总线模块化仪器为基础，配置相关测试接口，采用计算机控制，把产品的相关测试标准、规范、测试方法程序化，构建的综合测试或者故障诊断系统。自动测试系统实现了从手动测试、人工判读到多功能、多参数、自动测试、综合测试与故障诊断的转变，是提升产品测试技术水平与维修保障能力的重要手段。现代信息技术是自动测试技术强劲的发展动力，一方面现代信息技术为自动测试技术发展提供了巨大的市场空间，另一方面现代计算机技术与测试技术深度融合，成就了现代自动测试技术，基本实现了与计算机技术同步发展。经过半个多世纪的发展，自动测试技术以虚拟仪器为基础，朝着网络化分布式测试系统与智能仪器方向发展。自动测试技术与现代信息技术同步发展，不仅专业性强，而且时效性更强，涉及的内容又十分广泛，迫切需要一本适合高等院校本科教学的自动测试技术与系统教材。

　　《自动测试原理与系统》正是适应现代自动测试技术的快速发展，结合本科生宽口径培养的需要而编写的，内容丰富、知识点全面、难易适中。作者团队长期从事测试技术教学、科研和系统集成工作，积累了丰富的教学和实践经验。

　　该书主要内容包括：测量与计量的相关基础，辨析测试、测量与计量的基本概念；数字/模拟信号发生与数据采集分析技术，为读者进行自动测试设备和测量仪器开发奠定知识基础；常用电参数测量原理，使读者能够掌握常用参数的测试方法；可编程仪器的标准指令（SCPI）、虚拟仪器软件结构（VISA）、VPP 仪器驱动器和互换虚拟仪器驱动器（IVI），为读者开展仪器程控和自动测试软件开发工作奠定了基础；自动测试系统的组成架构及未来发展趋势，并通过实验环节进行自动测试系统的设计。通过该书的学习，读者不仅能够掌握自动测试系统相关知识和基本设计思想，而且还可以提升工程实践能力。《自动测试原理与系统》对从事自动测试系统集成开发以及使用自动测试系统的工程技术人员也具有重要的参考价值。

中国电子科技集团有限公司、中电科思仪科技股份有限公司首席科学家　年夫顺

2021 年 6 月

前　言

随着现代社会工业化进程的不断推进，自动化、信息化乃至智能化技术浪潮迭至，各类信息技术得到迅速发展。作为信息技术不可或缺的一环，自动测试技术也日新月异。由于自动测试系统的知识体系处于动态发展过程之中，而且涉及多个学科及其交叉领域，传统的以"电子测量原理"和"自动测试技术"简单的组合模式，或者微处理器及虚拟仪器的讲授体系，无法满足读者"知其然、知其所以然"的知识需求。如"电子测量原理"一般不涉及采样理论及系统集成技术；"自动测试系统"一般主要涉及自动测试系统集成技术的专业内容，对于本科生来说，又偏于晦涩和具体；"数据采集系统"通常不涉及参数测量原理，不利于学生建立完整的测试系统的概念。要深入理解典型的自动测试系统，只能在多门课程的多本教材中获取离散的知识点，这无法满足宽口径、重基础的本科教学要求。

针对纷繁复杂的测量对象，现代的自动测试系统简繁迥异、形态多样。但透过自动测试系统的外在形式看其本质，一般包括两大部分：实现测试的功能模块，以及将各功能模块有机融合的集成技术。就实现测试的功能模块而言，包括模拟量的采集与输出，通常采集而来的模拟电压信号经模数转换器后变成数字信号，如何做好电量的测量并进行后续分析与处理，成为自动测试功能模块的核心部分；然后结合自动测试任务的要求，将必要的功能模块通过总线技术与相应的软件技术连接成一个有机的整体，就构成了本书的主要内容。

本书紧紧围绕先进自动测试系统这一主题，涵盖了信号发生、信号采集、电学参数测量、时域测量、频域测量及自动测试系统的集成技术，旨在通过对这些知识的系统讲述，使读者对现代的自动测试系统能够建立清晰的认识，掌握自动测试的概念与方法，理解各类仪器的测量原理及优缺点，并能够搭建基本的自动测试系统，从而具备基本的仪器设计、性能分析与故障诊断能力。

在编写过程中，本书所选内容贯穿了理论、结构和实践三个链条。理论链条：从采样及量化理论出发，阐述模拟信号与数字信号间的转换技术，涵盖信号采集系统及信号发生系统设计，以构造适用范围广泛的数据采集及信号发生硬件系统，适应"虚拟仪器"时代的硬件系统设计需求。旨在培养学生针对复杂自动测试系统设计解决方案的能力，设计并实现满足特定需求的自动测试系统，并能够在设计环节中考虑社会、健康、安全、法律、文化及环境等因素，体现创新意识。结构链条：以现代测试系统的系统结构作为内容的主线，以电学参量的基本测量原理为基础，将自动测试仪器、总线技术与软件技术相结合，阐述现代测试系统的实现方法。实践链条：在本书内容的学习过程中，鼓励和引导学生以 FPGA、LabVIEW、MATLAB 及 Python 为平台，结合程控语言，将所学知识用于仿真测试系统及实际系统的构建，进一步强化课堂内容的学习，也有助于深化对先修课程，如"自动控制原理"、"传感器原理"、"测试信号处理技术"与"电子技术"等课程内容的理解，形成更为完整的知识图谱，使学生能够应用自然科学和工程科学的基本概念、基本原理和基本方法，正确认识和深入分析遇到的复杂工程问题，以期获得有效解决方案。

　　本书是作者在多年教学实践的基础上编写的，编排内容融合自动测试系统的经典知识与前沿研究的最新进展，在介绍基本知识的同时，针对相应前沿技术或者理论知识提供选读材料 (节名加 "*")，以期为相关领域的读者介绍完整的自动测试系统的概念、方法与技术，使其了解经典理论技术和当前热点前沿研究之间的联系；引导学生进行自主学习，养成对复杂问题的积极思考和终身学习的习惯。同时希望通过本书内容的讲解，引导学生扎实掌握基础知识，能够对问题进行深度分析，并不断拓展前沿知识内容，拨开前沿方法技术的 "面纱"，建立与基础知识间的密切联系，培养学生不断学习和适应发展的能力。以具体事例为出发点，激发和鼓励学生大胆质疑，不断提升他们勇于创新的精神和能力，促使学生将数学、自然科学、工程基础和专业知识相结合以解决复杂工程问题。

　　本书由北京航空航天大学徐立军担任主编，曹章担任副主编。徐立军负责全书的设计与统稿，其他作者分别负责各章内容的组织与优化。书中选读材料主要由曹章撰写，数字化资源由所有作者一并完成。

　　在本书的撰写过程中，参考了国内外的大量相关资料，从初稿开始，经历多轮次迭代，也得到了历届学生的大力支持，在此表示衷心感谢。

　　由于作者水平有限，书中难免存在不足之处，敬请读者批评指正。

作　者

2022 年 1 月

目　录

第1章　测量与计量基础 ··· 1

1.1　测量的基本概念 ··· 1

　　1.1.1　测量的定义及基本要素 ··································· 2

　　1.1.2　测量的类型 ··· 4

　　1.1.3　测试与检测 ··· 5

1.2　计量的基本概念 ··· 6

　　1.2.1　单位和单位制 ··· 6

　　1.2.2　计量基准、计量标准及量值传递 ························· 8

*1.3　国际单位制简史 ··· 11

习题 ··· 12

第2章　信号采样与量化 ··· 13

2.1　采样定理和欠采样 ··· 13

2.2　数据量化和理论信噪比 ··· 19

2.3　傅里叶分析及测不准原理 ··· 26

*2.4　欠采样与超外差技术 ··· 29

习题 ··· 31

第3章　基于模拟/数字转换技术的测量 ································· 34

3.1　模数转换器的分类 ··· 34

　　3.1.1　按转换电路结构和工作原理分类 ························· 35

　　3.1.2　模数转换器的发展趋势 ··································· 37

3.2　典型的模数转换器 ··· 37

　　3.2.1　单斜式及积分式模数转换器 ······························· 37

　　3.2.2　Σ-Δ型模数转换器 ··· 40

3.3　模数转换器主要性能指标 ··· 48

　　3.3.1　谐波失真、最坏谐波、总谐波失真和总谐波加噪声失真 ····· 48

　　3.3.2　信噪比、信噪失真比和有效位数 ··························· 49

　　3.3.3　无杂散动态范围 ··· 50

　　3.3.4　双音交调失真 ··· 51

3.4　数据采集系统的抗干扰设计 ······································· 52

　　3.4.1　干扰的形成与抗干扰设计 ··································· 54

　　3.4.2　硬件抗干扰技术 ··· 58

　　3.4.3　软件抗干扰技术 ··· 65

*3.5　模拟/数字转换技术的演变 ··· 66

　　　习题 ·· 73

第 4 章　数字模拟转换及信号发生 ··· 75

　　4.1　数字模拟转换 ··· 75

　　　　4.1.1　数字模拟转换器概况 ··· 75

　　　　4.1.2　典型数模转换器原理及结构 ·· 78

　　　　4.1.3　Σ-Δ 型数模转换器 ··· 87

　　4.2　直接数字频率合成技术 ··· 88

　　4.3　基于调制的信号发生方法 ·· 95

　　　　4.3.1　脉冲宽度调制原理 ··· 95

　　　　4.3.2　脉冲宽度调制信号发生方法 ·· 96

　　4.4　锁相频率合成信号技术 ··· 100

　　　　4.4.1　模拟锁相环 ·· 100

　　　　4.4.2　频率合成原理简介 ··· 105

　　*4.5　锁相环的缘起与用途 ·· 109

　　　习题 ··· 111

第 5 章　基本电参量测量 ··· 113

　　5.1　电压测量 ··· 113

　　　　5.1.1　电压标准 ··· 115

　　　　5.1.2　交流电压的测量 ·· 118

　　　　5.1.3　直流电压的数字化测量及数字多用表 ·· 128

　　5.2　阻抗测量 ··· 135

　　　　5.2.1　集总参数元件特征表征 ·· 136

　　　　5.2.2　元件的影响因素 ·· 138

　　　　5.2.3　测量连接方式 ··· 138

　　　　5.2.4　主要测量方式 ··· 140

　　　　5.2.5　阻抗标准 ··· 141

　　　　5.2.6　阻抗的模拟式测量 ··· 143

　　　　5.2.7　阻抗的数字式测量 ··· 148

　　*5.3　电学层析成像技术 ··· 151

　　　习题 ··· 155

第 6 章　时间与频率的测量 ·· 158

　　6.1　时间与频率标准 ·· 158

　　　　6.1.1　时间与频率的原始标准 ··· 158

　　　　6.1.2　石英晶体振荡器 ·· 159

　　6.2　频率和时间的测量原理 ··· 160

　　　　6.2.1　模拟测量原理 ··· 160

　　　　6.2.2　数字测量原理 ··· 162

　　6.3　电子计数器原理及误差分析 ··· 163

　　　　6.3.1　电子计数器的组成框图 ·· 163
　　　　6.3.2　电子计数器的测量功能 ·· 165
　　　　6.3.3　测量误差的来源 ·· 168
　　　　6.3.4　频率测量误差分析 ·· 168
　　　　6.3.5　周期测量误差分析 ·· 170
　　　　6.3.6　中界频率 ·· 173
　　6.4　高分辨力时间和频率测量 ·· 174
　　　　6.4.1　多周期同步测量技术 ·· 174
　　　　6.4.2　变频法 ·· 174
　　　　6.4.3　置换法 ·· 175
　　　　6.4.4　频率稳定度的表征 ·· 176
　　　　6.4.5　频率稳定度的测量 ·· 177
　*6.5　原子钟工作原理 ·· 178
　　习题 ·· 180
第 7 章　信号波形显示与测量 ··· 182
　　7.1　模拟示波器 ·· 182
　　　　7.1.1　通用模拟示波器 ·· 183
　　　　7.1.2　波形取样技术及取样示波器 ·· 186
　　　　7.1.3　波形模拟存储技术及记忆示波器 ·· 189
　　7.2　数字示波器 ·· 189
　　　　7.2.1　数字存储示波器的组成及工作原理 ·· 190
　　　　7.2.2　示波器的触发与显示 ·· 191
　　　　7.2.3　数字采样示波器 ·· 196
　　7.3　示波器探头 ·· 199
　　　　7.3.1　探头的寄生参数 ·· 200
　　　　7.3.2　探头的种类 ·· 201
　　　　7.3.3　示波器探头的正确使用 ·· 204
　　7.4　示波器的主要技术指标 ·· 205
　　　　7.4.1　频带宽度 BW 和上升时间 t_r ·· 205
　　　　7.4.2　示波器频带宽度的提升方法 ·· 206
　　　　7.4.3　示波器的频响方式 ·· 207
　　　　7.4.4　数字示波器的死区时间 ·· 209
　　　　7.4.5　数字示波器的内存深度 ·· 209
　　　　7.4.6　输入阻抗及触发源选择方式 ·· 210
　*7.5　一道高考题背后的示波器 ·· 210
　　习题 ·· 213
第 8 章　频谱分析与测量 ··· 216
　　8.1　信号频谱的傅里叶分析 ·· 216

8.1.1　频谱分析原理 ························· 216

8.1.2　频谱分析技术 ························· 218

8.2　扫描式频谱分析技术 ························· 219

8.2.1　滤波式频谱分析仪原理及分类 ·············· 219

8.2.2　外差式频谱仪原理及构成 ················· 222

8.3　数字频谱分析仪 ························· 224

8.3.1　信号矢量分析仪/实时频谱分析仪 ············· 224

8.3.2　FFT 频谱分析仪 ······················ 226

8.4　谐波失真度测量 ························· 227

8.4.1　谐波失真度的基本概念 ·················· 227

8.4.2　谐波失真度的测量方法 ·················· 229

*8.5　快速傅里叶变换 ························· 230

习题 ································· 235

第 9 章　自动测试系统概述 ······················ 237

9.1　自动测试系统的发展概况 ···················· 238

9.1.1　自动测试系统发展阶段 ·················· 238

9.1.2　自动测试系统的现代化之路 ··············· 239

9.2　自动测试系统关键技术 ····················· 239

9.2.1　总线技术 ·························· 239

9.2.2　自动测试系统软件技术 ·················· 240

9.2.3　故障诊断技术 ······················ 240

*9.3　自动测试技术发展历程 ····················· 241

习题 ································· 243

第 10 章　自动测试系统总线技术 ··················· 244

10.1　传统外部总线 ························· 244

10.1.1　RS-232 总线 ······················ 244

10.1.2　USB 总线 ······················· 248

10.1.3　GPIB 总线 ······················ 253

10.2　板上总线 ··························· 256

10.2.1　VME 总线 ······················· 256

10.2.2　VXI 总线 ······················· 257

10.2.3　PCI 总线 ······················· 257

10.2.4　PXI 总线 ······················· 259

10.3　LXI 总线 ··························· 260

*10.4　USB 技术发展历程 ······················ 264

习题 ································· 267

第 11 章　仪器驱动器与软件平台 ··················· 268

11.1　可编程仪器标准指令 ······················ 268

11.1.1　命令分类 ·· 269

11.1.2　命令规范 ·· 269

11.1.3　工作流程 ·· 271

11.2　虚拟仪器软件结构 ·· 273

11.2.1　虚拟仪器软件结构的特点 ·································· 273

11.2.2　虚拟仪器软件结构的组成 ·································· 274

11.2.3　虚拟仪器软件结构与其他 I/O 软件的比较 ··············· 275

11.3　VXI 即插即用规范 ·· 275

11.4　可互换虚拟仪器规范 ·· 277

*11.5　仪器控制的常用软件 ··· 281

习题 ·· 281

参考文献 ·· 282

第 1 章　测量与计量基础

1.1　测量的基本概念

测量技术在现代社会生活的各个领域都有着广泛应用，生活中随时随地离不开测量。

日常生活中，人们规划路程借助卫星定位，买东西要称重量，做衣服要量尺寸，安排工作要计划时间，生病了要测体温、量血压等；家庭中的水表、电表、燃气表、空调、冰箱、洗衣机、电饭锅等都离不开电压、电流、温度、湿度、流量和水位等物理量的测量。

现代工业是建立在标准化与互换性技术的基础上的，满足互换性的零部件必须具有一定的标准和精度，而精度取决于制造水平，却由测量水平来确定。测量是精细加工和生产过程自动化的基础，没有测量就没有现代制造业。在产品设计和生产过程中，为检查、监督和控制产品质量，必须对生产过程的各道工序和产品的参数进行测量，以便在线监控。通常，生产水平越发达，测量的规模越大，需要的测量技术与仪器也越先进。

在航空航天领域，作为现代尖端科学技术之一的火箭发动机，从原理设计到样机试飞，中间要进行成百上千次试验。其地面试车台就是一套完整的综合测量系统，为研究发动机各部件的机械强度，需要有数百个应变片和测振传感器；为研究燃料的工作情况，需要测量发动机工作时有关部位的压力、流量、温度及转速等参数。新型火箭的设计，需要测试火箭高速飞行时受气流冲击时的性能。通过风洞试验测定箭身、箭翼的受力和振动分布情况，以验证和改进设计方案，仅此一项就要用到上千个传感器和相应的测量仪器。而航天飞行中还需要测量飞行、导航、运载火箭及发动机、座舱环境、航天员生理、飞行器结构等七大类五千多个参数。

在生物医学领域，通过对人体基因的测定和人体血液的定量分析等，可以诊断病变根源；对蛋白质的反应测量，可以了解胚胎生长情况；对细胞结构的测量，可以判断肌体病变状态。心电图机、CT 多层螺旋扫描仪、磁共振成像设备、动态心电血压测试系统、多普勒脑血管测量仪、超声诊断设备等现代医用诊断治疗仪，可以快速、准确地测量出人体各部位的生理状态、温度分布等信息，这使得诊断疾病的效率、准确性和可靠性大大提高，增强了人类战胜疾病的能力。

不仅如此，科学研究也离不开测量。科学家为了解释一种现象或验证一个结论，往往通过大量的试验和精确的测量以及对数和量关系的分析推断，才能得出科学的结论。例如，对宇宙存在的微弱信号（如引力波）的测量，可以检验广义相对论、探索新的天文现象；对能量转移的测量，可以发现新的基本粒子。新的先进的测量手段提高了人们对客观事物认知的程度，催生了新的科学理论。测量水平越高，提供的信息就会越丰富、越准确，科学技术取得突破的可能性往往就越大。同时，新的科学理论又往往催生新的测量方法和手段，推进测量技术的发展和新型测量仪器的诞生。例如，光电效应的发现促进了遥感遥测技术的发展，压电效应的发现为力学参量的测量提供了新途径。

1.1.1   测量的定义及基本要素

关于测量的定义，可以从狭义和广义两个方面进行阐述。测量是为了确定被测量的量值而进行的一组操作。在进行这组操作的过程中，人们借助专门的设备，把被测量直接或间接地与同类已知单位进行比较，取得用数值和单位共同表示的测量结果。测量结果即被测量的量值 x 可表示为

$$x = \{x\} \cdot x_0 \tag{1.1.1}$$

式中，x 为测量结果；$\{x\}$ 为测量数值；x_0 为测量单位。

为了准确理解测量的基本概念，先对测量定义中的量和量值术语进行说明。

量：可用于数值化区分的事物属性，如性质、参数等，称为（可测的）量。"量"可指广义量或特定量，如长度、电阻等，或某根棒的长度、某根导线的电阻等。

测量值：一般是由一个数值乘以测量单位所表示的特定量的大小，如 5.34mV，−40.2°C 等。它是一个要用数值和单位共同表示的量，即测量值 = 数值 × 单位。

测量数值：在量值表示中专门用来与单位相乘的数字。一个数值可以用量值除以单位的形式来表示，即数值 = 量值/单位，$\{x\} = x/x_0$。

测量单位：为了定量表示同种量的大小，人们共同约定的一个特定参考量，它有名称、符号和定义，其数值为 1。人们把"数值等于 1 的量"定义为单位。

被测量：作为测量对象（测量客体）的特定量。

测量结果：通过测量所得到的赋予被测量的量值。

测量通过实验过程去认知对象，利用比较来确定被测量的数值。测量就是比较，比较可采用直接或间接的方法进行，比较通常需要用专门的测量仪器才能实现。测量需要有同类已知单位作标准，某种类型的被测量必须有明确的定义，且在其量值的标准已建立的前提下，对该类量的测量才可实施。测量的目的是对被测对象有一个定量的认识，测量结果包括数值（大小及符号）和单位（标准量的单位名称）。

广义的测量泛指信息获取，包括信息感知和信息识别两个环节，如图 1.1.1 所示。

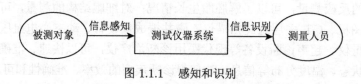

图 1.1.1   感知和识别

信息获取的首要环节是信息感知。信息感知的原理是通过感知系统与产生信息的源事物之间的相互作用，把源事物信息转化为以某种物理量形式表现的信号。所以，感知的实质是信息载体的转换，是获取信息的必要前提。但是，仅仅感知出信息还不够，还必须有能力识别所感受到的信息是有用的还是无用的（甚至是有害的）。如果是有用信息，还要用有效的方法把它同其他（无用或有害）的信息分离开来，再判明其属于哪一类信息；如果是有害信息，则要找到有效的方法进行抑制或消除。有用信息识别的基本原理是与标准样板进行比较，判断出信息的属性和数量。为对感知的信息进行定性区分和定量确定，建立信息类别相似性的表示和信息量值的度量是信息识别的主要任务。

广义地讲，测量不仅包括对被测的物理量进行定量的测量，而且还包括对更广泛的被测对象进行定性、定级的测量。例如，测量数字电路某点逻辑电平的高低、有无故障、功能是否正常等。这类测量对量值的准确度要求不高，是一种粗略的测量，一般不要求进行误差分析，即不要求给出误差的数值。因此，这类测量是一种定性测量。

此外，在实际中还有大量的等级测量，它是以技术标准、规范或检定规程为依据，分辨出被测量的量值所归属的范围带，以此来判别被测量是否合格（符合某种级别）的一种定级的测量。例如，批量生产中对电阻器、电容器数值精度等级的测量，环境保护中对空气、水质等的质量等级的测量等。而测量结果也不仅是由量值和单位来表征的一维信息，还可以用二维或多维的图像来显示被测对象的属性特征、空间分布、拓扑结构等。

从测量的定义可知，测量要有对象（测量的客体），测量要由人（测量主体）来实施，测量需要专门的仪器设备（硬件）做工具，测量要有理论和方法（软件）作指导，测量总是在一个特定的环境中进行的，因此构成测量的基本要素是被测对象、仪器系统、测量技术、测量人员和测量环境。图 1.1.2 是测量的基本要素的示意图。图中，被测对象是从被测的客体中取出的信息，仪器系统包括测量器具与标准器，测量技术是根据被测对象和测量要求采用的测量原理、方法及相应技术措施，测量人员是获取信息和实施测量的主体，测量环境是测量所处空间的一切物理和化学条件的总和，是测量结果的影响因素。五个基本构成要素之间的连线，表示互相之间的联系或影响。实线表示两者之间有物理上的硬连接，传递着信号，连线的箭头表示信号的流向；虚线表示一种软连接，虽然两者之间没有物理上的连线，但它们之间却传递着某种信息或施加有某种影响。

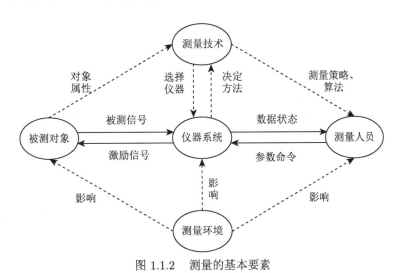

图 1.1.2　测量的基本要素

1）被测对象——信息

测量是信息的获取，被测对象当然是信息。信息反映了事物的运动状态及其变化方式。有的信息露于表面，很容易获取，如室内温度、电池电压、心率等；而有的信息却隐藏于深处，不便直接获取，如矿藏信息、气象信息、人体生理信息等。有的信息人体五官不能直接感知，如超声波、红外、电磁波等。由于信息具有多样性、复杂性，所以测量的首要任务是根据被测对象采用相应的测量原理，制定相应的测量方法，选用相应的测量仪器或传感器，把深埋的信息挖掘提取出来。

　　2）仪器系统——量具和仪器

　　测量需要借助专门的设备，被测量才能够与一个充当测量单位的已知量进行比较，取得定量的测量结果，并将其转换为人们能够直接感知的形式。这类专门的设备包括量具、测量仪器、测量系统及附件等。量具是按给定的量值复制某一物理量的器具，如砝码、尺子、量杯等，是一个体现测量单位的已知量，在测量过程中作为标准。除少数的量具（如尺子等）可以直接参与比较外，大多数量具都需要借助于专门的设备才能进行比较，例如，标准砝码、标准电阻、标准电池，需要借助天平、电桥、电位差计等比较仪才能与被测量进行比较。测量仪器是单独或连同辅助设备一起进行测量的器具。测量仪器通常能完成感知、转换、比较、处理和显示等基本测量功能。测量系统是为执行一定的测量任务组合起来的全套测量器具和其他设备。相对于测量仪器来说，测量系统往往含有由多台设备组成、能进行多功能和综合性测量的概念。

　　3）测量人员

　　测量人员是获取信息的主体。测量或由测量主体直接参与手动完成，或由测量主体交给智能设备（计算机等）自动完成。测量的实施需借助仪器系统的人机对话功能，在启动测量前，完成仪器系统的各种工作参数的设置，如功能、频段、量程等参数的选择与置入；在测量过程中，发布各种工作命令，如启动、停止等命令，实时查询仪器的工作状态；在测量结束后，读取测量结果，并记录、存储、显示和打印出测量结果。

　　4）测量技术

　　测量中所采用的原理、方法和技术措施，总称为测量技术。由于被测对象种类繁多，采用的测量技术千差万别。例如，被测量中有电量与非电量的区别，电量中又有参数类型、幅值大小、频率范围、瞬变与缓变、有源与无源、模拟与数字等差别，这些差别均有可能要求采用完全不同的测量技术。同一被测对象，通常也可选择多种测量技术；不同测量技术的效果可能大致相同，也可能大为不同。当然，某一种测量技术也可用于多种不同的被测对象。测量的目标是要尽量减小测量的不确定度，使测量结果尽可能接近真值。为此，在测量技术中，还包括自校准、实时误差修正、测量数据处理等技术措施。

　　5）测量环境

　　测量环境是指测量过程中人员、对象和仪器系统所处空间的一切物理和化学条件的总和。它包括温度、湿度、力场、电磁场、辐射、化学气雾和粉尘、霉菌等相关物理量的数值、范围及其变化。测量环境属于测量中的影响量，虽不是被测量但对测量结果有影响，例如，用来测量长度的千分尺的温度、交流电位差幅值测量中的频率，均为影响量。忽视测量环境，常会导致测量误差过大或测量错误，有时甚至可能对人员、被测对象或仪器系统造成损伤或破坏。应当采取适当的控制措施，尽量减少环境影响，如恒温、恒湿、稳压和防震等常规措施，接地、屏蔽、隔离、滤波等抗干扰、防噪声的措施。

1.1.2　测量的类型

　　要根据测量任务提出的精度要求和其他技术指标，进行认真分析和研究，需要选择正确、切实可行的测量方法，选择合适的测量仪表、仪器或装置，然后进行测量。测量方法的分类是多种多样的。根据测量时被测量是否随时间变化可分为静态测量和动态测量，根据测量条件可分为等精度测量和非等精度测量，根据测量元件是否与被测介质接触可分为接触式测量和非接触式测量，根据被测量的建模求解方式可分为直接测量、间接测量和组合测量，根据测量方式可分为直读式测量、平衡式测量和微差式测量。下面根据后两种分类方法对测量方法进行研究。

1. 根据被测量的建模求解方式分类

直接测量：用预先按标准量标定好的仪表对被测量进行测量或用标准量直接与被测量进行比较，从而测出被测量之值，称为直接测量。例如，用电流表测量电路中的电流，用温度计测量温度等。直接测量的优点是测量过程简单、迅速，应用比较广泛。

间接测量：用直接测量的方法测量几个与被测量有确切函数关系的物理量，然后通过函数的关系求出被测量之值，称为间接测量。

组合测量：在测量中，使各个未知量以不同的形式组合（或改变测量条件来获得这种不同的组合），通过直接测量和间接测量所获得的数据进而求解联合方程组来得到被测量的数值，称为组合测量。

2. 根据测量方式分类

直读式测量：根据仪表（仪器）的读数来判断被测量的大小，而作为单位的标准量并不参与比较。为了读取被测量之值，这些仪表（仪器）已经预先按被测量的单位刻度刻好分度，因而实际上是被测量与量具间接比较。例如，用万用表测量电流、电压，都属于这种测量方法。这种测量方法具有过程简单、迅速的优点，但测量精度较低，在工程方面得到广泛应用。

平衡式测量：又称补偿式或零位式测量法，在测量过程中，用已知的标准仪器与被测量进行比较，若有差值，则调整标准量使差值减小，该差值用指零仪表来表示，当指零仪表指在零位时，说明被测量等于标准量，然后用标准量之值决定被测量之值。进行测量时，标准量具装在仪表内，在测量过程中，标准量直接与被测量进行比较。

微差式测量：微差式测量综合了直读式测量和零位式测量的优点，将被测量 x 与标准量 N 进行比较，得到差值 $\Delta x = x - N$，然后用高灵敏度的直读式仪表测量微差 Δx，可得到被测量 $x = N + \Delta x$。由于微差 $\Delta x \ll N$，$\Delta x \ll x$，虽然直读式测量仪表测量 Δx，精度可能不高，但是测量 x 时精度很高。微差式测量方法反应快，测量精度高，既适用于测量缓变信号，也适用于测量迅速变化的信号，在实验室和工程测量中都得到广泛应用。

各种测量方法都有各自的特点，在选择测量方法时，首先考虑被测量本身的特性，综合考虑所提出的精度要求、环境条件以及所具有的测量仪表（仪器）、装置等，以确定采用的测量方法和测量设备。

1.1.3 测试与检测

测试是测量和试验的总称，包含测量和试验的全部内容，既包括定量的测量，也包括定性的试验。检测包括检验和测量两方面的含义。检测属于分级测量，即检查被测参量的量值是否处在某一范围带，以判断被测参量是否合格或者现象是否存在。例如，机械加工中检验某零件尺寸是否在公差带内，并不要求准确知道各零件尺寸值。检验也含有定性检查的含义，例如，检验印刷线路板（Printed Circuit Board，PCB）上元器件是否虚焊，只要求发现有无虚焊点的存在等。

1.2　计量的基本概念

随着生产的发展，商品交换和国际国内交往越来越频繁，客观上要求对同一个量在不同的地方用不同的测量手段测量时，所得的结果应该是一致的。为了保证这种一致性，在不同的地方不同仪器所用的单位已知量必须严格一致。这就需要有统一的单位，以及体现这些单位的基准、标准和用这些基准和标准校准的测量器具，并用法律形式固定下来，从而形成了与测量有联系而又区别于测量的新概念，这就是计量。

计量是利用技术和法制手段实施的一种特殊形式的测量，即把被测量与国家计量部门作为基准或标准的同类单位量进行比较，以确定合格与否，并给出具有法律效力的鉴定证书。可以说计量是为了保证量值统一和准确的一种测量。它的三个主要特征是统一性、准确性和法制性。它包含了为达到量值统一和准确所进行的一切活动，如单位的统一、基准和标准的建立、量值的传递、计量监督管理、测量方法及其手段的研究等。因此，也可以说计量是研究测量、实现单位统一和量值准确可靠的科学。计量工作是国民经济中一项极为重要的技术基础工作，它在工农业生产、科学技术、国防建设以及人民生活等各个方面起着技术保障和技术监督的作用。

测量是通过测量仪器，采用一定的测量方法将被测未知量和同类已知的标准单位量进行比较的过程，这时认为被测量的真实数值是存在的，测量误差是由测量仪器和测量方法等引起的。计量是通过计量器具用法定标准的已知量与同类的未知量（如受检仪器）进行比较的过程，这时认为标准量和体现标准量的计量器具是准确的、法定的，而测量误差是由受检仪器引起的。在测量过程中，已知量是通过所使用的测量仪器直接或间接地表现出来的，为了保证测量结果的准确性，必须定期对测量仪器进行检定和校准，这个过程就是计量。计量是一种保证量值统一和准确可靠的测量，是测量的特殊形式。所以，计量和测量是既有密切联系又有一定区别的两个概念。

1.2.1　单位和单位制

计量单位是用以定量表示同种量的大小而约定的定义和采用的特定量。表示计量单位的约定符号称为单位符号，如米、千克、秒就是计量单位，其单位符号分别为 m、kg、s。计量单位是同种量值比较的基础。用数和一定的计量单位相乘表示的物质的量称为量值，如 1 米、2 千克、3 秒等。量值单位具有明确的定义和名称，是数值为 1 的固定量。

单位制是为给定量制按给定规则确定的一组基本单位和导出单位。单位制是由一组选定的基本单位和定义方程式与比例因数确定的导出单位组成的一个完整的单位体制。

基本单位可以任意选定。由于基本单位选择的不同，所以组成的单位制也就不同。如市制、英制、米制、国际制等。在国际单位制形成之前，世界范围内使用的单位制有多种，其中主要有米制和英制。多种单位制并存的情况极大地阻碍了生产力的发展和科学技术与文化的交流，因此统一单位制成为世界各国的共同需要。国际计量委员会（International Committee for Weights and Measures，CIPM）在 1956 年将经过 21 个国家统一的计量单位制草案命名为国际单位制，以国际通用符号 SI 来表示，1960 年第十一届国际计量大会上正式通过了 SI。随后，一些国际组织，如国际法制计量组织（OIML）和国际标准化组织（ISO）等，也采用了国际单位制。给定量制中基本量的计量单位，称为基本单位。在国际单位制中，对应的基本物理量有 7 个，即长度、质量、时间、电流、热力学温度、物质的量、发光强度，相应的基本单位分别是米、千克、秒、安培、开尔文、摩尔和坎德拉。基本单位并不都是彼此独立的。例如，电流是独立的基本量，但它的单位"安培"的定义中，包含了基本单位米、千克、秒；在长度单位"米"的定义中，包含了基本单位秒；在发光强度单位"坎德拉"的定义中，包含了功率单位瓦 [特]，与米、千克和秒均有关。

给定量制中导出量的计量单位，称为导出单位。在单位制中，导出单位可以用基本单位和比例因数表示。为使用方便，有些导出单位具有专门的名称和符号，如在 SI 中，力的单位名称为牛 [顿]，符号为 N；能量的单位名称为焦 [耳]，符号为 J；电势的单位名称为伏 [特]，符号为 V 等。可由比例因数为 1 的基本单位幂的乘积表示的导出单位称为一贯单位。由一组基本单位和一贯单位组成的单位制，称为一贯单位制。在国际单位制中，全部 SI 导出单位都是一贯单位，但 SI 单位的倍数和分数不是一贯单位。

在长期的计量实践中，对不同的计量对象，需要选用大小适当的计量单位。人们往往从一种量的许多单位中选用某个单位为基准，并赋予独立的定义，从而形成"主单位"。所以，主单位就是具有独立定义的单位，而倍数单位和分数单位就是按主单位定义的单位。按约定比率，由给定单位形成一个更大的计量单位，称为倍数单位，如千米是米的一个十进制倍数单位，小时是秒的非十进制倍数单位。按约定比率，由给定单位形成一个更小的计量单位，称为分数单位。例如，毫米是米的一个十进制分数单位，克是千克的一个十进制分数单位。设立倍数单位和分数单位是为了使用方便。一个主单位往往不能适应各种需要，但在使用中，一定要注意单位的一致性和可对比性，为了测量和计算精确，尽量用相同的单位。

国际单位制是由米制充实完善后得到的一种单位制。米制名称的由来是这种单位最初只选择了一个基本单位米，其他单位都由此导出。其长度单位为米，等于地球本初子午线的四千万分之一；质量单位千克由米导出，等于 $1m^3$ 水的质量。目前国际单位制共有 7 个基本单位，都有严格的科学定义，作为国际计量大会推荐采用的一种一贯单位制，是一种比较科学和完善的单位制，以反映物质世界基本性质的物理量作为基本单位，包括科学技术和国民经济各个领域的计量单位，几乎可以代替其他所有单位制和单位；不仅适用于科学技术领域，也适用于商品流通及日常生活领域，能以数学方程式形式表示物质性质，并构成物理单位。采用国际单位制可以取消其他单位制的一些单位，明显简化了表达式，省略了各个单位制之间的换算，避免了多种单位制的并用，消除了很多混乱现象，国际单位制的基本单位和大多数导出单位的主单位量值都比较实用，而且保持了历史连续性，适应各类计量需要。

目前，国际单位制的 7 个基本单位都实现了自然基准，并达到了较高准确度的复现和保存，其相应的计量基准代表了当代科学技术所能达到的最高计量准确度，从而保证测量单位统一和量值传递准确可靠。它具有以下特点：科学性、通用性、简明性、实用性、准确性。国际单位制 SI 中对应的量的名称、单位名称、单位符号和单位定义见表 1.2.1，国际单位制的 7 个基本单位将全部由基本物理常数定义，这些常数如下：Cs^{133} 原子基态的超精细能级跃迁频率 $\Delta\nu_{Cs}$ 为 9192631770 Hz，真空中光的速度 c 为 299792458 m/s，普朗克常量 h 为 6.62607015×10^{-34} J·s，基本电荷 e 为 $1.602176634\times10^{-19}$ C，玻尔兹曼常量 k 为 1.380649×10^{-23} J/K，阿伏伽德罗常量 N_A 为 6.02214076×10^{23} mol^{-1}，频率为 540×10^{12}Hz 的单色辐射的发光效率 K_{cd} 为 683 lm/W。

表 1.2.1　国际单位制 SI 中基本单位的单位符号和定义

量的名称	单位名称	单位符号	单位定义
长度	米	m	当真空中光的速度 c 以单位 m/s 表示时，将其固定数值取为 299792458 来定义米，其中秒用 $\Delta\nu_{Cs}$ 定义
质量	千克	kg	当普朗克常量 h 以单位 J·s，即 $kg\cdot m^2\cdot s^{-1}$ 表示时，将其固定数值取为 6.62607015×10^{-34} 来定义千克，其中米和秒用 c 和 $\Delta\nu_{Cs}$ 定义
时间	秒	s	当 $\Delta\nu_{Cs}$，即 Cs^{133} 原子基态的超精细能级跃迁频率以单位 Hz，即 s^{-1} 表示时，将其固定数值取为 9192631770 来定义秒
电流	安培	A	当基本电荷 e 以单位 C，即 A·s 表示时，将其固定数值取为 $1.602176634\times10^{-19}$ 来定义安培，其中秒用 $\Delta\nu_{Cs}$ 定义
热力学温度	开尔文	K	当玻尔兹曼常量 k 以单位 J/K，即 $kg\cdot m^2\cdot s^{-2}\cdot K^{-1}$ 表示时，将其固定数值取为 1.380649×10^{-23} 来定义开尔文，其中，千克、米和秒分别用 h、c 和 $\Delta\nu_{Cs}$ 定义
物质的量	摩尔	mol	1 摩尔精确包含 6.02214076×10^{23} 个基本粒子。该数即为以单位 mol^{-1} 表示的阿伏伽德罗常量 N_A 的固定数值，即阿伏伽德罗数
发光强度	坎德拉	cd	当频率为 540×10^{12}Hz 的单色辐射的发光效率以单位 lm/W，即 $cd\cdot sr\cdot W^{-1}$ 或 $cd\cdot sr\cdot kg^{-1}\cdot m^{-2}\cdot s^3$ 表示时，将其固定数值取为 683 来定义坎德拉，其中千克、米、秒分别用 h、c 和 $\Delta\nu_{Cs}$ 定义

　　SI 导出单位是由 SI 基本单位按定义方程式导出的。具有专门名称的 SI 单位共有 19 个，其中 17 个是以著名科学家的名字命名的，如牛顿、帕斯卡等。为表示某种量的不同值，只有一个主单位显然是不够的。SI 词头的功能就是与 SI 单位组合，构成十进制的倍数单位和分数单位。在国际单位制中，共有 16 个 SI 词头。1984 年 2 月 27 日，国务院发布的《关于在我国统一实行法定计量单位的命令》中规定，我国的计量单位一律采用《中华人民共和国法定计量单位》中规定的单位。我国的法定计量单位以国际单位制单位为基础，并保留了少量其他计量单位，主要包括国际单位制的基本单位、国际单位制中具有专门名称的单位、国家选定的非国际单位制单位、由以上单位构成的组合形式的单位、由词头和以上单位组成的十进制倍数和分数单位。

1.2.2　计量基准、计量标准及量值传递

　　计量器具是单独地或连同辅助设备一起用以进行测量的器具。计量器具为计量工作提供物质技术基础，是计量学研究的一个重要内容。计量器具按其计量学用途或在统一单位量值中的作用，可分为计量基准器具、计量标准器具和工作用计量器具。

1. 计量基准

　　在特定领域内具有最高计量特性的计量器具，称为计量基准器具，简称计量基准。计量基准一般可分为国家基准（主基准）、副基准和工作基准。但由于计量领域中涉及的专业很广，各专业又有各自的特点，除了上述三种之外，常用的还有作证基准（用于核对主要基准的变化，或在它丢失损坏时代替它的一种基准）、参考基准（一种用来和较低准确度比

较的副基准)、比对基准(用来比对统一准确度等级基准的基准)、中间基准(当基准间彼此不能直接比较时,用于比较的副基准)等。

经国际协议公认,在国际上作为对有关量所有其他基准定值的标准,称为国际基准。国际基准是量值溯源的终点。国家计量基准根据需要可代表国家参加国际比对,使其量值与国际基准的量值保持一致。国家基准是经国家官方认定的计量基准,在国内作为对有关量所有其他计量基准定值的依据,它是一个国家量值传递的起始点。要进行量值传递必须建立国家基准。在一个国家内,国家基准即主基准。在我国,规定作为统一全国量值最高依据的计量标准,称为国家计量基准,计量法中称为计量基准。计量基准的地位决定了它必须具备最高的计量学特性,如具有最高的准确度、复现性、稳定性等。它是一个国家计量科学技术水平的体现。计量基准由国家计量行政部门负责建立和保存,具有复现、保存、传递单位量值三种功能。一种国家计量基准可由几台不同量值、计量范围可相互衔接的计量基准组成。

副基准是通过直接或间接与国家基准比较定值,经国务院计量行政部门批准的计量器具,在全国作为复现计量单位的地位仅次于国家基准。建立副基准主要是为了代替国家基准的日常使用,也可验证国家基准的变化。国家基准损坏时,副基准可用来代替国家基准。并非所有的国家基准下均设副基准,一般根据实际工作情况而定。国家副基准的性质及作用符合计量基准要求,它的建立、保存和使用应参照国家基准的有关规定。

通过与国家基准和副基准比较定值,经国务院计量行政部门批准,实际用以检定计量标准的计量器具称为工作基准。它用以检定一等计量标准或高精度的工作计量器具,其作为复现计量单位量值的地位在国家基准和副基准之下。工作基准实际应用于量值传递,目的是避免国家基准和副基准由于频繁使用而降低其计量特性或遭受损坏,一般设置在国家计量研究机构内,也可视需要设置在工业发达的省级和部门的计量技术机构中。

2. 计量标准

计量标准是将计量基准量值传递到工作计量器具的一类计量器具,它是量值传递的中心环节。计量标准可以根据需要按不同准确度分成若干个等级,用于检定工作用计量器具。一般说来,工作计量器具的准确度比计量标准低,但高精度工作计量器具的准确度比低等级的计量标准高。因此,不能认为准确度高的计量器具一定是计量标准。

我国计量标准的建立,在《中华人民共和国计量法》中有严格的规定:国务院计量行政部门负责建立各种计量基准器具,作为统一全国量值的最高依据。县级以上地方人民政府计量行政部门根据本地区的需要,建立社会公用计量标准器具,经上级人民政府计量行政部门主持考核合格后使用。国务院有关主管部门和省、自治区、直辖市人民政府有关主管部门,根据本部门的特殊需要,可以建立本部门使用的计量标准器具,其各项最高计量标准器具经同级人民政府计量行政部门主持考核合格后使用。企业、事业单位根据需要,可以建立本单位使用的计量标准器具,其各项最高计量标准器具经有关人民政府计量行政部门主持考核合格后使用。县级以上人民政府计量行政部门对社会公用计量标准器具,部门和企业、事业单位使用的最高计量标准器具,以及用于贸易结算、安全防护、医疗卫生、环境监测方面的列入强制检定目录的工作计量器具,实行强制检定。未按照规定申请检定或者检定不合格的,不得使用。实行强制检定的工作计量器具的目录和管理办法,由国务院制定。计量标准可视需要设置一级、二级等若干等级。在很多情况下，各等级的计量标准不仅准确度不同，原理结构也不同。

3. 量值传递

通过对计量器具的检定或校准，将国家计量基准所复现的计量单位量值通过各等级计量标准传递到工作计量器具，以保证被测对象的量值准确和一致的全过程，称为量值传递。同一量值，用不同的计量器具进行计量，若其结果在要求的准确度范围内达到统一，称为量值准确一致。

量值准确一致的前提是计量结果必须具有"溯源性"，即被计量的量值必须具有能与国家计量基准直至国际计量基准相联系的特性。要获得这种特性，就要求用以计量的计量器具必须经过具有适当准确度的计量标准的检定，而该计量基准又受到上一等级计量标准的检定，逐级往上追溯，直至国家计量基准或国际计量基准。

由误差公理可知，任何计量器具，实际中都具有不同程度的误差，计量器具的误差必须控制在允许的范围内，否则会导致错误的计量结果。要使新制造的、使用中的、修理后的、各种形式的、分布于不同地区和不同环境下计量同一量值的计量器具都能在允许的范围内工作，没有国家计量基准、计量标准以及进行量值传递是不可能的。

对于新制的或修理后的计量器具，必须用适当等级的计量器具来确定其计量特性是否合格。对于使用中的计量器具，由于磨损、使用不当等因素而引起的计量器具的计量特性的变化是否仍在允许范围之内，也必须用适当等级计量标准对其进行周期检定。另外，有些计量器具必须借助于适当等级的计量标准来确定其表示值和其他计量性能，因此，量值传递的必要性是显而易见的。

量值传递的方式主要有四种：用实物标准进行逐级传递，用计量保证方案（Measurement Assurance Programs，MAP）进行逐级传递，用发放标准物质（Certified Reference Material，CRM）进行逐级传递，用发播信号进行逐级传递。

（1）用实物标准进行逐级传递。这是传统的量值传递方式，即把计量器具传送到具有高一等级计量标准的计量部门去检定，对于不便于运输的计量器具，则由上一级计量技术机构派人员携带计量标准到现场检定。这种传递方式比较费时、费用较高，有时检定好的计量器具，经过运输，受到撞击、潮湿或温度的影响，会丧失原有的准确度。尽管有这么多缺点，但到目前为止，这仍是量值传递的主要方式。

（2）用计量保证方案（MAP）进行逐级传递。这是一种新型的量值传递方式，在某些计量领域非常实用，是一种具有发展前途的传递方式。这种传递方式用统计的方法对参加MAP活动的计量技术机构的校准质量进行控制，定量地确定校准的总不确定度，并对其进行分析。因此，可以及时发现问题，使误差尽量减小。所以，这种方式可以更好地溯源到国家基准。

（3）用发放标准物质（CRM）进行逐级传递。适用于理化分析，电离辐射等化学计量领域的量值传递。标准物质是具有一种或多种给定的计量特性，用以校准计量器具、评价计量方法或给材料赋值的物质或材料。标准物质必须由国家计量部门或由它授权的单位进行制造，并附有合格证的才有效。使用CRM进行传递，可以免去仪器送检过程，直接在现场快速进行评定。

（4）用发播信号进行逐级传递。适用于时间、频率和无线电等领域的量值传递。这种方式是最简便、迅速和准确的量值传递方式。国家通过无线电台、电视台、卫星技术等发播标准的时间频率信号，用户可以直接接收并可在现场直接校正时间频率计量器具。

*1.3　国际单位制简史

协时月正日，同律度量衡。统一的计量标准是经济社会高效发展的前提。

法国大革命时期，人们创建了十进制的度量衡单位系统。1799 年 6 月 22 日，巴黎的国家档案馆开始存放代表米和千克的两种铂金标准，从此，国际单位制（法语：Système International d'Unités，SI）正式迈上了历史舞台。

在利用天文学知识对秒进行了定义以后，人们逐渐意识到利用国际单位制表示物理学中基本量的便利，并且可以对各个物理量给出准确的定义。大数学家高斯对标准单位制的推广十分重视。1832 年，高斯在他的著名论文《用绝对单位测量地磁强度》中指出，必须由根据力学中力的单位的规则而进行的"绝对"测量，代替用磁针的地磁测量。为此，高斯引入了一种以毫米、克和秒为基础的"绝对"电学单位制，分别基于三个机械单位——毫米、克和秒表示长度、质量和时间。高斯率先利用电学单位制对地球磁场进行了绝对测量，并和同在德国格廷根大学的物理学教授韦伯密切合作，一起研究地磁。韦伯支持高斯引用"绝对"电学单位制的思路，并把他的实验工作推广到其他电参数测量领域。

在 19 世纪 70 年代以后，在麦克斯韦和汤姆森的积极领导下，通过英国科学促进协会（British Association for the Advancement of Science，BAAS，现为 BSA）进一步扩展了这些单位制在电磁领域的应用，提出了一个具有基本单位和派生单位的单位系统应满足的要求。1874 年，BAAS 引入了厘米-克-秒单位制（Centimeter-Gram-Second，CGS）系统，这是一个基于三个机械单位，即厘米、克和秒的三维逻辑单位系统，并且使用从微到兆的前缀表示十进制的倍数。物理作为实验科学的后续发展在很大程度上都依赖于这个单位系统。但 CGS 单位的量级并不便于电磁领域的使用。在 19 世纪 90 年代，BAAS 和国际电工委员会（International Electrotechnical Commission，IEC）的前身国际电气大会批准了一套相互连贯的实用单位。其中，包括表示电阻的欧姆、表示电动势的伏特和表示电流的安培。

1875 年 5 月 20 日，《米制公约》签署后，国际计量局（BIPM）成立并组建了国际计量大会（General Conference of Weights and Measures，CGPM）。国际计量局领导国际计量委员会（CIPM），从 1889 年起每四年召开一次大会，着手建立用于计量米和千克的新国际基准。1889 年，第一届 CGPM 批准了米和千克的国际基准，与时间单位天文秒一起，构成了类似于 CGS 系统的三维力学单位系统，但基本单位是米、千克和秒，即米-千克-秒 (Metre-Kilogram-Second，MKS) 系统。

1901 年，意大利物理学家乔吉提出，可以在 MKS 系统的基础上补充一个实用的电气单位，以构造一个新的四维单位系统，称为乔吉国际计量单位制，又称 MKSA 制。这一单位制把米、千克、秒、安培作为科学的计量单位，以合理化形式重写电磁学方程，并于 1960 年得到国际计量大会的赞同，为物理学上许多新发展开辟了道路。

1921 年，第六届 CGPM 对计量公约进行了修订，修订后的公约将 BIPM 的范围和职责扩展到了物理学的其他领域。1927 年，第七届 CGPM 建立了电力咨询委员会（Consultative Committee for Electricity，CCE，现在的 CCEM），并且 IEC、国际纯粹与应用物理联合会（International Union of Pure and Applied Physics，IUPAP）和其他国际组织对 Giorgi 的国际计量单位提案进行了全面讨论。CCE 在 1939 年提议采用基于米、千克、秒和安培的四维系统 MKSA，该系统在 1946 年被 CIPM 批准使用。在 BIPM 于 1948 年开始进行世界范围的咨询之后，第 10 届 CGPM（1954 年）批准进一步引入开尔文和坎德拉两个单位，分别作为热力学温度和发光强度的基本单位。第 11 届 CGPM（1960 年）将国际单位制称为国际制，建立了前缀、派生单位、辅助单位以及其他事项的规则，为所有度量单位提供了全面规范。

后来，国际标准化组织提议增加一个新的基本单位，该提议源自 IUPAP 的符号、单位和命名委员会（Commission on Symbols, Units and Nomenclature，SUN 委员会）的提议，并得到了国际纯粹与应用化学联合会（International Union for Pure and Applied Chemistry，IUPAC）的支持。1971 年，第 14 届 CGPM 采用了一个新的基本单位，即摩尔（符号 mol），作为物质的量的单位。于是，SI 的基本单位数量达到七个。

　　从那时起，各国科学家在将 SI 单位与真正不变的量（例如，物理学的基本常数和原子的性质）建立联系方面取得了非凡的进步。由于认识到将 SI 单位与此类不变量联系起来的重要性，2011 年，第 24 届 CGPM 确定了一种基于 7 个定义常数来定义 SI 的新方法。但当时的基本单位值的实验结果尚不能完全一致，到 2018 年第 26 届 CGPM 时，各种结果已达到一致，真正实现了定义 SI 的最简单、最基本的方法。SI 先前是根据七个基本单位定义的，而派生单位则定义为基本单位的幂的乘积。之所以选择这七个基本单位，是历史上各种因素共同促成的。需要指出的是，这并不是唯一选择，但由于公制系统（后来的SI）在过去的一个多世纪中不断发展，不仅提供描述 SI 及其派生单位的框架，而且已成为人们熟悉的事物，即使到了现在可用七个物理常量来定义 SI 本身，基本单位在当前 SI 中仍在发挥不可替代的作用。基本单位的现代定义，基于的七个物理常量是铯超细频率 $\Delta\nu_{Cs}$、真空中的光速 c、普朗克常量 h、基本电荷 e、玻尔兹曼常量 k、阿伏伽德罗常量 N_A、可见光辐射的发光效率 K_{cd}。

　　2018 年 11 月，在第 26 届国际计量大会上，经包括中国在内的 53 个成员国集体表决，全票通过了关于"修订国际单位制 (SI)"的 1 号决议。根据决议，质量单位"千克"、电流单位"安培"、温度单位"开尔文"和物质的量单位"摩尔"4 个 SI 基本单位的定义将由常数定义，于 2019 年 5 月 20 日的世界计量日正式生效。加之此前对时间单位"秒"、长度单位"米"和发光强度单位"坎德拉"的重新定义，至此，国际计量单位制的 7 个基本单位全部实现由物理常数定义，走进了量子化的新时代，也对各国的计量技术提出了挑战，使计量水平也成为综合国力的象征。

习　题

1-1　简述测量的重要性。

1-2　什么是狭义测量？什么是广义测量？

1-3　简述测量的组成要素及其在测量中的作用。

1-4　简述计量的概念、重要性及其与测量的关系。

1-5　什么是国际单位制？它的基本单位有哪些？

1-6　简述量值传递的概念及传递方式。

1-7　简述测量方法的分类。

1-8　下列各项中不属于测量基本要素的是 _____。

　　　A. 被测对象；　　　　　B. 测量仪器系统；　　　　C. 测量误差；　　　　　D. 测量人员

1-9　用高一等级准确度的计量器具与低一等级的计量器具进行比较，以全面判定该低一等级的计量器具是否合格，称为 _____。

　　　A. 比对；　　　　　　　B. 检定；　　　　　　　　C. 校准；　　　　　　　D. 跟踪

1-10　下列各项中不属于计量的主要特征的是 _____。

　　　A. 统一性；　　　　　　B. 准确性；　　　　　　　C. 强制性；　　　　　　D. 法制性

第 2 章 信号采样与量化

对一个模拟信号 $f(t)$ 的时间和幅值进行离散采样的过程如图 2.0.1 所示，为描述方便，假定 $f(t)$ 的有用频率分量范围为从直流至 f_a。通常，当用一定的时间间隔对一个连续信号进行采样时，采样频率 f_s 越高，数据的复现精度也就越高。但采样频率低到什么程度会导致信号关键信息的丢失，需要根据香农采样定理和奈奎斯特准则进行判断。

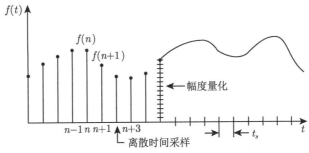

图 2.0.1 对模拟信号进行离散采样的示意图

2.1 采样定理和欠采样

定理 2.1 香农/奈奎斯特采样定理

为避免采样造成信息损失，带宽为 f_a 的模拟信号 $f(t)$ 必须用 $f_s \geqslant 2f_a$ 的采样频率进行采样。若 $f_s < 2f_a$，将发生信号混叠（aliasing），即低采样频率会造成采样后的信号失真。

在时域中，分析不同采样频率造成的采样后信号混叠时，可考虑一个正弦波信号被采样的四种情况，如图 2.1.1 所示。

在图 2.1.1(a) 中，显然已有足够的采样可以保持正弦波的信息。在图 2.1.1(b) 中，每周期仅有四次采样，对于保持信息仍然足够。图 2.1.1(c) 表示了 f_s 正好等于 $2f_a$ 的临界情况。此时，若采样点恰好处于正弦波的过零点，而不是像图中那样处在峰值处，那么该正弦波的所有信息都将丢失。图 2.1.1(d) 表示了 $f_s < 2f_a$ 的情况，由采样点所获得的曲线反映了一个频率低于 $\frac{1}{2}f_s$ 的正弦波信号，该信号与直流至 $\frac{1}{2}f_s$ 的奈奎斯特带宽中的信号发生混叠。采样频率进一步降低，当输入信号频率 f_a 接近采样频率 f_s 时，从频谱上看，混叠信号将接近直流。

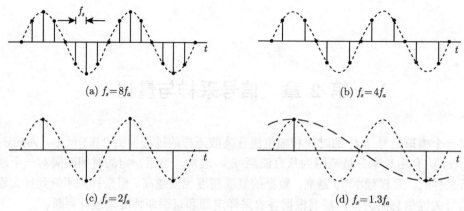

(a) $f_s = 8f_a$　　　　　　　　　　　　　　　　　　(b) $f_s = 4f_a$

(c) $f_s = 2f_a$　　　　　　　　　　　　　　　　　　(d) $f_s = 1.3f_a$

图 2.1.1　不同采样频率对信号时域混叠效应的影响

为描述方便，一般将采样频率记为角频率的形式，即 $\omega_s = 2\pi f_s = \dfrac{2\pi}{T}$ 为采样角频率，$\omega_{\max} = 2\pi f_a$ 为信号 $f(t)$ 有用频谱的最高角频率。于是采样定理可重新叙述如下。

定理 2.2　香农/奈奎斯特采样定理

对一个具有有限频谱（$|\omega| < \omega_{\max}$）的连续信号 $f(t)$ 进行采样，若采样角频率满足

$$\omega_s \geqslant 2\omega_{\max} \tag{2.1.1}$$

则经采样开关后得到的采样函数 $f^*(t)$ 能无失真地恢复原来的连续信号 $f(t)$。♡

采样开关序列对应的数学表达式 $\delta_T(t)$ 为周期函数，故可表示为复数形式的傅里叶级数，即

$$\delta_T(t) = \sum_{k=-\infty}^{+\infty} C_k \mathrm{e}^{\mathrm{j}k\omega_s t} \tag{2.1.2}$$

式中，T 为采样周期；$\omega_s = 2\pi f_s$ 为采样角频率；f_s 为采样频率；C_k 为周期函数 $\delta_T(t)$ 展开为傅里叶级数的系数。

根据 δ 函数的性质，可以求出 C_k，即

$$C_k = \frac{1}{T} \int_{-\frac{T}{2}}^{\frac{T}{2}} \delta_T(t) \mathrm{e}^{-\mathrm{j}k\omega_s t} \mathrm{d}t = \frac{1}{T} \int_{-\frac{T}{2}}^{\frac{T}{2}} \delta(t) \mathrm{e}^{-\mathrm{j}k\omega_s t} \mathrm{d}t$$
$$= \frac{1}{T} \int_{-\infty}^{+\infty} \delta(t) \mathrm{e}^{-\mathrm{j}k\omega_s t} \mathrm{d}t = \frac{1}{T} \tag{2.1.3}$$

可见，无论 k 为何值，傅里叶级数展开式的系数 C_k 恒为 $\dfrac{1}{T}$，将 C_k 值代入式 (2.1.2)，得

$$\delta_T(t) = \frac{1}{T} \sum_{k=-\infty}^{+\infty} \mathrm{e}^{\mathrm{j}k\omega_s t} \tag{2.1.4}$$

将式 (2.1.4) 代入采样后的信号表达式 $f^*(t) = f(t)\delta_T(t)$，得

$$f^*(t) = \frac{1}{T} \sum_{k=-\infty}^{+\infty} f(t)\mathrm{e}^{\mathrm{j}k\omega_s t} \tag{2.1.5}$$

进行拉普拉斯变换，并由拉普拉斯变换的频移定理，得

$$F^*(s) = \frac{1}{T} \sum_{k=-\infty}^{+\infty} F(s - \mathrm{j}k\omega_s) \tag{2.1.6}$$

将上面的级数展开，重新排列得到

$$F^*(s) = \frac{1}{T} \sum_{k=-\infty}^{+\infty} F(s + \mathrm{j}k\omega_s) \tag{2.1.7}$$

式中，$F(s)$ 为采样开关输入连续函数 $f(t)$ 的拉普拉斯变换；$F^*(s)$ 为采样开关输出的离散函数 $f^*(t)$ 的拉普拉斯变换。通常 $F^*(s)$ 的全部极点均在 S 平面的左半部，故可用 $\mathrm{j}\omega$ 代替式 (2.1.7) 中的 s，直接求得采样函数 $f^*(t)$ 的傅里叶变换（思考一下，这是为什么？），即

$$F^*(\mathrm{j}\omega) = \frac{1}{T} \sum_{k=-\infty}^{+\infty} F[\mathrm{j}(\omega + k\omega_s)] \tag{2.1.8}$$

式中，$F(\mathrm{j}\omega)$ 为原函数 $f(t)$ 的频谱，是连续频谱；$F^*(\mathrm{j}\omega)$ 是采样函数 $f^*(t)$ 的频谱，是离散频谱。

一般来说，连续函数 $f(t)$ 的有用频谱带宽是有限的，是一个孤立的频谱段，其最高有用频率为 $\omega_{\max}$，如图 2.1.2(a) 所示。为便于分析，取 $F(0) = 1$，即使不满足，通过归一化处理，也不影响问题本质；采样函数 $f^*(t)$ 则具有以采样频率 ω_s 为周期的无限多个频谱段，如图 2.1.2(b)、(c)、(d) 所示。离散频谱图是根据式 (2.1.8) 绘制的。其中，式 (2.1.8) 中 $k = 0$ 对应的 $\frac{1}{T}F(\mathrm{j}\omega)$，即为 $f(t)$ 的频谱，只是幅值变为原来的 $\frac{1}{T}$（通常这是一个很大的数字，试想一下，如果采样频率是 1MHz，$\frac{1}{T}$ 该是多少？），除此以外的各项频谱段 $(k \neq 0)$，都是由于采样引起的高频频谱段。通常称 $k = 0$ 的频谱为主频谱段，$k \neq 0$ 的频谱为辅频谱段。当采样频率 ω_s 取不同值时，离散频谱的形状及分布也不同，为使 $k = 0$ 项对应的原始信号的频谱段不发生畸变，需使采样频率 ω_s 足够高，以拉开各频谱段之间的距离，使之互不重叠，如图 2.1.2(b) 所示。

从图 2.1.2 可以看出，相邻两频谱不相重叠的条件为 $\omega_s \geqslant 2\omega_{\max}$，这就是采样定理所要满足的条件。因此，采样频率应大于或等于信号 $f(t)$ 有用频谱的最高频率 $\omega_{\max}$ 的 2 倍，才可能通过理想的低通滤波器滤去辅频谱，把原始的信号完整地提取出来。

对于实际的非周期连续函数的信号，其频谱中最高频率是无限的，如图 2.1.3(a) 所示。这时，即使采样频率很高，采样后信号的离散频谱的波形也会混叠，如图 2.1.3(b) 所示。但

当频率足够高时，$F(\mathrm{j}\omega)$ 的模值较小，即使把高频段模值不大的部分舍去，将剩余部分的最高频率认定为实际信号的有用频谱的最高频率，信息的损失也不会太大，这样按采样定理选择的采样频率 ω_s 也就不会太高。例如，在图 2.1.3(a) 中，$F(\mathrm{j}\omega)$ 在 $|F(\mathrm{j}\omega)| = \delta F(0)$ 时被截断，δ 为信息损失所允许的给定百分数，此时，可定义 $\delta F(0)$ 对应的频率为最高有效频率 $\omega_{\max}$，图中取 $\omega_s = 2\omega_{\max}$，经过这样的处理后，采样频率可以不必太高。

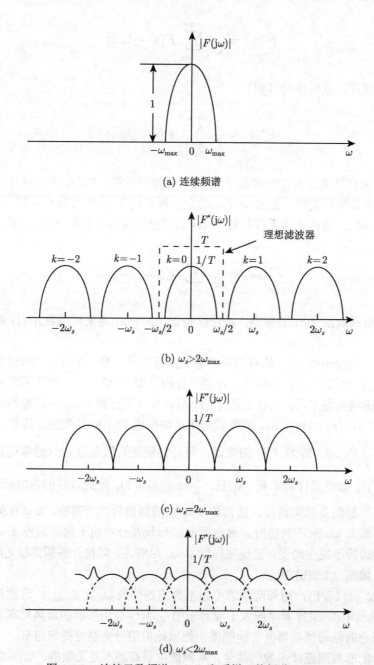

(a) 连续频谱

(b) $\omega_s > 2\omega_{\max}$

(c) $\omega_s = 2\omega_{\max}$

(d) $\omega_s < 2\omega_{\max}$

图 2.1.2   连续函数频谱 $F(\mathrm{j}\omega)$ 和采样函数频谱 $F^*(\mathrm{j}\omega)$

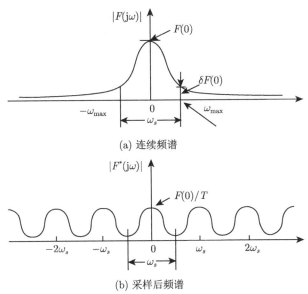

(a) 连续频谱

(b) 采样后频谱

图 2.1.3　非周期连续函数的频谱及其采样后的频谱

不同采样频率对信号频谱混叠的影响见图 2.1.4，在 f_s 的采样频率下对 f_a 进行采样将会产生无数个镜像，分布于频谱的 $\pm Kf_s \pm f_a$（$K = 1, 2, 3, \cdots$）位置上。频谱可以被分为无限个宽度为 $\frac{1}{2}f_s$ 的区域，这些区域称为奈奎斯特域。其中，由直流至 $\frac{1}{2}f_s$ 的区域被定义为奈奎斯特带宽，或称其为第一奈奎斯特域。当输入信号的频率 f_a 不超过奈奎斯特带宽时，所有的镜像均处在奈奎斯特带宽以外，一般来说不会对奈奎斯特带宽中的信号产生干扰。当输入信号频率超过奈奎斯特带宽时，$f_s - f_a$ 分量将会进入奈奎斯特带宽内，产生频谱混叠。由图 2.1.4 可以得到一个非常重要的结论：无论被采样的模拟信号处于频谱上的什么位置，采样效应或者产生一个精确的频谱，或者产生一个位于奈奎斯特带宽内的镜像。因此，任何处于有用带宽范围之外的信号，无论是杂散信号还是随机噪声，必须在采样之前进行充分的抗混叠（anti-aliasing）滤波。如果不进行滤波，采样过程将会把它们混入奈奎斯特带宽范围之内，从而造成有用信号的失真。

当对处于第一奈奎斯特域（直流至 $\frac{1}{2}f_s$ 带宽范围）内的连续信号进行采样时，称为基带采样，见图 2.1.5。如果连续信号的频带不在第一奈奎斯特域内，而是限制在 f_L（信号的最低频率）至 f_H（信号的最高频率）之间，这样的信号通常称为带通型连续信号，简称带通信号。对带通信号进行采样时，其采样频率应为多少？是否仍要求不小于 $2f_H$ 呢？大家可以想一想，如果是，现在的 5G 手机需要多高的采样频率？

下面分为两种情况进行讨论。首先考虑带通信号带宽 B，即 $f_H - f_L$ 等于 $\frac{1}{2}f_s$ 且带通信号的最高频率 f_H 等于带宽 B 的整数倍的情况，此时 f_L 也等于带宽 B 的整数倍。在图 2.1.5 中，带通信号完全位于第二奈奎斯特域内，这时如果以 f_s 的采样频率对其进行采样，那么在第一奈奎斯特域以及其他的奈奎斯特域内均会出现原始信号的镜像，而且各奈奎斯特域中的信号不会混叠。注意，在第一奈奎斯特域内的镜像信号包含原始信号的所有信息，但该镜像信号频谱的分布顺序与原始信号的频谱分布顺序是相反的。如果希望用第一奈奎斯特域中的镜像信号恢复原始信号，只需将 FFT 分析所得的频谱分量重新排列即可，可通过数字信号处理硬件实现。

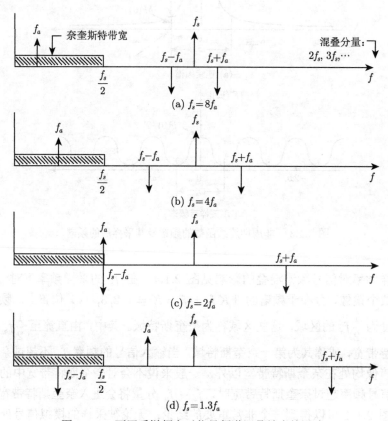

图 2.1.4　不同采样频率对信号频谱混叠效应的影响

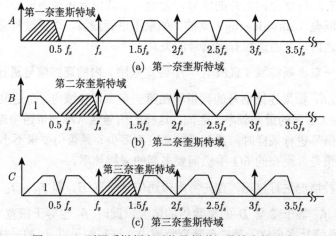

图 2.1.5　不同采样频率对信号频谱混叠效应的影响

在图 2.1.5(c) 中，带通信号完全位于第三奈奎斯特域内。这时，在第一奈奎斯特域内的镜像信号不仅包含原始信号的全部信息，而且其频谱分布顺序与原始信号也一致。当信号带宽处于其他奈奎斯特域之中时，结果与上两种情形类似。在上述情况下，带通信号的采样频率 f_s 并不要求达到 $2f_H$，而仅需达到 $2B$ 即可。因此，奈奎斯特准则可表达如下。

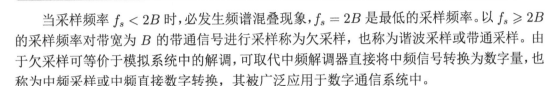

定理 2.3　奈奎斯特准则

为避免信号混叠，必须使用大于等于信号带宽 2 倍的采样频率进行采样。

　　当采样频率 $f_s < 2B$ 时，必发生频谱混叠现象，$f_s = 2B$ 是最低的采样频率。以 $f_s \geqslant 2B$ 的采样频率对带宽为 B 的带通信号进行采样称为欠采样，也称为谐波采样或带通采样。由于欠采样可等价于模拟系统中的解调，可取代中频解调器直接将中频信号转换为数字量，也称为中频采样或中频直接数字转换，其被广泛应用于数字通信系统中。

　　考虑更一般的情况，设带通信号的最高频率不一定是带宽 B 的整数倍，即

$$f_H = nB + kB \tag{2.1.9}$$

式中，$0 < k < 1$，n 是小于 f_H/B 的最大整数。可证，此时不发生混叠的最低采样频率是

$$f_s = 2B \left(1 + \frac{k}{n}\right) \tag{2.1.10}$$

根据式 (2.1.10)，改变 n 与 k 就可以绘出 f_s 与 f_L 的关系曲线，如图 2.1.6 所示。

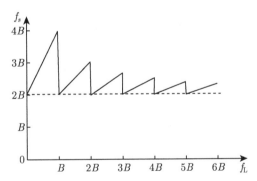

图 2.1.6　不发生混叠的最低采样频率 f_s 与信号最低频率 f_L 的关系

　　从图 2.1.6 可以发现，当带通信号的频带增高时，最低的采样频率趋向于 $2B$。因此，对高频窄带信号，理论的最低采样频率可以近似为 $2B$。实际应用时，由于用于欠采样的高速模数转换器的输入信号可能会比采样频率高许多，因而，模数转换器的动态性能至关重要，要求其内部集成的采样保持器和缓冲放大器通常都具有极好的动态性能。

2.2　数据量化和理论信噪比

　　连续信号经过采样开关以后，从时域上看，是将一个时间上连续的信号变为时间上离散的脉冲序列；从频域上看，是将一个孤立的有限频谱变为具有无穷多的周期频谱。要恢

复信号，就是要通过离散的采样值 $f(kT)$ 求出 $f(t)$，或者是要除去由于采样引起的附加频谱分量，而保留主频谱分量。能完全保留主频谱分量同时去掉附加频谱分量的滤波器是如图 2.2.1 所示的理想滤波器，其频率响应曲线为矩形。

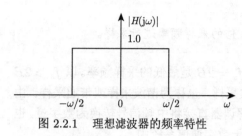

图 2.2.1 理想滤波器的频率特性

连续信号经过采样开关和理想滤波器后的输出为

$$C(\mathrm{j}\omega) = F^*(\mathrm{j}\omega)H(\mathrm{j}\omega) = \frac{1}{T}F(\mathrm{j}\omega) \qquad (2.2.1)$$

式中，$H(\mathrm{j}\omega)$ 为理想滤波器的频率特性，只要将式 (2.2.1) 乘以 T 就能得到原信号的频谱，即完全无失真地恢复原信号。

信号采样与恢复属于因果系统，而一个满足因果关系的系统是否可以在物理上实现，需要遵循如下必要条件。

> **定理 2.4   Paley-Wiener 准则**
>
> 因果系统的幅频特性需满足以下必要条件：在 $-\infty < \Omega < \infty$ 的范围内满足
>
> $$\int_{-\infty}^{\infty} |H(\Omega)|^2 \mathrm{d}\Omega < \infty \qquad (2.2.2)$$
>
> 且
>
> $$\int_{-\infty}^{\infty} \frac{\ln|H(\Omega)|}{1+\Omega^2}\mathrm{d}\Omega < \infty \qquad (2.2.3)$$
>
> 换言之，滤波器频率响应曲线要满足能量有限及幅频特性不突变的原则。 ♡

但根据佩利-维纳准则，如图 2.2.1 所示，矩形的理想滤波器并不存在，在工程上通常是采用低通滤波器来近似理想滤波器。保持器或保持电路就代表了这一类低通滤波器。零阶保持器是最常见的一种保持器，是把前一个采样时刻 kT 的采样值保持到下一个采样时刻 $(k+1)T$，也就是说在该区间内零阶保持器的输出为常数，当下一个采样时刻 $(k+1)T$ 来到时，换成新的采样值继续保持，一个采样值只能保持一个采样周期。

图 2.2.2 为采样信号经过零阶保持器后的恢复信号，图中 $f_h(t)$ 为恢复信号，由于 $f_h(t) = f(kT)(k=0,1,2,\cdots)$，所以保持器的输出 $f_h(t)$ 和输入 $f(kT)$ 之间的关系为

$$f_h(t) = \sum_{k=0}^{+\infty} f(kT)[u(t-kT) - u(t-kT-T)] \qquad (2.2.4)$$

式中，$u(\cdot)$ 表示阶跃函数。

对式 (2.2.4) 进行拉普拉斯变换，有

$$F_h(s) = \sum_{k=0}^{+\infty} f(kT)\mathrm{e}^{-kTs}\frac{1-\mathrm{e}^{-Ts}}{s} \qquad (2.2.5)$$

对 $f^*(t) = \sum_{k=0}^{+\infty} f(kT)\delta(t-kT)$ 进行拉普拉斯变换，有

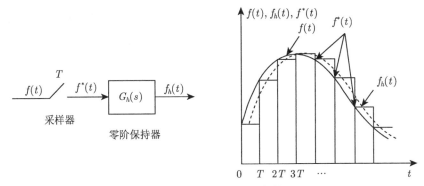

图 2.2.2 应用零阶保持器恢复的信号 $f_h(t)$

$$F^*(s) = L[f^*(t)] = \sum_{k=0}^{+\infty} f(kT)L[\delta(t-kT)] = \sum_{k=-\infty}^{+\infty} f(kT)\mathrm{e}^{-kTs} \qquad (2.2.6)$$

比较式 (2.2.5) 和式 (2.2.6)，得到零阶保持器的传递函数为

$$G_h(s) = \frac{1 - \mathrm{e}^{-Ts}}{s} \qquad (2.2.7)$$

将 $s = \mathrm{j}\omega$ 代入，有

$$G_h(\mathrm{j}\omega) = \frac{1 - \mathrm{e}^{-\mathrm{j}\omega T}}{\mathrm{j}\omega} \qquad (2.2.8)$$

并化简得零阶保持器的频率特性为

$$G_h(\mathrm{j}\omega) = T\frac{\sin\left(\dfrac{1}{2}\omega T\right)}{\dfrac{1}{2}\omega T}\mathrm{e}^{-\mathrm{j}\frac{1}{2}\omega T} \qquad (2.2.9)$$

其幅频特性为

$$|G_h(\mathrm{j}\omega)| = T\left|\frac{\sin\left(\dfrac{1}{2}\omega T\right)}{\dfrac{1}{2}\omega T}\right| \qquad (2.2.10)$$

零阶保持器的幅频响应特性如图 2.2.3(a) 所示。可见，在频率 $\dfrac{3}{2}\omega_s$、$\dfrac{5}{2}\omega_s$ 等处有不希望的增益峰值。注意，在频率 $\dfrac{1}{2}\omega_s$ 处，幅值下降超过 3dB。由于零阶保持器的幅值特性不是常数，如果系统与采样器和零阶保持器相连接，易引起系统的频谱失真。

零阶保持器的相频特性如图 2.2.3(c) 所示。应指出，当 ω 从 0 增加到 ω_s，ω_s 增加到 $2\omega_s$，$2\omega_s$ 增加到 $3\omega_s$，$\cdots$，$\sin\left(\dfrac{1}{2}\omega T\right)$ 的值是正负交替的。因此，相频特性曲线在

$\omega = k\omega_s = k\dfrac{2\pi}{T}(k = 1, 2, \cdots)$ 处有突变。这种突变，或者说这种开关特性（从正值到负值，反之亦然）可以认为是相移 $\pm 180°$，在图 2.2.3(a) 和 (c) 中，假设相移 $-180°$（也可假设为 $+180°$）。因此有

$$\angle G_h(\mathrm{j}\omega) = \angle T\frac{\sin\left(\dfrac{1}{2}\omega T\right)}{\dfrac{1}{2}\omega T}\mathrm{e}^{-\mathrm{j}\frac{1}{2}\omega T} = \angle \sin\left(\frac{1}{2}\omega T\right) - \frac{1}{2}\omega T \tag{2.2.11}$$

式中，$\mathrm{e}^{-\mathrm{j}\frac{1}{2}\omega T}$ 对应 $-\dfrac{1}{2}\omega T$；$\angle\sin\left(\dfrac{1}{2}\omega T\right) = -180°$ 或 $+180°$。

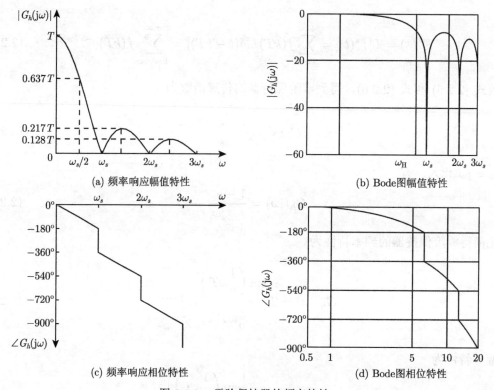

(a) 频率响应幅值特性

(b) Bode图幅值特性

(c) 频率响应相位特性

(d) Bode图相位特性

图 2.2.3   零阶保持器的频率特性

图 2.2.3(b) 和 (d) 是零阶保持器的 Bode 图。在频率是采样频率 $\omega_s = \dfrac{2\pi}{T}$ 的整数倍处，幅值曲线趋近负无穷，相频曲线的突变也发生在这些频率点。由幅频特性可以看出，当 $|\omega| > \dfrac{1}{2}\omega_s$ 时，除了 $\omega = \pm\omega_s$，$\omega = \pm 2\omega_s$，$\omega = \pm 3\omega_s$，$\cdots$ 各点，$G_h(\mathrm{j}\omega)$ 的幅值都不为零，说明零阶保持器输出的频谱含有辅分量。在 ω_s 整数倍的频率点，相频曲线有 $\pm 180°$ 的相位突变，除此以外，相位特性与 ω 呈线性关系。图 2.2.4 是理想滤波器与零阶保持器的比较。为便于比较，对幅值 $|G_h(\mathrm{j}\omega)|$ 进行了归一化，显然，零阶保持器是一个低通滤波器。为消除高于 $\dfrac{1}{2}\omega_s$ 频率分量的影响，通常需要在采样之前附加抗混叠低通滤波器。

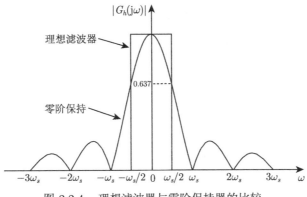

图 2.2.4 理想滤波器与零阶保持器的比较

零阶保持器属于外推器，其精确性依赖于采样频率 ω_s。为使零阶保持器的输出尽可能接近原连续信号，采样周期 T 应尽可能小，但更接近理想滤波器的高阶保持器比零阶保持器更复杂，并有更多的时间延迟。由于闭环控制系统中的附加时间延迟会减小稳定裕量，甚至引起失稳，很少采用高阶保持器。实际中，只要频率比连续信号中最高频率分量高得多，零阶保持器可以满足大多数情况要求。

对于理想的 N 位模数转换器（Analog to Digital Convertor，ADC）而言，其量化过程，即模拟信号转换为数字量的过程会产生量化误差；对交流输入信号将会产生量化噪声，图 2.2.5 说明了产生量化噪声的原因。为便于理解，考虑一种比较简单的情况。理想的 N 位模数转换器最大的量化误差值等于 $\frac{1}{2}$LSB（Least Significant Bit，最低有效位），当输入信号线性地由零点增至满度时，量化误差电压呈现为峰-峰值等于 q，即最小量化单位 LSB 所对应的电压的锯齿波信号，显然量化噪声等于该锯齿波信号的有效值。

设 $u = \frac{q}{T}t - \frac{q}{2}$，则

$$V_n = \sqrt{\frac{1}{T}\int_0^T \left(\frac{q}{T}t - \frac{q}{2}\right)^2 \mathrm{d}t} = \sqrt{\frac{1}{q}\int_0^T u^2 \mathrm{d}u} = \sqrt{\frac{1}{q}\cdot\frac{u^3}{3}\bigg|_0^T} = \frac{q}{\sqrt{12}} \tag{2.2.12}$$

考虑更一般的情况，由于模拟输入信号有一定的带宽，理想的模数转换器的量化误差电压的统计分布趋向于白噪声，即其功率谱均匀分布在奈奎斯特带宽内，其量化误差的概率分布如图 2.2.6 所示。显然，平均误差或误差的数学期望为

$$\bar{e} = \int_{-\infty}^{+\infty} ep(e)\mathrm{d}e = \int_{-\frac{q}{2}}^{\frac{q}{2}} \frac{1}{q}\mathrm{d}e = \int_{-\frac{q}{2}}^{\frac{q}{2}} \frac{1}{q}e\mathrm{d}e = 0 \tag{2.2.13}$$

量化误差的方差，即噪声的平均功率为

$$\sigma_e^2 = \int_{-\infty}^{+\infty} (e - \bar{e})^2 p(e)\ \mathrm{d}e = \int_{-\frac{q}{2}}^{\frac{q}{2}} e^2 \frac{1}{q}\ \mathrm{d}e = \frac{q^2}{12} \tag{2.2.14}$$

通过计算量化误差的标准差可以得到量化噪声电压的有效值，即 $V_n = \sigma_e = \dfrac{q}{\sqrt{12}}$。在这种情况下，噪声电压的有效值仍然等于 $\dfrac{q}{\sqrt{12}}$。

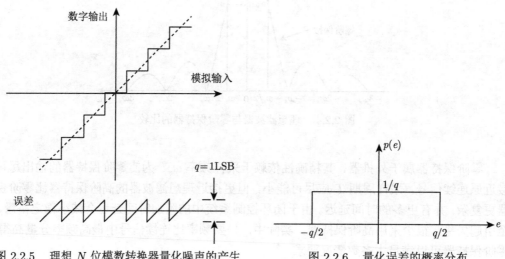

图 2.2.5　理想 N 位模数转换器量化噪声的产生　　　图 2.2.6　量化误差的概率分布

　　通过分析可以看出：量化噪声的平均功率仅与模数转换器的分辨率有关，与信号的幅值、采样频率等因素无关。量化误差是一种原理性误差，只能减小而无法消除。在实际使用中，量化误差可能表现为有色噪声，实际的模数转换器的量化噪声与采样频率、输入信号幅值和谐波失真分量间往往会存在一定的相关性。

　　对于 N 位的模数转换器来说，其理论信噪比（Signal to Noise Ratio，SNR）可按如下方法求出。设模数转换器的输入为一满量程的正弦波信号，则有

$$\text{SNR} = 20 \lg \left(\frac{V_s}{V_n} \right) \tag{2.2.15}$$

式中，V_s、V_n 分别为信号和量化噪声的有效值电压。

　　设 $V_{\text{p-p}}$ 为信号的峰-峰值，显然，$V_{\text{p-p}} = 2^N q$。

$$V_s = \sqrt{\frac{1}{T} \int_0^t \left(\frac{V_{\text{p-p}}}{2} \right)^2 \sin^2(\omega t + \varphi) \mathrm{d}t} = \frac{2^N q}{2\sqrt{2}} \tag{2.2.16}$$

所以

$$\text{SNR} = 20 \lg \left(\frac{\dfrac{2^N q}{2\sqrt{2}}}{\dfrac{q}{\sqrt{12}}} \right) \approx 6.02N + 1.76 \quad (\text{dB}) \tag{2.2.17}$$

式 (2.2.17) 约等于号右边第一项表明转换器位数越高，也就是分辨率越高，量化噪声的有效电压值越小，信噪比越高。同时也可以看出，当信噪比改善或恶化约 6dB 时，等效于转

换器位数增加或降低一位。式 (2.2.17) 约等于号右边第二项与信号波形有关，对单一频率的正弦波为 1.76dB，而对其他波形，这一项不同。表 2.2.1 列出了在不同分辨率的情况下（设满量程输入电压为 2.048V），理论上的量化噪声和信噪比之间的关系。

表 2.2.1　分辨率、量化噪声与信噪比之间的关系

分辨率	最小量化单位所对应的电压 q（1LSB）	占满量程的比例	量化噪声的有效值	满量程正弦信号的理论信噪比
6 位	32 mV	1.56%	9.2 mV	37.9dB
8 位	8 mV	0.39%	2.3 mV	50.0dB
10 位	2 mV	0.098%	580 μV	62.0dB
12 位	500 μV	0.024%	144 μV	74.0dB
14 位	125 μV	0.0061%	36 μV	86.0dB
16 位	31 μV	0.0015%	13 μV	98.1dB

上述理论信噪比是在假定采样频率等于奈奎斯特采样频率（即二倍的信号频率）的情况下得到的。当采样频率大于奈奎斯特采样频率时（即过采样时），模数转换器的信噪比得到改善，可以等效地提高模数转换器的位数。在这种情况下，信噪比可按如下方法求出。根据随机过程理论，当以采样频率 f_s 对最高频率为 f_a 的信号进行采样时，设量化噪声的功率谱为 $p_e(\omega)$，量化噪声的平均功率为 σ_e^2，则有

$$\sigma_e^2 = \frac{1}{2\pi} \int_{-\pi}^{\pi} p_e(\omega)\,\mathrm{d}\omega \tag{2.2.18}$$

假定量化噪声为白噪声，由于其在 $[-\pi, +\pi]$ 之间均匀分布，为常数，故有 $\sigma_e^2 = p_e(\omega)$。将量化噪声的平均功率用频率表示，由于采样频率为 f_s，$\omega = 2\pi\dfrac{f}{f_s}$，有

$$\sigma_e^2 = \int_{-f_s/2}^{f_s/2} \left[\frac{p_e'(f)}{f_s}\right]\mathrm{d}f \tag{2.2.19}$$

式中，$p_e'(f) = p_e(\omega)|_{\omega=2\pi\frac{f}{f_s}}$。

实际上，由于 $\left[-\dfrac{1}{2}f_s, 0\right)$ 的频率并不存在，且 $p_e(\omega)$ 为 ω 的偶函数，所以

$$\sigma_e^2 = \int_{-f_s/2}^{f_s/2} \left[\frac{p_e'(f)}{f_s}\right]\mathrm{d}f = 2\int_{0}^{f_s/2} \left[\frac{p_e'(f)}{f_s}\right]\mathrm{d}f = \int_{0}^{f_s/2} p_e(f)\mathrm{d}f \tag{2.2.20}$$

式中，$p_e(f) = \dfrac{2p_e(\omega)}{f_s}|_{\omega=\frac{2\pi f}{f_s}} = \dfrac{2\sigma_e^2}{f_s}$。

对于模拟信号而言，白噪声的功率应均匀分布于 $[0, \infty)$ 范围内，但对于采样信号，所有高于 $\dfrac{1}{2}f_s$ 的频率分量均要折合到 $[0, \dfrac{1}{2}f_s]$ 范围内。由于量化噪声是白噪声，其功率均匀地分布在 $[0, \dfrac{1}{2}f_s]$ 范围内。设信号带宽为 $0 \leqslant f \leqslant f_a$，那么量化噪声落入 $0 \leqslant f \leqslant f_a$ 之间的功率应为

$$V_n^2 = \int_0^{f_a} p_e(f)\mathrm{d}f = \frac{2f_a}{f_s}\sigma_e^2 \tag{2.2.21}$$

若定义过采样倍率 K 为实际采样频率与最高信号频率的二倍之比，即 $K = \dfrac{f_s}{2f_a}$，则

$$V_n^2 = \int_0^{f_s} p_e(f)\mathrm{d}f = \frac{2f_a}{f_s}\sigma_e^2 = \frac{\sigma_e^2}{K} = \frac{q^2}{12K} \tag{2.2.22}$$

因此，落入 $0 \leqslant f \leqslant f_a$ 之间的量化噪声的有效值为

$$V_n = \sqrt{\frac{\sigma_e^2}{K}} = \frac{q}{\sqrt{12K}} \tag{2.2.23}$$

相应地，对于满量程的正弦波信号，在过采样的情况下，理论信噪比为

$$\mathrm{SNR} = 20\lg\left(\frac{\frac{2^N q}{2\sqrt{2}}}{\frac{q}{\sqrt{12K}}}\right) = 6.02N + 1.76 + 10\lg\left(\frac{f_s}{2f_a}\right) \quad (\mathrm{dB}) \tag{2.2.24}$$

由此，采样频率每增加 4 倍，信噪比提高 6dB，相当于提高了一位分辨率。

2.3　傅里叶分析及测不准原理

从根本上讲，采样率和分辨率之间的相互关系取决于测不准原理。尽管测不准原理最早是从量子力学领域发展起来的，但实际上信号的时域和频域之间同样存在这种关系。下面将从时域、频域的傅里叶变换关系的角度，梳理一遍测不准原理，以期为大家更好地理解采样与量化提供理论依据。

> **定义 2.1　卷积**
>
> 设 f 和 g 都是平方可积的函数，那么 f 和 g 的卷积 $f * g$ 定义为
>
> $$(f * g)(t) = \int_{-\infty}^{+\infty} f(t-x)g(x)\mathrm{d}x \tag{2.3.1}$$

定义 2.1 中的卷积有下面的等价形式。

> **定义 2.2　卷积**
>
> $$(f * g)(t) = \int_{-\infty}^{+\infty} f(x)g(t-x)\mathrm{d}x \tag{2.3.2}$$
>
> 证明：在原定义式中，做变换 $y = t - x$，则 $x = t - y$，$\mathrm{d}y = -\mathrm{d}x$。
>
> $$\begin{aligned}(f * g)(t) &= \int_{-\infty}^{+\infty} f(t-x)g(x)\mathrm{d}x \\ &= \int_{-\infty}^{+\infty} f(y)g(t-y)\mathrm{d}y\end{aligned} \tag{2.3.3}$$

得证。

卷积有下面的性质。

定理 2.5 卷积性质

$$F(f * g) = F(f)F(g)$$
$$F^{-1}(FG) = f * g \tag{2.3.4}$$

证明：按定义

$$F(f * g) = \int_{-\infty}^{+\infty} (f * g)(t)e^{-j\omega t}dt$$
$$= \int_{-\infty}^{+\infty} \int_{-\infty}^{+\infty} f(t-x)g(x)dxe^{-j\omega t}dt \tag{2.3.5}$$

交换积分次序，注意到

$$e^{-j\omega t} = e^{-j\omega(t-x)}e^{-j\omega x} \tag{2.3.6}$$

再令 $s = t - x$，式 (2.3.6) 变为

$$\int_{-\infty}^{+\infty} \int_{-\infty}^{+\infty} f(t-x)e^{-j\omega(t-x)}g(x)dxe^{-j\omega t}dt$$
$$= \int_{-\infty}^{+\infty} \int_{-\infty}^{+\infty} f(s)e^{-j\omega s}dsg(x)e^{-j\omega t}dx \tag{2.3.7}$$
$$= \int_{-\infty}^{+\infty} f(s)e^{-j\omega s}ds \int_{-\infty}^{+\infty} g(x)e^{-j\omega x}dx$$

由定义得证式 (2.3.4) 第一式。此式可以写成 $F(f * g) = FG$，两边用 F^{-1} 作用得出式 (2.3.4) 第二式。

定义 2.3 伴随算子

对于内积空间 V 和 Ω 上的线性算子 T，若 $< v, T^*(\Omega) >_v = < T(v), \omega >_\Omega$，则由 ω 映射到 V 的算子 T^* 称为 T 的伴随算子。

定理 2.6 傅里叶变换的伴随算子

傅里叶变换的伴随算子就是傅里叶逆变换。

证明：

$$\int_{-\infty}^{+\infty} F(\omega)\overline{g(\omega)}d\omega = \frac{1}{\sqrt{(2\pi)}} \int_{-\infty}^{+\infty} \int_{-\infty}^{+\infty} f(t)e^{-j\omega t}dt\overline{g(\omega)}d\omega$$

$$= \int_{-\infty}^{+\infty} f(t) \frac{1}{\sqrt{2\pi}} \int_{-\infty}^{+\infty} \overline{e^{-j\omega t} g(\omega)} d\omega dt \tag{2.3.8}$$

♡

定理 2.7　Plancherel 公式

设 f 和 g 都是平方可积的，则

$$< F(f), F(g) >_{L^2} = < f, g >_{L^2}$$
$$< F^{-1}(f), F^{-1}(g) >_{L^2} = < f, g >_{L^2} \tag{2.3.9}$$

证明：用定理 2.6，即得

$$< F(f), F(g) >_{L^2} = < f, F^{-1}F(g) >_{L^2} = < f, g >_{L^2}$$
$$< F^{-1}(f), F^{-1}(g) >_{L^2} = < FF^{-1}(f), g >_{L^2} = < f, g >_{L^2} \tag{2.3.10}$$

♡

特别地，取 $g = f$，利用定理 2.7，马上得到帕塞瓦尔等式。

推论：（帕塞瓦尔等式）

$$\|F(f)\|_{L^2}^2 = \|f\|_{L^2}^2 \tag{2.3.11}$$

它表明在时域计算得到的信号能量与在频域得到的信号能量相等。

定义 2.4　时间分辨

设 f 是空间 $L^2(R)$ 的函数，定义 f 在时间域的分辨为

$$\Delta t = \sqrt{\frac{\int_{-\infty}^{+\infty} t^2 \mid f(t) \mid^2 dt}{\int_{-\infty}^{+\infty} \mid f(t) \mid^2 dt}} \tag{2.3.12}$$

♣

由傅里叶变换可以得到分辨的频域定义。只要在时域的定义中把 T 换成 ω，f 换成 F 就可以了。

定义 2.5　频率分辨

设 F 是空间 $L^2(R)$ 的函数，定义 F 在频率域的分辨为

$$\Delta \omega = \sqrt{\frac{\int_{-\infty}^{+\infty} \omega^2 \mid F(j\omega) \mid^2 d\omega}{\int_{-\infty}^{+\infty} \mid F(j\omega) \mid^2 dt}} \tag{2.3.13}$$

♣

根据 Plancherel 公式，分辨在时域与频域的分母是相等的。

定理 2.8 测不准原理

设 f 是空间 $L^2(R)$ 的函数，它在 $-\infty$ 与 $+\infty$ 处为 0，则

$$\int_{-\infty}^{+\infty} |f(t)|^2 \, dt = \int_{-\infty}^{+\infty} |F(j\omega)|^2 \, d\omega \tag{2.3.14}$$

以及

$$\int_{-\infty}^{+\infty} |f'(t)|^2 \, dt = \int_{-\infty}^{+\infty} \omega^2 |F(j\omega)|^2 \, d\omega \tag{2.3.15}$$

所以

$$\Delta\omega = \sqrt{\frac{\int_{-\infty}^{+\infty} \omega^2 |F(j\omega)|^2 \, d\omega}{\int_{-\infty}^{+\infty} |F(j\omega)|^2 \, dt}} = \sqrt{\frac{\int_{-\infty}^{+\infty} |f'(t)|^2 \, dt}{\int_{-\infty}^{+\infty} |f(t)|^2 \, dt}} \tag{2.3.16}$$

这样的话，把 Δt 和 $\Delta\omega$ 的乘积写出来，并利用柯西不等式，有

$$\Delta t \Delta\omega = \sqrt{\frac{\int_{-\infty}^{+\infty} t^2 |f(t)|^2 \, dt}{\int_{-\infty}^{+\infty} |f(t)|^2 \, dt}} \sqrt{\frac{\int_{-\infty}^{+\infty} |f'(t)|^2 \, dt}{\int_{-\infty}^{+\infty} |f(t)|^2 \, dt}}$$

$$\geqslant \frac{\left| \int_{-\infty}^{+\infty} t f(t) f'(t) dt \right|}{\int_{-\infty}^{+\infty} |f(t)|^2 \, dt} = \frac{1}{2} \tag{2.3.17}$$

定理 2.8 表明，一个函数不可能同时在时域与频域具有任意小的分辨。

定理 2.8 也称为海森伯测不准原理，在量子力学中有重要意义。它说明，粒子的位置和动量在同时度量时，无法同时获得精确值，即围绕粒子平均位置与平均动量的标准方差之积不小于 1/2。标准方差大，所对应的物理量不确定性就大；平均位置的标准方差小，平均动量的标准方差一定就大，位置与动量无法同时确定。因为位置在时间空间，而动量在频率空间，反映的是两个空间的测量同时实现面临的测不准性。不过，大家可以问自己一个问题，既然如此测不准，为什么还存在真正的精密测量呢？

*2.4 欠采样与超外差技术

学过信号处理的同学都知道采样定理，也称为奈奎斯特采样定理，通俗地说采样的速度要足够快，不低于所采信号最高频率的两倍，这个信号的频谱信息就不会丢失，而一旦频谱信息是完整的，采样间隔间丢掉的数据也是可以通过理论模型找回来的，于是很多人都在脑海里留下了采样频率需要足够高的印象。但在实际应用中，我们不得不面临采样能力不够的困难。例如，需要采集一个宽度几纳秒的周期性出现的脉冲信号的形状，或者提取光频梳中每个光脉冲包含的谐波分量。如果这时生搬硬套采样定理的结论，就会发现，纳秒级的脉冲在时间上太短了，光频梳中的光脉冲中光的分量频率也高达 10^{12}Hz，超越了半导

体开关器件的最高速度。近年来出现的磷化铟半导体器件中，电子的响应时间仅为皮秒，换句话说，刚刚达到 10^{12}Hz，似乎采样定理给我们划定了难以逾越的红线。但事实上，上述两种测量已经真正实现了。到底是怎么回事？

站在时域的角度而不是频域的角度来重新看一下采样定理。当我们进行采样时，理论上采样过程可以从开始一直持续下去，乃至永远。但事实上，采样的目的是分析信号里包含的信息，实际上能分析的采样信号一定是有限长的时间序列。对于一段有限时间的信号而言，时间的长度决定了该信号的最高频率，对其进行频谱分析时，基本上可以用傅里叶级数进行表示，这里之所以用"基本"一词是考虑到特定时域信号，如方波会导致傅里叶级数的吉布斯效应等部分点上的偏差。在傅里叶级数的表示方法下，最高频率的谐波分量可以表示为

$$x(t) = A\sin(2\pi f t + \phi) \tag{2.4.1}$$

式中，A、f 和 ϕ 分别是该谐波分量的幅值、频率与相位。正弦波是周期性信号，如果能在一个周期内找到两个独立的点，那么这个正弦波就可以被这两个点刻画，这是因为两个点可以求解幅值 A 和相角 ϕ 两个未知数，这是单纯的多少独立方程可以求解多少未知数的问题。而未知数的个数一定是自然数，所以能实现最高频率的谐波分量的信号恢复，就意味着在最高频率正弦波的一个周期内至少采样得到两个点的数值，所以采样频率不低于两倍的最高频率。类似地，对于其他频率的谐波分量，一个周期的采样点自然会多于两个，也是可以确定该谐波分量的幅值和相位，于是所有的谐波分量都可以确定下来。但可能依然会有人疑惑怎么算出来的，不妨认为整个信号是由 N 个谐波分量组成的：

$$X(t) = \sum_{n=1}^{N} A_n \sin(2\pi f_n t + \phi_n) \tag{2.4.2}$$

式中，A_n、f_n 和 ϕ_n 分别是 n 次谐波分量的幅值、频率与相位，并且 $f_n = nf_0$，f_0 是基频频率，为已知值。如果采样的时刻 $t = t_0 + mt$，$m = 0, 1, 2, \cdots, M-1$，根据采样定理 $M > 2N$，所以构造 M 个方程，就可以求解 $2N$ 个未知数，于是所有的谐波分量都可以确定。自然地，式 (2.4.2) 中的 $X(t)$ 就可以完整地恢复了，相当于离散时间的采样没有信息损失，所以采样定理其实描述的是建立多少方程求解多少未知数的事情。

当我们仔细审视式 (2.4.2) 时，感觉有点不完全像采样定理的条件，采样频率高于两倍最高频率，显然是一个充分条件，此时一定可以恢复原信号，但并没有证明也是必要条件。仔细想一想，可以发现在求解的过程中，实际上谐波频率的边界是由 f_0 和 f_N 共同决定的；换言之，如果知道了其间的谐波分量的具体范围，就足够用来恢复信号了，不需要从 0 到 f_N。而 f_0 和 f_N 共同决定的是带宽，能比带宽宽两倍以上，那么构造足够多的独立方程就是可能的，何不试试？

于是，奈奎斯特采样定理可以重新表达为：为了避免混叠，必须使用大于、等于信号带宽 2 倍的采样频率进行采样。当采样频率 $f_s < 2B$ 时，在频谱中势必发生混叠现象，$f_s = 2B$ 是最低的采样频率。以 $f_s \geqslant 2B$ 的采样频率对带宽为 B 的带通信号进行采样称为欠采样，也称为谐波采样或带通采样。这样欠采样从理论上变成了可能，采样频率不用非得大于信号谐波分量最高频率的两倍，正可谓山重水复疑无路，柳暗花明又一村。

但欠采样具体如何实现？我们下面就针对前面提到的两个问题，分别进行分析。

（1）采集一个宽度几纳秒的周期性出现的脉冲信号的形状。首先，给这个周期为 T 的周期性出现的脉冲信号 $h(t)$ 一个数学描述，显然 $h(t) = h(t+T)$，且

$$h(t) = \begin{cases} x(t), & 0 \leqslant t \leqslant T_0 \\ 0, & T_0 < t \leqslant T \end{cases} \tag{2.4.3}$$

如果在一个周期内能够获得 M 个采样点就可以刻画 $h(t)$，换句话说，得到 $h(t_1), h(t_2), h(t_3), \cdots, h(t_M)$ 这 M 个值，最直观的想法是把这些时刻都取在一个周期里，尽管一个周期才几纳秒，这样对采样器件的要求就很高，会导致采样无法完成或者成本很高。怎么办？可以利用信号的周期性特征，即 $h(t) = h(t+T)$，

于是可以选择一个周期数 n_0，使得 $h(t_1) = h(t_1 + n_0 T)$，而且 $n_0 T$ 足够大，使得利用较低的采样率同样可以进行采集。

　　类似地，$h(t_2) = h(t_2 + 2\,n_0 T)$，$h(t_3) = h(t_3 + 3\,n_0 T)$，$\cdots$，$h(t_M) = h(t_M + Mn_0 T)$，相当于可以用 $n_0 T$ 的采样间隔获得和原来的 $h(t)$ 一样的数据，只不过这个数据画成的曲线在时间上宽了些，但信息没有丢，于是一个纳秒宽的脉冲，可以通过低速的采集系统获得，当然，也对时刻的确定精度提出了高要求（想一想，还需要单个 $\delta(t)$ 足够短，有点类似相机的快门，时间要足够短）；无论如何，第一个问题有了一个解决方案，也促成了采样示波器的出现，现在的采样示波器有的可达 100GHz 带宽，在激光技术、微波技术、通信技术等诸多前沿领域有着重要应用。

　　（2）提取光频梳中每个光脉冲包含的谐波分量。光频梳的全称是光学频率梳（Optical Frequency Comb，OFC），是指在频谱上由一系列均匀间隔且具有相干稳定相位关系的频率分量组成的光学信号。光学频率梳是继超短脉冲激光问世之后激光技术领域又一重大突破，该领域的两位开拓者 J. L.Hall 和 T. W. Hänsch 于 2005 年获得了诺贝尔物理学奖。原理上，光学频率梳在频域上表现为具有相等频率间隔的光学频率序列，在时域上表现为具有飞秒量级时间宽度的电磁场振荡包络，其光学频率序列的频谱宽度与电磁场振荡慢变包络的时间宽度满足傅里叶变换关系。超短脉冲的这种在时域和频域上的分布特性就好似我们日常所用的梳子，形象地称为光学波段的频率梳，简称"光梳"。光梳相当于一个光学频率综合发生器，是迄今为止最有效的进行绝对光学频率测量的工具，可将铯原子微波频标与光频标准确简单地联系起来，有力地促进了原子钟、精密测量的发展。

　　但是，常见的光的频率都在 10^{12}Hz 以上，即使有采样示波器，也有很大的困难。这种情况下，一个自然的办法是，如果能对光学频率做减法，就有可能把问题变简单了。那么，怎么才能对频率做减法？回想一下我们中学里学到的和差化积公式，如

$$\sin(\omega_1 t + \theta_1)\sin(\omega_2 t + \theta_2) = \frac{1}{2}\cos[(\omega_1 - \omega_2)t + (\theta_1 - \theta_2)] - \frac{1}{2}\cos[(\omega_1 + \omega_2)t + (\theta_1 + \theta_2)] \quad (2.4.4)$$

　　仔细观察，可以发现第一项中两个频率相减，而第二项是两个频率相加，如果能把高频分量的对应的第二项滤掉，就可以得到频率相减的结果，如果可以做到，把窄带的高频信号的频率降下来就变成可能。怎么做呢？如何实现两个信号相乘？

　　根据光强的物理特性，简单地表示就是光强幅值向量的叠加，不妨假设它们偏振态相同，分别表示为 $E_1 \sin(\omega_1 t + \theta_1)$ 和 $E_2 \sin(\omega_2 t + \theta_2)$，于是，合成后的信号的光强为

$$\begin{aligned}I &= [E_1 \sin(\omega_1 t + \theta_1) + E_2 \sin(\omega_2 t + \theta_2)]^2 \\ &= 2E_1 * E_2 \sin(\omega_1 t + \theta_1)\sin(\omega_2 t + \theta_2) + [E_1 \sin(\omega_1 t + \theta_1)]^2 + [E_2 \sin(\omega_2 t + \theta_2)]^2\end{aligned} \quad (2.4.5)$$

显然，等号右边第一项就是式 (2.4.4) 的样子。如果能构造高性能的光梳激光 $E_2 \sin(\omega_2 t + \theta_2)$，那么 E_2、ω_2、θ_2 都比较稳定，而且 ω_2 和 ω_1 的差值比较小，可以利用较低的采样率采集，从而可以获得光梳脉冲内的光谱信息。

　　通过这种频率相减的方式实现的欠采样测量，本质上就是一种超外差技术，和收音机、电视机、手机用的原理是一样的。日常电器和学术前沿之间，原来有着本质的联系。

习　　题

2-1　设 N 位 ADC 的输入为一满量程的三角波信号，若其理论信噪比定义为 $\mathrm{SNR} = 20\lg\left(\dfrac{V_s}{V_n}\right)$，其中，$V_s$、$V_n$ 分别设为信号和量化噪声的有效值电压，当采样速率等于奈奎斯特采样速率时，请给出其简化后的表达式。

2-2　采样开关是滤波器吗？谈谈你的理解。

2-3　现有的 4G 移动通信网络中，常见的频谱在 1880MHz 以上，从奈奎斯特采样定理的描述中看，一般需要两倍以上的采样速率才能实现有效采样，但高速模数转换器十分昂贵（一般高于千元），而现实中的手机却可以售价千元以下。请结合采样的相关知识，给出这一现象的合理性解释。

2-4　目前 4G 手机已进入千家万户，其流畅的数据传输速率尤其受到人们的欢迎，5G 通信的时代已来临，某同学有个疑问，想知道自己的 4G 手机能否继续用于 5G 网络。请结合采样的相关知识，给出你的建议。

2-5　某同学采用某 14 位精度的 ADC 搭建了一个数据采集系统，结果发现，对于不同的正弦信号频率，所获得的精度不同，见图 2.e1。其中，横坐标为输入频率，纵坐标为信噪失真比（SINAD），SPAN 表示输入信号电压范围。该同学希望输入信号的幅值在 1.5V 左右，采样的有效位数不低于 12 位，请结合图 2.e1 计算其输入信号频率范围。

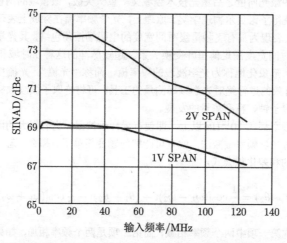

图 2.e1　某型号 ADC 有效位数随输入频率的变化趋势

2-6　有人说，模数转换过程中，提高量化位数有利于提高信噪比，而提高采样频率会降低信噪比。请判断正误，并简述理由。

2-7　某同学认为随着现代通信技术的发展，信息的传递几乎可以光速传达；另外一位同学却不同意，说在教室里面对面打电话的两个人，首先听到的是空气传来的声音而不是手机传来的声音。请结合所学知识阐述你的观点。

2-8　有人说，若以 200 kHz 采样率对 190 kHz 的正弦信号进行采样，则所得信号的频率为 5kHz。请判断正误，并简述理由。

2-9　奈奎斯特采样定理指出，若信号 $f(t)$ 仅包含从直流到频率 f_m 的谐波分量，则无失真的采样频率 $f_s \geqslant 2f_m$。某同学采用模数转换器搭建了一个数据采集系统，以 20Hz 的采样频率对 10Hz 的正弦信号进行采样，结果发现，若第 k 个采样点位于正弦波的 θ 相位，则第 $k+1$ 个采样点位于 $\theta + \pi$ 的位置，从而不同的采样起始点 θ 所获得的采样信号的幅值也不同。由于实际采样时的 θ 相位未知，因此该同学认为，奈奎斯特采样定理的叙述并不准确，应去掉等号。你是否同意其观点，并阐述理由。

2-10　目前 5G 通信时代已经到来，数据传输速率比 4G 更高，有人说 5G 时代的高速数据传输会对电池技术带来挑战，请结合学到的采样知识，谈谈你的理解。

2-11　目前 5G 通信时代已经到来，数据传输速率比 4G 更高，有人说 5G 时代的高速率传输一定会导致同等编码情况下，传输同样大小数据时功耗增大。请结合学到的采样知识，谈谈你的理解。

2-12　以 100kHz 采样率对某幅值为 1 的正弦信号进行采样，若该信号的频率可选择为 45kHz、50kHz、80kHz、100kHz、120kHz 和 200kHz，试分别分析所得采样信号的频谱特征，并解释理由。

2-13　对于一个 12 位的 ADC，根据信噪比公式，可算得其理想信噪比为 74dB，若实际测试中该 ADC
　　　的信噪比仅为 70dB，试说明原因并计算实际有效位数。

2-14　若已知 ADC 的最大采样速率为 5.12×10^6SPS（Sampling per Second），欲采集输入信号 9 个完
　　　整周期，则输入信号的频率和采样点数可以是 _____。
　　　A. 51.2kHz 和 900；　　　　B. 45kHz 和 210；　　　　C. 5.120kHz 和 210；　　　　D. 任意设置

2-15　有人说，如果以 190kHz 的采样率对 200kHz 的正弦信号进行采样，由于采样频率低于信号频率，
　　　仅能获得 190kHz 的信号。请判断正误，并简述理由。

第 3 章 基于模拟/数字转换技术的测量

进行模拟信号到数字信号的转换，是很多测量技术实现的前提。模数转换的方法很多，不同电路结构模数转换器的工作原理和性能的差异较大。每一个实际的模数转换器除了必备的转换电路，还需要适当地模拟输入信号处理电路、数字输出信号接口电路等。

3.1 模数转换器的分类

模数转换器的种类繁多、类别多样。在实际应用过程中，转换分辨率和转换速率则是选用模数转换器的主要依据。

按转换信号的关系分类，可分为直接转换型和间接转换型。直接转换型：转换电路把模拟输入信号（一般是模拟电压）直接转换成数字信号，并经数字接口输出，转换过程中不出现中间变量；常见的模数转换器有并行比较型、逐次逼近型等。间接转换型：转换电路首先把模拟输入信号转换为某个中间变量，然后把这个中间变量再转换成数字信号输出。最常见的间接转换型模数转换器有电压-时间型和电压-频率型，前者中间变量是时间间隔，后者中间变量是频率。虽然转换过程经过中间变量，但模拟输入与中间变量之间及中间变量与数字输出之间的转换电路结构简单，容易以较低成本达到较高精度。

按转换器分辨率分类，常见的模数转换器的分辨率为 6~24 位，分辨率的高、低不易进行确切的划分，它与使用的场合和不同历史时代的制造水平有关。但习惯上把 6~8 位称为低分辨率，10~16 位称为中分辨率，而高分辨率通常指 16 位以上。分辨率与转换电路结构有一定的联系，但不能看成某种固定关系。例如，并行比较型模数转换器的分辨率多半不高，而大多数 Σ-Δ 型模数转换器的分辨率很高。但高分辨率模数转换器并非一定是 Σ-Δ 型的，逐次逼近型模数转换器既有 8 位的，又有中、高分辨率的。

按转换速率分类，不同模数转换器的转换速率差异很大。如同分辨率一样，转换速率的高、低也不易进行确切的划分，但习惯上把转换时间在毫秒量级的称为低速，转换时间在微秒量级的称为中速，转换时间在纳秒量级的称为高速。转换速率与转换电路的结构、原理有比较密切的关系，并行比较型和分级型为高速模数转换器的主流，双积分型模数转换器肯定是低速的，而转换时间在微秒量级的是逐次逼近模数转换器。但是随着制造工艺水平的提高，逐次逼近型模数转换器的转换时间也能达到几百纳秒，Σ-Δ 型模数转换器已超出了音频领域，最高采样频率已达到数十兆赫。

按模拟输入电路分类，大多数模数转换器的模拟输入信号直接进入转换器的输入端，但也有不少模数转换器的模拟输入电路带有某些模拟信号处理电路，如采样保持器、多路模拟开关、可编程增益放大器以及差动输入电路等。

按数字输出接口分类，模数转换器的数字输出端通常要与数字信号处理电路或微处理器相连，信号连接电路称为接口，常见接口分为并行接口和串行接口等。并行接口：模数转

换器的 n 位转换结果通过多位数据线同时输出，称为并行输出。完成并行输出的接口电路称为并行接口。并行接口的数据传输速率高，接口电路比较简单，程序设计比较容易，但占用芯片引脚多，体积大。串行接口：模数转换器的 n 位转换结果通过一条数据线逐位输出，称为串行输出。完成串行输出的接口电路称为串行接口。为了使串行数据的传输能与微处理器的数据接口同步，通常需要有相关的同步时钟信号。串行输出的数据传输速率低，但占用芯片引脚少，体积小，微处理器端口的占有量较少，便于简化系统的接口及远距离数据传送。

此外，传统的模数转换器的内部结构是固定的，也就是说，某一个特定型号的模数转换芯片的主要特性是一定的，用户无法改变它。但随着可编程技术的发展，近年来出现了不少可编程模数转换芯片。用户可以通过编程改变模数转换芯片内部的部分结构的组态，以满足不同系统的设计要求，如通过编程设置分辨率、模拟输入的量程、选择内部数字滤波器的工作方式、改变数字输出接口的方式等。同时，为了构成一个完整的系统，通常还要连接采样保持放大器、模拟开关、数字信号处理器（Digital Signal Processor，DSP）、数字显示电路等多个外围芯片。随着集成电路制造技术的进步，芯片设计师把许多原来由外围芯片完成的功能集成到模数转换器芯片中，使系统结构大为简化。例如，把可编程放大器、多路模拟开关和模数转换器集成在一个芯片上，构成数据采集系统，某些模数转换器芯片还集成了数字信号处理器、微处理器、存储器等部件。这些单片系统就是"模数转换子系统"，或称"片上系统（system-on-chip）"。

一般来说，按不同的转换原理可设计出结构不同的转换电路，由于电路结构是影响转换器性能的主要因素，因此，电路结构也是最主要的分类方法，下面对常见模数转换器的分类作介绍。

3.1.1 按转换电路结构和工作原理分类

并行比较型（闪烁型）：当位数为 n 时，这种转换器包含 $2^n - 1$ 个电压比较器，参考电压 V_{REF} 被分压成 2^n 阶，$\dfrac{V_{\text{REF}}}{2^n}, 2\dfrac{V_{\text{REF}}}{2^n}, 3\dfrac{V_{\text{REF}}}{2^n}, \cdots, (2^n - 1)\dfrac{V_{\text{REF}}}{2^n}$ 分别加到这些电压比较器的参考端，模拟输入电压同时加到所有电压比较器的输入端。输入端电压高于参考端电压的比较器输出为 1，否则输出为 0；$2^n - 1$ 个比较器的输出（连同"零"有 2^n 个输出）经过数字编码获得 n 位二进制数，即数字输出值。这种转换器的工作原理十分简单，转换器中的 $2^n - 1$ 个电压比较器完全是并行工作的，因此得名"并行比较型"，习惯上也称为"全并行"。这类模数转换器的转换速率每秒可高达数百兆次，是各类模数转换器中转换速度最高的，因此又有"闪烁（Flash）型"模数转换器之称。并行比较型模数转换器所含比较器的数量（关系到芯片尺寸）与分辨率 n 呈指数关系，又由于要实现高速转换，每个比较器都必须在相当高的功耗下工作，构成分压器的每个参考电阻的阻值也很低，以便向高速比较器提供足够大的偏置电流，因此芯片尺寸和功耗将限制这类转换器的分辨率。就目前模数转换器的制造工艺而言，并行比较型模数转换器的分辨率一般为 $6 \sim 8$ 位，最高达 10 位。

分级型：分级（subranging）型模数转换器把一个高分辨率的 n 位模数转换器分成两级（或多级）较低分辨率的转换，第一级用一个 $m(< n)$ 位并行比较型转换器完成粗转换，

转换结果作为 n 位中的高 m 位，转换误差小于 m 位的最低有效位；第二级用一个 $k(<n)$ 位并行比较型转换器对第一级转换余下的误差电压再次转换，转换结果作为 n 位中的低位，其中 $m+k \geqslant n$。分级转换可以大大减少电压比较器及分压电阻的数量，以 12 位模数转换器为例，并行比较型模数转换器需要 4097 个比较器；如果分成各 6 位两级转换，则只需要 $2^6 - 1 + 2^6 - 1 = 126$ 个比较器，这种分成两级转换的模数转换器又称为"半闪烁"模数转换器，分成三级及以上转换的模数转换器称为"多级（multistep）"模数转换器。分级转换必然影响转换速率。为提高转换速率可采用多级保持器，第一级转换余下的误差电压被保持在第二级保持器中，在第二级转换的同时，第一级就可以对输入电压进行下一次采样和转换，以提高采样速率，这就是"分级流水（pipeline）型"模数转换器。

逐次逼近型：这种模数转换器使用一个电压比较器将模拟输入电压与一个 n 位数模转换器（Digital-to-Analog Converter，DAC）的输出电压进行比较，这个 n 位 DAC 的数字输入是由一个逐次逼近寄存器提供的。逐次逼近寄存器在转换器的控制下，从高位到低位逐位被置 1 或者清 0，使 DAC 的输出电压逐步逼近模拟输入电压，经过 n 次比较和逼近，最终逐次逼近寄存器中的数字（即 DAC 的输入）就是模数转换的结果。逐次逼近的过程类似于用天平和砝码称量一个物体的质量，从大砝码到小砝码逐一试称的过程。由于要经历 n 次比较，所以转换速度不如前两种，但转换器包含的元件数量较少，能以较低的制造成本获得较高的分辨率，因此逐次逼近型模数转换器在中、低速场合得到广泛应用。

跟踪计数型：跟踪计数型与逐次逼近型有相似之处，转换器包含一个电压比较器和一个 n 位 DAC，但一个可逆计数器代替了逐次逼近寄存器和控制逻辑。可逆计数器在时钟脉冲作用下不停地计数，计数器的值作为 DAC 的数字输入，电压比较器的输出控制了可逆计数器的计数方向，使 DAC 的输出不停地跟踪模拟输入电压，计数器的值即为模数转换器的数字输出值。跟踪计数型模数转换器的电路结构比逐次逼近型简单，计数器能及时跟踪模拟输入电压，特别适用于需要快速跟踪的伺服系统。

积分型：从转换信号的关系来说，积分型模数转换器属于间接转换型。转换器中的积分器把模拟输入电压转换成与之成比例的时间间隔，在这段时间间隔内，一个 n 位计数器对频率固定的时钟脉冲计数，最终的计数值与时间间隔成正比，反映了输入平均电压的大小。为了减小积分器的元件参数和参考电压对积分精度的影响，通常要对输入电压和参考电压各进行一次积分，因此又称为双积分型模数转换器。积分器和计数器结构简单，成本低，此外积分器具有低通特性，能抑制高频噪声，但工作速度比较低，因此积分型模数转换器被广泛用于低频、高精度的数字仪表电路中。

压频转换型：压频转换又称 V/F 转换。首先把模拟电压转换成频率与该电压成正比的脉冲信号，然后在单位时间内用计数器对脉冲计数，计数值与频率成正比，反映了模拟电压的大小。显然，V/F 型也属间接转换型，中间变量是频率。专用的 V/F 转换芯片技术已非常成熟，再与计数器配合可以构成高分辨率、低成本的模数转换器。

Σ-Δ 型：Σ-Δ 型模数转换器以很低的采样分辨率（最低可 1 位）和很高的采样频率将模拟信号数字化，利用过采样技术、噪声整形和数字滤波技术增加有效分辨率。近年来，Σ-Δ 模数转换技术发展很快，转换分辨率已高达 32 位，在各类模数转换器中，分辨率是最高的，因此在低成本、高分辨率的低频（直流到音频）信号处理场合得到了广泛应用，有取代双积分型模数转换器的趋势。

3.1.2 模数转换器的发展趋势

近年来，模数转换器制造技术发展十分迅速，竞争十分激烈，制造商不断推出低成本、高性能的模数转换器新产品。总体发展趋势可以归纳为以下几个方面。

（1）新结构。Σ-Δ 型和分级流水型模数转换器特别引人关注，近年来，它们分别是高分辨率模数转换器和高速模数转换器的主流结构。传统的逐次逼近型模数转换器也采用了新技术，如电荷重分布技术，使其速度和分辨率都有了明显提高。

（2）高分辨率和高精度。高分辨率的 Σ-Δ 型模数转换器已被用于数字音频系统，使音频信号的动态范围和信噪比大大提高；高分辨且高精度的 Σ-Δ 型模数转换器被用于仪表测量系统，在某些场合将取代双积分型模数转换器。

（3）高速。分级流水结构圆满地解决了速度和分辨率之间的矛盾，为数字视频和数字通信领域提供了高速、高分辨率的模数转换器。本来属于中、低速的逐次逼近型和 Σ-Δ 型模数转换器的转换速度也在不断提高。

（4）低电压和低功耗。使用 3~5V 单电源的模数转换器已十分流行，有的模数转换器电源电压仅 1.8V，某些芯片的待机功耗降低到 μW 量级。

（5）小型化系统。小型表面贴装芯片越来越流行，满足了系统的小型化要求和自动贴装生产线的需要。越来越多的模数转换器芯片上集成了采样保持放大器、模拟开关、数字信号处理器和微处理器，构成模数转换子系统，简化了系统结构并提高了系统可靠性。

（6）低成本。在各类集成电路中模数转换器芯片的成本是比较高的，随着大规模集成电路技术的发展，近年来价格大幅下降。

3.2 典型的模数转换器

由于逐次逼近型、并行式 ADC 在电子技术课程中已有较多涉及，本节将针对积分式、Σ-Δ 型 ADC 进行分析。

3.2.1 单斜式及积分式模数转换器

单斜式模数转换器涉及典型的非积分电压到时间的变换，图 3.2.1 为其原理框图和波形图。其工作原理是，斜坡发生器产生的斜坡电压与 V_{IN} 输入比较器和接地 (0V) 比较器比较。比较器的输出触发双稳态触发器，得到时间为 T 的门控信号，由计数器通过对门控时间间隔内的时钟信号进行脉冲计数，即可测得时间 T，即 $T = NT_0$，T_0 为时钟信号周期，而计数结果 N 表示模数转换的数字量结果，即

$$V_{IN} = kT = kNT_0 \tag{3.2.1}$$

式中，k 为斜坡电压的斜率，单位为 V/s。

斜坡电压通常是由积分器对一个标准电压 V_{REF} 积分产生的，斜率为

$$k = -\frac{V_{REF}}{RC} \tag{3.2.2}$$

式中，R、C 为积分电阻和电容。

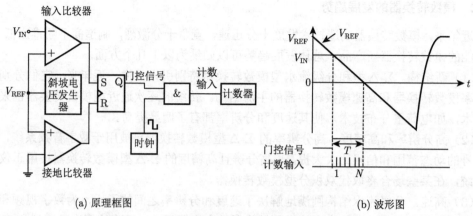

(a) 原理框图   (b) 波形图

图 3.2.1   单斜式模数转换器的原理框图和波形图

将式 (3.2.2) 代入式 (3.2.1)，得 $e = \dfrac{V_{\rm IN}}{N} = -\dfrac{V_{\rm REF}}{RC}T_0$ 为定值，即刻度系数。于是有 $V_{\rm REF} \propto N$，因此，可用计数结果的数字量 N 表示输入电压 $V_{\rm IN}$。显然，门控时间 T 即为单斜式模数转换器的转换时间，取决于斜坡电压的斜率，并与被测电压值有关。在满量程时，转换时间最长，即转换速度最慢。

单斜式模数转换器具有线路简单、成本低等优点，但其精度较低，受斜坡电压的线性和稳定性、门控时间的测量精度、比较器的漂移及死区电压的影响，无法胜任高精度的测量。为了提高积分式模数转换器的测量精度，双积分式模数转换器应运而生。其包括积分器、过零比较器、计数器及逻辑控制电路，其原理是通过两次积分过程，即对被测电压的定时积分和对参考电压的定值积分的比较，得到被测电压值。图 3.2.2 为双积分式模数转换器的原理框图和积分波形图。工作过程如下。

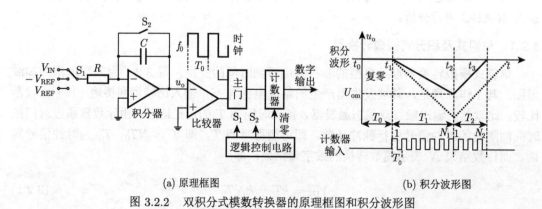

(a) 原理框图   (b) 积分波形图

图 3.2.2   双积分式模数转换器的原理框图和积分波形图

（1）复零阶段 $(t_0 \sim t_1)$：开关 S_2 接通 T_0 时间，积分电容 C 短接，使积分器输出电压 $u_{\rm o}$ 回到零（$u_{\rm o} = 0$）。

（2）对被测电压定时积分（$t_1 \sim t_2$）：开关 S_1 接被测电压 $V_{\rm IN}$，S_2 断开。若 $V_{\rm IN}$ 为正，

则积分器输出电压 u_o 从零开始线性地负向增长，经过规定的时间 T_1，即到达 t_2 时，由逻辑控制电路控制结束本次积分，此时，积分器输出 u_o 达到最大 U_{om}：

$$U_{om} = -\frac{1}{RC} \int_{t_1}^{t_2} V_{IN}dt = -\frac{T_1}{RC}\overline{V_{IN}} \tag{3.2.3}$$

式中，$\overline{V_{IN}} = \int_{t_1}^{t_2} V_{IN}dt$ 为被测电压 V_{IN} 在积分时间 T_1 内的平均值，积分时间 T_1 为定值，$-\frac{T_1}{RC}$ 即为积分波形的斜率，U_{om} 与 V_{IN} 的平均值 $\overline{V_{IN}}$ 成正比。

（3）对参考电压反向定值积分（$t_2 \sim t_3$）：若被测电压为正，则开关 S_1 接通负的参考电压 $-V_{REF}$，S_2 断开。则积分器输出电压 u_o 从 U_{om} 开始线性地正向增长（与 V_{IN} 的积分方向相反），设 t_3 时刻到达零点，过零比较器翻转，经历的反向积分时间为 T_2，则有

$$0 = U_{om} - \frac{1}{RC} \int_{t_2}^{t_3} (-V_{REF})dt = U_{om} + \frac{T_2}{RC}V_{REF} \tag{3.2.4}$$

将式 (3.2.3) 代入式 (3.2.4)，可得

$$\overline{U_x} = \frac{T_2}{T_1}V_{REF} \tag{3.2.5}$$

由于 T_1、T_2 是通过对同一时钟信号计数得到的，设计数值分别为 N_1、N_2，即 $T_1 = N_1T_0$，$T_2 = N_2T_0$，于是式 (3.2.5) 可写成

$$\overline{V_{IN}} = \frac{N_2}{N_1}V_{REF} = eN_2, \quad e = \frac{V_{REF}}{N_1} \tag{3.2.6}$$

或

$$N_2 = \frac{N_1}{N_r}\overline{V_{IN}} = \frac{1}{e}\overline{V_{IN}} \tag{3.2.7}$$

式中，e 为刻度系数（V/字）；N_2 即计数器在参考电压反向积分时对时钟信号的计数结果，N_2 可表示为被测电压 $\overline{V_{IN}}$，数字量 N_2 即为双积分 AD 转换结果。

从上述的工作过程可见，双积分式模数转换器基于 V-T 变换的比较测量原理，它能测量双极性电压，内部的极性检测电路根据输入电压极性确定所需的反向积分时参考电压的极性（与被测电压极性相反），它具有如下特点：①积分器的 R、C 元件及时钟频率对 AD 转换结果不会产生影响，因而对元件参数的精度和稳定性要求不高。②参考电压 V_{REF} 的精度和稳定性直接影响 AD 转换结果，故需采用精密基准电压源。例如，一个 16 位的 ADC，其分辨率为 $1LSB = 1/2^{16} = 1/65536 \approx 15 \times 10^{-6}$，那么要求基准电压源的稳定性（主要为温度漂移）优于 15×10^{-6}，即百万分之十五。③具有较好的抗干扰能力，因为积分器响应的是输入电压的平均值，见式 (3.2.6) 和式 (3.2.7)。

假设被测直流电压 V_{IN} 上叠加有干扰信号 u_{sm}，即输入电压 $u_x = V_{IN} + u_{sm}$，则 T_1 阶段结束时积分器的输出为

$$U_{om} = -\frac{1}{RC} \int_{t_1}^{t_2} (V_{IN} + u_{sm})dt = -\frac{T_1}{RC}\overline{V_{IN}} - \frac{T_1}{RC}\overline{u_{sm}} \tag{3.2.8}$$

式 (3.2.8) 说明，干扰信号的影响也是以平均值方式作用的，若能保证在 T_1 积分时间内，干扰信号的平均值为零，则可大大减少甚至消除干扰信号的影响。为了滤除源于电网的 50Hz 工频电压（周期为 20ms）的干扰，一般选择 T_1 为 20ms 的整倍数。

双积分式模数转换器是 AD 转换器件的一个大类，许多常用的手持式数字多用表是基于双积分式模数转换器设计的。双积分式 ADC 的分辨力受比较器的分辨力和带宽所限，为进一步提高 ADC 的分辨力，人们提出了三斜积分式 ADC，可大大降低对比较器的要求，并提高 ADC 的分辨力。图 3.2.3 为三斜积分式模数转换器的原理框图和积分电压波形。

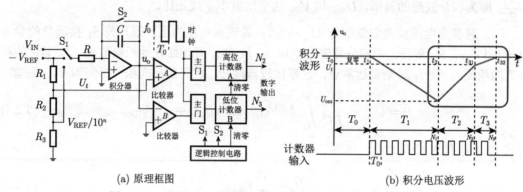

(a) 原理框图　　　　　　　　　　　　　(b) 积分电压波形

图 3.2.3　三斜积分式模数转换器的原理框图和积分电压波形

如图 3.2.3 所示，三斜积分式模数转换器比双斜式模数转换器多了一个比较器，与一个小的参考电压量 U_1 相比较，主要是将原双积分式模数转换器对参考电压反向积分的 $t_2 \sim t_3$ 过程分为两个阶段，即 $t_2 \sim t_{31}$ 和 $t_{31} \sim t_{32}$，并用独立的两个计数器 A、B 分别计数。其中 $t_2 \sim t_{31}$ 期间为对参考电压 V_{REF} 反向积分，当积分器输出达零点前的 U_1 时，积分器切换到对 $\frac{1}{10^n}V_{\mathrm{REF}}$ 积分（$t_{31} \sim t_{32}$），由于 $\frac{1}{10^n}V_{\mathrm{REF}}$ 较小，积分器输出的斜率降低为上一阶段的 $\frac{1}{10^n}$，积分输出"缓慢地"进入零点，使过零的时间大大"拖长"了，降低了对积分器的要求。

当积分完成时，不难推出：

$$\frac{T_1}{RC}\overline{V_{\mathrm{IN}}} = \frac{T_2 + \frac{1}{10^n}T_3}{RC}V_{\mathrm{REF}} \tag{3.2.9}$$

考虑到 $T_1 = N_1T_0$，$T_2 = N_2T_0$，$T_3 = N_3T_0$，其中 T_0 为时钟周期，则由式 (3.2.9) 可得

$$\overline{V_{\mathrm{IN}}} = \frac{V_{\mathrm{REF}}}{N_1}\left(N_2 + \frac{1}{10^n}N_3\right) = eN \tag{3.2.10}$$

式中，$e = \dfrac{V_{\mathrm{REF}}}{N_1}$ 为刻度系数（V/字）。$N = N_2 + \dfrac{1}{10^n}N_3$ 即为 A/D 转换结果的数字量，由计数器 A 和计数器 B 的计数值 N_2 和 N_3 加权得到。

3.2.2　Σ-Δ 型模数转换器

Σ-Δ 型模数转换器源于"速度换取精度"的想法，属于采样定理的深度应用。其实施方案早在 20 世纪 60 年代就已被提出，但受限于工艺水平，一直未能商业化生产。近年来，

随着超大规模集成电路制造水平的提高，具有分辨率高、线性度好、成本低等特点的 Σ-Δ 型模数转换器得到越来越广泛的应用。而微纳加工技术的成熟及更小的 CMOS 几何尺寸，促进了 Σ-Δ 型模数转换器产品的进一步提升，采样速率可达到几十 MHz，分辨位数高达 32 位。

从调制编码理论的角度看，多数传统的模数转换器，如并行比较型、逐次逼近型等，均属于线性脉冲编码调制（Linear Pulse Code Modulation，LPCM）类型。这类模数转换器根据信号的幅值大小进行量化编码，一个分辨率为 N 的模数转换器的满刻度电平被分为 2^n 个不同的量化等级，为了能区分这 2^n 个不同的量化等级需要相当复杂的电阻网络和高精度的模拟电子器件。当位数 N 较高时，比较网络实现起来十分困难，限制了转换器分辨率的提高。同时集成度、温度变化等因素也影响了转换器分辨率的提高。

Σ-Δ 型模数转换器与传统的 LPCM 型模数转换器不同，它不是直接根据信号的幅值进行量化编码，而是根据前一采样值与后一采样值之差进行量化编码，从某种意义上来说它是根据信号的包络形状进行量化编码的。Σ-Δ 型模数转换器名称中的 Δ 表示增量，Σ 表示积分或求和。Σ-Δ 型模数转换器采用了极低位的量化器，避免了 LPCM 型模数转换器在制造时所面临的很多困难，非常适合用 MOS 技术实现；它采用了极高的采样频率和 Σ-Δ 调制技术，可以获得极高的分辨率。同时，它采用低位量化，不会像 LPCM 型模数转换器那样对输入信号的幅值变化过于敏感。与传统的 LPCM 型模数转换器相比，Σ-Δ 型模数转换器实际上是一种用高采样频率来换取高位量化，即以速率换分辨率的方案。

Σ-Δ 型模数转换器以很低的采样分辨率和很高的采样频率将模拟信号数字化，通过使用过采样技术、噪声整形和数字滤波技术增加有效分辨率，然后对模数转换器输出进行抽取处理，以降低模数转换器的有效采样频率，去除多余信息，减轻数据处理的负担。由于 Σ-Δ 型模数转换器所使用的 1 位量化器和 1 位数模转换器具有良好的线性度，所以 Σ-Δ 型模数转换器的微分线性和积分线性性能都非常优秀，并且无须修调。Σ-Δ 型模数转换器含有非常简单的模拟电路和十分复杂的数字信号处理电路。要了解 Σ-Δ 型模数转换器的工作原理，必须熟悉过采样、噪声整形、数字滤波和采样抽取等基本概念。

1. 过采样

图 3.2.4 给出了理想 3 位单极性模数转换器的转换特性，横坐标是输入电压 V_{IN} 的相对值，纵坐标是经过采样量化的数字输出量，以二进制 000 ~ 111 表示。理想模数转换器第一位的变迁发生在相当于 $\frac{1}{2}$LSB 的模拟电压值上，以后每隔 1LSB 都发生一次变迁，直至距离满度的 $\frac{1}{2}$LSB。因为模数转换器的模拟量输入可以是任何值，但数字输出是量化的，所以实际的模拟输入与数字输出之间存在最大 $\frac{1}{2}$LSB 的量化误差；在交流采样应用中，这种量化误差可以等效为噪声，也常称为量化噪声。根据量化理论，理想 N 位模数转换器量化噪声的有效值为 $\frac{q}{\sqrt{12}}$。对于满量程正弦输入信号，理论信噪比为

$$\mathrm{SNR} = 6.02N + 1.76[\mathrm{dB}] \tag{3.2.11}$$

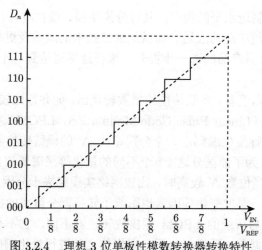

图 3.2.4　　理想 3 位单板性模数转换器转换特性

　　如给理想模数转换器输入恒定的直流电压，多次采样得到的数字输出值不变，但分辨率受量化误差的限制，这如同用一把尺子去量一张 A4 纸，怎么量都不能准确测量。如果在这个直流输入信号上叠加一个交流信号，该交流信号的幅值变化要比较大（思考为什么），并用比该交流信号频率高得多的采样频率进行采样，此时的数字量输出值将是变化的，用这些采样结果的平均值表示模数转换器的转换结果，便能得到比用同样模数转换器高得多的采样分辨率，这种方法称为过采样。如果模拟输入电压本身就是交流且幅值不太小，信号则不必另叠加交流，采用过采样技术也可提高模数转换器的分辨率。由于过采样的采样频率高于输入信号最高频率的许多倍，有利于简化抗混叠滤波器的设计，提高信噪比并改善动态范围。但需要注意的是，过采样为提高测量的精度提供了可能，但被测信号需要具有一定的变化，如何突破这一限制，则是 Σ-Δ 型模数转换器需要面对的事情，当然它通过 Σ 累加（积分）的方式做到了增量 Δ 的累积，保证不断有变化，从而保证了高精度测量的实现。如同一把常见的直尺测不了一张 A4 纸的厚度，但若能不断增加纸的张数总可以导致刻度的变化，最终等效地利用粗刻度的尺子实现高精度测量。类似于用"多次测量求平均值"来提高均值精度。

　　也可以用频域分析方法来讨论过采样问题。由于直流信号转换的量化误差达 $\frac{1}{2}$LSB，因此数据采样系统具有量化噪声。一个理想的常规 N 位模数转换器的采样量化噪声有效值为 $\frac{q}{\sqrt{12}}$，均匀分布在 Nyquist 频带直流至 $\frac{1}{2}f_s$ 范围内，如图 3.2.5 所示，其中 q 为 1LSB 对应的模拟电压值，f_p 为模拟低通滤波器的转折频率，f_s 为采样频率，模拟低通滤波器将滤除 $\frac{1}{2}f_s$ 以上的噪声。

　　如果提高采样频率，用 Kf_s 的采样频率对输入信号进行采样，Nyquist 频率增至 $\frac{1}{2}Kf_s$，整个量化噪声位于直流至 $\frac{1}{2}Kf_s$ 之间，量化噪声的总量仍为 $\frac{q}{\sqrt{12}}$，但是由于量化噪声频带展宽的扩大，位于直流至 $\frac{1}{2}f_s$ 之间的量化噪声为 $\frac{q}{\sqrt{12K}}$，如图 3.2.6 所示。模拟低通滤波

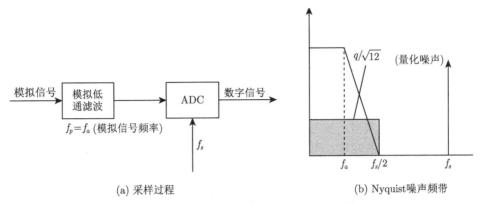

(a) 采样过程

(b) Nyquist噪声频带

图 3.2.5 使用模拟低通滤波器的 Nyquist 采样

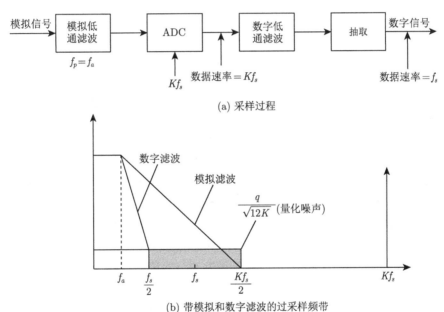

(a) 采样过程

(b) 带模拟和数字滤波的过采样频带

图 3.2.6 带模拟和数字滤波的过采样

器只需滤除 Kf_s 以上的噪声，因此对模拟低通滤波器的整体要求降低了。由于系统的通带频率仍为 f_a，因此可在模数转换器之后加一个数字低通滤波器滤除 f_a 至 $\frac{1}{2}Kf_s$ 之间的量化噪声和无用信号而又不影响有用信号，从而提高了信噪比，这种方法相当于将模数转换器的量化噪声降低到 $\frac{q}{\sqrt{12K}}$，即为原来的 $\frac{1}{\sqrt{K}}$。根据采样定理，$\frac{1}{2}f_s$ 应至少为 f_a，根据过采样的信噪比公式：

$$\text{SNR} = 6.02N + 1.76 + 10\lg\left(\frac{f_s'}{2f_a}\right)\,[\text{dB}] \tag{3.2.12}$$

此时

$$f_s' = Kf_s, \quad f_a = \frac{f_s}{2} \tag{3.2.13}$$

因此

$$\mathrm{SNR} = 6.02N + 1.76 + 10\lg K[\mathrm{dB}] \tag{3.2.14}$$

过采样使得总信噪比提高了 $10\lg K[\mathrm{dB}]$，可以用低分辨率模数转换器实现高分辨率模数转换。理论上，如果过采样倍率足够大，通过数字滤波，就可以用低分辨率模数转换器实现任意分辨率的模数转换器。然而，每增加一位等效分辨率，过采样倍率 K 就需要翻四番，受限于实际器件工艺的发展，用该手段来提高分辨率的效果比较有限。

为使采样频率不超过一个合理的界限，需要对量化噪声的频谱进行整形，使得大部分噪声位于 $\frac{1}{2}f_s$ 和 $\frac{1}{2}Kf_s$ 之间，而仅仅一小部分留在直流和 $\frac{1}{2}f_s$ 内，这正是 Σ-Δ 型模数转换器中 Σ-Δ 调制器所要完成的。噪声频谱被调制器整形后，数字滤波器可去除大部分量化噪声能量，使整体信噪比大大增加。

2. Σ-Δ 调制器和量化噪声整形

与传统的 LPCM 型模数转换器不同，Σ-Δ 型 ADC 里的增量调制器要求信号采样值是互相有联系的。显然，对于一个连续信号，如果采样间隔很小，相邻采样点间的信号幅值不会变化太大，若将前后两点的差值进行量化，同样可以代表连续信号所含的信息。增量调制器的结构可以用图 3.2.7(a) 表示。图中的量化器用来对两次采样点之间的差值进行量化，积分器则对量化的噪声进行求和，以形成最终采样值。增量调制器的量化噪声由两部分构成，即普通量化噪声和过载量化噪声。当采样间隔足够小，信号幅值变化不超过量化台阶 Δ 时，量化噪声为普通量化噪声。而在一个采样间隔内，信号幅值变化超过量化台阶 Δ，积分器无法跟踪信号的变化时，量化噪声为过载噪声。显然，对一特定信号来说，只能通过提高增量调制器的采样频率、减小采样间隔才能避免产生过载噪声。显然，信号的斜率过载是影响增量调制器性能的主要原因，为克服这一缺点，提出了改进的增量调制器，即 Σ-Δ 调制器，其结构见图 3.2.7(b)。Σ-Δ 调制器与简单增量调制器的主要区别是：将信号先进行一次积分，使信号高频分量幅值下降，减小信号的斜率，再进行增量调制。在最终结果输出之前必须要进行一次微分以补偿积分引起的频率损失，在实际应用中，该微分环节与输出最终结果时所需的求和环节互补，故均可省去。Σ-Δ 调制器输出的调制脉冲中已经包含信号幅值的全部信息，表现为调制脉冲的占空比。只要将调制脉冲译码并用数字低通滤波环节滤除有用频带外的高频量化噪声即可得到信号的转换结果。图 3.2.7(b) 中的两个积分器可以合并，由此得到图 3.2.7(c) 所示的 Σ-Δ 调制器简化结构，目前实际应用中的大多数 Σ-Δ 调制器均采用此结构。

图 3.2.8(a) 给出了一阶 Σ-Δ 型模数转换器的原理框图。虚线框内是 Σ-Δ 调制器，它以 Kf_s 采样频率将输入信号转换为 1 和 0 构成的连续串行位流。1 位 DAC 由串行输出数据流驱动，1 位 DAC 的输出以负反馈形式与输入信号求和，根据反馈控制理论可知，如果反馈回路的增益足够大，DAC 输出的平均值接近输入信号的平均值。Σ-Δ 调制器的工作原理还可以用图 3.2.8(b) 中 A、B、C、D 各点的信号波形描述。当输入电压 $V_{\mathrm{IN}} = 0$ 时，A 点电压为 $+V_{\mathrm{REF}}$ 或 $-V_{\mathrm{REF}}$，那么积分器输出线性增加，其斜率正比于 $+V_{\mathrm{REF}}$，当 B 点电压增至锁存比较器的翻转阈值，锁存比较器翻转，C 点输出为 1，一位 DAC 的输出 D 为 $+V_{\mathrm{REF}}$，

此时，A 点电压变为 $V_{\text{IN}} - (+V_{\text{REF}}) = 0 - V_{\text{REF}} = -V_{\text{REF}}$。这样，积分器输入由 $+V_{\text{REF}}$ 变为 $-V_{\text{REF}}$，当 B 点电压降至锁存比较器的翻转阈值时，锁存比较器翻转，C 点输出为 0，一位 DAC 的输出 D 为 $-V_{\text{REF}}$，此时，A 点电压又变为 $V_{\text{IN}} - (-V_{\text{REF}}) = 0 + V_{\text{REF}} = +V_{\text{REF}}$。上述过程周而复始，不断循环。

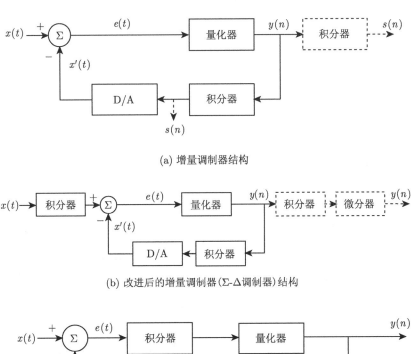

(a) 增量调制器结构

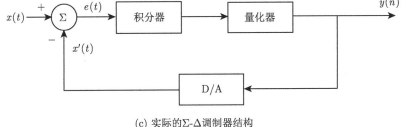

(b) 改进后的增量调制器(Σ-Δ 调制器) 结构

(c) 实际的 Σ-Δ 调制器结构

图 3.2.7　增量调制器和 Σ-Δ 调制器的结构

如上所述，锁存比较器的输出 C 点为 0、1 相间的数字流，如果数字滤波器对每 8 个采样值取平均，所得到的输出值为 $\frac{4}{8}$，这个值正好是 3 位双极型模数转换器的 0 值。当输入电压 $V_{\text{IN}} = +\frac{1}{4}V_{\text{REF}}$ 时，求和输出 A 点的正、负幅值不对称，引起正、反向斜率不等，于是调制器输出 1 的个数多于 0 的个数。如果数字滤波器仍对每 8 个采样值取平均，所得到的输出值为 $\frac{5}{8}$，这个值正好是 3 位双极型模数转换器对应于 $+\frac{1}{4}V_{\text{REF}}$ 的转换值。

由于积分器可以在频域内用一个幅值响应与 $1/f$ 成正比的滤波器加以表示，又由于带时钟的锁存比较器具有斩波器的作用，它将输入信号转换为高频交流信号，围绕输入信号平均值变化，因而低频下的量化噪声大大减小。这种情况下产生噪声的频谱严格地依赖于采样频率、积分时间常数和电压反馈误差。

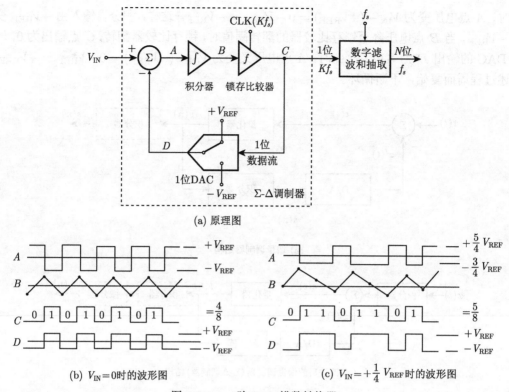

(a) 原理图

(b) $V_{\mathrm{IN}}=0$时的波形图   (c) $V_{\mathrm{IN}}=+\frac{1}{4}\,V_{\mathrm{REF}}$时的波形图

图 3.2.8 一阶 Σ-Δ 模数转换器

用图 3.2.9 所示的 Σ-Δ 调制器的频域线性化模型可进一步分析,积分器被表示为一个与输入频率成反比的幅频响应特性。量化器被表示为在一个增益级 g 后与量化噪声 Q 求和。使用频域分析方法的一个优点是可以利用代数式表示和分析信号。输出信号 Y 可以表示为输入信号 X 在求和点处与输出信号 Y 相减,即 $X-Y$,并与模拟滤波器的传递函数 $H(f)$ 及放大器增益相乘,再与量化噪声 Q 相加。

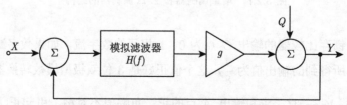

图 3.2.9 Σ-Δ 调制器的频域线性化模型

若增益 $g=1$, $H(f)=\dfrac{1}{f}$, 则 $Y=\dfrac{X-Y}{f}+Q$, 整理得

$$Y=\frac{X}{f+1}+\frac{fQ}{f+1} \tag{3.2.15}$$

由式 (3.2.15) 可以看出,当频率 f 接近于零时,输出 Y 接近 X 并且无噪声分量。在较高

频率下，X 项的值减小而噪声分量增加，对于高频输入，输出主要包含量化噪声。实际上，这个模拟滤波器对信号具有低通作用，而对噪声分量具有高通作用，因此可将调制器的模拟滤波器作用看作噪声整形滤波器，整形后的量化噪声分布如图 3.2.10 所示，其中阴影部分的面积与图 3.2.5 阴影部分的面积相等。

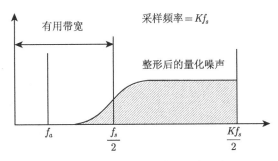

图 3.2.10　整形后的量化噪声分布

在假设量化噪声为白噪声且与输入信号不相关的前提下，如同一般的模拟滤波器一样，高阶滤波器具有更好的性能；较之低阶 Σ-Δ 调制器，高阶 Σ-Δ 调制器也是如此。因此，实际上，高阶 Σ-Δ 调制器得到广泛的应用。

3. 数字滤波和采样抽取

Σ-Δ 调制器对量化噪声整形以后，将量化噪声移到所关心的频带以外。整形的量化噪声可用数字滤波器滤除，如图 3.2.11 所示。该数字滤波器除了滤除 Σ-Δ 调制器在噪声整形过程中产生的高频噪声外，相对于最终的采样频率 f_s，还起到抗混叠滤波器的作用。

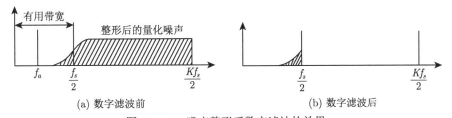

(a) 数字滤波前　　　　　　　　　　　　　　(b) 数字滤波后
图 3.2.11　噪声整形后数字滤波的效果

数字滤波器压缩了信号带宽，所以输出数据速率应低于原始采样频率，直至 Nyquist 频率，以去除输出数据中的多余信息。如果采样频率不满足采样定理，信号将发生混叠，但如果输出数据速率远大于 $2f_a$，会增加系统处理数据的负担，对系统的硬件、软件要求更高，增大了系统的成本。降低输出数据速率是通过对滤波器输出以原始采样频率的 $1/M$ 进行重采样来完成的，这种方法称为采样频率降为 $1/M$ 的抽取，一般 M 小于等于过采样倍率 K。$M = 4$ 的采样抽取如图 3.2.12 所示。其中，输入信号 X 的重采样率已降到原来采样频率的 1/4。这种抽样不产生任何信息损失，可去除过采样过程中产生的多余信号。

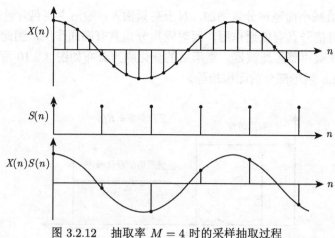

图 3.2.12　抽取率 $M = 4$ 时的采样抽取过程

在 Σ-Δ 型模数转换器中，常常将抽取与数字滤波结合在一起，以提高计算效率。众所周知，有限冲激响应（Finite Impulse Response，FIR）滤波器简单地对输入采样值进行流动加权平均计算。在通常情况下，每一个输入采样值应对应一个滤波器输出。如果希望对滤波器输出进行抽取，即用较低的频率对滤波器输出进行重采样，就没有必要对每一次采样输入都进行滤波输出计算。此时，只需按抽取的速率进行计算，可大大提高计算效率。如果使用无限冲激响应（Infinite Impulse Response，IIR）滤波器，由于其中含有反馈，不能将数字滤波与抽取结合在一起。在某些 Σ-Δ 型模数转换器中使用了两级滤波。如果两级滤波器分别使用 FIR 滤波器和 IIR 滤波器。那么，抽取与第一级 FIR 滤波器结合在一起，最终的滤波由第二级 IIR 滤波器完成，如果两级滤波器均使用 IIR 滤波器，更为有效的办法通常是把抽取与滤波分开，放在两级滤波之间。

3.3　模数转换器主要性能指标

众所周知，由于任何实际器件均含有一定的非线性，因此，对实际的模数转换器的性能指标进行评估后才能分级使用。

3.3.1　谐波失真、最坏谐波、总谐波失真和总谐波加噪声失真

当一个正弦信号经过一个器件时，在输出频谱中会出现该正弦频率的高次谐波分量，这些高次谐波项称为谐波失真分量。评价模数转换器谐波失真有多种方法，通常用 FFT 分析所测各谐波分量的幅值。假设输入信号频率为 f_a，采样频率为 f_s，则谐波频率 f 为

$$f = |\pm k f_s \pm n f_a| \tag{3.3.1}$$

其中，$k = 0, 1, 2, \cdots, n$ 是谐波的阶次，$n = 2, 3, 4, \cdots$。

例 3.1　当 $f_a = 7\text{MHz}$，$f_s = 20\text{MHz}$ 时，在奈奎斯特带宽内出现的二次谐波的频率为

$$f = f_s - 2f_a = 20\text{MHz} - 2 \times 7\text{MHz} = 6\text{MHz} \tag{3.3.2}$$

一般情况下，二次和三次谐波是最大的两个谐波分量。在某些器件的技术指标中还给出了其中最坏（即最大）的谐波分量，而更多的则是用总谐波失真（Total Harmonics Distortion，THD）来表示器件的谐波失真指标，即

$$\text{THD} = \frac{\sqrt{V_2^2 + V_3^2 + V_4^2 + \cdots + V_n^2}}{V_s} \tag{3.3.3}$$

其中，V_s 为信号幅值（有效值）；$V_2, V_3, \cdots, V_n$ 为 $2, 3, \cdots, n$ 次谐波的幅值（有效值）。THD 通常以分贝（dB）为单位，在通信系统中还常常用 dBc 表示，即谐波电平低于载波电平的分贝数。

应当指出的是，输入信号基波的幅值一般取低于满度的 $0.5 \sim 1\text{dB}$ 的幅值（为满度值的 89%~95%），以防止输入信号饱和。总谐波加噪声失真（THD+N）的定义和表达式与THD 类似，仅仅比 THD 多加上噪声项 V_{noise}：

$$\text{THD} + \text{N} = \frac{\sqrt{V_2^2 + V_3^2 + V_4^2 + \cdots + V_n^2 + V_{\text{noise}}^2}}{V_s} \tag{3.3.4}$$

假如在测量带宽内 V_{noise} 远小于 THD 或最坏谐波分量，则有 $\text{THD} + \text{N} \approx \text{THD}$。

3.3.2 信噪比、信噪失真比和有效位数

信噪比（SNR）是信号电平的有效值与各种噪声（包括量化噪声、热噪声、白噪声等）有效值之比的分贝数。理论信噪比（即只考虑量化噪声的因素）取决于模数转换器量化过程所使用的量化数目，量化数目（即模数转换器的位数）越多，量化噪声就越小，其理论信噪比也就越大。对于满度的正弦信号，其理论信噪比可由式 (3.2.11) 得到：

$$\text{SNR} = 6.02N + 1.76[\text{dB}]$$

其中，N 为模数转换器的位数。

式 (3.2.11) 没有考虑采样频率对信噪比的影响，事实上，提高采样频率可以等效地提高模数转换器的位数（即过采样），因此，提高采样频率可以提高模数转换器的信噪比，即

$$\text{SNR} = 6.02N + 1.76 + 10\lg\left(\frac{f_s}{2f_a}\right)[\text{dB}] \tag{3.3.5}$$

其中，$f_s > 2f_a$，$\dfrac{f_s}{2f_a}$ 称为过采样倍率；$10\lg\left(\dfrac{f_s}{2f_a}\right)$ 称为处理增益。

信噪失真比（Signal to Noise and Distortion Ratio，SINAD），记作 $\dfrac{\text{S}}{\text{N} + \text{D}}$，是指输入信号有效值与奈奎斯特带宽中全部其他频率分量（包括噪声和谐波分量，但不包括直流分量）总有效值之比的分贝数。SINAD 与 SNR 的不同之处在于考虑了谐波分量，目的是凸显高速模数转换器应用中的谐波失真。在实际应用中存在噪声和失真，影响了模数转换器的实际分辨率，相当于降低了模数转换的位数。模数转换器实际可达到的位数称为有效

位数（Effective Number of Bits，ENOB）。如已知信噪失真比（SINAD）（通常用实测的方法得到），有效位数可用式 (3.3.6) 求出：

$$\text{ENOB} = \frac{1}{6.02}\left[\text{SINAD} - 1.76\text{dB} - 10\lg\left(\frac{f_s}{2f_a}\right)\right] \tag{3.3.6}$$

显然，有效位是一个综合性的动态性能指标，与系统的采样频率、信号带宽、信号幅值、噪声、谐波失真等均有密切的关系。

在一般情况下，信噪失真比（SINAD）和有效位数（ENOB）与信号频率、幅值之间的关系可以通过器件生产厂家提供的数据手册来了解。图 3.3.1 给出了 14 位 40/65 MSPS 高速模数转换器 AD9244 在输入量程为 $1V_{\text{p-p}}$ 和 $2V_{\text{p-p}}$ 的情况下，有效位数与其输入信号频率之间的关系。从图 3.3.1 中可以看到，当输入信号频率为 20MHz 时，在上述两种情况下，有效位数分别下降至 12 位和 11.2 位。尽管其标称的输入信号频率可达 40MHz，但实际的分辨率却达不到，实际应用中需加以注意。

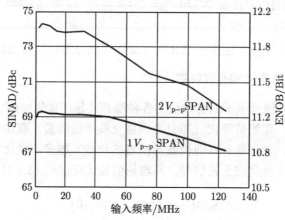

图 3.3.1　某 ADC 有效位数与信号频率的关系

3.3.3　无杂散动态范围

在高速模数转换器的应用中，尤其是应用在通信领域中时，最重要的技术指标之一就是无杂散动态范围（Spurious Free Dynamic Range，SFDR）。高速模数转换器的无杂散动态范围定义为在奈奎斯特带宽内测得的信号幅值（有效值）与奈奎斯特带宽内所测得的最大杂散分量（有效值）之比的分贝数，即

$$\text{SFDR} = 20\lg\left(\frac{V_s}{V_{\text{spurmax}}}\right) \tag{3.3.7}$$

其中，V_s 为信号幅值有效值；V_{spurmax} 为最大的杂散分量的有效值。

由式 (3.3.7) 可以看出，无杂散动态范围（SFDR）也可以定义为信号幅值有效值的分贝数与最大杂散分量幅值有效值的分贝数之差。在高速模数转换器的数据手册（datasheet）中，无杂散动态范围（SFDR）可以用相对输入信号的分贝数（dBc）表示，也可以用相对于模数转换器满量程的分贝数（dBFS）表示。图 3.3.2 是某 12 位模数转换器的无杂散动态范围（SFDR）与输入信号满度的关系图。

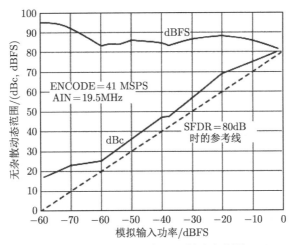

图 3.3.2　某 ADC 的无杂散动态范围

ENCODE: 实际编码速度（实际采样速度）；AIN: 模拟输入为正弦信号

　　无杂散动态范围（SFDR）是输入信号幅值的函数，对于典型的模数转换器来说，最大的无杂散动态范围一般发生在输入信号低于满度几分贝（dB）时。当输入信号的幅值低于满度几分贝时，其杂散分量主要受模数转换器的非线性和其他因素影响，而不直接取决于其输入信号的谐波分量。无杂散动态范围（SFDR）是度量模数转换器失真性能的综合指标，而不论失真来源如何。N 位模数转换器的无杂散动态范围通常比 SNR 大许多，例如，12 位模数转换器 AD9042 的无杂散动态范围是 80dB，而其 SNR 的典型值是 65dBc（理论值是 75dBc）。这是由于噪声与失真间的度量方法有本质区别。对某一模数转换器而言，可通过增大采样频率的方法（过采样）等效提高其分辨率，从而提高 SNR，但不可能增大无杂散动态范围。类似于系统误差和随机误差的区别。

3.3.4　双音交调失真

　　总谐波失真（THD）可用来衡量一个“纯”正弦波（单音正弦波）作用于模数转换器输入端时模数转换器的谐波失真性能。但在实际应用中，输入信号往往是由多个频率分量构成的，考察双音交调失真性能更接近实际应用情况。双音交调失真是指：当两个频率信号 f_1、f_2 加至模数转换器的输入端时，由于模数转换的非线性，其输出频谱中含有以 f_1、f_2 的和频、差频形式存在的交调失真分量，它们在频谱中的位置为

$$f = |\pm pf_1 \pm qf_2| \qquad (3.3.8)$$

其中，$p, q = 0, 1, 2, 3, \cdots$，参见图 3.3.3。

　　当 f_1 和 f_2 频率比较接近时，二阶交调失真分量 $f_2 \pm f_1$ 以及一些高次的交调失真分量距 f_1 和 f_2 较远，易用数字滤波的方法滤除。但两个三阶交调失真分量 $2f_1 - f_2$ 和 $2f_2 - f_1$ 非常靠近 f_1 和 f_2，很难将其滤除。一般情况下，双音交调失真特指三阶交调失真分量所引

起的失真，可用某一输入信号幅值的有效值与三阶交调失真有效值之比的分贝数表示。为准确反映不同信号幅值下模数转换器的双音交调失真性能，模数转换器芯片厂家通常提供双音无杂散动态范围随信号幅值的变化曲线作为设计依据。

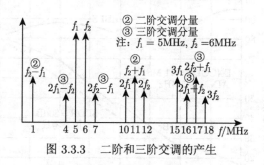

图 3.3.3　二阶和三阶交调的产生

模数转换器
使用过程注
意事项

3.4　数据采集系统的抗干扰设计

　　"数据采集"是指将温度、压力、流量、位移、速度等模拟量采集转换成数字量后，再由计算机进行存储、处理、显示或打印的过程，相应的系统称为数据采集系统。从严格意义上说，数据采集系统应该是用计算机控制的多路数据自动检测或巡回检测，并且能够对数据进行存储、处理、分析和计算，以及从检测的数据中提取可用的信息，供显示、记录、打印或描绘的系统。不论在哪个应用领域中，数据的采集与处理越及时，工作效率就越高，取得的经济效益通常就越大。

　　数据采集系统的任务，具体地说，就是利用传感器从被测对象获取有用信息，并将其输出信号转换为计算机能识别的数字信号，然后送入计算机进行相应的处理，得出所需的数据。同时，将计算得到的数据进行显示、储存或打印，以便实现对某些物理量的监视，其中一部分数据还将生产过程中的计算机控制系统用来进行某些物理量的控制。

　　数据采集系统一般由数据输入通道、数据存储与管理、数据处理、数据输出及显示五个部分组成。

　　数据采集系统性能的好坏，主要取决于它的精度和速度。在保证精度的条件下，应有尽可能高的采样速度，以满足实时采集、实时处理和实时控制的要求。

　　如果要设计一个数据采集系统，总体方案是关键，它直接影响着系统的技术先进性及系统要求，如待测信号的数量，是模拟量还是数字量，信号的强弱和变化范围，是电压还是电流输出，信号变化速度，要求的分辨率，现场的干扰大小，信号源输出阻抗的大小，系统要求的采集控制精度等。根据这些条件来确定系统的精度、采集速度、抗干扰能力，从而对采集系统进行设计。其次要合理配置系统，恰当安排软件、硬件功能。

　　数据采集系统结构形式的确定，要根据系统性能要求及被测信号的特点来选择系统的结构形式。常见的系统数据采集形式有以下几种。

　　1）单通道数据采集系统

　　这种数据采集系统转换精度很高，速度快，但成本非常高，适合于采集样点少、精度要求高的系统，其系统框图如图 3.4.1 所示。

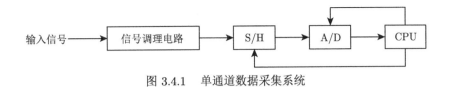

图 3.4.1　单通道数据采集系统

2）多通道并行数据采集系统

这种数据采集系统的结构如图 3.4.2 所示，每个通道都带有独自的采样/保持器 (S/H)、信号调理电路。其数据采集的速度快，但占用大量资源。若被测的是静态或变化缓慢的信号，则可以不加采样/保持器。

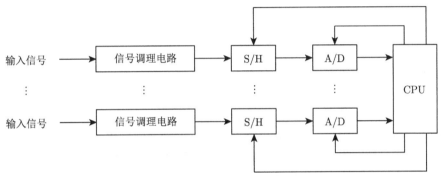

图 3.4.2　多通道并行数据采集系统

3）多通道同步型数据采集系统

如图 3.4.3 所示，在这种采集系统中，所有通道共享模数转换器，这种采集形式适合于各通道的转换精度、转换速度要求基本一致的场合。它占用 CPU 的输入口较少，CPU 对每个通道的访问可以由软件决定，也可由硬件决定。由于每一路都有采样/保持器，可以在同一个指令控制下对各种信号同时采样，得到各路信号在同一时刻的瞬时值，多路模拟开关分时将各瞬时值送入模数转换器进行转换，这种系统称为同步型数据采集系统。这是一种比较经济的工作方式，尤其对于接口有限的系统，这种方式更有效。

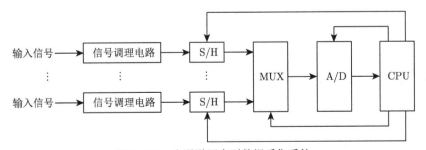

图 3.4.3　多通道同步型数据采集系统

这种数据采集系统的采集速度较前两种方式慢，在被测信号路数较多的情况下，同步采得的信号保持的时间不会加长，而保持器都会有一些泄漏，使信号有所衰减。由于各路信号保持的时间不同，各个信号的衰减量不同，因此会出现一定的误差。

4）多通道共享采样/保持器与模数转换器

如图 3.4.4 所示，这种结构采用分时转换的工作方式，各路测量信号共用一个采样/保持器和一个模数转换器。这种结构形式简单，所用芯片数量少，适用于信号变化速率不高，对采样信号不要求严格同步的中、低速采集系统。

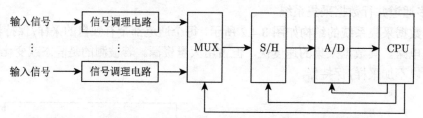

图 3.4.4　多通道共享采样/保持器与模数转换器的数据采集系统

在很多场合下，采集系统还可共用信号调理电路，但是如果各路模拟信号幅值相差很大或者模拟信号幅值随时间变化很大，那么调理电路的主放大器就必须使用程控放大器或浮点放大器，如图 3.4.5 所示。为适应采集与控制的需要，一些厂家设计了各种直接插入计算机插槽的数据采集接口卡，利用这些采集卡，可方便地构成一个数据采集系统或自动测量系统，从而大大节省硬件的研制时间。应用较多的采集卡主要有基于 PCI（Peripheral Component Interconnect）总线的数据采集卡。采集卡中通常包括模数转换器、数模转换器、MUX 开关、采样/保持器、程控放大器，此外还包括数字量的输入/输出接口、定时计数通道、总线接口逻辑电路、DMA 控制器和电源，可以非常方便地与计算机适配。

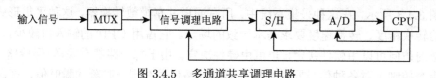

图 3.4.5　多通道共享调理电路

在数据采集系统的设计过程中要考虑抗干扰问题。一个数据采集系统设计的成败，很大程度上取决于该系统的设计是否充分考虑并采取了有效的抗干扰措施。

3.4.1　干扰的形成与抗干扰设计

本书所提到的"干扰"通常是指电磁干扰（Electro Magnetic Interference，EMI）。在进行电磁干扰分析时，应该分别考虑"电磁"和"干扰"两种因素。静止的电荷称为静电。当不同的电荷向同一个方向移动时，产生电流，电流周围产生磁场。如果电流的方向和大小持续不断变化就产生了电磁波。电以各种状态存在，通常把这些状态统称为电磁场。设备受到电磁场的影响后性能降低，即受到干扰，例如，雷电使收音机产生杂音。

1. 干扰的形成与分类

形成干扰的基本要素可概括为如下三种：干扰源、传播路径和敏感器件。干扰都是由干扰源产生的。干扰源是指产生干扰的元件、设备或信号，如雷电、继电器、可控硅、电机、高频时钟和高频 PWM 信号等都可能成为干扰源。传播路径指干扰从干扰源传播到敏感器件的通路或媒介。干扰通过传播路径到达敏感器件，典型的干扰传播路径有通过导线的传导和空间的辐射。敏感器件指容易被干扰的对象。干扰可通过敏感器件表现出来，并使敏感器件不能正常工作。常见的敏感器件包括模数转换器、数模转换器、单片机、CPLD、FPGA 和弱信号放大器等。干扰可以有多种分类方式。按照发生源的不同可将干扰分为自然干扰和人为干扰。自然干扰包括大气干扰、雷电干扰和宇宙干扰。人为干扰包括功能性干扰及非功能性干扰。功能性干扰指系统中某一部分正常工作所产生的有用能量对其他部分的干扰，而非功能性干扰指无用的电磁能量所产生的干扰，例如，发动机点火系统产生的干扰。按照干扰传播途径的不同，可以将干扰分为通过电源线、信号线、地线、大地等途径传播的传导干扰和通过空间直接传播的空间干扰两类。按照频率范围的不同，可以将干扰分为低频干扰和高频干扰。

干扰可以分成很多类别，这些干扰既产生于电气电子设备，又干扰电气电子设备，造成设备的故障和停用，使数据采集系统不能正常工作。

2. 干扰的耦合方式

干扰耦合的形式一般包括静电耦合、互感耦合、公共阻抗耦合和漏电流耦合等。

1）静电耦合（电容性耦合）

静电耦合是由电路间经杂散电容耦合到电路中的一种干扰与噪声耦合方式。图 3.4.6 所示的是静电耦合的电路模型。图中 U_1 是干扰电路在 a、b 间的电动势，Z_2 是受扰电路在 c、d 间的等效输入阻抗，C 为干扰源电路和受扰电路间的等效寄生电容。受扰电路在 c、d 间所感受到的干扰信号为

$$U_2 = \frac{Z_2}{Z_2 + \dfrac{1}{\mathrm{j}\omega C}} U_1 \tag{3.4.1}$$

受扰电路所感受到的干扰信号 U_2 随 U_1、C、Z_2 和干扰信号的频率 ω 增大而增大。减小受扰电路的等效输入阻抗 Z_2 和电路间的寄生电容 C 可以降低静电耦合的干扰与噪声。

2）互感耦合（电感性耦合）

互感耦合是由电路间寄生互感耦合到电路的一种干扰与噪声耦合方式。图 3.4.7 所示的是互感耦合的电路模型。图中 I_1 是干扰源电路在 a、b 间的等效输入电流源，M 为干扰源电路和受扰电路间的等效互感，则受扰电路在 c、d 间感应到的干扰信号为

$$U_2 = \mathrm{j}\omega M I_1 \tag{3.4.2}$$

受扰电路所感受到的干扰信号 U_2 随 I_1、M 和干扰信号的频率 ω 增大而增大。减小 M，可以降低互感耦合的干扰与噪声。

3）公共阻抗耦合

公共阻抗耦合是由电路间的公共阻抗耦合到电路的一种干扰与噪声耦合方式。图 3.4.8 所示的是公共阻抗耦合的电路模型。图中 I_1 是干扰源电路在 a、b 间的电流源，Z_2 是受扰电路在 c、d 间的等效输入阻抗，Z_1 是干扰源电路和受扰电路间的公共阻抗，则受扰电路

在 c、d 间感应到的干扰信号为

$$U_2 = \frac{Z_1 Z_2}{Z_1 + Z_2} I_1 \tag{3.4.3}$$

受扰电路所感受到的干扰信号 U_2 随 I_1、Z_1 的增大而增大。减小干扰电路和受扰电路的公共阻抗 Z_1，可以降低公共阻抗耦合的干扰与噪声。

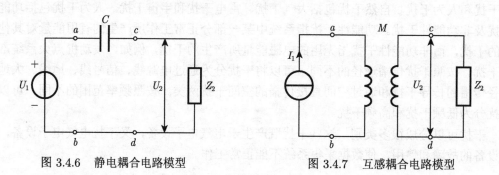

图 3.4.6　静电耦合电路模型　　　　图 3.4.7　互感耦合电路模型

4）漏电流耦合

漏电流耦合是由电路间的漏电流耦合到电路的一种干扰与噪声耦合方式。图 3.4.9 所示是漏电流耦合的电路模型。图中 U_1 是干扰电路在 a、b 间的电动势，Z_2 是受扰电路在 c、d 间的等效输入阻抗，Z_1 是干扰源电路和受扰电路间的漏电阻抗，则受扰电路在 c、d 间感受到的干扰信号为

$$U_2 = \frac{1}{1 + \dfrac{Z_1}{Z_2}} U_1 \tag{3.4.4}$$

受扰电路所感受到的干扰信号 U_2 随 U_1、Z_2 的增大而增大，随 Z_1 的增大而减小。如果增大干扰电路和受扰电路间的漏电阻抗 Z_1，减小受扰电路的等效输入阻抗 Z_2，都可降低漏电流耦合的干扰与噪声。

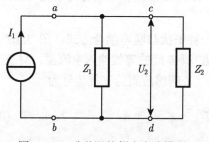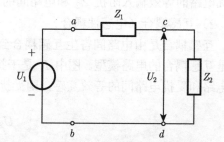

图 3.4.8　公共阻抗耦合电路模型　　　　图 3.4.9　漏电流耦合电路模型

3. 抗干扰设计

根据形成干扰的三要素，抗干扰设计的基本原则是抑制干扰源、切断干扰传播路径和提高敏感器件的抗干扰性能。

1）抑制干扰源

抑制干扰源就是尽可能地减小干扰源的电压导数和电流导数的量值，这是抗干扰设计中最优先考虑的和最重要的原则。减小干扰源的电压导数主要是通过在干扰源两端并联滤波电容来实现的，减小干扰源的电流导数则是通过在干扰源回路串联电感或电阻以及增加续流二极管来实现的。

抑制干扰源的常用措施如下：继电器线圈增加续流二极管，消除断开线圈时产生的反电动势干扰。仅加续流二极管会使继电器的断开时间滞后，若再增加稳压二极管，则继电器在单位时间内可动作更多次数；在继电器接点两端并接火花抑制电路（一般是 RC 串联电路，电阻一般选几 kΩ 到几十 kΩ，电容选 0.01μF），减小电火花的影响；给电机加滤波电路，电容和电感的引线要尽量短；电路板上每个 IC 要并接一个 0.01～0.1μF 的高频电容，以减小 IC 对电源的影响。高频电容的连线应靠近电源端并尽量粗短，否则等于增大了电容的等效串联电阻，影响滤波效果；布线时避免 90° 折线，减少高频噪声发射。

2）切断干扰传播路径

对于传导干扰，高频干扰噪声和有用信号的频带不同，可以通过在导线上增加滤波器的方法切断高频干扰噪声的传播，有时也可加隔离光耦来解决。电源噪声的危害最大，要特别注意处理。对于辐射干扰，一般的解决方法是增加干扰源与敏感器件的距离，用地线把它们隔离以及在敏感器件上加屏蔽罩。

切断干扰传播路径的常用措施如下：充分考虑电源对单片机的影响。电源噪声是一个数据采集系统干扰的重要来源。许多单片机对电源噪声很敏感，要给单片机电源加滤波电路或稳压器，以减小电源噪声对单片机的干扰。例如，可以利用磁珠和电容组成 π 形滤波电路，当然条件要求不高时也可用 100Ω 电阻代替磁珠；如果单片机的 I/O 口用来控制电机等噪声器件，在 I/O 口与噪声源之间应加隔离（增加 π 形滤波电路）；注意晶振布线，晶振与单片机引脚尽量靠近，用地线把时钟区隔离起来，晶振外壳接地并固定；电路板合理分区，如强信号和弱信号分开，数字信号和模拟信号分开；尽可能把干扰源（如电机、继电器）与敏感元件（如单片机）远离；用地线把数字区与模拟区隔离，数字地与模拟地要分离，最后在一点接于电源地，A/D、D/A 芯片布线也以此为原则；单片机和大功率器件的地线要单独接地，以减小相互干扰，大功率器件尽可能放在电路板边缘；在单片机 I/O 口、电源线和电路板连接线等关键地方使用抗干扰元件，如磁珠、磁环、电源滤波器和屏蔽罩，可显著提高电路的抗干扰性能。

3）提高敏感器件的抗干扰性能

提高敏感器件的抗干扰性能是指从敏感器件这边考虑尽量减少对干扰噪声的拾取，以及从不正常状态尽快恢复的方法。

提高敏感器件抗干扰性能的常用措施如下：布线时尽量减少回路的面积，以降低感应噪声；布线时，电源线和地线要尽量粗。除减小压降外，更重要的是降低耦合噪声；对于单片机闲置的 I/O 口，不要悬空，要接地或接电源。其他 IC 的闲置端在不改变系统逻辑的情况下接地或接电源；对单片机使用电源监控及看门狗电路，可大幅提高整个系统的抗干扰性能；在速度能满足要求的前提下，尽量降低单片机的晶振和选用低速数字电路；IC 器件尽量直接焊在电路板上，少用 IC 插座。

3.4.2　硬件抗干扰技术

屏蔽、滤波、接地是解决电磁干扰问题的三种基本方法。

1. 屏蔽

屏蔽是用导电或导磁体的封闭面对其内外两侧空间进行的电磁隔离。因此，从其一侧空间向另一侧空间传输的电磁能量，由于屏蔽而被抑制到极小量。这种干扰抑制效果称为屏蔽效能或屏蔽插入衰减，用分贝表示。令空间某点在没有屏蔽时的场强为 E_o 或 H_o。设计屏蔽后该点的场强为 E_i 或 H_i，于是屏蔽效能 S 为

$$S = 20 \lg \frac{E_o}{E_i} \tag{3.4.5}$$

或

$$S = 20 \lg \frac{H_o}{H_i} \tag{3.4.6}$$

屏蔽效能是频率和材料电磁参数的函数。材料的厚度和屏蔽体的连接也影响屏蔽效能。

根据频率和作用机理不同，屏蔽可以分为下面几种。①直流磁场屏蔽：其屏蔽效能取决于屏蔽材料的磁导率 μ。②地磁屏蔽：地磁场接近直流磁场，对地磁屏蔽可看成是对叠加有效流场的直流磁场屏蔽。为获得较好的屏蔽效能，屏蔽体应采用高导磁材料。③低频磁场屏蔽：从狭义角度，是指甚低频和极低频的磁场屏蔽。主要屏蔽机理是利用高导磁材料具有低磁阻的特性，使磁场尽可能通过磁阻很小的屏蔽壳体，而尽量不扩散到外部空间。④电磁屏蔽：从广义角度，所有屏蔽均属电磁屏蔽。但从狭义角度，电磁屏蔽是指在外界交变电磁场的作用下，电磁感应屏蔽壳体内产生感应电流，而该电流在屏蔽空间又产生了与外界电磁场方向相反的电磁场，从而抵消了外界电磁场，产生屏蔽效果，因此电磁屏蔽较适用于高频场合。⑤静电屏蔽：用来防止静电耦合产生的感应，屏蔽壳体采用高电导率材料并良好接地，以隔断两个电路之间的分布电容耦合，起到屏蔽作用。静电屏蔽的屏蔽壳体必须接地。

2. 滤波

滤波是为了抑制噪声干扰。在数字电路中，当电路从一种状态转换成另一种状态时，会在电源线上产生一个很大的尖峰电流，形成瞬变的噪声电压。当电路接通或断开电感负载时，产生的瞬变噪声干扰往往严重妨碍系统的正常工作。所以在电源变压器的进线端加入电源滤波器，以削弱瞬变噪声的干扰。

滤波器按结构分为无源滤波器和有源滤波器。无源滤波器是由无源元件电阻、电容和电感等组成的滤波器；有源滤波器是由电阻、电容、电感和有源元件（如运算放大器）组成的滤波器。滤波器最重要的特性是其频率特性，可用对数幅频特性 $20 \lg A$ 来表示。这在抗干扰技术中又称为衰减系数。

$$衰减系数 = 20 \lg \left| \frac{U_o(j\omega)}{U_i(j\omega)} \right| \tag{3.4.7}$$

式中，U_o 表示滤波器的输出信号；U_i 表示滤波器的输入信号；ω 表示信号的角频率。

信号通过滤波器,被滤除或被衰减的信号频带称为阻带,被传输的频带称为通带。

1)差模干扰与共模干扰

若从噪声形成的特点来看,噪声干扰分为差模干扰与共模干扰两种。电磁干扰滤波器必须对差模干扰和共模干扰都起到抑制作用。设备的电源线或其他设备与设备之间相互交换的通信线路,至少要有两根导线,这两根导线作为往返线路输送电能或信号。但在这两根导线之外通常还有第三根导体,这就是"地线"。这三根导线的接法通常有两种:一种是两根导线分别作为往返线路传输(图 3.4.10);另一种是两根导线做去路,地线做返回路传输(图 3.4.11)。前者叫"差模"回路,后者叫"共模"回路。前者会产生差模回路干扰,后者会形成共模回路干扰。

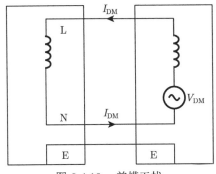

图 3.4.10 差模干扰

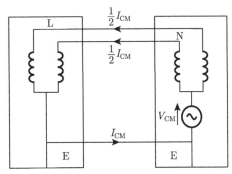

图 3.4.11 共模干扰

差模干扰回路中有一个差模干扰源 V_{DM},该差模干扰源通过相线(L)与中线 (N) 形成差模干扰,差模干扰电流为 I_{DM};共模干扰回路中有一个共模干扰源 V_{CM},该共模干扰源通过相线(L)、中线(N)与地线(E)形成共模干扰回路,共模干扰电流为 I_{CM}。差模和共模回路的区别在于差模电流只在相线和中线之间流动,而共模电流不但流过相线和中线,还流过地线。

2)无源滤波器

无源滤波器主要有电容滤波器、RC 低通滤波器和 LC 低通滤波器等形式。

电容 C 的电抗与频率有关,常用作滤波元件,三种结构的电容滤波器如图 3.4.12 所示。

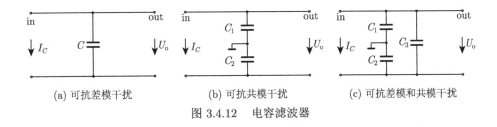

(a) 可抗差模干扰   (b) 可抗共模干扰   (c) 可抗差模和共模干扰

图 3.4.12 电容滤波器

RC 低通滤波器共有 L 形、π 形、T 形三种结构,如图 3.4.13 所示。它们都具有通过低频信号、滤除高频信号的能力。

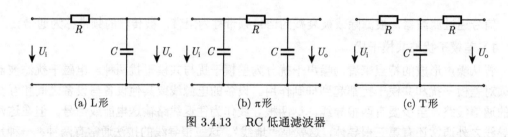

(a) L形   (b) π形   (c) T形

图 3.4.13   RC 低通滤波器

LC 低通滤波器由电感和电容组成，按电路的结构也可以分为三种：L 形、π 形、T 形，如图 3.4.14 所示。通常 LC 低通滤波器比 RC 低通滤波器具有更好的滤波性能。但是由于制造电感比较麻烦，不利于大规模生产，不便于集成化和小型化，因而使 LC 低通滤波器的应用范围受到局限。

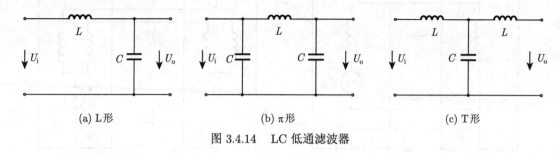

(a) L形   (b) π形   (c) T形

图 3.4.14   LC 低通滤波器

3）有源滤波器

有源滤波器的组成元件中除了电阻和电容（或电感）之外，还有运算放大器。RC 有源滤波器可做成混合型集成电路，因而体积较小。RC 有源滤波器的谐振频率可由 RC 网络任意设定，网络的损耗由运算放大器补偿。另外，这种滤波器可做成高品质因数 (Q)，且当 Q 值一定时可调谐。因此，RC 有源滤波器是当前应用较多的一种滤波器。

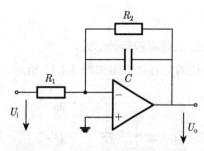

一阶有源低通滤波器如图 3.4.15 所示，其传递函数为

$$A(s) = -\frac{R_2}{R_1}\frac{1}{1+sR_2C} \tag{3.4.8}$$

用 $j\omega$ 代替传递函数变量 s 可得此滤波器的频率特性为

$$A(j\omega) = -\frac{R_2}{R_1}\frac{1}{1+j\omega R_2C} \tag{3.4.9}$$

图 3.4.15   一阶有源低通滤波器

由此可得，此滤波器的静态增益为 $-\dfrac{R_2}{R_1}$（负号表示反向），截止频率（转折频率）为 $\dfrac{1}{R_2C}$。一阶有源低通滤波器的另一种结构如图 3.4.16 所示。它的频率特性为

$$A(j\omega) = \frac{1}{1+j\omega RC} \tag{3.4.10}$$

它的截止频率（转折频率）为 $\frac{1}{RC}$。其中，集成运放工作在电压跟随器状态，有极高的输入阻抗和极低的输出阻抗，可减小后接负载对滤波器的影响。

二阶有源低通滤波器电路如图 3.4.17 所示。其传递函数为

$$A(s) = \frac{U_o(s)}{U_i(s)} = \frac{A_f \omega_n^2}{s^2 + \frac{\omega_n}{Q}s + \omega_n^2} \tag{3.4.11}$$

其中

$$A_f = \frac{R_1 + R_2}{R_2}, \quad \omega_n = \frac{1}{RC}, \quad Q = \frac{1}{3 - A_f} \tag{3.4.12}$$

在二阶有源低通滤波器中，当 $Q = \frac{1}{\sqrt{2}}$ 时，截止频率 $\omega_c = \omega_n$，具有这种特性的滤波器称为巴特沃思（Butterworth）滤波器。

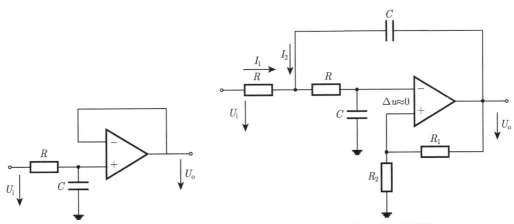

图 3.4.16 一阶有源低通滤波器的另一种结构 　　　图 3.4.17 二阶有源低通滤波器

4) 数字电平滤波器

以上介绍的滤波器都是针对模拟信号进行滤波的滤波器。一般说来，一个系统对模拟信号的精度要求比较高，模拟信号也比较容易受到干扰；而数字信号不易受到干扰，或者说数字信号受到微小干扰但只要不影响 TTL 逻辑电平也没关系。但当干扰很大时，数字信号的逻辑电平也会受到严重干扰而使逻辑电平混乱。例如，屏蔽不好的脉冲宽度调制（Pulse Width Modulation，PWM）功放对后续数据采集系统的数字逻辑电平就会有严重的干扰。为了解决数字电平易受干扰的问题，可采用如下数字电平滤波器，它由 D 触发器和门电路组成，使用效果相当好，其电路如图 3.4.18 所示。

如图 3.4.18 所示，数字电平滤波器的原理是，只有当 D_1、D_2、D_3、D_4 同时为高电平时，输出 D_{out} 才为高电平；当 D_1、D_2、D_3、D_4 同时为低电平时，D_{out} 才为低电平。如果 D_1、D_2、D_3、D_4 四点电平不一致时，输出 D_{out} 不改变。如果忽略门电路的延时，则整个电平滤波电路的延时取决于 CLK 时钟周期和 D 触发器的个数。图 3.4.18 所示的 TTL 电平滤波器的延时是 3 个时钟周期。

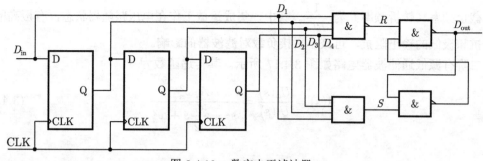

图 3.4.18   数字电平滤波器

根据信号受干扰的程度可选择 D 触发器的个数，逻辑电平 TTL 输入信号 D_{in} 干扰得越厉害，选用的 D 触发器就越多，一般 3 个即可。滤波器的带宽可由时钟信号 CLK 控制。

3. 接地

接地是抑制噪声和防止干扰的重要措施。正确的接地可以减少或避免电路间的相互干扰，根据不同的电路可用不同的方法。主要接地方式有单点接地和多点接地。

1）单点接地

单点接地就是把整个电路系统中某一点作为接地的基准点，其他信号的地线都连接到这一点上。单点接地又可分为两类：串联式单点接地（图 3.4.19）和并联式单点接地（图 3.4.20）。串联式单点接地由于共用一条地线，易引起公共地阻抗干扰。从噪声的观点来看，串联式单点接地是最差的接地方法。因为任何导线都会有电阻（图 3.4.19），故流经这些导线的电流会使导线产生压降，使 A、B、C 和"地"四点的电位互相不等。

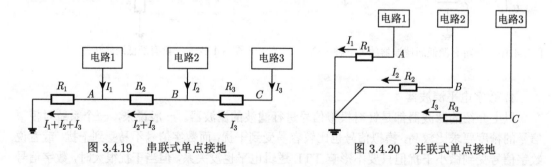

图 3.4.19   串联式单点接地   图 3.4.20   并联式单点接地

虽然串联式单点接地有缺点，但由于其省工省料，故常被指标要求较宽的系统采用。这种接地法绝对不可用于功率强度相差甚远的系统之间，因信号功率较大的系统会严重影响功率较小的系统。若某些场合非得使用此种接地方法，应将最易受干扰的电路置于离接地点最近处，以图 3.4.19 为例，此点应为 A 点。

并联式单点接地是将每个电路单元单独地用地线连接到同一个接地点，在低频时，可有效避免各单元之间的地阻抗干扰。低频放大电路的地线设计宜采用这种并联式单点接地方式。但在高频时，相邻地线间的耦合增强，易造成各电路单元之间的相互干扰，所以并联式单点接地仅适用于 1MHz 以下电路。

2）多点接地

多点接地，如图 3.4.21 所示，是指设备（或系统）中各个接地点都直接接到距它最近的接地线上，使接地引线的长度最短。

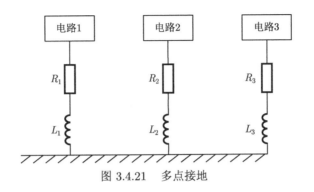

图 3.4.21 多点接地

在数字电路设计时，宜采用多点接地方式。多点接地系统的优点是电路构成比单点接地简单，而且由于采用了多点接地方式，接地线可能出现的高频驻波现象显著减少。但是，采用多点接地方式后设备会增加许多地线回路，它们会对设备内较低电平的信号单元产生不良影响。一般而言，1MHz 以下的电路最好采取单点接地方式；而 10MHz 以上的电路最好采取多点接地的方式；介于 1～10MHz 的电路则视接地导线的长短来决定采用何种接地方式。如果接地导线所需长度少于 1/20 工作信号的波长，则以单点接地较为合适，否则就需采用多点接地方式。电路中既有低频电路又有高频电路时，低频电路宜采用单点接地方式，而高频电路需采用多点接地方式。对于单元电路一般采用单点接地方式，但多级电路地线设计，应根据信号通过频率的高低灵活采用不同的接地方式，有时可采用混合接地方式，如图 3.4.22 所示。

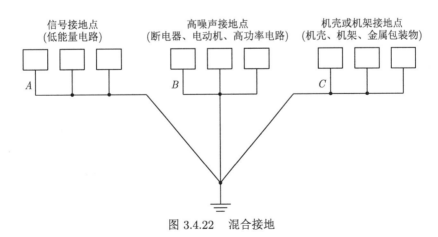

图 3.4.22 混合接地

3）电缆屏蔽层的接地

对于电缆屏蔽层的接地，应一点接地，但接地点不同，效果也不同。按照单地原则，一个不接地信号源和一个接地的放大器相连时屏蔽端的接地应接放大器的地端。同理，一个接地信号源和一个不接地的放大器相连时，屏蔽端的接地应接信号源的地。若信号源和电路均接地，则屏蔽线两端也须接地，如图 3.4.23 所示。若远方电路不接地，则屏蔽端也不接地，而是与电路相接；此时，地线变成单点接地，未形成干扰回路，如图 3.4.24 所示。

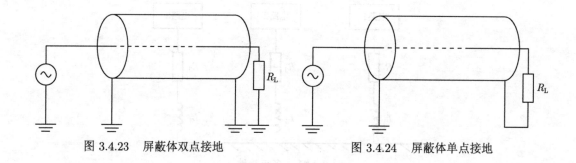

图 3.4.23 屏蔽体双点接地   图 3.4.24 屏蔽体单点接地

4. 电源抗干扰

在数据采集系统中，为了保证各部分电路的工作，需要一组或多组直流电源。直流电源都是由交流电（如市电 220V AC）经过变压、整流、滤波、稳压后得到的。直流电源的输入直接接在电网上，因此电网上的各种干扰便会通过直流电源引入数据采集系统中，对数据采集系统内部造成影响，所以必须对电网电源采取抗干扰措施。

1）电源干扰的类型

电源线中的高频干扰：供电电力线相当于接收天线，能把雷电、启停大功率的用电设备、电弧、广播电台等辐射的高频干扰通过电源变压器初级耦合到次级，形成干扰。

感性负载产生的瞬变噪声：切断大容量感性负载时，能产生很大的电流和电压变化率，从而形成瞬变噪声干扰，成为电磁干扰的主要原因。

晶闸管通断时所产生的干扰：晶闸管由截止到导通，仅在几微秒的时间内使电流由零很快上升到几十甚至几百安培，因此电流变化率很大。这样大的电流变化率，使得晶闸管在导通瞬间流过一个具有高次谐波的大电流，在电源阻抗上产生很大的压降，从而使电网电压出现缺口。这种畸变了的电压波形含有高次谐波，可以向空间辐射，或者通过传导耦合，干扰其他电子设备。

电网电压的短时下降干扰：当启动大电动机等大功率负载时，负载电流很大，可导致电网电压短时大幅下降；当下降值超出稳压电源的调整范围时，会干扰电路正常工作。

拉闸过程形成的高频干扰：当计算机与电感负载共用一个电源时，拉闸时产生的高频干扰电压通过电源变压器的初、次级间的分布电容耦合到数据采集系统，再经该装置与大地间的分布电容形成耦合回路。

2）常用电源抗干扰措施

（1）电源滤波器。电源滤波器的结构如图 3.4.25 所示，由纵向扼流圈 L 和滤波电容 C 组成。1、3 为交流电网电源输入端口，2 为外部接地端，4、5 为电源输出端口。恰当地确定 L 和 C 的数值，可有效地抑制电网中 100kHz 以上的干扰与噪声。

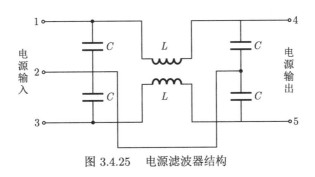

图 3.4.25 电源滤波器结构

（2）切断噪声变压器。切断噪声变压器的结构如图 3.4.26 所示。它的铁心材料、形状以及线圈位置都比较特殊，可以切断高频噪声磁通，使之不能感应到二次绕组，既能切断共模噪声，也能切断差模噪声。

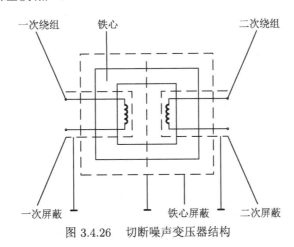

图 3.4.26 切断噪声变压器结构

3.4.3 软件抗干扰技术

软件抗干扰技术是硬件抗干扰技术的一个补充和延伸，软件抗干扰技术运用得法可以显著提高数据采集系统的可靠性，并且在一定程度上避免和减轻不必要的损失。软件抗干扰的工作主要集中在 CPU 抗干扰技术和输入/输出信号的抗干扰技术两个方面。前者主要是抵御因干扰造成的程序"跑飞"，后者主要是用各种数字滤波方法消除信号中的干扰以提高系统精度。软件抗干扰技术通常包括广布陷阱法、重复功能设定法、指令冗余、设置监视跟踪定时器和重要数据备份法。

1. 广布陷阱法

有时一个意想不到的干扰就能破坏和中断所有程序的正常运行。此时程序计数器（Programm Counter，PC）值可能在程序区内，也可能在程序区之外，要使其能够自动恢复正常运行，只能依赖于广布"陷阱"的方式。所谓"陷阱"，是指某些类型的 CPU 提供给用户使用的软中断指令或者复位指令。陷阱要广泛布置。陷阱不但需要在 ROM 的全部非内容区、RAM 的全部非数据区设置，而且在程序区的模块之间也要广泛布置。一旦机器程序跑飞，总会碰上陷阱，就可以"救活"机器。

2. 重复功能设定法

一个完善的数据采集系统有很多功能需要设定，通常是在主程序开始时的初始化程序里设定的，以后不必再设定。这在正常情况下本无问题，但偶然的干扰会改变 CPU 内部的这些寄存器或者接口芯片的功能寄存器，因此，只要重复设定功能操作不影响程序连续工作的性能，都应当将功能设定纳入主程序的循环圈里。每个循环就可以刷新一次设定，避免了偶然不测事件的发生。对于那些重复设定功能操作会影响当前连续工作性能的，要尽量想办法找机会重新设定。例如，串行口，如果接收完某帧信息或者发送完某帧信息之后，串口会有一个短暂的空闲，就应作出判断并且安排重新设定一次。

3. 指令冗余

CPU 取指令过程是先取操作码，再取操作数。当 PC 受干扰出现错误时，程序便脱离正常轨道"跑飞"。对于机器代码而言，"跑飞"到某双字节指令，若取指令时刻落在操作数上，误将操作数当作操作码，程序将会出错。若"跑飞"到了三字节指令，则出错概率更大。在关键地方人为插入一些单字节指令，或将有效单字节指令重写称为指令冗余。通常是在双字节指令和三字节指令后插入两个字节以上的空操作指令（No Operation，NOP）。这样即使程序"跑飞"到操作数上，由于 NOP 的存在，避免了后面的指令被当作操作数执行，程序也会自动纳入正轨。此外，在对系统流向起重要作用的指令，如 RET、RETI、LCALL、LJMP、JC 等指令之前插入两条 NOP 指令，也可将"跑飞"的程序拉回正轨，确保这些重要指令的执行。

4. 设置监视跟踪定时器

程序运行监视定时器（WDT），又称为"看门狗"，是一种软硬件结合的预防程序"跑飞"的措施。它使用定时中断来监视程序运行状态。定时器的定时时间稍大于主程序正常运行一个循环的时间，在主程序运行过程中进行一次定时器时间常数刷新操作。这样，只要程序正常运行，定时器就不会出现定时中断。而当程序运行失常，不能及时刷新定时器时间常数而导致定时中断时，利用定时中断服务程序可将系统复位。

5. 重要数据备份法

系统中的一些关键数据，应当有且至少有两个以上的备份副本，当操作这些数据时，可以把主、副本进行比较，如果其改变，就要分析原因，采取预先设计好的方法进行处理，还可以把重要数据采用校验或分组 BCH 校验（一种 CRC 校验方法）的方法进行校验。这两种方法一并使用则更可靠。

*3.5　模拟/数字转换技术的演变

物理世界的信号是模拟的，通常是时间的连续函数，而且幅值是实数。如果想要进行灵活的处理，人们希望要处理的量是有限的，至少是可数的；但如果要借助计算机进行处理，就需要进行离散化，不仅时间上离散，幅值上也要离散或量化；将模拟信号转化成计算机可处理的数字信号（二进制码）的过程，就是模拟数字转换，实现这个功能的器件就是模数转换器。

一个自然的想法是，参考尺子量长度的方式，将数字信号的值域确定为等间隔的二进制的集合，通过和模拟信号比较，决定该模拟信号落入两个相邻二进制数组成的区间里，再决定选取哪个二进制数作为离散化的结果。沿着这种思路，就出现了一种 ADC，即并行比较型 ADC，以如图 3.5.1 所示的 3 位 ADC 为例，可将 $0 \sim V_{REF}$ 变化的模拟电压信号离散化成 3 位数字量，即 000~111，共 $2^3 = 8$ 个数字量。

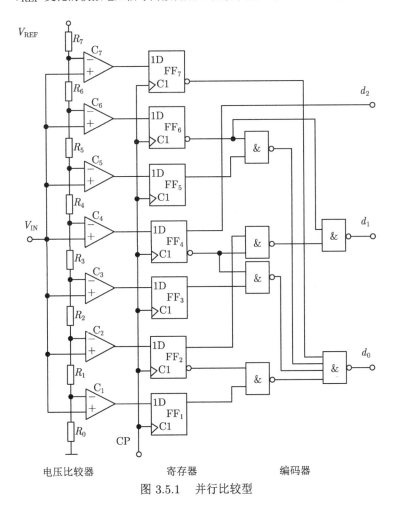

图 3.5.1   并行比较型

这种 ADC 包括电压比较器、寄存器和编码器。其中，电压比较器是将模拟量映射到预先选定的电压数值上；寄存器是将比较的结果保存一段时间，把瞬间（ns 级）的比较操作持续一段时间以便后续处理；编码器是将寄存器结果按照需要的编码实现输出。这类 ADC 设计时，有个很有意思的地方，那就是电压比较器应该如何设计？其中，电压比较器包括分压电阻和运算放大器，当 $V_{IN} \leqslant U_i$ $(i = 1, 2, 3, 4, 5, 6, 7)$ 时，C_i 的输出为 1，否则，C_i 的输出为 0。

首先，这个问题的根源是，将从 $0 \sim V_{REF}$ 的模拟电压映射到 000 ~ 111 这 8 个数字量；对于这类问题，我们希望映射到任何一个数字量的偏差都比较小，换句话说，不能有的地方很大，有的地方很小，所有数字量的最大偏差都是相当的，也就是一样的，就会比较理想。如果不一样，就会存在最大值和最小值，那么最大值决定了整个转换器的精度，所以以我们的目标是将偏差最大值控制得越小越好。假如最大值和最小值不相等，我们可以在保证其他值偏差不变的情况下，通过适当增大最小值，减小最大值，一直调整下去，最后所有数值点的偏差都是一样的。对于这个转化偏差最大值和最小值相等的问题，也可以从概率的角度直观上去分析。模拟量到数值量的转换，也可以看成一个线段上（尺子上）落点的问题，偏差的均匀也意味着刻度的均匀。

但是，电压比较器和直尺刻度又不太一样，这是因为电压比较的点是通过电阻串联分压实现的。下面

结合图 3.5.1 的实现过程，进行分压电阻值的分析。记流过每一个电阻的电流为 I，则

$$I = \frac{V_{\text{REF}}}{R_0 + R_1 + R_2 + R_3 + R_4 + R_5 + R_6 + R_7} \tag{3.5.1}$$

在第 7 个运算放大器 C_7 的负号输入端的电压 U_7 为

$$U_7 = (R_0 + R_1 + R_2 + R_3 + R_4 + R_5 + R_6)I \tag{3.5.2}$$

当 $V_{\text{IN}} \leqslant U_7$ 时，编码器输出 111，此时，V_{IN} 在区间 (U_7, V_{REF}) 的范围内，如果设定其值为区间的中值，则最大的偏差为 $\frac{1}{2}R_7 I$。

在第 6 个运算放大器 C_6 的负号输入端的电压 U_6 为

$$U_6 = (R_0 + R_1 + R_2 + R_3 + R_4 + R_5)I \tag{3.5.3}$$

当输入 V_{IN} 在 U_6 和 U_7 之间时，测量偏差不超过

$$\delta U_6 = \frac{1}{2}R_6 I \tag{3.5.4}$$

也就是 110 数字量对应的电压偏差不超过 $\frac{1}{2}R_6 I$。

类似地，可以得到，101 数字量对应的电压偏差不超过 $\frac{1}{2}R_5 I$，100 数字量对应的电压偏差不超过 $\frac{1}{2}R_4 I$，011 数字量对应的电压偏差不超过 $\frac{1}{2}R_3 I$，010 数字量对应的电压偏差不超过 $\frac{1}{2}R_2 I$，001 数字量对应的电压偏差不超过 $\frac{1}{2}R_1 I$，但是，当输入 V_{IN} 在地和 U_1 之间时，输出的 000 应该代表模拟地的电压，也就是 0V，这个时候的最大偏差为 $R_0 I$，注意没有系数 $\frac{1}{2}$。

根据前面分析的偏差关系，$R_1 = R_2 = R_3 = R_4 = R_5 = R_6 = R_7 = R$，此时 R_0 应不大于 $\frac{1}{2}R$，才能保证输出 000 时，电压的偏差没有超过其他的比较点，如 U_2，即

$$R_0 \leqslant \frac{1}{2}R \tag{3.5.5}$$

同时考虑到流过电阻的电流应尽可能小，所以 R_0 应尽可能大，即

$$R_0 = \frac{1}{2}R \tag{3.5.6}$$

这样就会发现，在设计并行 ADC 时，竟然需要两种不同阻值的电阻，才能达到最优性能。并行比较型 ADC 利用这三层的逻辑结构，转换速度很快，故又称高速 ADC。含有寄存器的 ADC 兼有取样保持功能，所以它可以不用附加取样保持电路；但是，电路实现起来复杂，对于一个 n 位二进制输出的并行比较型 ADC，需 2^{n-1} 个电压比较器和 2^{n-1} 个触发器，编码电路也随 n 的增大变得相当复杂，且转换精度还受分压网络和电压比较器灵敏度的限制。因此，这种转换器适用于高速、精度较低的场合，如高速的示波器。这种 ADC 进一步提高速度的障碍是什么？就是我们在模拟电子里熟知的结电容，在 PN 结或场效应管的栅源极之间的电容 C，会构成低通滤波器，从而影响响应频率的进一步提升，限制了电平转换速率的提高，成为制约电子器件动态性能的瓶颈。近年来，集成电路的研究人员利用微观环境中的隧穿场效应，进一步降低了栅漏极的电压阈值，相当于变相降低了等效电阻，从而缩短了滤波器的等效时间 $\tau = RC$，提高了响应速度。

　　目前的高速并行式 ADC 主要是位数较低，一般为 8 位或 10 位，转换速度可达 GSPS 以上，大多用于高速示波器，器件规模大、制作成本高、价格昂贵。这是由于分辨率每提高 1 位，高速并行式 ADC 中比较器的个数将成倍增长，同时还要保证比较器的精度是系统精度的两倍。有没有可能适当降低速度的要求来获得更高的精度和较小的器件规模？那就是"分而治之"的策略，就是说把一个量的测量转换成几个更小的量的测量。一个典型的例子就是天平，如图 3.5.2 所示。当利用天平进行称重时，我们会先拿最大的砝码进行比较，然后根据比较结果依次调整，通常把所有 N 个砝码都尝试一遍后，就可以得到最终结果，而且精度由最小的砝码决定。参照天平称物的原理，就可以利用迭代的方式形成闭环比较，构成逐次逼近寄存器（Successive Approximation Register，SAR）型 ADC，原理如图 3.5.3 所示。SAR 型 ADC 是采样速率低于 5MSPS（每秒百万次采样）的中等至高分辨率应用的常见结构。SAR 型 ADC 的分辨率一般为 8~16 位，具有低功耗、小尺寸等特点，实质上是实现一种二进制搜索算法。当内部电路运行在数兆赫兹（MHz）时，由于逐次逼近算法的缘故，ADC 采样速率仅是该数值的几分之一。图中，SAR 为逐次逼近移位寄存器，SAR 在时钟 CLK 作用下，对比较器的输出（0 或 1）每次进行一次移位，移位输出将送到 DAC，D/A 转换结果再与 V_{IN} 比较。SAR 的最后输出即是 A/D 转换结果，用数字量 N 表示。最后的 DAC 输出已最大限度地逼近 V_{IN}，且有

$$V_{\mathrm{IN}} = \frac{N}{2^n} V_{\mathrm{REF}} \tag{3.5.7}$$

式中，N 为 A/D 转换结果的数字量；n 指 A/D 位数；V_{REF} 为参考电压；V_{IN} 为 A/D 输入电压。式 (3.5.7) 还可写成：

$$V_{\mathrm{IN}} = Ne \tag{3.5.8}$$

其中，$e = \dfrac{V_{\mathrm{REF}}}{2^n}$ 为 ADC 的刻度系数，单位为 "V/字"，表示 ADC 的分辨力。

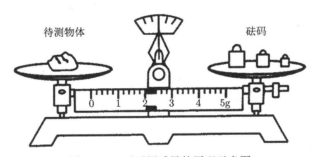

图 3.5.2　天平测重量的原理示意图

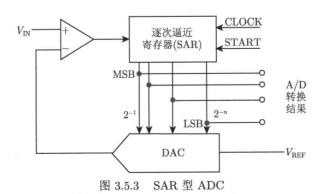

图 3.5.3　SAR 型 ADC

假设基准电压为 $V_{\mathrm{REF}}=10\mathrm{V}$，为便于对分搜索，将其分成一系列（相差一半）不同的标准值。V_{REF} 可分解为

$$V_{\mathrm{REF}} = \frac{1}{2}V_{\mathrm{REF}} + \frac{1}{4}V_{\mathrm{REF}} + \frac{1}{8}V_{\mathrm{REF}} + \frac{1}{16}V_{\mathrm{REF}} + \cdots + \frac{1}{2^n}V_{\mathrm{REF}} + \cdots$$

$$= 5\mathrm{V} + 2.5\mathrm{V} + 1.25\mathrm{V} + 0.625\mathrm{V} + \cdots + \cdots = 10\mathrm{V} \tag{3.5.9}$$

式 (3.5.9) 表示，若把 V_{REF} 不断细分（每次取上一次的一半）成足够小的量，便可无限逼近被测模拟量，当只取有限项时，项数决定了其逼近的程度。若只取前 4 项，则

$$V_{\mathrm{REF}} = 5\mathrm{V} + 2.5\mathrm{V} + 1.25\mathrm{V} + 0.625\mathrm{V} + \cdots + \cdots = 10\mathrm{V} \tag{3.5.10}$$

其逼近的最大误差为 $9.375\mathrm{V} - 10\mathrm{V} = -0.625\mathrm{V}$，相当于最后一项的值。现假设有一被测电压 $V_{\mathrm{IN}} = 8.5\mathrm{V}$，若用上面表示 V_{REF} 的 4 项 5V、2.5V、1.25V、0.625V 来"试凑"逼近 V_{IN}，逼近过程如下：$V_{\mathrm{IN}} = 5\mathrm{V}$（首先，取 5V 项，由于 5V<8.5V，则保留该项，记为数字 1）$+2.5\mathrm{V}$（再取 2.5V 项，此时 5V+2.5V<8.5V，则保留该项，记为数字 1）$+0\mathrm{V}$（再取 1.25V 项，此时 5V+2.5V+1.25V>8.5V，则应去掉该项，记为数字 0）$+0.625\mathrm{V}$（再取 0.625V 项，此时 5V+2.5V+0.625V<8.5V，则保留该项，记为数字 1）$\approx 8.125\mathrm{V}$（得到最后逼近结果）。总结上面的逐次逼近过程可知，从大到小逐次取出 V_{REF} 的各分项值，按照"大者去，小者留"的原则，直至得到最后逼近结果，其数字表示为 1101。

上述逼近结果与 V_{IN} 的误差为 $8.125\mathrm{V} - 8.5\mathrm{V} = -0.375\mathrm{V}$。当 V_{IN} 在 8.125V 和 8.75V 间时，采用上面 V_{REF} 的 4 个分项逼近的结果相同，均为 8.125V，最大误差限的取值范围为 $\Delta V_{\mathrm{IN}} = (-0.3125\mathrm{V} \sim +0.3125\mathrm{V})$。

上述逐次逼近比较过程表示了该类 ADC 的基本工作原理。它类似天平称重的过程，V_{REF} 的各分项相当于提供的有限"电子砝码"，而 V_{IN} 是被称量的电压量。逐步地添加或移去电子砝码的过程完全类同于称重中的加减砝码的过程，而称重结果的精度取决于所用的最小砝码。通常，N 位 SAR ADC 需要 N 个比较周期，在前一位转换完成之前不得进入下一次转换。由此可以看出，该类 ADC 能够有效降低功耗和所占用的空间，当然，也正是由于这个原因，分辨率在 14~16 位，速率高于几 MSPS (每秒百万次采样) 的逐次逼近 ADC 极其少见。

但是 SAR 型 ADC 的缺点是存在一个 DAC，功耗大，成本高。怎样才能降低功耗？想想我们学过的电学的基本元件，如电阻、电容、电感，其中电阻需要消耗有用功率，电容和电感不需要，一种想法是，能不能用无源功率的器件来代替 DAC 呢？答案是可以！这就是电荷重分配技术。简言之，就是使用电容而不是电阻实现电压的分配，进而实现参考电压 V_{REF} 的量值分配，具体实现过程可参见图 3.5.4。

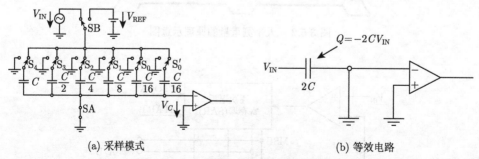

(a) 采样模式　　　　　　　　　　　　　　　　　(b) 等效电路

图 3.5.4　电荷重分布 ADC 的采样模式

当输入大小为 V_{IN} 的模拟电压时，将 6 个开关均切换到输入电压端，而开关 SA 直接接地，这时相当于图 3.5.4(a) 中的 6 个电容，即 $S'_0 \sim S_4$ 处于并联充电状态，其等效电路如图 3.5.4(b) 所示，相当于等效电容为 $2C$，这个操作使得 ADC 电路处于采样模式。即输入电压 V_{IN} 对电容 $2C$ 进行充电，其中电容左端为高电势、右端为低电势，右侧基板的电荷总数为 $Q = -2CV_{\mathrm{IN}}$。

此时，若将 SA 断开，则图 3.5.4(b) 中的等效电容右极板电势仍与地相同（运算放大器虚短的特性），总电荷数目基本不变（运算放大器的虚断特性），还是 $Q = -2CV_{\text{IN}}$。此时把电容的另一极板通过上述 6 个开关切换到地，并把开关 SB 切换到参考电压 V_{REF} 上，如图 3.5.5(a) 所示；那么，此时的等效电路如图 3.5.5(b) 所示，此时电容正（左）极板的电荷因为接地会变成电流流入大地，但右（负）侧的电荷依然保持，这个状态为 ADC 的保持模式。电荷的保持，使得电容两端的电势差保持不变，导致运算放大器的负输入端的电势为 $V_C = V_{\text{IN}}$。

此时，对电容的组合关系进行改变，先从最大的电容值 C 开始，即将对应的开关 S_4 从地切换到参考电压 V_{REF}，如图 3.5.6(a) 所示，对应的等效电路如图 3.5.6(b) 所示。值得注意的是，运算放大器负端的电荷依然是 $Q = -2CV_{\text{IN}}$。在左侧的电容 C 右侧极板的电荷数目为 $Q_1 = C(V_C - V_{\text{REF}})$，在下侧的电容 C 上侧极板的电荷数目为 $Q_2 = CV_C$，两者之和为 $Q_1 + Q_2 = Q$，从而可以列出对应的求解方程：

$$C(V_C - V_{\text{REF}}) + CV_C = -2CV_{\text{IN}} \tag{3.5.11}$$

从而可以求出：

$$V_C = -V_{\text{IN}} + \frac{1}{2}V_{\text{REF}} \tag{3.5.12}$$

而 V_C 与地进行比较，即可以判断 V_{IN} 和 $\frac{1}{2}V_{\text{REF}}$ 的大小关系，实现了二进制搜索的第一步比较。

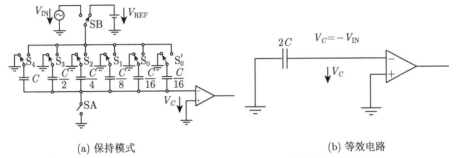

(a) 保持模式   (b) 等效电路

图 3.5.5   电荷重分布 ADC 的保持模式

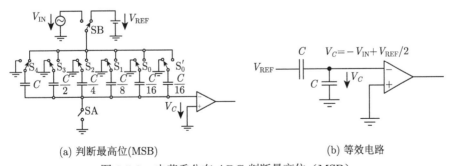

(a) 判断最高位(MSB)   (b) 等效电路

图 3.5.6   电荷重分布 ADC 判断最高位（MSB）

经过比较，若输入电压 V_{IN} 大于 $\frac{1}{2}V_{\text{REF}}$，则最高位（Most Significant Bit，MSB）为 1，此时电路的开关状态需要调整，即将开关 S_3 切换到参考电压输入端，开关 S_4 切换接地，其余开关状态不变，如图 3.5.7(a) 所示。这时，对应的等效电路如图 3.5.7(b) 所示。运算放大器负端的电荷依然是 $Q = -2CV_{\text{IN}}$。在左侧的电容 $\frac{1}{2}C$ 右侧极板的电荷数目为 $Q_1 = \frac{1}{2}(V_C - V_{\text{REF}})$，在下侧的电容 $\frac{3}{2}C$ 上侧极板的电荷数目

为 $Q_2 = \frac{3}{2}CV_C$，两者之和为 $Q_1 + Q_2 = Q$，从而可以列出对应的求解方程：

$$\frac{1}{2}(V_C - V_{\mathrm{REF}}) + \frac{3}{2}CV_C = -2CV_{\mathrm{IN}} \tag{3.5.13}$$

从而可以求出：

$$V_C = -V_{\mathrm{IN}} + \frac{3}{4}V_{\mathrm{REF}} \tag{3.5.14}$$

而 V_C 与地进行比较，即可以判断 V_{IN} 和 $\frac{3}{4}V_{\mathrm{REF}}$ 的大小关系，实现了二进制搜索的第二步比较。

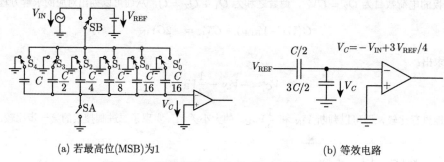

(a) 若最高位(MSB)为1   (b) 等效电路

图 3.5.7 若最高位（MSB）为 1 时的等效电路

类似地，若输入电压 V_{IN} 小于 $\frac{1}{2}V_{\mathrm{REF}}$，则最高位（MSB）为 0，此时电路的开关状态也需要调整，即将开关 S_3 切换到参考电压输入端，开关 S_4 切换不变，其余开关状态也不变，如图 3.5.8(a) 所示。这时，对应的等效电路如图 3.5.8(b) 所示。运算放大器负端的电荷依然是 $Q = -2CV_{\mathrm{IN}}$。在左侧的电容 $\frac{3}{2}C$ 右侧极板的电荷数目为 $Q_1 = \frac{3}{2}(V_C - V_{\mathrm{REF}})$，在下侧的电容 $\frac{1}{2}C$ 上侧极板的电荷数目为 $Q_2 = \frac{1}{2}CV_C$，两者之和为 $Q_1 + Q_2 = Q$，从而可以列出对应的求解方程：

$$\frac{3}{2}(V_C - V_{\mathrm{REF}}) + \frac{1}{2}CV_C = -2CV_{\mathrm{IN}} \tag{3.5.15}$$

从而可以求出：

$$V_C = -V_{\mathrm{IN}} + \frac{1}{4}V_{\mathrm{REF}} \tag{3.5.16}$$

而 V_C 与地进行比较，即可以判断 V_{IN} 和 $\frac{1}{4}V_{\mathrm{REF}}$ 的大小关系，同样也实现了二进制搜索的第二步比较。

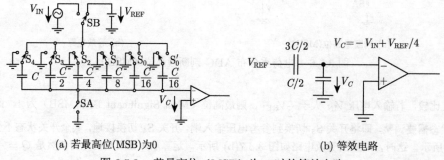

(a) 若最高位(MSB)为0   (b) 等效电路

图 3.5.8 若最高位（MSB）为 0 时的等效电路

至此，我们把最典型的并行比较型 ADC（也称 Flash ADC）和 SAR 型 ADC 的主要原理就描述清楚了，它们也是集成电路发展以后，快速发展的两类主流 ADC。除此之外，还有对加工工艺要求较低的间接转换型 ADC，如利用电压-时间（V-T）变换、电压-频率（V-F）变换等原理，将电压测量转换成时间或者频率的测量，用比较器和计数器就可以实现中低速的电压转换，常用于低速测量设备。其原理类似于历史上著名故事《曹冲称象》的测量原理，通过转换将难测的量转换成易测的量，只是需要找到合适的"船"，并降低其他因素的影响。还有对采样率有要求的 Σ-Δ 型 ADC，巧妙地利用了采样定理的等效特性，以速度换取精度，利用多次测量求均值以降低方差的原理，可以获得中低速的超高精度，商用的 Σ-Δ 型 ADC 精度可达 32 位。

未来，还有没有"石破天惊"的新型 ADC 出现，仍有待大家共同努力。

习　　题

3-1　什么是抗混叠滤波器？在数据采集系统中，它的位置在采样开关前还是后？并简述理由。

3-2　20 世纪，数学家华罗庚在生产企业中推广优选法，主要是单因素优选法。该方法解决的问题是针对函数 $f(x)$ 在区间 (a, b) 上有单峰极大值时，求极值的快速方法。不失一般性，假定 (a, b) 区间是 $(0, 1)$，即 $f(x)$ 在 $(0, 1)$ 区间上有单峰极大值，选取得两个点 x_1、x_2 分别记为 x 和 $1-x$，即在 x 和 $1-x$ 两点进行实验，不妨假定保留下来的是 $(0, x)$ 区间。继而在 $(0, x)$ 区间上两个点 x^2 和 $(1-x)x$ 处做实验，如果 $x^2 = 1-x$，那么上次在 $1-x$ 处的实验就可以派上用场，节省一次实验，而且舍去的区间是原来区间 $1-x$ 的一部分。故有 $x^2 + x - 1 = 0$，可以解得 $x = \dfrac{\sqrt{5}-1}{2} \approx 0.618$。第一次选择 $0.382(b-a)$、$0.618(b-a)$，若保留了 $(0, 0.618)$，由于 $0.618 \times 0.618 \approx 0.382$，因此下一轮只需要在 $0.618 \times 0.382 = 0.236$ 处做另一次实验，0.382 的实验结果在上一轮中得出，减少了计算量，每次消去的区间还大。所以 0.618 是一个有意思的数字。大家可以设想下，假如可以构造以 0.618 为比例系数的 SAR 型 ADC，有没有可能按照上述思路，设计出性能更好的 ADC？请通过仿真计算，比较其与以 0.5 为比例系数的现有的 SAR 型 ADC 的性能（建议采用 MATLAB 进行统计计算）。

3-3　参见图 3.2.2 的双积分式 ADC 原理框图和积分波形图。设积分器输入电阻 $R = 10\text{k}\Omega$，积分电容 $C = 1\mu\text{F}$，时钟频率 $f_0 = 100\text{kHz}$，第一次积分时间 $T_1 = 20\text{ms}$，参考电压 $U_1 = -2\text{V}$，若被测电压 $V_{\text{IN}} = 1.5\text{V}$，试计算：

(1) 第一次积分结束时，积分器的输出电压 U_{out}。

(2) 第一次积分时间 T_1 是通过计数器对时钟频率计数确定的，计数值 N_1。

(3) 第二次积分时间 T_2。

(4) A/D 转换结果的数字量是用计数器在 T_2 时间内对时钟频率计数得到的计数值 N_2 来表示的，求 N_2。

(5) 该 ADC 的刻度时间 e（即"V/字"）为多少？

3-4　把某双积分式 ADC 转换为三积分式 ADC，其方法是在基准电压定值反向积分的比较期内使用了 U_1 和 $U_1/100$ 两种基准电压值，因此比较期有两种斜率的积分，其积分器的输出时间波形构成了三积分波形，如图 3.e1 所示。

(1) 设三次积分时间分别为 $T_1 = 100\text{ms}$，$T_2 = 54\text{ms}$，$T_3 = 96\text{ms}$，基准电压 $U_1 = 10\text{V}$，试求积分器的输入电压大小和极性（题中假设在采样期和比较期内，积分器的时间常数 RC 相等）。

(2) 设时钟频率 $f_0 = 100\text{kHz}$，用数字计数方法完成 T_1、T_2、T_3 的定时测量，试问采用一般的双斜式 ADC 满刻度有多少显示位数，每个字的分辨力为多少伏？若采用图 3.e1 所示的三斜积分式 ADC，以 T_2 期构成高位显示，T_3 期构成低位显示，则最大可有多少显示位数，每个字的分辨力为多少伏？

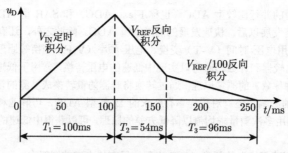

图 3.e1 三斜积分式模数转换器

3-5 双积分式 ADC 基准电压 $U_1=10V$，第一次积分时间 $T_1=40ms$，时钟频率 $f_0=250kHz$，若 T_2 时间内的计数值 $N_2=8400$，求被测电压 V_{IN} 的值。

3-6 一位同学在乘坐电梯时遇到紧急情况，电梯突然急速下降，他迅速按了所有的楼层按键并蹲下。幸运的是，电梯下降两层后恢复正常。请从抗干扰的角度，解释按所有键的依据。

3-7 干扰形成的三要素为 _____ 、 _____ 与 _____ 。

3-8 有人说抗混叠滤波器一定是模拟滤波器，你是否认同这种观点，并谈谈理由。

3-9 对于抗混叠滤波器，请判断下述哪种说法有误 _____ 。

A. 通常是低通滤波器；   B. 在数据采集系统中，一般放置在采样开关之前；

C. 都是模拟滤波器；   D. 如果采样速度足够高，很多情况下不是必需的

第 4 章　数字模拟转换及信号发生

随着集成电路技术水平的提高，数字模拟转换技术被广泛用于信号发生，也促进了直接数字频率合成、脉冲宽度调制、锁相信号发生等一系列信号发生技术的推广应用，并使得可编程实现的任意信号发生器应用越来越普遍，形成了现代信号发生技术。

4.1　数字模拟转换

数字模拟转换器（简称数模转换器）是一种将输入的数字信号转换成模拟信号输出的电路或器件，被广泛地应用在信号采集和处理、数字通信、自动检测、自动控制和多媒体技术等领域。

4.1.1　数字模拟转换器概况

无论在工业生产还是在科学研究中，常常要对某些系统参数进行采集、处理和控制，这些参数往往是非电的模拟量，如声、光、磁、热和机械参数等。为处理这些信息，一般先要通过传感器把这些非电信号变换为电信号。例如，可用热电偶获取随温度变化的电压，用半导体应变片获取随压力变化的电压。经传感器变换产生的电信号往往仍是模拟信号，对它们的处理通常有模拟和数字两种方法。模拟的方法是用模拟电路处理模拟信号，其结果用模拟仪表显示或驱动执行机构。由于模拟电路对电磁干扰、器件参数的变化比较敏感，要实现高精度是比较困难的，或者达到高精度的代价很高。

随着数字技术的迅速发展，尤其是微处理器的广泛应用，数字信号的大量存储、快速正确地处理和控制越来越容易，因而用数字技术处理模拟信号日益受到重视。但需要先把模拟电信号变换为数字信号，再用数字技术对数字信号进行处理，处理后的结果根据需要再变换为模拟电信号，以适应后续显示或执行机构的要求，实现对模拟信号的显示或控制。

模数转换器使数字系统能从模拟电子系统获取与模拟信号有单值函数关系的数字信息，而数模转换器则把数字信号处理结果变为模拟信号，以实现对模拟系统工作状态的控制，是数字电子系统和模拟电子系统之间的基本接口电路。

1. 数模转换器的发展历程

理论方法和制造工艺的发展，直接推动模拟数字转换技术的进步。数模转换器的发展经历了电子管、晶体管到集成电路的过程。

20 世纪 40 年代后期，人们开始了数字通信的研究和实践，例如，脉冲编码调制式通信，要求发送部分能将所要传送的声音、图像等连续变化的模拟量转换成数字形式发送出去，而信号接收部分要求能把接收到的数字信号还原成声音、图像。由电子管组装而成的模数转换器和数模转换器，使这种可靠和经济的数字通信得以实现。

到 20 世纪 50 年代后期，随着晶体管工艺的发展和成熟，电子管逐步被晶体管替代，使得转换器的体积和重量大大减小。数字计算机的兴起、发展和应用领域的不断扩大，更是促进了集成电路和转换技术的迅速发展。

到 20 世纪 60 年代中期，构成数模转换器的主要功能单元电路，如基准电压源、模拟开关和运算放大器等已制成半导体集成电路，薄膜集成电路和厚膜集成电路也有很大发展。

薄膜集成电路是利用真空蒸发、溅射、光刻等薄膜技术，将构成电路的电子元器件及连线，以薄膜形式制作在绝缘羁绊上所构成的整体电路。薄膜集成电路的膜厚通常在 1μm 以下。厚膜集成电路是采用丝网印刷、喷涂、聚合或烧结等厚膜技术，将组成电路的电子元器件及连线以厚膜形式制作在绝缘基板上所构成的整体电路。厚膜集成电路的膜厚一般为几 μm 到几十 μm。半导体集成电路的优点是集成度高、体积小、重量轻、功耗小、工作可靠、寿命长、生产效率高。但用半导体集成电路工艺难以制造出高精度、高阻值的电阻，大容量的电容和电感，大功率、大电流、耐高压及高频性能好的电路。薄膜集成电路的优点是无源元件的精度高、参数范围广、稳定性好、可靠性高、高频特性好、元件间绝缘性能好、电路设计灵活性大，但用薄膜工艺制造有源器件比较困难，性能也不好，同时也难以制成大功率元件和进行高密度组装，而厚膜工艺制作的无源元件也具有参数范围广、精度较高、性能稳定、高频性能好的特点，且制造高压、大电流和大功率电路比较容易。采用半导体技术、薄膜技术和厚膜技术相结合而制成的集成电路，称为混合集成电路，具有上面三种工艺的长处。有源器件用半导体集成电路工艺制造，而有特定要求的无源器件及连线用薄膜或厚膜工艺制造，再把有源器件外接到薄膜或厚膜集成电路的基片上，构成薄膜混合集成电路或厚膜混合集成电路。

将混合集成电路工艺应用到数模转换器制造领域，制成的混合集成电路型数模转换器，性能上有很大提高，结构上也大为简化。20 世纪 70 年代初，所有元件都集成在一个芯片上的单片集成数模转换器研制成功，这标志着数模转换器真正达到了大批量生产的阶段，避免了精心挑选转换器中元器件的麻烦，大大降低了成本并提高了可靠性。

此后，新的设计思想、制作工艺使得转换器种类及规格不断增加，性能不断提高。

数模转换器的品种和功能随着制造工艺的发展而迅速增加。例如，采用 CMOS 工艺的集成电路，功耗小、集成度高，其制成的模拟开关有双向特性，由此可制成有乘法特性的数模转换器，即转换器的输出和基准电压及输入数码的乘积成正比。CMOS 工艺也很适用于制作内部逻辑电路比较复杂的数模转换器。在数模转换器的功能方面，不但有通用功能的，还有适于特定应用的特殊功能数模转换器。例如，用于视频调色显示的视频数模转换器，替代手工调整电位器的数字电位器，专用于把数字化音频信号转换成模拟音频信号的音频数模转换器，脉码调制编码译码系统中用的压扩数模转换器，可以把模拟输入信号以对数方式进行衰减的对数数模转换器，称为抗混叠滤波器的 Σ-Δ 型数模转换器以及带 FIFO (First In First Out) 堆栈的专用器件也得到了发展。

2. 数模转换器的分类方法

数模转换器作为数字系统和模拟系统之间的接口器件，输入数字量，输出模拟量。其内部电路具有数字电路和模拟电路的各种特点，因此数模转换器品种繁多，分类方法也是多种多样的。例如，可根据数模转换器组成单元的特点分类，也可根据数模转换器的性能指标分类，还可根据数模转换器制造工艺分类以及根据输入输出特点分类等。数模转换器的主要功能单元有模拟开关、权电流产生电路、基准电源和输出电路。下面简单介绍一下其常用分类情况。

（1）按数模转换器的主要功能单元特点分类，有模拟开关和权电流发生电路两种。

按照模拟开关的基本类型可分为电压型和电流型两种，数模转换器按模拟开关的类型不同可分为电压加法型和电流加法型。电压型模拟开关工艺上易于实现，但工作时对寄生电容的充放电会影响开关速度。电流型开关在切换时，由于开关两端电压没有明显的变化，因此开关速度比电压型的快，但是由于电流型开关中晶体管工作于非饱和状态，其基射极电压和电流放大系数对温度变化很敏感，需要附加温度补偿才能发挥它的优点。目前的集成数模转换器，主要采用电流型开关。

按数模转换器中权电流发生电路的形式分类，常见的类型有权电阻网络、权电容网络、梯形电阻网络、权电阻网络和梯形电阻网络并用型、电流分割权电阻网络、电压分段型、电流源阵列型等。

至于基准电源和输出电路，不是所有的集成数模转换器中都有这两个单元。有的数模转换器的基准电源是要外接的，用户可根据需要灵活配置不同精度的基准电源。输出电路主要是运算放大器，它把数模转换器转换成的电流模拟量变为电压输出。很多电流输出数模转换器不带运算放大器，而由用户根据自己的需要配置。

（2）按数模转换器的主要性能指标分类，如转换速度、转换精度、分辨率和功耗等。

按转换速度不同，数模转换器可分为低速（建立时间大于 $100\mu s$）、中速（建立时间在 $1\sim100\mu s$）、高速（建立时间在 $50ns\sim 1\mu s$）和超高速（建立时间小于 $50ns$）等，这里的建立时间是指输入数字后到输出稳定到满量程的 $\pm0.1\%$ 所需时间。

按转换精度不同，数模转换器可分为一般精度、高精度和超高精度型。

按分辨率不同，数模转换器可分为 6 位、8 位、10 位、12 位、14 位、16 位、18 位、20 位、22 位等各种类型。

按功耗不同，数模转换器可分为一般型、低功耗型和微功耗型。也可以按工艺结构来分类，集成数模转换器可分为组件式、混合集成电路式和单片集成电路式。

从单片式数模转换器内部有源器件类型来分类，单片式数模转换器又分为全双极型、全MOS 型和双极-MOS 相容型。有时，输入和输出的特点也可以用作分类。

根据输入数字编码的不同，数模转换器可分为二进制码输入型、BCD 码输入型和格雷码输入型等。

按数字码输入方式，可分为串行输入数模转换器和并行输入数模转换器。串行输入方式又可分为二线式和三线式。

根据转换器的输出是电压还是电流，数模转换器可分为电压输出型和电流输出型。

数模转换器还可有其他分类方法，例如，根据转换所需电流的情况，可分为单电源数模转换器和非单电源数模转换器。

根据数模转换器结构和功能特性，把转换器分为通用型转换器、乘法型数模转换器、Σ-Δ 型数模转换器、对数数模转换器、数字电位器型转换器、音频转换器、视频转换器、直接数字合成数模转换器等。

　　以上数模转换器的分类，是从不同侧面考察数模转换器得出的，因此，同一个数模转换器，按不同的分类方法，可列入不同的类别中。

4.1.2　典型数模转换器原理及结构

　　数模转换器将输入的数字量 D 转换成与之唯一对应的模拟量 A，即

$$A = PD \tag{4.1.1}$$

式中，P 为变换系数。

　　那么，如何实现这种变换？这种变换器的基本结构应该是怎样的？图 4.1.1 是实现数模转换的一种电路，输入数字信号为 4 位二进制数 $D(d_3 d_2 d_1 d_0)$，其中 d_3 为最高位 MSB，d_0 为最低位 LSB，其值用十进制表示为

$$D = 2^3 d_3 + 2^2 d_2 + 2^1 d_1 + 2^0 d_0 \tag{4.1.2}$$

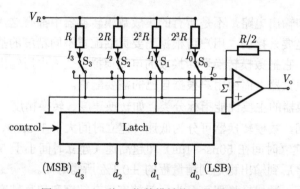

图 4.1.1　一种 4 位数模转换器的电路结构

　　在数据线上传输的数字信号先由锁存器锁存，再控制模拟开关。锁存器在控制信号的作用下，从数据线上锁存需要转换的数字信号，而数据线上的其他信号，将不会被锁存而输入到转换器中。模拟开关 S_3、S_2、S_1 和 S_0 分别受输入信号对应位 d_3、d_2、d_1 和 d_0 状态的控制。当 $d_3 = 1$ 时，S_3 合向 1 端，形成大小为 $\dfrac{V_R}{R} \cdot d_3$ 的电流 I_3 流向 Σ 点，对 i_o 有贡献。当 $d_3 = 0$ 时，S_3 合向 2 端（地），I_3 流向地，对 i_o 没有贡献，其他位的情况类似。电阻网络中各电阻值不同，则数字信号中各位为 1 时，流向 Σ 点的电流大小也不同。对图 4.1.1 而言，可算出

$$i_o = I_3 + I_2 + I_1 + I_0 = \frac{V_R}{2^0 R} d_3 + \frac{V_R}{2^1 R} d_2 + \frac{V_R}{2^2 R} d_1 + \frac{V_R}{2^3 R} d_0$$

$$= \frac{V_R}{2^3 R} \left(2^3 d_3 + 2^2 d_2 + 2^1 d_1 + 2^0 d_0 \right) = \frac{V_R}{2^3 R} D \tag{4.1.3}$$

式中，D 表示输入二进制数对应的十进制值，式 (4.1.3) 表明，电路输出的模拟电流值和输入数字量 D 成比例。电流 i_o 流经放大器的反馈电阻形成输出电压 v_o，其大小为

$$v_o = -\frac{R}{2} i_o = -\frac{R}{2} \cdot \frac{V_R}{2^3 R} \cdot D = -\frac{V_R}{2^4} \cdot D \tag{4.1.4}$$

从而输出的模拟电压 v_o 正比于输入的数字信号 D，实现了从数字量到模拟电压的转换。

从上面的例子可以看出，一个数模转换器的基本结构如图 4.1.2 所示。图中，输入数字量通过接口电路后控制模拟开关各位的通断，从而改变转换网络的连接关系，使网络输入的电流大小和输入数字信号的大小成正比，其比例系数和基准电压有关。通常使输出电流的大小正比于输入数字量和基准电压，此时构成的是线性数模转换器。在许多应用场合，希望得到的是电压模拟信号，此时只要在电流输出端加一个电流/电压变换器，即可得到对应的输出电压。电流/电压变换器通常采用运算放大器电路，如图 4.1.1 所示。从实现数模转换的功能考虑，图 4.1.2 中的功能部件必须包括模拟开关、转换网络和基准电压源，一个实际的数模转换器不一定包含图 4.1.2 中所示的全部功能部件。

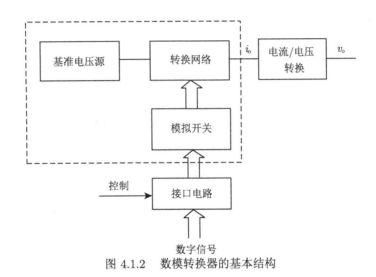

图 4.1.2　数模转换器的基本结构

对基准电压源的要求主要是稳定性好。由于转换器的输出和基准电压大小有直接的比例关系，基准电压的稳定性对转换器的精度有决定性影响。一般电压基准器件的温度漂移可做到 10ppm/°C 以下。双极型器件结构的基准电压源主要有齐纳二极管型和带隙型两种，MOS 型器件的基准电源也有多种形式，但达不到双极型器件构成的基准电压源性能。

数模转换器中的模拟开关的类型有电压型、电流型和它们组合而成的组合型。电压型开关在关断时，其开关两端电压直接取决于被换接的电压，因此若跨接于开关两端的寄生电容不可忽略，则开关工作时要对寄生电容充放电，必然影响开关速度。开关闭合，流过开关的电流取决于开关回路的负载电阻。

电流型开关的特点是不管开关负载电阻的大小，流过开关的电流和被切换的电流相等。实际上在电流型开关的转换器设计中，被切换的电流通常是恒流源，它与电流开关无关，即开关对切换电流的影响很小，开关工作速度可以很高。而电压型开关导通后两端剩余压降直接影响被换接的电压有效值而产生误差。因此在集成数模转换器中，大量采用电流型模拟开关，特别是在高速转换器中。

如果从构成模拟开关的器件来分，大致有晶体管型、结型场效应管型、绝缘栅场效应管型、CMOS 管型，以及晶体管和场效应管相容型。其中结型场效应管开关的优点是信号回路不会由控制电流流入，导通电阻不依赖于接换电压，是较为理想的模拟开关器件。绝缘栅场效应管开关的特点是成本低，尺寸小，工艺简单，不足之处是导通电阻随驱动信号和被换接的电压变换而变换。CMOS 模拟开关可以做到导通电阻比较低，且不随切换电压变化而变化，可制成双向开关的形式，在集成数模转换器中有广泛应用。

模拟开关的主要特性参数有导通电阻、漏电流、寄生电容以及开启时间和关闭时间。导通电阻和漏电流影响低频信号的传输精度。寄生电容效应使高频信号传输产生失真。开启时间和关闭时间反映模拟开关加了控制信号以后，开关何时开始动作，因为在开启或关闭一个开关时，开关中的电平转换电路和驱动电路中存在传输延迟，因而开关不可能马上动作。在数模转换器中，输入数字是模拟开关的控制信号，当输入数字码更新时，若模拟开关的开启时间和关闭时间不同，则在模拟开关的开启和关闭的暂态过程中会出现伪码效应，在输出端形成毛刺现象。

数模转换器中，模拟开关由输入信号控制通断，从而改变转换网络的连接方式，转换网络按此连接方式把基准电压转换成对应的电流。转换网络的基本类型是加权网络和梯形网络。前者如权电阻网络、权电容网络，后者如 R-2R 梯形电阻网络、倒梯形电阻网络等。为了改善转换网络的性能，人们在上述两种基本网络的基础上，设计了各种改进型转换网络，如权电阻和梯形电阻网络并用结构、分段梯形电阻网络、电流衰减型网络、电压分段式结构网络等。

由于转换网络是数模转换器的核心，其性能好坏直接影响转换器精度，因此，介绍不同转换网络的数模转换器的电路原理和性能特点，有助于理解、挑选和使用转换器。

1. 权电阻网络数模转换器

先介绍一下二进制码的权。n 位二进制数可用 $d_{n-1}\, d_{n-2}\, \cdots\, d_1 d_0$ 表示，其中 d_{n-1} 是最高位数字，d_0 为最低位数字，每位可取 0 或 1。某位为 1 而其他位为 0 时代表的数值大小称为这一位的权。n 位二进制数从最高位 d_{n-1} 到最低位 d_0 的权依次为 2^{n-1}，2^{n-2}，$\cdots, 2^1$，2^0。可用各位的权来表示 n 位二进制数的大小，即

$$D_n = 2^{n-1}d_{n-1} + 2^{n-2}d_{n-2} + \cdots + 2^1 d_1 + 2^0 d_0 \tag{4.1.5}$$

可看出，二进制数中某位的权反映了该位为 1 时对二进制数大小的贡献。数模转换器中权电阻网络，指的是使转换输出电流的大小和输入二进制数建立对应关系的电阻网络。

一种原理电路如图 4.1.3 所示。图中，$d_{n-1}\, d_{n-2}\, \cdots\, d_0$ 为输入二进制信号 D_n，它的每一位控制相应的模拟开关 $S_{n-1}, S_{n-2}, \cdots, S_0$，当 d_{n-j} 位值为 1 时，开关 S_{n-j} 合向 i_o 通路，由基准电压 V_R 和 $n-j$ 支电路电阻决定的支路电流 I_{n-j} "贡献"给 i_o。当 d_{n-j} 位位值为 0 时，开关 S_{n-j} 合向地。此时电流 I_{n-j} 流入地。从上面的分析可以看到，不管开关处于何种状态，即不管输入信号的位值是 0 还是 1，电阻网络中各支路电流有固定的值，与最高位 d_{n-1} 对应的支路电流为 $I_{n-1} = V_R/R$，其他位对应支路电流依次为 $I_{n-2} = V_R/(2R), \cdots, I_0 = V_R/(2^{n-1}R)$。这些电流的大小是不同的，它们和二进制数的位权有一一对应关系，称为权电流。权电流的形成是按位权选取电阻网络中电阻值的必然结果，称为权电阻网络。

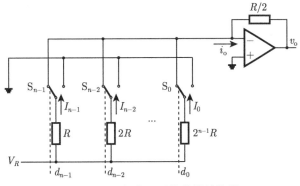

图 4.1.3　权电阻网络数模转换器

由图 4.1.3 可知，转换网络总的输出电流是各支路电流的叠加，即

$$
\begin{aligned}
i_{\mathrm{o}} &= I_{n-1} + I_{n-2} + \cdots + I_0 \\
&= \frac{V_R}{2^0 R} d_{n-1} + \frac{V_R}{2^1 R} d_{n-2} + \cdots + \frac{V_R}{2^{n-1} R} d_0 \\
&= \frac{V_R}{2^{n-1} R} \left(2^{n-1} d_{n-1} + 2^{n-2} d_{n-2} + \cdots 2^0 d_0 \right) \\
&= \frac{V_R \cdot D_n}{2^{n-1} R}
\end{aligned}
\tag{4.1.6}
$$

于是，输出电压为

$$
v_{\mathrm{o}} = -\frac{1}{2} i_{\mathrm{o}} R = -\frac{V_R}{2^n} \cdot D_n
\tag{4.1.7}
$$

式 (4.1.7) 表明，无论是转换网络的输出电流 i_{o} 还是进行了电流电压转换的 v_{o} 都和输入数字量 D_n 成正比。即权电阻网络数模转换器可实现输入数字量到输出模拟量的线性转换。

权电阻数模转换器的优点是结构比较简单，所用元器件少，容易进行 BCD 编码而构成十进制数模转换器。缺点是网络中各电阻阻值相差大，最大电阻和最小电阻之比达 2^{n-1}。例如，一个 12 位的上述结构的转换器，如电阻网络中最小电阻取 10kΩ，则对应最大的权电阻就达 20.48 MΩ，这样大比值的电阻用集成工艺制造是很困难的，而且无法用扩散电子工艺实现，用薄膜电阻工艺也无法保证每个电阻的精度。另外，这样大的电阻必然会影响转化速度，这是由于信号电流在开关过程中要对寄生电容充放电，而最低位的电流又极小，使对寄生电容的充放电时间很长。一般来说，为保证阻值精度，用集成工艺指导的电阻比值最好不超过 20。因此权电阻网络的结构只适用于位数少的数模转换器。若输入数字量的位数较多，可采用多级结构，4 位成一组，每组电阻为 R、$2R$、$4R$、$8R$。组间串入电阻 $8R$，以使低位组电流衰减。一个 8 位输入的双极权电阻网络数模转换器如图 4.1.4 所示。图中，输出电压和输入数字量 D_n 的关系为

$$
v_{\mathrm{o}} = -\frac{V_R}{2^8} D_n
\tag{4.1.8}
$$

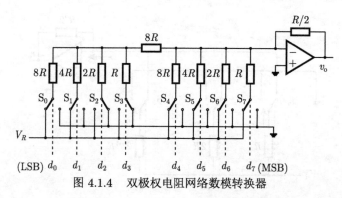

图 4.1.4   双极权电阻网络数模转换器

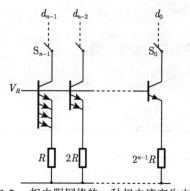

图 4.1.5   权电阻网络的一种权电流产生电路

实际的数模转换器中，基准电压不可能有那么大的带载能力直接提供权电流，而只起控制作用。例如，在图 4.1.5 中，由 V_R 控制基极电位，由权电阻网络形成不同的权电流。图中为保证各管的发射端正向电压 V_{BE} 相等，应根据流过电流的大小来设计发射极面积，使各权电阻上的电压不随电流而改变，从而保证了权电流的比例关系和权电阻的对应性。$S_0, S_1, \cdots, S_{n-1}$ 是由输入数字的位控制的模拟开关。

2. 梯形电阻网络数模转换器

为了克服权电阻网络中电阻值相差过大的缺点，研究出了梯形电阻网络结构的数模转换器，如图 4.1.6 所示。图中 S_3、S_2、S_1、S_0 为模拟开关，分别由输入二进制数 $D(d_3 d_2 d_1 d_0)$ 的对应位控制。运算放大器部分是为了把转换器的电流输出变为电压输出而设置的电路。从图 4.1.6 可以看出，梯形电阻网络所用的电阻个数比对应的权电阻网络的电阻个数多。但它只有 R 和 $2R$ 两种阻值的电阻，因而容易制成集成电路。

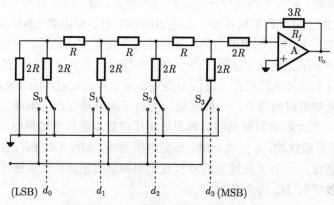

图 4.1.6   4 位梯形电阻网络数模转换器

下面以图 4.1.7 为例，对梯形网络数模转换器的原理作简要分析。由于是线性电路，因此可利用叠加原理简化分析, 即只要分析清楚输入二进制码各位单独作用时产生的输出, 则总的输出即为各位单独作用时产生的输出的叠加。由于各位模拟开关被设置成对应数字为 1 时, 合向基准电压 V_R, 使电阻 $2R$ 与 V_R 接通; 对应数字为 0 时, 合向地, 使电阻 $2R$ 与地接通。因此, 若输入数字各位都为 0, 则和开关相连的 $2R$ 电阻与地连接。P_3 点电压 $v_3 = 0$, 因此输出电压 $v_o = 0$。

若输入信号的最高位为 1, 其他位为 0, 即 $d_3d_2d_1d_0 = 1000$, 则 S_3 合向 V_R, $S_2S_1S_0$ 和地接通。此时梯形网络的等效电路如图 4.1.7(a) 所示。利用戴维南定理化简, 可得到化简后的等效电路如图 4.1.7(b) 所示, 其等效内阻 $R_1 = R$, 等效电压源为 $v_3 = \dfrac{1}{2}V_R$。

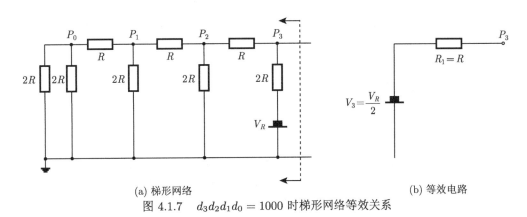

(a) 梯形网络   (b) 等效电路

图 4.1.7 $d_3d_2d_1d_0 = 1000$ 时梯形网络等效关系

把图 4.1.6 中梯形电阻网络用等效电路代替, 不难算出 $d_3 = 1$ 时的输出电压 v_{o_3}。

$$v_{o_3} = -\frac{V_R}{2} = -\frac{V_R}{2^4} \cdot 2^3 d_3 \tag{4.1.9}$$

同理, 设 $d_3d_2d_1d_0 = 0100$, 可分析出 d_2 和输出电压 v_{o_2} 的关系, 方法也是先画出此时的梯形网络等效电路, 再用戴维南定理对 P_2 点和 P_3 点进行化简, 可得到从 P_3 点看梯形网络的等效电路, 其内阻也是 R, 等效电压源为 $\dfrac{V_R}{4}$, 从而可得输出电压 v_{o_2} 和 d_2 的关系为

$$v_{o_2} = -\frac{V_R}{2^4} \cdot 2^2 d_2 \tag{4.1.10}$$

式 (4.1.10) 表明, 当 d_2 为 0 时, $v_{o_2} = 0$, 即对输出电压没有什么贡献; 当 $d_2 = 1$ 时, $v_{o_2} = -\dfrac{V_R}{4}$, 数值上只有 $d_3 = 1$ 单独作用时输出电压 v_{o_3} 的一半。

按同样的方法, 可得到输出电压与 d_1、d_0 位的关系:

$$\begin{cases} v_{o_1} = -\dfrac{V_R}{2^4} 2^1 d_1 \\[3mm] v_{o_0} = -\dfrac{V_R}{2^4} 2^0 d_0 \end{cases} \tag{4.1.11}$$

根据叠加原理, 数模转换器的输出电压 v_o 是 d_3、d_2、d_1、d_0 每一位单独作用的和, 可表示为

$$v_{\mathrm{o}} = -\frac{V_R}{2^4}(2^3 d_3 + 2^2 d_2 + 2^1 d_1 + 2^0 d_0) = -\frac{V_R}{2^4}D \qquad (4.1.12)$$

式 (4.1.12) 表明，梯形网络数模转换器的输出电压与输入数字量成正比。对于 N 位梯形网络转换器，其变换关系为

$$v_{\mathrm{o}} = -\frac{V_R}{2^n} \cdot D_n \qquad (4.1.13)$$

虽然梯形电阻网络克服了权电阻网络电阻值种类多的缺点，但本身也存在一些不足。例如，输入数字信号发生变化时，引起模拟开关闭合位置发生变化，从而使 $2R$ 中的电流发生变化，并在网络中传输。梯形电阻网络相当于传输线，从模拟开关动作到梯形电阻网络建立起稳定输出需要一定的传输时间，转换器的位数越多，梯形网络的级数就越多，所需传输时间就越长，因此在位数较多时将直接影响数模转换器的转换速度。另外，当输入数字信号有 N 位同时发生变化时，由于各级信号传输到输出端的时间不同，因而在输出端可能产生瞬时尖峰脉冲，这对很多应用领域都是不利的，克服上述缺点的一种方法是采用倒梯形电阻网络的数模转换器。

3. 倒梯形电阻网络数模转换器

4 位倒梯形电阻网络数模转换器原理电路如图 4.1.8 所示。图中，对于输入信号中为 0 的位，模拟开关被控制合向地，对于输入信号中为 1 的位，对应模拟开关合向“虚地”点，即运算放大器的反相输入端。因此模拟开关不管合向哪一边，其连接的电位都是“地”，使网络中每个支路电阻上的电流始终不变，因而从基准电压 V_R 流入网络的总电流 I 也是不变的，由于网络的等效电阻是 R，故总电流 I 的大小为

$$I = \frac{V_R}{R} \qquad (4.1.14)$$

网络输出电流 I_{o} 的大小为

$$\begin{aligned} I_{\mathrm{o}} &= \frac{I}{2}d_3 + \frac{I}{4}d_2 + \frac{I}{8}d_1 + \frac{I}{16}d_0 \\ &= \frac{I}{2^4}\left(2^3 d_3 + 2^2 d_2 + 2^1 d_1 + 2^0 d_0\right) = \frac{V_R}{2^4 R}D \end{aligned} \qquad (4.1.15)$$

输出电压 v_{o} 可表示为

$$v_{\mathrm{o}} = -I_0 \cdot R = -\frac{V_R}{2^4} \cdot D \qquad (4.1.16)$$

如前所述，输入信号的变化，不改变倒梯形电阻网络各支路电流的大小，只是切换电流的流向，输入信号中为“1”的位，对应支路电流都直接流向运算放大器反相端而形成输出电压。输入信号中为“0”的位，对应支路电流流向地。各支路电流到达网络输出点几乎是同时的，不但使转换器速度提高，而且减小了可能出现的尖峰脉冲。这些优点使倒梯形网络成为数模转换器中广泛采用的电路形式。

从上面的分析中也可以看出，倒梯形电阻网络 $2R$ 支路中的电流，在模拟开关是理想器件条件下，也是按加权关系分配的，如图 4.1.8 中所标的 $\dfrac{I}{2}$、$\dfrac{I}{4}$、$\dfrac{I}{8}$ 和 $\dfrac{I}{16}$。这些权电流流向地端还是流向求和放大器的相加点，由输入数字信号通过模拟开关进行控制，因此倒梯形电阻网络转换器的工作原理从本质上来说和权电阻网络的工作原理没有多大差别。

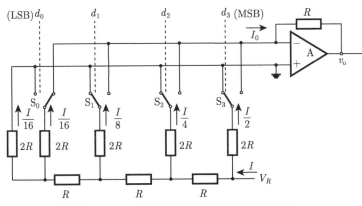

图 4.1.8　4 位倒梯形电阻网络数模转换器

4. 电压分段式数模转换器

虽然倒梯形电阻网络数模转换器有很多优点，但要制成严格单调的高分辨率转换器，需要网络中电阻的精密匹配，用一般的工艺是很难实现的。采用电压分段式结构可保证数模转换器的单调性。电阻分压式 4 位数模转换器的原理如图 4.1.9 所示。图 4.1.9 中基准电压 V_R 被 16 个阻值相同的电阻 R 分压，分压点的电压值分别为

$$
\begin{cases}
V_0 = \dfrac{V_R}{2^4} \times 0 \\[2mm]
V_1 = \dfrac{V_R}{2^4} \times 1 \\[2mm]
\ \ \vdots \\[2mm]
V_{15} = \dfrac{V_R}{2^4} \times 15
\end{cases}
\tag{4.1.17}
$$

每个分压点与一个对应的模拟开关相连，模拟开关的状态由输入数字信号 $D(d_3d_2d_1d_0)$ 经译码后控制。例如，$d_3d_2d_1d_0 = 0000$ 时，译码输出使模拟开关 S_0 闭合，其他模拟开关断开。因而分压点电压经 S_0 传输到输出端。当输入信号 $D = i$ 时，译码输出使 S_i 闭合，其他开关断开，此时转换器的输出为

$$
v_{\mathrm{o}} = V_i = \frac{V_R}{16} \cdot i
\tag{4.1.18}
$$

对于 n 位二进制输入的这种分压式转换器，其分压电阻应有 2^n 个，需要 2^n 个模拟开关。随着位数增加，所需元器件数量急剧增加，这是缺点。其优点是转换速度快，且转换器只要一种电阻值，容易保证制造精度，即使阻值有较大的误差，也不会出现非单调性。

针对上述元器件数量多的缺点，提出电压分段式结构，即把分压器设计成两级，构成电压分段式数模转换器，其原理电路如图 4.1.10 所示。图中，左边四个电阻构成第一级分压器，右边四个电阻构成第二级分压器。S_0、S_1 是和第一级分压器相连的模拟开关，由输入信号 $D(d_3d_2d_1d_0)$ 高二位 d_3d_2 的译码输出控制，完成段选择。S_2 是和第二级分压器相连的模拟开关，由低位信号 d_1d_0 的译码输出控制，完成抽头选择。

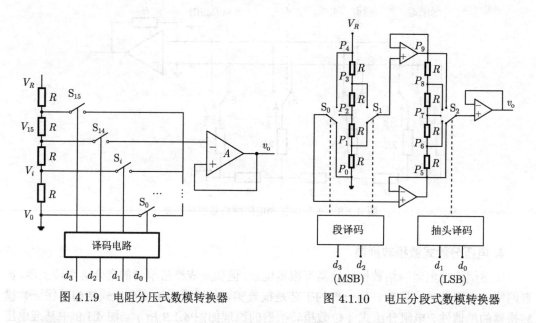

图 4.1.9   电阻分压式数模转换器   图 4.1.10   电压分段式数模转换器

首先进行段选择。当 d_3d_2 分别为 00、01、10、11 时，通过译码器，控制模拟开关 S_0、S_1 的位置分别对应为 P_0P_1、P_2P_1、P_2P_3 和 P_4P_3。即 S_0、S_1 在 d_3d_2 的控制下交替切换到分压点上，并总是连接在相邻的两个分压点上，它们间的电压（段电压）始终为 $\dfrac{V_R}{4}$。其下分压点分别是 P_0、P_1、P_2 和 P_3。可见下分压点的对地电压与 d_3d_2 组成的二进制数成正比，即

$$v_L = \frac{V_R}{4} \cdot \left(2^1 d_3 + 2^0 d_2\right) \tag{4.1.19}$$

再进行抽头选择。第二级分压器基准电压是由第一级分压器上的段电压通过射极跟随器产生的，大小为 $\dfrac{V_R}{4}$。其分压点电压经模拟开关 S_2 输出。S_2 切换到哪一个分压点由 d_1d_0 控制，即随着 d_1d_0 的增大，S_2 切换点和第二级分压器基准电压低电位端（即第一级分压器的下端点）间的电压（抽头电压）也单调增加，且该电压 V_R 和 d_1d_0 组成的二进制值成正比，可表示为

$$v_T = \frac{V_R}{16}\left(2^1 d_1 + 2^0 d_0\right) \tag{4.1.20}$$

输出电压 v_o 为 v_L 和 v_T 的叠加，即

$$v_o = v_L + v_T = \frac{V_R}{4}\left(2^1 d_3 + 2^0 d_2\right) + \frac{V_R}{16}\left(2^1 d_1 + 2^0 d_0\right)$$

$$= \frac{V_R}{2^4} \left(2^3 d_3 + 2^2 d_2 + 2^1 d_1 + 2^0 d_0 \right) = \frac{V_R}{2^4} D \tag{4.1.21}$$

这里，段选择和抽头选择都是单调的，保证了输出电压的单调性。另外，采用分段结构使分压电阻大大减少，对 n 位输入的转换器，分压电阻数量从 2^n 减少到 $2 \times 2^{\frac{n}{2}}$。模拟开关的数量也大大减少，这种结构一般用于单调性要求严格的高分辨率数模转换器。

4.1.3 Σ-Δ 型数模转换器

Σ-Δ 型数模转换通常可理解为 Σ-Δ 模数转换的逆过程。其中数字滤波和 Σ-Δ 调制器的功能是完全类似的。Σ-Δ 型数模转换器的原理框图如图 4.1.11 所示，主要由内插式滤波器、Σ-Δ 调制器、1 位数模转换器和输出滤波器组成。图 4.1.11 也给出了一个 16 位的 Σ-Δ 型数模转换器的例子。输入为 16 位的串行数据，以 8kHz 的速率更新，经转换器后，输出约 4kHz 带宽的模拟信号。输入数据首先送入数字内插式滤波器，其采样频率从 8kHz 增加到约 1MHz，称为过采样，其过采样系数为 128，这个过程相当于把一个低采样速率的数字信号重构为一个新的高采样速率的数字信号。数字过采样滤波器可降低对模拟滤波器的要求。根据采样理论，当采样频率较低时，对后面的模拟滤波器提出了很高的要求，在电路上实现起来很困难。如果在采样脉冲间插入零值采样脉冲，从而提高数字信号的采样频率，则在不改变信号频谱的情况下，其要滤去的"镜像"频率大大提高。这样只需要比较简单的模拟滤波器就可以去掉这个高频"镜像"。

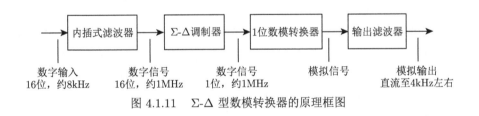

图 4.1.11 Σ-Δ 型数模转换器的原理框图

图 4.1.12 表示过采样系数为 4 的内插情况，输入信号 $x(m)$ 的数据样值之间被插入 3 个零值采样值，从而得到一个新的信号 $w(m)$，如果对它进行低通滤波，就可产生信号 $y(m)$，总的采样频率增加为原来的 4 倍。内插式滤波器输出的 16 位、1.024MHz 采样速率的数据流由 Σ-Δ 调制器进行噪声整形，并减少采样宽度到 1 位。噪声整形的作用是使大部分量化噪声位于数字滤波器可滤去的高频区（1/2 原采样频率和 1/2 过采样频率之间的区域），仅一小部分留在直流至原 1/2 采样频率范围内，这样用数字滤波器可去除大部分量化噪声能量，提高系统的信噪比。Σ-Δ 型数模转换器中的调制器是全数字的，并包含数字滤波器。数字滤波器既滤去了 Σ-Δ 调制器在噪声整形过程中产生的高频噪声，也相对原采样频率起到抗混叠滤波器的作用。

调制器输出的位流由 1 位数模转换器转换成模拟量。如同 Σ-Δ 型模数转换器中的一样，1 位数模转换器的输出在以某种方式平均之前是没有意义的，后面的输出滤波器正好完成这个"平均"功能，同时还可以滤去高频噪声。

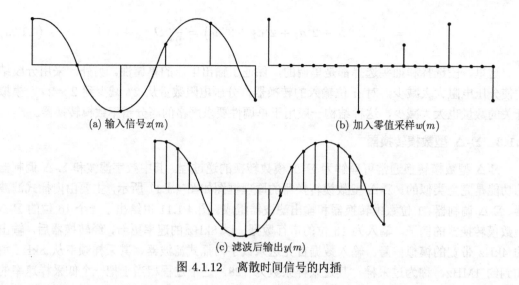

(a) 输入信号 $x(m)$　　　　　　　　　　(b) 加入零值采样 $w(m)$

(c) 滤波后输出 $y(m)$

图 4.1.12　离散时间信号的内插

直接数字频率合成原理及应用

4.2　直接数字频率合成技术

　　直接数字频率合成就是通常所说的 DDS（Direct Digital Synthesizer）或者 DDF（Direct Digital Frequency Synthesis）。随着大规模集成电路技术的发展，DDS 的集成度得到大大提高并变得日益重要。DDS 的输出频率、相位和幅度能够在数字处理器的控制下精确而快速地变换，这些特征使得其在通信和军事技术，如雷达等领域得到广泛应用。

　　DDS 是利用信号相位与幅度的关系，对需要合成信号的波形进行相位分割，对分割后的相位值赋予相应的地址，然后按时钟频率以一定的步长抽取这些地址，因为它们对应相应的相位，从而也对应相应的幅度，这样按照一定的步长抽取地址（相位值）的同时，输出相应的幅值，这些幅值反映了需要合成信号的波形。在时钟恒定时，可以通过改变抽取地址的步长来改变合成信号的频率，如果在基准时钟后面加一级分频器电路，就可以通过改变时钟分频的方式在更大范围内调节输出信号的频率。通常 DDS 的实现都是以正弦信号的发生为基础的，为讲述方便，后续围绕正弦信号的发生展开论述。

　　生成正弦信号时，DDS 从相位出发，由不同的相位给出不同的电压幅度，即由相位算得正弦幅度并输出对应模拟信号，最后滤波，平滑输出所需要的正弦信号（是不是有种似曾相识的感觉？采样定理的作用又出现了……）。为了更好地理解 DDS，需要简单地回顾正弦函数的产生过程。图 4.2.1(a) 表示半径为 R 的圆，一点以原点为中心逆时针旋转与 x 轴的正方向形成夹角 $\theta(t)$，即相位角。

　　设该点在 y 轴上的投影为 S。当 R 的端点连续不断地绕圆旋转时，S 将取 $-R \sim +R$ 之间的任何值，而 $\theta(t)$ 则在 $0 \sim 360°$ 间变化。而 $S = R\sin\theta(t)$，如图 4.2.1(b) 所示。如果 R 的端点不是连续不断地绕圆旋转，而是以等步长的相位增量阶跃式旋转，如 8 步旋转一周（360°），那么 S 将形成阶梯式的近似正弦函数，如图 4.2.1(c) 所示。在一周内，当相位增量减小、步长数目增加时，阶梯式正弦波就接近实际的正弦函数。图 4.2.1(d) 表示了一个 64 步长的近似正弦函数。

　　从以上讨论可以看出，在一个周期内，通过改变相位增量的时间步长，就可以改变绕

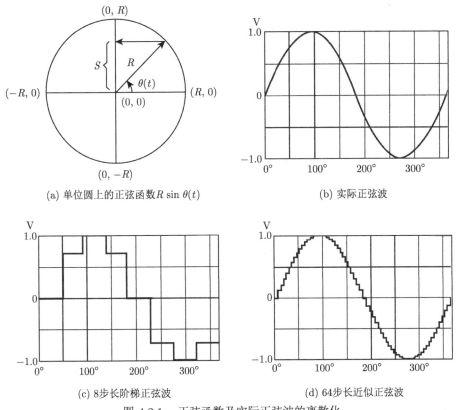

(a) 单位圆上的正弦函数 $R\sin\theta(t)$ (b) 实际正弦波

(c) 8步长阶梯正弦波   (d) 64步长近似正弦波

图 4.2.1   正弦函数及实际正弦波的离散化

圆旋转的步长数目，从而产生不同程度的正弦曲线近似方法。在一个周期内，时间步长越小，意味着生成幅值序列的时钟频率越高，对应的点数目就越多，因此近似正弦波的程度就越高。相反，当时间步长增加时，一个周期内的点的数目就会变少，近似程度就下降，最后变成方波输出（注意，这是采样定理的最低要求，不能再低了，采样定理其实是无处不在的）。典型的 DDS 原理方框图如图 4.2.2 所示，包括相位累加器、相位幅度变换器、数模转换器、低通滤波器等基本部件，其中，相位幅度变换器是对相角计算得到正弦幅值的部件。

相位累加器类似于一个简单的计数器，它是由存储数字相位增量字的 L 位频率寄存器、计数寄存器和相位寄存器组成的，后两者常常是合并在一起的。数字相位增量字进入频率寄存器后，在每个参考时钟周期或者脉冲期间，表示相位增量的数值就加到数字累加器中。然后，累加器的值传递给相位/幅度变换器，并输出给模数转换器，模数转换器产生一系列的表示以时间脉冲速率抽样的电压阶跃，最后经低通滤波器平滑输出得到所需波形。当相位累加器由于重复累加而溢出时，它的最高有效位（MSB）就从 1 变到 0，又开始一个新的输出周期。相位增量字表示在每个参考时钟周期加到前次值的相位角步长所产生的线性增加的数字值。对于 L 位相位累加器，在 2^L 个参考时钟周期之后，累加器中存储的余数回到初始状态（一般为零）。另外，图 4.2.2 反映了 DDS 输出信号与其参数之间的关系，如 f_r 为参考时钟频率，$T_r = 1/f_r$；f_o 为输出频率，$T_o = 1/f_o$，而根据采样定理输出频率一定是比参考频率低的，甚至可以说，DDS 的过程是与采样流程相反的逆过程；P_{FSW} 是相位增量字（非定值），由二进制码表示的频率建立字（FSW）确定。

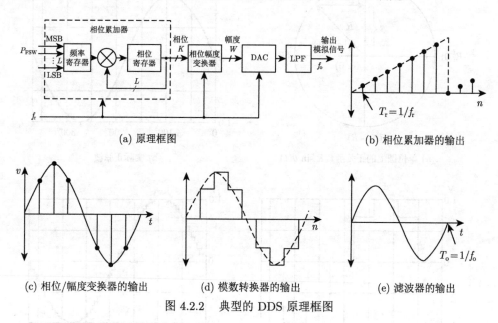

| (a) 原理框图 | (b) 相位累加器的输出 |

(c) 相位/幅度变换器的输出　　　(d) 模数转换器的输出　　　(e) 滤波器的输出

图 4.2.2　典型的 DDS 原理框图

构造相位/幅值映射的方法如下。

1. 正弦查表法

查表法是预先计算得到正弦或余弦值，将其存储在表格中，这种表格通常是由一系列寄存器构成的，然后依次读取并显示，即可得到正弦或余弦波形。传统的基于查找表的 DDS 结构如图 4.2.3 所示。

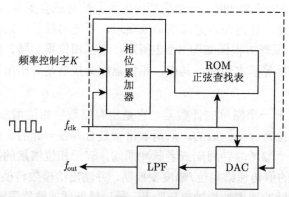

图 4.2.3　基于查找表的 DDS 结构示意图

查表法 DDS 的核心部分是相位累加器和波形存储器（ROM），如果需要输出模拟信号，还需要数模转换器（DAC）和低通滤波器（LPF）。图 4.2.3 中虚线框部分称为数控振荡器，是 DDS 的数字实现部分。在频率为 f_{clk} 的时钟脉冲控制下，频率控制字 K 由相位累加器进行累加而得到相位码，通过相位码寻址 ROM 正弦波形查询表进行相位/幅度转换，输出离散的正弦波，再经过数模转换得到相应阶梯波，最后经低通滤波器得到由频率控制字 K 决定的频率 f_{out} 的平滑正弦信号。

当利用 FPGA 进行查表法的硬件实现时，是将 $0 \sim 2\pi$ 范围内以步长 $2\pi/2^{nb}$ 选取 2^{nb} 个点，对应正弦值量化为 n_{bs} 位二进制数（以补码表示，1 对应 $2^{nbs} - 1$）存于表中，便得到 $2^{nb} \times n_{bs}$ 的正弦表。给定输入相位所对应的地址就可以查表得到对应的正弦值。构造一个深度为 2^{nb}，宽度为 n_{bs} 的表需要 $2^{nb} \times n_{bs}$(bit) 的存储资源。如果要使相位分辨率提高 n_{bs} 倍，存储资源需要增加。查表法是常用产生正弦样本的最有效、最简单方法，可以实时输出，但会消耗存储单元，尤其是对相位和频率分辨率以及输出精度要求很高时，虽然具体实现中可只存储一个象限的正弦值来减少存储量，但总的来说，存储资源的消耗往往仍超出 FPGA 的承受能力。

正弦表是由 ROM 构成的，它把累加器输出的数字相位信息变换成正弦波值。正弦频率由频率建立字 P_{FSW} 确定，它是一个用二进制表示的整数，其范围为 $1 \leqslant P_{FSW} \leqslant 2^{L-1}$。如果令累加器在第 n 个参考时钟周期的相位增量 $nP_{FSW} = \theta(n)$，在理想的无限相位精度存储且没有相位和幅度量化的情况下，从相位变化到正弦波幅度的输出序列是

$$s(n) = \sin\left(2\pi \frac{nP_{FSW}}{2^L}\right) = \sin\left(2\pi \frac{\theta(n)}{2^L}\right) \tag{4.2.1}$$

相位累加器按照溢出运算原理使用 L 位的模 2^L 性质工作，周期地溢出累加器的积分器，以便利用下面的关系式模拟正弦函数的模 2π 性质：

$$s(n) = \sin\left(2\pi \frac{\langle\theta(n)\rangle_{2^L}}{2^L}\right) = \sin\left(2\pi \frac{\theta(n)}{2^L}\right) \tag{4.2.2}$$

式中，$\langle\cdot\rangle_{2^L}$ 代表以模 2^L 运算的一个数的整数的余数。这样，相位累加器就相当于接在模 2^L 算子后的数字积分器。

ROM 输出到模数转换器可获得量化的模拟正弦波。模数转换器输出的频谱包含 $nf_r \pm f_o, n = 0, 1, 2, \cdots$。这些频率分量的幅度被 (f/f_r) 函数加权，可以通过反 $\mathrm{sinc}(f/f_r)$ 函数滤波器来校正。当 DDS 产生的频率接近 $f_r/2$ 时，第一镜像频率（$f_r - f_o$）很难滤掉。为使滤波器比较简单，DDS 的工作频率通常要小于 40% 的参考时钟频率。

2. 插值法

当利用查表法进行正弦信号发生时，有时表格的长度受限于硬件资源，但又希望尽可能提高所发生的信号的光滑程度，通常可考虑利用插值的方式，相当于利用信号的邻域特性进行估计。插值法利用函数 $f(x)$ 在某区间中若干点的函数值，拟合得某一特定函数（通常为多项式函数），在区间的其他点上用拟合函数值作为 $f(x)$ 的近似值。

常用的插值方法有 Lagrange 插值法、Newton 插值法、Hermite 插值法和分段多项式插值等。下面以 Lagrange 插值法为例介绍其工作原理。对于正弦函数 $\sin\theta$ 在 $[\theta_i, \theta_{i+1}]$ 上的值用 Lagrange 插值法可表示为

$$\sin\theta = \sin\theta_i + \frac{1}{h}(\sin\theta_{i+1} - \sin\theta_i)(\theta - \theta_i) + R_L \tag{4.2.3}$$

与 Taylor 级数插值类似，其中 $\theta \in [\theta_i, \theta_{i+1}]$，$\theta_i$ 和 θ_{i+1} 是两个连续的存储相位，$\theta - \theta_i$ 表示相位累加器输出相位字的低有效位，即传统 DDS 中被截断丢弃的相位，θ_i 为相位字的高有效位，作为 ROM 查询表的地址，h 为相邻插值点之间的相位间隔，R_L 是正弦函数的 Lagrange 余项，定义为

$$R_L = \frac{1}{2} \mid \sin\xi \mid \cdot \mid (\theta - \theta_{i+1})(\theta - \theta_i) \mid, \quad \xi \in (\theta_i, \theta_{i+1}) \tag{4.2.4}$$

在插值公式中，相位字由 N 位相位累加器累加得到，θ_i 为相位字的高 M 位，θ_i 和 θ_{i+1} 为地址宽度为 M 的 ROM 表的连续查询地址，查表得到 $\sin\theta_i$ 和 $\sin\theta_{i+1}$，$\theta - \theta_i$ 为相位字的低 B 位有效位，$B = N - M$，h 为相邻插值点之间的相位间隔，则 $h = 2^B$，在进行计算时，得到 $\sin\theta_{i+1} - \sin\theta_i$ 与 $\theta - \theta_i$ 的乘积后，只需将乘积右移 B 位即可得到修正项。这样处理是硬件实现时的典型做法，以移位的方式代替乘法和除法运算，可以充分利用硬件运算的独特优势，发挥 FPGA 等硬件逻辑门运算的长处。

虽然插值法可以缓解查表法中幅值不够所导致的波形中高频分量较多的问题，但需要指出的是，插值点的幅值的精度取决于插值点和已知点的距离，有没有可能把未知位置的点算得更准确，并且适合硬件实现呢？CORDIC（Coordinate Rotation Digital Computer）算法就是适于硬件实现的三角函数值的一种高精度计算方法。

3. CORDIC 算法

早在 1956 年，美国开始研究用数字计算机替代模拟计算机来驱动 B-58 轰炸机导航系统的可行性。由于长期受到模拟计算机精度的限制，这项"替代任务"被认为是极为必要的。由于三极管刚刚问世不久，而且只能在 250kHz 以下的逻辑转换频率内正常工作，因此，B-58 轰炸机导航系统的数字化被认为是一项几乎不可能完成的任务，也不被给予太多希望。最大的困难在于实时求解用来确定当前位置所需的一系列复杂导航方程。当时，数字微分分析仪能够有效地求解连续导航问题，但是当飞行器处在北极附近的位置时，这类仪器就不能实时地给出正确的解算结果。

此外，在求解确定目标对准等非连续问题时，如星体的跟踪、地面雷达瞄准等，计算速度更显得捉襟见肘。研发一种能弥补当时技术不足的数字式导航仪变得迫在眉睫。令人头疼的是，当时现有的三角函数计算方法太过耗时，很难满足 B-58 轰炸机实时导航系统的要求。在此背景下，CORDIC 算法应运而生。这种算法特别巧妙，把天平中砝码称重的方式推广到了计算三角函数。我们简单回顾一下天平和砝码的组合是如何称重的，如图 3.5.2 所示。天平是实验室中常用的仪器，依据杠杆原理制成，在杠杆的两端各有一小盘，一端放砝码，另一端放要称的物体，杠杆中央装有指针，两端平衡时，两端的质量（重量）相等。进行测量时，首先调整好天平，然后把物体放到天平的左盘中，估计被测物体的质量，用镊子按"先大后小"的顺序向右盘依次加砝码，若天平不平衡，调节游码在标尺上的位置，使天平指针指到分度盘的中线处（或指针在中线左右摆动幅度相等），右盘里砝码的总质量加上游码在标尺上所对应的刻度值，就等于左盘里物体的质量，而且称重的精度取决于最小砝码的大小。从天平测重量的过程可以看出，只要在砝码组合范围内的重量，都是可以实现高精度重量（质量）测量的。

CORDIC 算法实现过程和天平称重十分类似, 具有很强的启发性。该算法是从一般的矢量旋转式中推导得出的, 基本原理如图 4.2.4 所示。假设在极坐标系中, 初始矢量 $V_1(x_1, y_1)$ 通过旋转角度 θ 得到矢量 $V_2(x_2, y_2)$, 则

$$V_2 = V_1 \mathrm{e}^{\mathrm{j}\theta} \tag{4.2.5}$$

即

$$\begin{cases} x_2 = x_1 \cos\theta - y_1 \sin\theta = \cos\theta\,(x_1 - y_1 \tan\theta) \\ y_2 = x_1 \sin\theta + y_1 \cos\theta = \cos\theta\,(y_1 + x_1 \tan\theta) \end{cases} \tag{4.2.6}$$

将矢量旋转角度 θ 分解为连续进行的 n 次微小旋转的迭代操作来实现, 即 $\theta = \sum\limits_{i=0}^{n-1} d_i \theta_i$, 而每一次迭代判决条件为 $d_i \in$ $(-1, +1)$, 这里的 d_i 的符号类似天平的指针是偏左还是偏右, 旋转方向为顺时针时, $d_i = -1$; 旋转方向为逆时针时, $d_i = +1$。若约定每一次旋转角度 θ_i 的正切值为 2 的整数次幂, 即令:

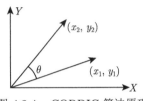

图 4.2.4　CORDIC 算法原理

$$\begin{cases} \tan\theta_i = 2^{-i}, \quad i = 0, 1, 2, \cdots, n-1 \\ \cos\theta_i = \dfrac{1}{\sqrt{1 + \tan^2\theta_i}} = \dfrac{1}{\sqrt{1 + 2^{-2i}}} \end{cases} \tag{4.2.7}$$

于是可以得到迭代式:

$$\begin{cases} x_{i+1} = k_i(x_i - y_i d_i 2^{-i}) \\ y_{i+1} = k_i(y_i + x_i d_i 2^{-i}) \end{cases} \tag{4.2.8}$$

式中, $k_i = \dfrac{1}{\sqrt{1 + 2^{-2i}}}$, k_i 的乘积被定义为 K 因子, 即

$$K = \prod_{i=0}^{n-1} k_i = \prod_{i=0}^{n-1} \cos\theta_i \tag{4.2.9}$$

当迭代次数趋于无穷时, $K \approx 0.6073$。因此, 旋转算法引入一个增益因子 A_n:

$$A_n = \frac{1}{K} = \prod_{i=0}^{n-1} \sqrt{1 + 2^{-2i}} \approx 1.647 \tag{4.2.10}$$

A_n 的精度值与迭代次数有关。这样使得迭代式进一步简化为

$$\begin{cases} x_{i+1} = x_i - y_i d_i 2^{-i} \\ y_{i+1} = y_i + x_i d_i 2^{-i} \end{cases} \tag{4.2.11}$$

换言之, 当迭代次数 n 事先确定后, 相当于天平称重时砝码的个数确定了, 增益因子 A_n 就是一个已知的常量。因此, 只要对经过 n 次迭代后的坐标值 (x_n, y_n) 进行修正, 就可以

得到最终的结果。由式 (4.2.11) 可以看出，每一次迭代操作只使用移位和加法运算，避免计算中的乘法操作，使其硬件运算的速度更快，所以 CORDIC 算法更易于 FPGA 硬件上的实现。若结合适当的迭代次数，相当于用镊子更换砝码，就可以达到足够的精度要求，且精度由最小的 "砝码" 确定，大家可以思考下这里的 "最小砝码" 具体指什么？

由初始旋转角度 $\theta_i = \arctan(2^{-i})$，经过旋转迭代可以产生 CORDIC 算法的第三个式子，即 $z_{i+1} = z_i - d_i \arctan(2^{-i})$。从式中可以看出，它的操作类似于一个角度累加器，并且能持续跟踪已经旋转了的角度。在旋转模式下，输入为初始矢量的坐标分量 x 和 y，以及要旋转的角度 $z_0 = \theta$。每次迭代的旋转判决是使角度累加器中的剩余角度趋于 0，即迭代判决要基于每次步进后剩余角度的符号。此时，CORDIC 算法的迭代式为

$$
\begin{cases}
x_{i+1} = x_i - y_i d_i 2^{-i} \\
y_{i+1} = y_i + x_i d_i 2^{-i} \\
z_{i+1} = z_i - d_i \arctan(2^{-i})
\end{cases}
\tag{4.2.12}
$$

其中，$i = 0, 1, 2, \cdots, n-1$，$z_i < 0$ 时，$d_i = -1$；$z_i \geqslant 0$ 时，$d_i = 1$。

此时，$\arctan(2^{-i})$ 可以用一个小的查找表实现，也可以直接用硬件连线实现。CORDIC 算法可以采用迭代式结构，也可以采用流水线式结构实现。CORDIC 算法以其精巧的设计，用一个很小的查找表（相当于砝码集合），就可以实现任意角度正弦函数幅值的高精度计算，而且只涉及加法和移位，尤其适合硬件实现。但是，这种算法毕竟还是需要一定的存储空间的，如果希望需要用的存储空间更小呢？还有没有其他办法？

4. IIR 滤波式正弦信号发生

无限冲激响应（Infinite Impulse Response, IIR）结构就不需要 ROM，也可以用于产生正弦波。它不仅可以达到较高的频率分辨率，还可以有效地控制由于使用有限精度微处理器引起的误差，只不过它对计算能力有一定要求（多了一些加法运算）。

若有一个二阶 IIR 滤波器，且其极点为单位圆上的共轭极点，则其冲激响应就是正弦波，正弦波的频率取决于极点的位置，其传递函数的 $H(z)$ 一般可写为

$$
H(z) = \frac{z^{-1} \sin \varphi}{1 - 2z^{-1} \cos \varphi + z^{-2}}
\tag{4.2.13}
$$

只要式 (4.2.13) 的冲激响应 $h(n)$ 是一个无衰减的单位振幅正弦，就可以重写成递归形式，即

$$
h(n) = c_0 \delta(n-1) + c_1 h(n-1) - h(n-2)
\tag{4.2.14}
$$

式中，$\delta(n)$ 是狄拉克 δ 序列，对于 $n = 0$，定义 $\delta(n) = 1$，而 $n \neq 0$，定义 $\delta(n) = 0$，$c_0 = \sin \varphi$，而 $c_1 = 2 \cos \varphi$。在硬件实现时，上述计算仅需进行简单的乘法和加减运算。这样的正弦冲激响应可以用递归形式来产生；因为存在舍入误差，理想的冲激响应不可能完全实现。因此，实现 IIR 滤波的递归算法必须改变，以便控制在正弦波产生期间数值误差的传播，并保证滤波器的稳定性和低的杂散电平。

在理论上，式 (4.2.14) 可以产生无限精度的正弦波数字，但实际上，它在具体 DSP 芯片上实现时，受不同数值误差（舍入误差、传播误差和漂移误差等）的影响。用这种技术产生的正弦波的频谱纯度很高。所以，当硬件上有乘法器资源可以利用时，这种方法可以达到比较好的效果。

4.3 基于调制的信号发生方法

4.3.1 脉冲宽度调制原理

在采样控制理论中有一个重要的结论：冲量相等而形状不同的窄脉冲加在具有惯性的环节上时，其效果基本相同。冲量即指窄脉冲的面积，这里所说的效果基本相同，是指环节的高频段略有差异。例如，图 4.3.1 所示的三个窄脉冲形状不同；其中，图 4.3.1(a) 中的矩形脉冲、三角形脉冲、正弦半波脉冲的面积都等于 1，当它们分别加在具有惯性的同一个环节上时，其输出响应基本相同。当窄脉冲变为图理想的单位脉冲函数 $\delta(t)$ 时，环节的响应即为该环节的脉冲响应曲线。

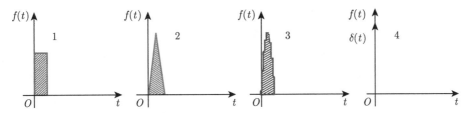

(a) 形状不同而冲量相同的各种窄脉冲，矩形脉冲1、三角形脉冲2、正弦半波脉冲3、单位脉冲函数4

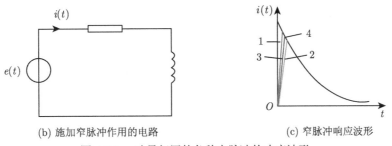

(b) 施加窄脉冲作用的电路   (c) 窄脉冲响应波形

图 4.3.1   冲量相同的各种窄脉冲的响应波形

图 4.3.1(b) 的电路是一个具体的例子。图中 $e(t)$ 为电压窄脉冲，其形状和面积如图 4.3.1(a) 所示，为电路的输入。该输入加在可以看成惯性环节的 R-L 电路上，设其电流 $i(t)$ 为电路的输出。图 4.3.1(c) 给出了不同窄脉冲时，$i(t)$ 的响应波形。从波形可以看出，在 $i(t)$ 的上升段，脉冲形状不同时，$i(t)$ 的形状略有不同，但其下降段则几乎完全相同。脉冲越窄，各 $i(t)$ 波形的差异也越小。如果周期性地施加上述脉冲，则响应 $i(t)$ 也是周期性的。用傅里叶级数分解后将可看出，各 $i(t)$ 在低频段的特性将非常接近，仅在高频段有所不同。上述原理可以称为面积等效原理，它是脉冲宽度调制（Pulse Width Modulation, PWM）技术的重要理论基础。

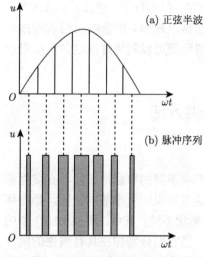

图 4.3.2　用 PWM 波代替正弦半波

下面分析如何用一系列等幅不等宽的脉冲来代替正弦半波。把图 4.3.2(a) 的正弦半波分成 N 等份,就可以把正弦半波看成是由 N 个彼此相连的脉冲序列所组成的波形。这些脉冲宽度相等,都等于 π/N,但幅值不等,且脉冲顶部不是水平直线,而是曲线,各脉冲的幅值按正弦规律变化。如果把上述脉冲序列利用相同数量的等幅而不等宽的矩形脉冲代替,使矩形脉冲的中点和响应正弦波部分的中点重合,且使矩形脉冲和相应的正弦波部分面积相等,就得到图 4.3.2(b) 所示的脉冲序列。这就是 PWM 波形。可以看出,各脉冲的幅值相等,而宽度是按正弦规律变化的。根据面积等效原理,PWM 波形和正弦半波是等效的。对于正弦波的负半周,也可以用同样的方法得到 PWM 波形。像这种脉冲的宽度按正弦规律变化和正弦波等效的 PWM 波形,也称 SPWM 波形。

要改变等效输出正弦波的幅值,只要按照同一比例系数改变上述各脉冲的宽度即可。PWM 波形可分为等幅 PWM 波和不等幅 PWM 波两种。由直流电源产生的 PWM 波通常是等幅 PWM 波,交流电源产生的 PWM 波通常是不等幅的。不管是等幅 PWM 波还是不等幅 PWM 波,都是基于面积等效原理来进行控制的,本质上是相同的。直流斩波电路得到的 PWM 波是等效直流波形,SPWM 波得到的是等效正弦波形,这些都是应用十分广泛的 PWM 波。除此之外,PWM 波形还可以等效成其他所需要的波形,如等效成所需要的非正弦交流波形等,其基本原理和 SPWM 控制相同,也是基于等效面积原理。

4.3.2　脉冲宽度调制信号发生方法

1. 计算法和调制法

根据脉冲宽度调制技术的基本原理,如果给出了所需正弦波输出频率、幅值和半个周期内的脉冲数,PWM 波形中各脉冲的宽度和间隔就可以准确计算出来。PWM 方法常见于逆变电路（Inverter Circuit）中,逆变电路是与整流电路（Rectifier）相对应的电路,一般把直流电通过开关通断的方式变成交流电的过程称为逆变。逆变电路可用于构成各种交流电源,在工业中得到广泛应用。按照计算结果控制逆变电路中各开关器件的通断,就可以得到所需要的 PWM 波形。这种方法称为计算法。计算法很烦琐,当需要输出的正弦波的频率、幅值或相位变化时,计算结果都要随之变化。

与计算法相对应的是调制法,即把希望输出的波形作为调制信号,把接受调制的信号作为载波,通过信号波的调制得到所期望的 PWM 波形。通常采用等腰三角波或锯齿波作为载波,其中等腰三角波应用最多。等腰三角波上任一点的水平宽度和高度呈线性关系且左右对称,当它与任何一个平缓变化的调制信号波相交时,如果在交点时刻对电路中开关器件的通断进行控制,就可得到宽度正比于信号波幅值的脉冲,符合 PWM 控制的要求。在调制信号波为正弦波时,所得到的就是 SPWM 波形,这种情况应用最广。当调制信号不是正弦波,而是其他所需要的波形时,也能得到与之等效的 PWM 波。

2. 特定谐波消去法

图 4.3.3 中，在输出电压的半个周期内，器件开通和关断各三次，共有六个开关时刻可以控制。实际上，为了减少谐波并简化控制，要尽量使波形具有对称性。首先，为了消除偶次谐波，应使波形正负两半周期对称，即

$$u(\omega t) = -u(\omega t + \pi) \tag{4.3.1}$$

其次，为了消除谐波中的余弦项，简化计算过程，应使波形正半周期内前后 1/4 周期以 $\pi/2$ 为轴线对称，即

$$u(\omega t) = u(\pi - \omega t) \tag{4.3.2}$$

同时满足式 (4.3.1) 和式 (4.3.2) 的波形称为 1/4 周期对称波形。这种波形可用傅里叶级数表述为

$$u(\omega t) = \sum_{n=1,3,4,\cdots}^{\infty} a_n \sin(n\omega t) \tag{4.3.3}$$

式中，$a_n = \dfrac{4}{\pi} \displaystyle\int_0^{\frac{\pi}{2}} u(\omega t) \sin(n\omega t) \mathrm{d}(\omega t)$。

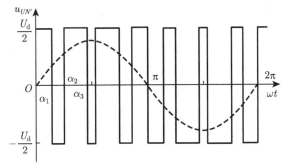

图 4.3.3　特定谐波消去法的输出 PWM 波形

因为图 4.3.3 的波形是 1/4 周期对称的，所以在一个周期内的 12 个开关时刻中，能够独立控制的只有 α_1、α_2 和 α_3 三个时刻。该波形的 a_n 为

$$\begin{aligned}
a_n &= \frac{U_{\mathrm{d}}}{2} \frac{4}{\pi} \left[\int_0^{\alpha_1} \sin(n\omega t)\mathrm{d}(\omega t) - \int_{\alpha_1}^{\alpha_2} \sin(n\omega t)\mathrm{d}(\omega t) \right. \\
&\quad \left. + \int_{\alpha_2}^{\alpha_3} \sin(n\omega t)\mathrm{d}(\omega t) - \int_{\alpha_3}^{\frac{\pi}{2}} \sin(n\omega t)\mathrm{d}(\omega t) \right] \\
&= \frac{2U_{\mathrm{d}}}{n\pi} \left[1 - 2\cos(n\alpha_1) + 2\cos(n\alpha_2) - 2\cos(n\alpha_3) \right]
\end{aligned} \tag{4.3.4}$$

式中，$n = 1, 3, 5, \cdots$。式 (4.3.4) 中含有三个可以控制的变量，根据需要确定基波分量 a_1 的值，再令两个不同的 $a_n = 0$，就可以建立三个式子，联立可求得 α_1、α_2 和 α_3。这样，

即可消去两种特定频率的谐波。通常在三相对称电路的线电压中，相电压所含的 3 次谐波相互抵消，因此通常可以考虑消去 5 次和 7 次谐波。这样，可得如下联立方程：

$$
\begin{cases}
a_1 = \dfrac{2U_{\mathrm{d}}}{\pi}(1 - 2\cos\alpha_1 + 2\cos\alpha_2 - 2\cos\alpha_3) \\[2mm]
a_5 = \dfrac{2U_{\mathrm{d}}}{5\pi}[1 - 2\cos(5\alpha_1) + 2\cos(5\alpha_2) - 2\cos(5\alpha_3)] = 0 \\[2mm]
a_7 = \dfrac{2U_{\mathrm{d}}}{7\pi}[1 - 2\cos(7\alpha_1) + 2\cos(7\alpha_2) - 2\cos(7\alpha_3)] = 0
\end{cases}
\tag{4.3.5}
$$

对于给定的基波幅值 a_1，求解上述方程可得一组 α_1、α_2 和 α_3。基波幅值 a_1 改变时，α_1、α_2 和 α_3 也相应地改变。

上面是在输出电压的半周期内器件导通和关断各三次的情况。一般来说，如果在输出电压半个周期内开通和关断各 k 次，考虑到 PWM 波 1/4 周期对称，共有 k 个开关时刻可以控制。除去用一个自由度来控制基波幅值外，可以消去 $k-1$ 个特定频率。当然，k 越大，开关时刻的计算也越复杂。

3. 异步调制和同步调制

载波信号和调制信号不保持同步的调制方法称为异步调制。在异步调制方式中，通常保持载波频率 f_c 固定不变，因而当信号波频率 f_r 变化时，载波比 N 是变化的。同时，在信号波的半个周期内，PWM 波的脉冲个数不固定，相位也不固定，正负半周期的脉冲不对称，半周期内前后 1/4 周期的脉冲也不对称。当信号波频率较低时，载波比 N 较大，一周期内的脉冲数较多，正负半周期脉冲不对称和半周期内前后 1/4 周期脉冲不对称产生的不利影响都较小，PWM 波形接近正弦波。当信号波频率增高时，载波比 N 减小，一周期内的脉冲数减小，PWM 脉冲不对称的影响就变大，有时信号波的微小变化还会产生 PWM 脉冲的跳动。这就使得输出 PWM 波和正弦波的差异变大。

载波比 N 等于常数，并在变频时使载波和信号波保持同步的方式称为同步调制。在基本同步调制方式中，信号波频率变化时载波比 N 不变，信号波一个周期内输出的脉冲数是固定的，脉冲相位也是固定的。在三相 PWM 逆变电路中，通常共用一个三角波载波，且取载波比 N 为 3 的整数倍，以使三相输出波形严格对称。同时，为了使一相的 PWM 波正负半周期镜向对称，N 应取奇数。

当逆变电路输出频率很低时，同步调制时的载波频率 f_c 也很低。f_c 过低时由调制带来的谐波不易滤除。当负载为电动机时也会带来较大的转矩脉动和噪声。若逆变电路输出频率很高，同步调制时的载波频率 f_c 会很高，使开关器件难以承受。

为了克服上述缺点，可以采用分段同步调制的方法。即把逆变电路的输出频率范围划分成若干个频段，每个频段内都保持载波比 N 恒定，不同频段的载波比不同。在输出频率高的频段采用较低的载波比，以使载波频率不致过高，限制在功率开关器件允许的范围内。在输出频率低的频段采用较高的载波比，以使载波频率不致过低而对负载产生不利影响。各频段的载波比取 3 的整数倍且为奇数为宜。

图 4.3.4 给出了分段同步调制的一个例子，各频段的载波比表示在图中。为了防止载波频率在切换点附近来回跳动，在各频率切换点采用了滞后切换的方法。图中切换点处的实线表示输出频率增高时的切换频率，虚线表示输出频率降低时的切换频率，前者略高于后者而形成滞后切换。在不同的频率段内，载波频率的变化范围基本一致，f_c 为 $1.4 \sim 2.0\text{kHz}$。同步调制方式比异步调制方式复杂一些，但使用微机控制时还是容易实现的。有的装置在低频输出时采用异步调制方式，而在高频输出时切换到同步调制方式，这样可以把两者的优点结合起来，和分段同步方式的效果接近。

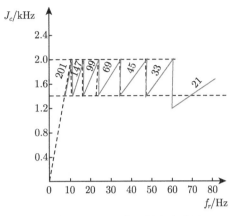

图 4.3.4　分段同步调制方式举例

4. 规则采样法

按照 SPWM 控制的基本原理，在正弦波和三角波的自然交点时刻控制功率开关器件的通断，这种生成 SPWM 波形的方法称为自然采样法。自然采样法是最基本的方法，所得到的 SPWM 波形很接近正弦波。但这种方法要求解复杂的超越式，在采用微机控制技术时需花费大量的计算时间，难以在实时控制中在线计算，因而在工程上实际应用不多。

规则采样法是一种应用较广的工程实用方法，其效果接近自然采样法，但计算量却比自然采样法小得多。图 4.3.5 为规则采样法说明图。取三角波两个正峰值之间为一个采样周期 T。在自然采样法中，每个脉冲的中点并不和三角波一周期的中点重合。而规则采样法使两者重合，也就是使每个脉冲都以相应的三角波中点为对称，以简化计算。如图 4.3.5 所示，在三角波的负峰时刻 t_D 对正弦信号波采样而得到 D 点，过 D 点作一水平直线和三角波分别交于 A 点和 B 点，在 A 点时刻 t_A 和 B 点时刻 t_B 控制功率开关器件的通断。用这种规则采样法得到的脉冲宽度 δ 和用自然采样法得到的脉冲宽度非常接近。

设正弦调制信号波为 $u_r = a\sin(\omega_r t)$，式中，a 称为调制度，$0 \leqslant a < 1$；ω_r 为正弦信号波角频率。从图 4.3.5 中可得如下关系式：

$$\frac{1 + a\sin(\omega_r t_D)}{\delta/2} = \frac{2}{T_c/2} \tag{4.3.6}$$

因此可得

$$\delta = \frac{T}{2}\left[1 + a\sin(\omega_r t_D)\right] \tag{4.3.7}$$

在三角波的一周期内，脉冲两边的间隙宽度 δ' 为

$$\delta' = \frac{1}{2}(T - \delta) = \frac{T}{4}\left[1 - a\sin(\omega_r t_D)\right] \tag{4.3.8}$$

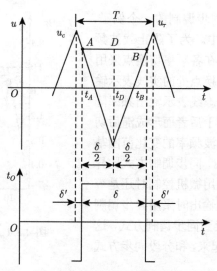

图 4.3.5　规则采样法说明图

4.4　锁相频率合成信号技术

锁相频率合成信号的过程离不开锁相环,从某种意义上说,锁相环在其中的功能类似运算放大器在模拟电子技术中的作用,是一个关键的核心单元。但无论多么复杂的锁相环都包含鉴相器(Phase Detector,PD)、环路滤波器(Loop Filter,LF)、压控振荡器(Voltage Controlled Oscillator,VCO)这三个基本部件。由这三个基本部件组成的锁相环如图 4.4.1 所示,可称为基本锁相环。

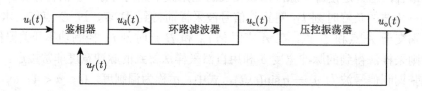

图 4.4.1　锁相环控制系统原理

4.4.1　模拟锁相环

如果采用模拟器件来构造锁相环,就可实现模拟锁相环,这也是最早的锁相环形式。

1. 鉴相器

鉴相器(PD)是一个相位比较电路,用于检测输入信号 $u_i(t)$ 与反馈信号 $u_o(t)$ 之间的相位差,其输出为误差电压 $u_d(t) = f[\theta_e(t)]$,式中,$\theta_e(t)$ 是输入信号和反馈信号的相位差,$f[\cdot]$ 表示运算关系。鉴相特性可以是多种多样的,有正弦特性、三角特性、锯齿形特性等。常用的正弦鉴相器可用模拟相乘器与低通滤波器串接而成,如图 4.4.2 所示。

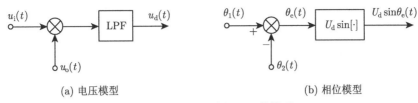

(a) 电压模型   (b) 相位模型

图 4.4.2 正弦鉴相器及其模型

设相乘器的相乘系数为 $K_{\mathrm{m}}[1/\mathrm{V}]$，输入信号 $u_{\mathrm{i}}(t)$ 与反馈信号 $u_{\mathrm{o}}(t)$ 经相乘作用：

$$
\begin{aligned}
K_{\mathrm{m}}u_{\mathrm{i}}(t)u_{\mathrm{o}}(t) &= K_{\mathrm{m}}U_{\mathrm{i}}\sin[\omega_{\mathrm{o}}t+\theta_1(t)]U_{\mathrm{o}}\cos[\omega_{\mathrm{o}}t+\theta_2(t)] \\
&= \frac{1}{2}K_{\mathrm{m}}U_{\mathrm{i}}U_{\mathrm{o}}\sin\left[2\omega_{\mathrm{o}}t+\theta_1(t)+\theta_2(t)\right] \\
&\quad + \frac{1}{2}K_{\mathrm{m}}U_{\mathrm{i}}U_{\mathrm{o}}\sin\left[\theta_1(t)-\theta_2(t)\right]
\end{aligned}
\tag{4.4.1}
$$

再经过低通滤波器（LPF）滤除 $2\omega_{\mathrm{o}}$ 成分之后，得到误差电压：

$$
K_{\mathrm{m}}u_{\mathrm{i}}(t)u_{\mathrm{o}}(t) = \frac{1}{2}K_{\mathrm{m}}U_{\mathrm{i}}U_{\mathrm{o}}\sin\left[\theta_1(t)-\theta_2(t)\right]
\tag{4.4.2}
$$

令

$$
U_{\mathrm{d}} = \frac{1}{2}K_{\mathrm{m}}U_{\mathrm{i}}U_{\mathrm{o}}
\tag{4.4.3}
$$

为鉴相器的最大输出电压，则

$$
u_{\mathrm{d}}(t) = U_{\mathrm{d}}\sin\theta_{\mathrm{e}}(t)
\tag{4.4.4}
$$

这就是正弦鉴相特性。

正弦鉴相器特性 [式 (4.4.4)] 也就是鉴相器的数学模型，这个模型可表示为图 4.4.2(b) 的形式。鉴相器的电路是多种多样的，总的来说可以分为两大类：第一类是相乘鉴相器，它是对输入信号波形与输出信号波形的乘积进行平均，从而获得直流的误差输出。第二类是序列电路，它的输出电压是输入信号过零点与反馈电压过零点之间时间差的函数。因此这类鉴相器的输出只与波形的边沿有关，与其他无关。这类鉴相器适用于方波（也可以用正弦波通过限幅得到）输入，通常由数字电路构成。

2. 环路滤波器

环路滤波器（LF）具有低通特性，用于滤除误差电压 $u_{\mathrm{d}}(t)$ 中的高频成分和噪声，达到稳定环路工作及改善环路性能的目的，输入输出关系如图 4.4.3 所示，它与图 4.4.2 中的低通滤波器不同，对环路参数调整起着决定性作用。环路滤波器是一个线性电路，在时域分析中可用一个传输算子 $F(p)$ 来表示，其中 $p=\mathrm{d}/\mathrm{d}t$ 是微分算子；在频域分析中可用传递函数 $F(s)$ 表示，其中 $s=a+\mathrm{j}\omega$ 是复频率；若用 $s=\mathrm{j}\omega$ 代入 $F(s)$ 就得到它的频率响应 $F(\mathrm{j}\omega)$，故环路滤波器模型可表示为图 4.4.3(b) 所示的形式。

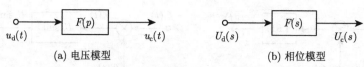

(a) 电压模型　　　　　　　　　　　　　　(b) 相位模型

图 4.4.3　环路滤波器及其模型

通常，环路滤波器有 RC 积分滤波器、无源比例积分滤波器和有源比例积分滤波器等，现分别说明如下。

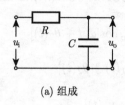

(a) 组成

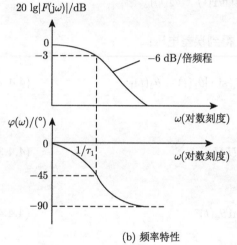

(b) 频率特性

图 4.4.4　RC 积分滤波器的组成与对数频率特性

1）RC 积分滤波器

这是结构最简单的低通滤波器，电路构成如图 4.4.4(a) 所示，其传输算子

$$F(p) = \frac{1}{1 + p\tau_1} \tag{4.4.5}$$

式中，$\tau_1 = RC$ 是时间常数，是这种滤波器唯一可调的参数。

令 $p = j\omega$，并代入式 (4.4.5)，即可得滤波器的频率特性：

$$F(j\omega) = \frac{1}{1 + j\omega\tau_1} \tag{4.4.6}$$

作出对数频率特性，如图 4.4.4(b) 所示。可见，它具有低通特性，且相位滞后。当频率很高时，幅度趋于零，相位滞后接近 $\pi/2$。

2）无源比例积分滤波器

无源比例积分滤波器如图 4.4.5(a) 所示，它与 RC 积分滤波器相比，附加了一个与电容器串联的电阻 R_2，这样就增加了一个可调的参数，它的传输算子为

$$F(p) = \frac{1 + p\tau_2}{1 + p\tau_1} \tag{4.4.7}$$

式中，$\tau_1 = (R_1 + R_2)C$，$\tau_2 = R_2C$。这是两个独立的可调参数，其频率响应为

$$F(j\omega) = \frac{1 + j\omega\tau_2}{1 + j\omega\tau_1} \tag{4.4.8}$$

作出对数频率特性，如图 4.4.5(b) 所示。它是一个低通滤波器，与 RC 积分滤波器不同的是，当频率很高时，其频率响应等于分压电阻的比值，即

$$F(j\omega)|_{\omega\to\infty} = \frac{R_2}{R_1 + R_2} \tag{4.4.9}$$

这就是滤波器的比例作用。从相频特性上看，当频率很高时，有相位超前校正作用，可用于改善环路的稳定性。

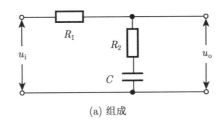

(a) 组成

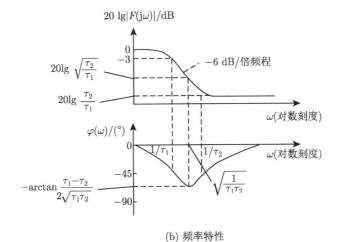

(b) 频率特性

图 4.4.5　无源比例积分滤波器的组成与对数频率特性

3）有源比例积分滤波器

有源比例积分滤波器由运算放大器组成，电路如图 4.4.6(a) 所示，它的传输算子

$$F(p) = -A\frac{1+p\tau_2}{1+p\tau_1} \tag{4.4.10}$$

式中，$\tau_1 = (R_1 + AR_1 + R_2)C$，$\tau_2 = R_2C$，$A$ 是运算放大器无反馈时的电压增益。若运算放大器的增益 A 很高，则

$$F(p) = -A\frac{1+p\tau_2}{1+p\tau_1} \approx -A\frac{1+p\tau_2}{1+pAR_1C} \approx -A\frac{1+p\tau_2}{pAR_1C} = -\frac{1+p\tau_2}{pR_1C} \tag{4.4.11}$$

式中，负号表示滤波器输出和输入电压之间相位相反。假如环路原来工作在鉴相特性的正斜率处，那么加入有源比例积分滤波器之后就自动地工作到鉴相特性的负斜率处，其负号与有源比例积分滤波器的负号相抵消。因此，这个负号对环路的工作没有影响，分析时可以不予考虑。故传输算子可以近似为

$$F(p) = \frac{1+p\tau_2}{p\tau_1} \tag{4.4.12}$$

式中，$\tau_1 = R_1C$。式 (4.4.12) 所给传输算子的分母中只有一个 p，是一个积分因子，故高增益的有源比例积分滤波器又称为理想积分滤波器。显然，A 越大就越接近理想积分滤波器。此滤波器的频率响应为

$$F(j\omega) = \frac{1 + j\omega\tau_2}{j\omega\tau_1} \tag{4.4.13}$$

其对数频率特性如图 4.4.6(b) 所示。可见，它也具有低通特性和比例作用，相频特性也有超前校正特性。

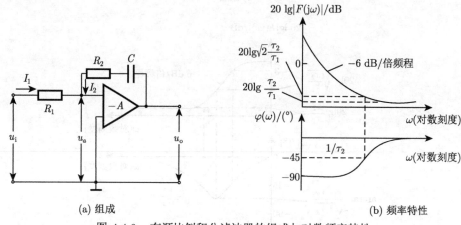

(a) 组成　　　　　　　　　　　　　　　　　　(b) 频率特性

图 4.4.6　有源比例积分滤波器的组成与对数频率特性

严格说来，在频率极低的情况下，近似条件不能成立，上述近似特性也就不适宜了。在有些场合，如分析稳定性时，这点应加以注意。

3. 压控振荡器

压控振荡器（VCO）是一个电压/频率变换装置，其输出频率可看作随电压线性变化，即

$$\omega_v(t) = \omega_0 + K_0 u_c(t) \tag{4.4.14}$$

式中，K_0 为 VCO 的控制灵敏度，简称压控灵敏度，单位是 rad/(s · V) 或 Hz/V；ω_0 为 VCO 的固有振荡频率，即控制电压为 $u_c=0$ 时的振荡频率。

实际应用中的压控振荡器的控制特性只有有限的线性控制范围，超出这个范围之后控制灵敏度将会下降。压控振荡器的输出反馈到鉴相器上，对鉴相器输出误差电压起作用的不是其频率，而是其相位。压控振荡器的数学模型如式（4.4.15）所示。

$$\int_0^t \omega_v(\tau)\mathrm{d}\tau = \omega_0 t + K_0 \int_0^t u_c(\tau)\mathrm{d}\tau \tag{4.4.15}$$

即

$$\theta_2(t) = K_0 \int_0^t u_c(\tau)\mathrm{d}\tau \tag{4.4.16}$$

从模型上看，压控振荡器具有一个积分因子，这是相位与角频率之间的积分关系形成的。锁相环路中要求压控振荡器输出的是相位，因此，这个积分作用是压控振荡器所固有的。正因为这样，通常称压控振荡器是锁相环路中的固有积分环节。这个积分作用在环路中起着相当重要的作用。

如上所述，压控振荡器应是一个具有线性控制特性的调频振荡器，对它的基本要求是频率稳定度好（包括长期稳定度与短期稳定度）、控制灵敏度高、控制特性的线性度好、线性区域宽等。这些要求之间往往是矛盾的，设计中要折中考虑。

压控振荡器电路的形式很多，常用的有 LC 压控振荡器、晶体压控振荡器、负阻压控振荡器和 RC 压控振荡器等几种。前两种振荡器的频率控制都是用变容二极管来实现的。由于变容二极管结电容与控制电压之间具有非线性的关系，所以压控振荡器的控制特性是非线性的。为了改善压控特性的线性性能，在电路上采取一些措施，如与线性电容串接或并接，以背对背或面对面方式连接等。在有的应用场合，如频率合成器等，要求振荡器的开环噪声尽可能低，在这种情况下，设计电路时应注意提高有载品质因数和适当增加振荡器激励功率，降低激励级的内阻和振荡管的噪声系数。

4. 环路相位模型

前面已分别得到了环路的三个基本部件的模型，不难将这三个模型连接起来得到环路的模型，如图 4.4.7 所示。

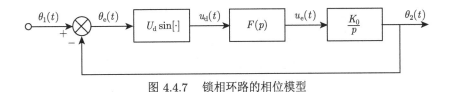

图 4.4.7　锁相环路的相位模型

可见，这是一个相位负反馈的误差控制系统。输入相位 $\theta_1(t)$ 与反馈的输出相位 $\theta_2(t)$ 进行比较，得到误差相位 $\theta_e(t)$，由误差相位产生误差电压 $u_d(t)$，误差电压经过环路器的过滤得到控制电压 $u_c(t)$，控制电压加到压控振荡器上使之产生频率偏差来跟踪输入信号频率 $\omega_i(t)$。若 ω_i 为固定频率，在 $u_c(t)$ 的作用下，$\omega_i(t)$ 向 ω_i 靠拢，一旦两者相等，若满足一定的条件，环路就能稳定下来，达到锁定。锁定之后，被控的压控振荡器的频率与输入信号频率相同，两者之间维持一定的稳态相位差。由图 4.4.7 可见，这个稳态相位差是维持误差电压与控制电压所必需的。若没有这个稳态相位差，控制电压就会消失（环路滤波器为理想积分器时例外），压控振荡器的频率又将回到其固有振荡频率 ω_0，环路当然不能锁定。存在剩余误差（锁相环路中就是相位误差）是误差控制系统的特征。这个模型直接给出了输入相位 $\theta_1(t)$ 与输出相位 $\theta_2(t)$ 的关系，故又称为环路的相位模型。

4.4.2　频率合成原理简介

现代测量和现代通信技术中，需要高稳定、高纯度的频率信号源。这种高稳定度的信号不能用 LC 或 RC 振荡器（稳定度只能达到 $10^{-3} \sim 10^{-4}$ 量级）产生，而一般采用晶体振荡器（稳定度可以优于 $10^{-6} \sim 10^{-8}$ 量级）。但晶体振荡器只能产生一个固定的频率，若要获得许多稳定的信号频率，应采用频率合成的方法来得到。

频率合成指的是由一个或多个高稳定的基准频率（一般由高稳定的石英晶体振荡器产生），通过基本的代数运算（加、减、乘、除）得到一系列所需的频率。通过合成产生的各种频率信号，频率稳定度可以达到与基准频率源相同的量级，与其他方式的正弦信号发生器相比，频率合成信号源的频率稳定度可以提高 $3 \sim 4$ 个量级。

频率的代数运算是通过倍频、分频及混频技术实现的。分频实现频率的除，即输入频率是输出频率的某一整数倍。倍频实现频率的乘，即输出频率为输入频率的整数倍。频率加减则通过混频来实现。

当前主要的频率合成方式有直接式频率合成、锁相式频率合成（间接式频率合成）及直接数字频率合成（DDS）等。

1）直接式频率合成

直接式频率合成是通过频率的混频、倍频和分频等方法，由基准频率产生一系列频率信号并用窄带滤波器选出，图 4.4.8 是其实现原理。由晶体振荡器产生的 1MHz 基准频率通过谐波发生器产生 1MHz，2MHz，$\cdots$，9MHz 等多个基准频率信号，将这些频率信号进行 10 分频（完成 $\div 10$ 运算）、混频（完成加法运算）和滤波，最后产生所需的 3.628MHz 输出信号。只要选取不同的谐波并进行相应的结合就可以得到所需的频率信号。

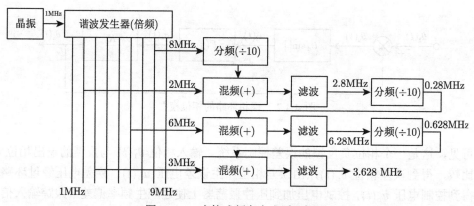

图 4.4.8　直接式频率合成原理框图

直接式频率合成的优点是频率切换迅速、相位噪声很低。其缺点是电路硬件结构复杂，需要大量的混频器、分频器及带通滤波器等，因而体积大，价格昂贵，不便集成。

2）锁相式频率合成

锁相式频率合成是一种间接式的频率合成技术，利用锁相环（Phase Locked Loop，PLL）把压控振荡器（VCO）的输出频率锁定在基准频率上，这样通过不同形式的锁相环就可以在一个基准频率的基础上合成不同的频率。

锁相式频率合成克服了直接式频率合成的许多缺点，特别是易于集成化，具有体积小、结构简单、功耗低、价格低等优点，但是它的频率切换时间相对较长。

3）直接数字频率合成（DDS）

数字频率合成法是近年来发展起来的一种新的频率合成技术，它的原理是基于取样技术和数字计算技术来实现数字合成，产生所需频率的正弦信号。其优点是能够解决捷变和小步进之间的矛盾，且集成度高、体积小。但是由于模数转换器等器件的速率限制，其频率上限较低，杂散也较大。

随着集成电路技术的提高，DDS 获得了迅速的发展和广泛的应用，但是 DDS 的缺点是频率上限较低和杂散较大。现代电子测量技术对信号源的要求越来越高，有时单独使用任何一种方法，很难满足要求。因此可将这几种方法综合应用，特别是将 DDS 与 PLL 结合，可以实现捷变性高、小步进及较高的频率上限。

在锁相式频率合成信号源中，需要采用不同形式的锁相环，以便产生在一定频率范围内步进的或连续可调的输出频率，常用的锁相环形式主要有以下几种。

（1）倍频式锁相环（倍频环）。

倍频环是实现对输入频率进行乘法运算的锁相环。倍频环主要有两种形式：谐波倍频环和数字倍频环。图 4.4.9 是其实现原理。

输入频率 f_i 信号经谐波形成电路形成含丰富谐波分量的窄脉冲，通过调谐 VCO 的固有频率靠近第 N 次谐波，使第 N 次谐波与 VCO 信号在鉴相器中进行相位比较，从而 VCO 被锁定在输入信号的高次谐波上，使得环路锁定后 $f_o = N f_i$。

倍频环也可以采用数字倍频的形式，图 4.4.9(b) 是其实现原理。它是在反馈回路中加入数字分频器，将输出信号 N 分频后送入相位比较器，与基准频率信号进行比较，当环路锁定时，$f_o = N f_i$。

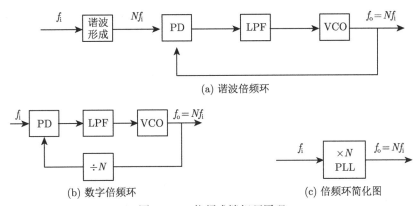

(a) 谐波倍频环

(b) 数字倍频环

(c) 倍频环简化图

图 4.4.9　倍频式锁相环原理

（2）分频式锁相环（分频环）。

与倍频环相似，分频环也有两种基本形式，可实现对输入频率的除法运算，如图 4.4.10 所示。

与倍频不同的是，在谐波分频式锁相环中，谐波形成电路放于反馈回路中，在鉴相器中将输入参考频率与输出频率的 N 次谐波进行相位比较，因此锁定后，输出频率 $f_o = \dfrac{1}{N} f_i$。而在数字分频式锁相环中，数字分频器置于锁相环外，分频器的输出频率与 VCO 的输出频率进行相位比较，当环路锁定时，同样有 $f_o = \dfrac{1}{N} f_i$。

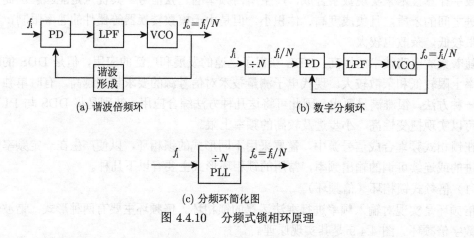

(a) 谐波倍频环　　　　　　　　　　(b) 数字分频环

(c) 分频环简化图

图 4.4.10　分频式锁相环原理

（3）混频式锁相环（混频环）。

混频环实现对频率的加减运算，图 4.4.11(a) 是一个进行加法运算的混频环，图 4.4.11(b) 是一个进行减法运算的混频环，其简化图如图 4.4.11(c) 和 (d) 所示。

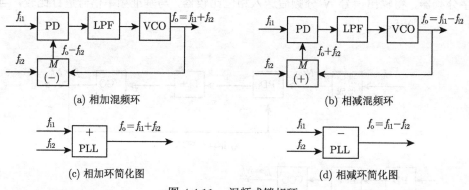

(a) 相加混频环　　　　　　　　　　(b) 相减混频环

(c) 相加环简化图　　　　　　　　　(d) 相减环简化图

图 4.4.11　混频式锁相环

在图 4.4.11(a) 中输出频率 f_o 与输入频率 f_{i2} 混频后取差频 $f_o - f_{i2}$ 与输入频率 f_{i1} 进行相位比较，环路锁定后，$f_o = f_{i1} + f_{i2}$。如果 f_{i2} 采用高稳定的石英晶体振荡器，f_{i1} 采用可调的 DC 振荡器，则可实现 f_o 在一定范围连续可调，且当 f_{i2} 比 f_{i1} 高得多时，输出频率稳定度仍可达到与输入频率 f_{i2} 同一量级。而在图 4.4.11(b) 中输出频率 f_o 与基准频率 f_{i2} 混频后取和频 $f_o + f_{i2}$ 与参考频率 f_{i1} 进行相位比较，环路锁定后，$f_o = f_{i1} - f_{i2}$。

（4）多环合成单元。

上述几种锁相环都是单环形式，它们存在频率点数目较少、频率分辨力不高等缺点，我们无法利用单环锁相环来覆盖所需的输出频率范围并实现连续可调。所以一个合成式信号源都是由多环合成单元组成的。根据需要，多环结构的形式可以是多种多样的，下面以一个双环合成单元为例加以说明，其原理如图 4.4.12 所示。

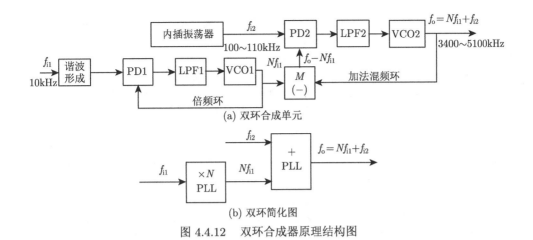

(a) 双环合成单元

(b) 双环简化图

图 4.4.12　双环合成器原理结构图

*4.5　锁相环的缘起与用途

对于事关采样与信息恢复的信号而言,人们都希望能找到理想的低通滤波器,因为只要找到了低通滤波器,其他类型的滤波器都可得到。但 Paley-Wiener 准则宣告了这种努力是徒劳的,因为根本就没有理想的滤波器。

> **定理 4.1　Paley-Wiener 准则**
>
> 因果系统的幅频特性需满足以下必要条件:在 $-\infty < \Omega < \infty$ 的范围内满足
>
> $$\int_{-\infty}^{\infty} |H(\Omega)|^2 \mathrm{d}\Omega < \infty$$
>
> 且
>
> $$\int_{-\infty}^{\infty} \frac{\ln|H(\Omega)|}{1 + \Omega^2} \mathrm{d}\Omega < \infty$$
>
> 换言之,滤波器频率响应曲线要满足能量有限及幅频特性不突变的原则。

没有理想的低通滤波器,还能精密测量吗?人们苦苦思索,忽然发现没有理想的滤波器,前提是滤波器有一定的带宽,但如果滤波器没有带宽,则是不受 Paley-Wiener 准则限制的。于是乎,理想的滤波器可能是存在的。这开启了锁相技术的大门,也促进了锁相环技术的诞生。自从有了锁相环,世界随之不同。精密前沿的测量技术几乎都和锁相环有或多或少的联系。但为什么会有锁相环却是一个非常值得思考的问题。

大概有两个原因:一是傅里叶级数的正交性,让大家意识到,如果恰当地利用这种正交性,是可以实现一种很好的窄带滤波器的,理论上讲,这是一种极理想的窄带滤波器,具有 δ 函数的性质,即除了对应点,其他点的频率分量一概过不去,如式 (4.5.1) 所示。

$$\delta(m - n) = \frac{2}{T} \int_{-T/2}^{T/2} \sin(m\omega t) \sin(n\omega t)\mathrm{d}t \tag{4.5.1}$$

这在理论上似乎无懈可击,仅仅激起我们对测不准原理的一点小小的顾虑,如果理想的窄带滤波器是存在的,也是可以构造的,那么用很多个(当然理想情况是无数个)这样的组合,不就可以构造出理想的滤波器了么?而先前我们已经知道,理想滤波器是不存在的,只要满足因果关系,这种滤波器就在理论上导致矛盾,换句通俗易懂的话,这种滤波器不可能存在。那么应该如何来理解这件事情呢?局部和全局之间,似乎存在着那么一丝丝矛盾。但如果根据测不准原理的定义，我们就会发现，矛盾并不存在，对于 sine 函数而言，从无穷远来，到无穷远去，在时域是不能为零的，甚至只能趋于无穷大，而频域内则不然，可以为一点，当然可以为零，此时似乎一切豁然开朗，但仍有一个问题，时域的分辨率很低，或者说测不准度很大，到底意味着什么？难道是说时域中根本就测不明白吗？显然不对，所有的测量都是在时域中进行的。也就是说，如果我们什么都不知道，我们需要的跨度为从负无穷到正无穷，如果多知道点已知的信息呢？比如说，如果我们知道所测的是正弦波的一个周期，满足 Nyquist 采样定理，这个时候，我们发现并没有丢掉时域的信息。

难道说，时域和频域是可以兼得的吗？这个时候之所以看起来和测不准原理矛盾，是因为我们无意中把同一时刻发生的两件事情，生硬地割裂成不同时刻发生的两件事情了，所以看起来测不准原理出问题了，实际上是我们"篡改"了测不准原理成立的条件，即同一时刻测量的两个方面，而不是两次测量的两个方面。回过头来看，sine 函数之所以可以无误重构，是因为我们并不去管频率的大小，我们只是限定在了一个整周期，换言之，此时频率测量的不确定度可以认为是无穷的，所以时域测量精度才极高；还有一个问题没有解决，即既然存在理想窄带滤波器，为何不存在理想滤波器，这个理解起来就简单多了，因为两个频率点间如果无间断，则需要有无穷不可数个窄带滤波器，显然无法物理实现；如果频率覆盖不是连续的，则根据测不准原理，显然不是理想滤波器。无论如何，我们已经理解了傅里叶级数的正交特性，知道了窄带滤波器存在的合理性。于是，第二个问题出来了，怎么设计这个窄带滤波器？因为只有能实现才意味着这种滤波器是有意义的，一个突出的问题是，这种滤波器的主要特性是频率，换句话说，能否构造合适的频率发生函数，是构造这种滤波器的核心所在。换个角度思考，如果能一步构造准确，固然很好；如果不能，通过迭代的方式逐渐逼近准确值，也是可行的，于是控制的闭环思想就自然被引进。傅里叶级数的正交性 + 闭环控制 → 锁相环，从此，人类步入锁相环时代。

于是，正如大家所知，锁相环是一个闭环，其中需要一个发生信号的装置，即一种振荡器，常见的为压控振荡器，采用电信号，无外乎是电压激励或者电流激励，如果用电流激励，会怎样？典型的问题是，电流不好控制，它是随负载变化的，好在实际上存在可以用电压作为输入的振荡器，即大家常说的压控振荡器（VCO）。存在压控振荡器，意味着如果给定一个输入，就可以输出一个频率，大家注意，实际上频率并不存在于时域中（如果存在于时域中，就不会存在测不准原理），我们并不能直接输出一个频率，因为这是一个频域的概念，我们所能做的仅仅是找到它在时域的"代理人"，即正弦波，这也是为什么我们看到的只是产生了一个波形，当然，我们也只能看到这些。我们在时域中能做的仅仅是产生一个正弦波，一个我们想要的频率的正弦波，那么怎么来利用傅里叶级数的正交特性呢？先来回顾一下傅里叶级数的正交特性的表达形式，是两个正弦信号的乘积，然后在整周期进行积分，按照定义，我们需要一个乘法器，把两路信号（其中一路是 VCO 产生的正弦信号，当然，频率可变）相乘。傅里叶正交性的最关键的一步得以实现，然后问题是如何积分？在讨论这个问题之前，我们需要知道，什么是积分？积分就是累加，尤其是学习过控制以后，我们知道，积分的传递函数是 $1/s$，当然，这个可以用一个电容器来模拟实现。由于实际中我们习惯用传递函数来看问题，忽然发现，积分原来还可以看成是截止频率为 0 的低通滤波器，换言之，也可以用截止频率很低的低通滤波器来近似实现积分。于是，在历经一段简单的思索以后，我们意识到，为了实现窄带的滤波器，需要利用傅里叶级数的正交性，需要先产生一个精确频率的正弦波，然后将其与输入信号一起通过乘法器和低通滤波器，如果正弦波的频率是精确的，乘法器的运算就是精确的，积分器的运算就是精确的（先不考虑取近似），那么可以确定的是，积分器的输出肯定是精确的。客观地说，乘法器和积分器是一个器件，精度受输入信号的影响不会是根本性的；而频率则不然，根据正交性，要求极其精确，精确到一个准确的点，这不是件容易的事情，失之毫厘，谬以千里。如果该数值是准确的，对应的就是微弱信号检测中常用的锁相放大技术，有时也称为乘法解调、正交解调等。而如果不准确，该怎么办？因为在实际中，参数的改变或者飘移是无法避免的，如器件老化、温度漂移，变化是永恒的，不变是短暂的。如此一来，我们就知道，正弦波的信号不可能不变，这就是压控振荡器的存在价值。于是有了压控振荡器、乘法器、滤波器，再加上闭环的思想，就可以调节频率，现在的问题是，谁来调节频率？最自然的想法是，用低通滤波器的输出去调节频率，于是构成了一个闭环。

总体上，锁相环包括乘法器、环路滤波器、压控振荡器三部分。但实际上，当我们真正去看一个锁相环的时候，却发现乘法器是被鉴相器代替的。这是怎么回事呢？回过头来看锁相环，我们发现一种现象，当形成闭环时，出现了一件很有意思的事情。作为对比，先看开环的情形，开环滤波器的输出可以是直流（这点大家可以推导出来）。问题是，当形成闭环时，还是不是这样？怎么分析闭环，因为是负反馈，直观上可以知道（这也是我们的目的），应该存在某种稳态（虽然这种状态可能需要无限的时间）。我们先来分析这种稳态，稳态时，频率和要探测信号分量的频率一致，这是最基本的。频率一致，乘法运算后的直流分量是幅值和相角的一个函数。这时，我们发现两个相乘的信号的相角的差别是固定值，而且这个固定值仅与 VCO 有关系。如果 VCO 的固有频率和待测频率分量一致，那么他们的相角只能是 90°，因为只有这样，VCO 的输入才可能是 0，从而使得 VCO 的输出是给定的频率。这个时候，我们发现，其实在锁相环中，乘法器的性质并不和锁相放大器完全一致，在这里乘法器的输出主要取决于相角差的量，而这个量仅与 VCO 所产生的频率有关系。锁相放大器中则不然，乘法器的输出是一个仅与输入及参考相关的量。所以，回过头来，既然锁相环中乘法器的输出是一个主要取决于相角变化的量，那么就不一定需要乘法器，鉴别相角变化总有很多办法，自然地，乘法器推广到鉴相器就是顺理成章的事情了。所以，现在能看到的锁相环的结构都包括鉴相器、环路滤波器以及压控振荡器。

回顾傅里叶级数的正交性，可以发现，乘法解调的方式，抗噪声能力还是最好的（为什么），其他方式确实无法企及。另外，由于鉴相的存在，一般需要等待整周期，于是，大多数精密锁相环的测量速度就是问题，换句话说，得到高精度的结果一般都是以牺牲测量时间为代价的，究其原因，是由于测不准原理。

习　题

4-1　请使用 Simulink 分别采用查表法及 CORDIC 方法产生一个周期为 100kHz 的正弦信号，若一个周期包括的点数分别为 10、20、40、80、100、400、800、2000，请画出波形并采用 FFT 对其进行频谱分析。

4-2　要求相对误差小于 1%，请设计一个表格，用 CORDIC 方法计算 $\sin 38°$。

4-3　要求相对误差小于 1%，请设计一个表格，用 CORDIC 方法计算 $\arcsin 0.4$。

4-4　试说明 PWM 波形发生的基本原理。

4-5　设图 4.e1 中半周期的脉冲数为 7，脉冲幅值为相应正弦波幅值的 2 倍，试按面积等效原理来计算各脉冲的宽度。

4-6　频率合成方式有哪几种？简述直接数字合成的原理。

4-7　已知角度与二进制编码的关系 $\tan \phi_i = 2^{-i}$，如表 4.e1 所示，试用 CORDIC 算法计算 30° 对应的正切值。

4-8　特定谐波消去法的基本原理是什么？设半个信号周期内有 10 个开关时刻（不含 0 和 π 时刻）可以控制，可以消去的谐波有几种？

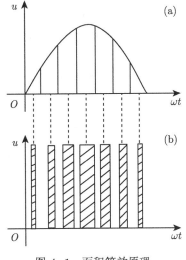

图 4.e1　面积等效原理

表 4.e1　典型正切函数数值

i	0	1	2	3	4	5	6
ϕ_i	45	26.6	14.0	7.1	3.6	1.8	0.9

4-9　什么是 SPWM 波形的规则采样法？和自然采样法相比，规则采样法的优缺点是什么？

4-10　SPWM 波形中，所含主要谐波的频率是多少？

4-11　锁相环有哪几个基本组成部分？各起什么作用？

4-12　利用锁相环可以实现对基本频率 f_1 的分频 f_1/N、倍频 Nf_1 以及和 f_2 的混频 $f_1 \pm f_2$，试画出实现这些功能的原理框图。

4-13 有人说，若采用特定谐波消去法进行 PWM 波形发生，设半个信号周期内有 10 个开关时刻（不含 0 和 π 时刻）可以控制，则可以消去的谐波有 5 种。请判断正误，并简述理由。

4-14 对于一个典型的锁相环，请判断下列哪种说法有误？_____

　　A. 环路滤波器通常是低通滤波器；

　　B. 仅仅不失锁，VCO 的输出是正弦波；

　　C. 相位精确锁定过程通常不能在有限时间内完成；

　　D. 锁相环的动态性能满足非线性方程

4-15 若以 200 kHz 采样率对 190 kHz 的正弦信号进行采样，则所得信号具有什么样的特征（包括波形、频率等特征），并解释原因。

4-16 对于一个典型的模拟锁相环，请判断下述哪种说法有误？_____。

　　A. 环路滤波器通常是低通滤波器；

　　B. 无论是否失锁，压控振荡器的输出都是正弦波；

　　C. 经过恰当设计，相位的无误差锁定可在有限时间内完成；

　　D. 锁相环的动态性能满足非线性方程

4-17 简述采用 CORDIC 算法计算正弦值的基本原理。

4-18 简述 DDS 波形发生的基本原理，并指出其优缺点。

4-19 有人说，对于典型的模拟式锁相环，经过恰当设计，相位的精确锁定可在有限时间内完成。请判断正误并简述理由。

4-20 理论上并不存在理想的低通滤波器，换句话说，存在滤波器时难免会有频谱畸变，为精密测量带来很多困难。但现实中，超高精密测量结果却不断涌现，请问研究人员可利用什么原理以保证测量精度？并阐述理由。

4-21 计算图 4.e2 所示锁相环的输出频率范围与步进频率。

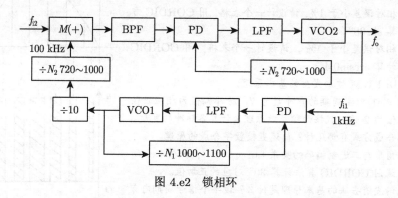

图 4.e2　锁相环

第 5 章　基本电参量测量

5.1　电 压 测 量

电压量广泛存在于科学研究与生产实践中，电压测量是许多电测量与非电测量的基础。在电子测量领域，电压、电流和功率是表征电信号能量的三个基本参数，而电流和功率又往往通过电压进行间接测量。在集总参数电路中，电子电路及电子设备的各种工作状态和特性都可以通过电压量表现出来，例如，电路的饱和与截止状态、线性工作范围、电路中的控制信号和反馈信号等，以及频率特性、调制度、失真度、灵敏度等。所以，电压测量是电量测量中最基本、最常见的一项测量内容。在非电检测中，许多物理量（如温度、压力、物位、流量、加速度等）都可通过传感器转换成电压，进而通过电压测量实现对这些物理量的测量。电压测量是非电量测量的基础。

1. 电压测量的特点

电压测量的特点可以反映在实现电压测量的各种仪器设备和数据采集系统中，归纳起来主要包括以下几点。

（1）频率范围广。

电压测量的频率范围相当广，包括直流电压（零频）和交流电压的测量，交流电压的频率可从 µHz 至 GHz 或更宽。习惯上将 1 MHz 以上称为高频或射频，1 MHz 以下称为低频，10 Hz 或 5 Hz 以下称为超低频。

（2）测量范围宽。

电压测量范围极宽，包括低至纳伏级（10^{-9}V）的微弱信号（如心电医学信号、地震波等）和高至数百千伏的超高压信号（如电力系统中的高压信号）。通常，将电压测量范围分为超高压（几万伏以上）、高压（千伏以上）、大电压（几十伏以上）、中电压（0.1V 至几十伏）、小电压（1µV~0.1V）及超小（微弱）电压（1µV 以下）。

（3）电压波形的多样化。

待测电压除直流电压外，交流电压波形多种多样。除大量存在的正弦电压外，还包括失真的正弦波及各种非正弦波，如矩形波、脉冲波、三角波、斜坡以及各种调制波形的电压信号等，而噪声电压则是一种不规则的随机信号。

（4）阻抗匹配。

被测信号可以视为理想电压源和等效内阻的串联。被测信号接入电压测量仪器后，仪器等效输入阻抗将对测量结果产生影响。对于直流电压测量，输入电阻对被测电压源等效内阻产生分压，使测量结果偏小。而对于高频交流电压测量，输入阻抗的不匹配将引起被测信号的反射。

（5）测量精度。

电压测量的精度要求与具体测量场合有关，如工业测控领域，有时只是需要监测电压的大致范围，其精度要求低，但有些场合则需要进行很高精度的测量，如 $10^{-3}\sim10^{-5}$ 或更高。而作为电压标准的计量仪器，其精度则可达 $10^{-8}\sim10^{-9}$。

（6）测量速度。

在测量领域，一般分为静态测量和动态测量，静态测量速度可以很慢，如每秒几次，但通常要求测量精度很高。动态测量速度很高，如每秒百万次以上，但测量精度可以较低一些；高测量速度和高精度一般难以兼顾，或需付出很大代价。

（7）抗干扰性能。

各种干扰或噪声直接或等效地叠加在被测信号上，会影响测量结果特别是微弱信号的结果。测量仪器本身也会产生噪声，如内部热噪声以及来自供电系统对测量仪器的噪声，需要特别重视抗干扰措施，提高测量仪器的抗干扰能力。

2. 电压测量方法概述

电压测量按对象可以分为直流测量和交流测量，按技术可以分为模拟测量和数字测量，测量方法不同，所用的测量仪器也不同。

（1）交流电压的模拟测量方法。

为测量交流电压，需进行交流-直流（AC/DC）变换（或称为检波），变换成直流电压或再经过放大后，驱动直流电流表（动圈式 μA 表）指针偏转，以指示测量结果。交流电压的模拟测量方法（电流表指示）简单，可测量高频电压。

（2）直流电压的数字化测量方法。

以 ADC 为核心即可构成数字电压表（DVM）。通过模-数转换器（ADC），可以实现直流电压的高精度数字化测量，即可直接数字显示，直观方便。

（3）交流电压的数字化测量方法。

交流电压经过 AC/DC 变换后得到直流电压，然后通过数字化直流电压测量方法，即可实现交流电压的数字化测量。数字多用表（DMM）可以测量直流和交流的电压、电流、阻抗等，因而得到广泛应用。

（4）基于采样的交流电压测量方法。

实现交流电压测量的另一种方法是，直接采用高速 ADC，将被测交流电压波形以 Nyquist 采样频率实时采样，然后，对采样数据进行处理，计算出被测交流电压的有效值、峰值和平均值。例如，根据交流电压有效值定义，可由有效值 $U = \sqrt{\dfrac{1}{N}\sum_{k=1}^{N} u(k)^2}$（$N$ 为 $u(t)$ 在一个周期内的采样点数）的公式计算出交流电压的有效值。而对被测波形的采样序列 $u(k)$ 进行平均和求最大值，还可很容易地得到平均值和峰值。

（5）示波测量方法。

利用模拟示波器或数字存储示波器直观地显示出被测电压波形，并读出相应的电压参量。实际上，示波器是一种广义电压表。

5.1.1 电压标准

1. 直流电压标准

在国际单位制中，电磁量的基本单位是电流，单位为安培，它是通过一种理想的物理模型，由力学单位推导得到的，但难以在实际工作中保存、维护和使用。在众多的电磁量中，电压和电阻是两个基本量，其他的电磁量均可由电压和电阻导出，而电压单位和电阻单位的基准也较易建立、保存、传递和使用，因而确立电压基准和电阻基准对于电磁计量测试具有重要意义。

电压的实物基准有标准电池，电阻的实物基准有高稳定线绕电阻。20 世纪后期，人们不断提高电压基准和电阻基准的稳定性，寻求从实物基准过渡到自然基准。1962 年发现的约瑟夫森效应和 1980 年发现的量子化霍尔效应，为实现电压和电阻的量子化自然基准提供了理论依据。20 世纪 90 年代后，国际上统一使用约瑟夫森量子电压基准（Primary Standard）和量子化霍尔电阻基准，其准确度比原有实物基准提高了 2~3 个数量级，开创了电磁计量测试的新时代。这里主要介绍电压基准（Primary Standard）和标准（Standard）。

1）标准电池

标准电池利用化学反应产生稳定可靠的电动势（1.01860V），它是一种重要的电压实物标准，可作为各级计量、检定、研究、生产等部门的直流电压标准量具。标准电池有饱和型和不饱和型（指标准电池的两个电极所置于的电解液是饱和型或不饱和型），其特性有所不同，饱和型标准电池的电动势非常稳定（年稳定性小于 $0.5\mu V$，相当于 $5 \times 10^{-7}V$），但温度系数较大（约 $-40\mu V/℃$），可作为计量部门恒温条件下的电压标准器。而不饱和型标准电池温度系数很小（约 $-4\mu V/℃$），在较宽的温度范围内不需要进行温度修正，但稳定性较差，可用于一般工作量具，如实验室中常用的便携式电位差计就是用不饱和型标准电池制作的。由于标准电池内含电解液等化学物质，因此在使用中一般不能倾倒，否则将影响输出电动势。另外，需注意使用的温度范围（特别是饱和型标准电池），一般出厂检定的电动势数值（标注在出厂检定书上）是在室温 20℃ 条件下得到的，当温度偏差 20℃ 时，可采用如下的"温度-电动势"修正公式进行修正：

$$E_t = E_{20} - (39.94\,t - 20 + 0.929\,t - 20^2 - 0.0092\,t - 20^3 + 0.00006\,t - 20^4) \times 10^{-6} \quad (5.1.1)$$

式中，E_t、E_{20} 分别为使用温度为 t（单位为 ℃）和 20℃（出厂检定温度）时的标准电池电动势（单位为 V）。

此外，标准电池都存在一定的内阻，因此，需注意被检定仪表本身的输入电阻不能太小，否则可能带来较大的误差，而且使流经电池的电流较大，引起电动势的变化。

2）齐纳二极管电压标准

标准电池虽然稳定性好，但抗振动和抗冲击性较差，不易运输且温度系数较大。所以20 世纪 70 年代后，齐纳二极管的电子式电压标准（也称为固态电压标准）逐渐得到广泛应用。齐纳二极管的稳压特性也受温度漂移的影响，但采用高稳定电源和内部恒温控制电路（将齐纳二极管与恒温控制电路集成在一起）可使其温度系数非常小（想一想，是不是属于一种低通滤波？），而且输出电压较大。为克服输出电压的波动，还可将多个精密电压基准源并联，输出它们的平均值，获得更加稳定的输出电压，如图 5.1.1 所示。

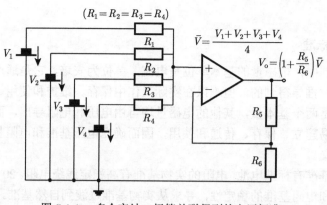

图 5.1.1　多个齐纳二极管并联得到的电压标准

采用齐纳二极管的电压标准器一般有 10V、1V 和 1.0186V 等多种标准电压输出。10V 输出的年稳定度达 1×10^{-6} 量级，可取代 0.0005 级（5×10^{-6}）以下的标准电池，且运输保存和使用方便；1V 和 1.018V 输出的年稳定性可达 2×10^{-6}，温度系数为 5×10^{-8}。

3）约瑟夫森量子电压基准

1962 年，物理学家约瑟夫森（Josephson）发现，在两块相互隔开（约 10×10^{-10}m 的绝缘层）的超导体之间，由于量子隧道效应，超导电流（mA 量级）可以穿透该绝缘层，使两块超导体之间存在微弱耦合，这种超导体-绝缘体- 超导体（SIS）结构称为约瑟夫森结。当在约瑟夫森结两边加上电压 U 时，将得到穿透绝缘层的超导电流，这是一种交变电流，这种现象称为交流约瑟夫森效应，交变电流的频率为

$$f = \frac{2e}{h}U = K_J U \tag{5.1.2}$$

式中，e 为电子电荷，h 为普朗克常量，因而 $K_J = 2e/h$ 为一常数。当电压 U 为 mV 量级时，频率 f 相当于厘米波。这种交变电流将会以微波的形式向外辐射，可通过灵敏的微波探测仪探测到。微波段很有意思，最初的原子钟，也是在微波范围进行测量的。

另外，若将约瑟夫森结置于微波场中，即用微波辐射到处于超导状态下的约瑟夫森结上时，将在约瑟夫森结上得到量子化阶梯电压 U_n，各电压阶梯的高度相等并与所加微波频率 f 成正比，如图 5.1.2 所示。第 n 个阶梯的电压为

$$U_n = n\frac{f}{K_J} \tag{5.1.3}$$

约瑟夫森效应的重要意义就在于，它揭示了电压与频率的自然关系，电压与频率在约瑟夫森结上存在一个不受时间、空间环境变化影响的系数 $K_J = 2e/h$，而且由于时间（频率）基准具有最高准确度（10^{-18} 量级），所以基于约瑟夫森效应就可实现接近时间（频率）基准准确度的电压自然基准（实际可达 10^{-10}），比实物基准提高 $2 \sim 3$ 个数量级。也可以说，约瑟夫森量子电压基准是通过时间（频率）单位得到的。

根据国际计量委员会的建议，从 1990 年 1 月 1 日开始，在世界范围内同时启用了约瑟夫森量子电压基准（JJAVS，10^{-10}）和量子化霍尔电阻基准（10^{-9}），并给出了 K_J 常数值，记为 $K_{J-90} = 483597.9$Hz/V，由此开创了电磁计量基准量子化的新时代。此后，许

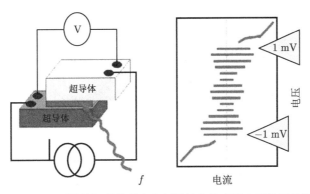

图 5.1.2 用微波辐照约瑟夫森超导结产生直流电压的示意图

多国家都相继建立了约瑟夫森电压基准，并广泛开展国际间的相互对比，以保证国际范围内的可溯源性（即基准量的一致性）。

由于约瑟夫森结电压较低（mV 量级），当需要将其传递到 1V 量级的电压标准进行对比时很不方便。随后出现了在一个芯片上将成千上万个或更多的约瑟夫森结串联的结构，称为约瑟夫森结阵（JJA），可产生稳定的 $1 \sim 10V$ 的电压，这种约瑟夫森结阵电压已成为当前最高电压自然基准。中国计量科学研究院于 1993 年底开始建立 1V 约瑟夫森结阵电压基准，2010 年测量不确定度达到 1×10^{-9}。10V 约瑟夫森结阵电压基准则于 1999 年底建立，合成不确定度为 5.4×10^{-9}（1σ，σ 为标准偏差），并作为我国的国家标准，广泛应用于对标准电池、固态电压标准的量值传递，以及高精度数字多用表等的计量检定工作中，测量不确定度为 10^{-8}。

2. 高频电压标准

作为交流电压测量的主要仪器——模拟式电子电压表通常分为高频和低频电压表，为检定这些仪器（包括基本误差和频响误差，即频率附加误差），就需要有相应的高频和低频电压标准（通常一套高频电压标准设备包含低频电压标准）。

1）测热电阻桥式高频电压标准

实际上，并不存在类似标准电池一样的交流电压标准器来建立高频电压标准，它是以直流电压标准为基础，采用高频电压与直流电压的功率等效原理，即将高频电压通过一个电阻（称为测热电阻，如热敏电阻），该电阻由于吸收高频电压功率被加热，阻值发生变化，然后将一标准直流电压同样施加于该热敏电阻，若引起阻值相同的变化，则高频电压的有效值就等于该直流电压。测热电阻桥式高频电压标准就是利用该原理实现的。通过直流电压来测量高频电压的双测热电阻电桥的原理如图 5.1.3 所示。

两个完全相同的测热电阻 R_T（如 $R_T = 100\Omega$）组成电桥的一个桥臂，另三个桥臂为阻值相等的标准电阻（如 $R = 200\Omega$）。电桥分别置于 DC（直流）、RF（射频，即高频电压）进行两次平衡，首先置于 DC，此时两个测热电阻由于损耗直流功率而产生变化，调节直流电压源，如果调到 U_0 时，电桥平衡，即检流计两端的电压相等，则测热电阻 $2R_T = R$，记录下 U_0 值。然后置于 RF，此时高频电压（设其有效值为 U_{RF}）通过隔直电容 C 馈送到测热电阻两端（等效于两测热电阻并联），测热电阻由于吸收高频功率而变化，再次调节

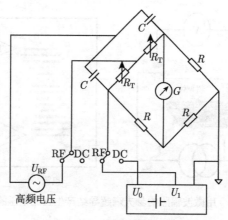

图 5.1.3　双测热电阻电桥

（减小）直流电压源，如果调节到 U_1 时电桥平衡，即检流计两端的电压相等，记录下 U_1 值。此时测热电阻上同时施加有高频电压 U_{RF} 和直流电压 U_1。由两次电桥平衡的功率关系，有

$$\frac{\left(\dfrac{U_0}{2}\right)^2}{2R_T} = \frac{\left(\dfrac{U_1}{2}\right)^2}{2R_T} + \frac{U_{RF}^2}{\dfrac{R_T}{2}} \tag{5.1.4}$$

于是，得到高频电压有效值

$$U_{RF} = \sqrt{\frac{U_0{}^2 - U_1^2}{4}} \tag{5.1.5}$$

上述测量原理中，要求两个测热电阻的一致性好，即阻值和温度特性相同；当测量小的高频电压时，检流计要非常灵敏；隔直电容 C 应保证满足 $\dfrac{1}{\omega C} \ll R$，使交流功率在电容 C 上的损耗可以忽略，如选择 $C = 4000\text{pF}$，当高频电压频率为 10MHz 时，$\dfrac{1}{\omega C} = 4\Omega$。自 20 世纪 70 年代后期，测热电阻桥式高频电压标准得到广泛应用，但是，测热电阻对环境温度敏感，操作较复杂，而且一般不能直接读数，需根据式 (5.1.5) 计算。

2）高频电压标准的传递

上述测热电阻电桥通过直流电压标准建立了高频电压标准，若直流电压标准准确度为 10^{-5}，则得到的高频电压标准准确度可达 10^{-3}。

5.1.2　交流电压的测量

峰值、平均值和有效值是表征交流电压的三个基本电压参量。峰值或平均值相等的不同波形，其有效值也往往不同；可引入另两个基本参量：不同波形峰值到有效值及平均值到有效值的变换系数，即波峰因数和波形因数。

1. 表征交流电压的基本参量

1）峰值

交流电压的峰值是指以零电平为参考的最大电压幅值，即等于电压波形的正峰值，用 U_p 表示，以直流分量为参考的最大电压幅值则称为振幅，通常用 U_m 表示。当测量不存在直流电压 $\overline{U}$ （平均值），或输入被隔离了直流电压的交流电压时，振幅 U_m 与峰值 U_p 相等。图 5.1.4 以正弦信号交流电压波形为例，说明了交流电压的峰值和振幅。

图 5.1.4 中，U_p 为电压峰值，U_m 为电压振幅，$\overline{U}$ 为电压平均值，并有 $U_p = \overline{U} + U_m$，可表示为 $u(t) = \overline{U} + U_m \sin(\omega t)$，其中，$\omega = \dfrac{2\pi}{T}$，$T$ 为 $u(t)$ 的周期。

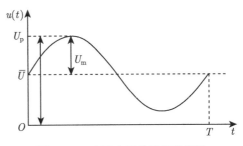

图 5.1.4 交流电压的峰值和振幅

2）均值

交流电压 $u(t)$ 的平均值（简称均值），用 $\overline{U}$ 表示，数学上定义为

$$\overline{U} = \frac{1}{T} \int_0^T u(t)\mathrm{d}t \tag{5.1.6}$$

式中，T 为 $u(t)$ 的周期。

根据这一定义，平均值 $\overline{U}$ 实际上为交流电压 $u(t)$ 的直流分量（图 5.1.4)，其物理意义为：$\overline{U}$ 为交流电压波形 $u(t)$ 在一个周期内与时间轴所围成的面积，当 $u(t) > 0$ 部分与 $u(t) < 0$ 部分所围面积相等时，平均值 $\overline{U}=0$ （即直流分量为零）。显然，数学上的平均值为直流分量，对于不含直流分量的交流电压，即对于关于时间轴对称的周期性交流电压，其平均值总为零。它不能反映交流电压的大小，因此在测量中，交流电压平均值通常指经过全波或半波整流后的波形（一般若无特指，均为全波整流）。全波整流后的平均值在数学上可表示为

$$\overline{U} = \frac{1}{T} \int_0^T |u(t)| \, \mathrm{d}t \tag{5.1.7}$$

对于理想的正弦波交流电压 $u(t) = U_p \sin(\omega t)$，若 $\omega = \dfrac{2\pi}{T}$，则其全波整流平均值为

$$\overline{U} = \frac{2}{\pi}U_p = 0.637U_p \tag{5.1.8}$$

3）有效值

在电工理论中，交流电压的有效值（用 U 来表示）定义为，交流电压 $u(t)$ 在一个周期 T 内，通过某纯电阻负载 R 所产生的热量，与一个直流电压 U 在同一负载上产生的热量相等时，该直流电压 U 的数值就表示交流电压 $u(t)$ 的有效值。由此，可推导出交流电压有效值的表达式如下：

$$U = \sqrt{\frac{1}{T} \int_0^T u^2(t)\mathrm{d}t} \tag{5.1.9}$$

式 (5.19) 在数学上为均方根值。有效值反映了交流电压的功率，是表征交流电压的重要参量。对于理想的正弦波交流电压 $u(t) = U_p \sin(\omega t)$，若 $\omega = \dfrac{2\pi}{T}$，则其有效值为

$$U = \frac{1}{\sqrt{2}}U_p = 0.707U_p \tag{5.1.10}$$

4）波峰因数和波形因数

波峰因数定义为峰值与有效值的比值，用 K_p 表示为

$$K_p = \frac{U_p}{U} \tag{5.1.11}$$

对于理想的正弦波交流电压 $u(t) = U_p \sin(\omega t)$，若 $\omega = \frac{2\pi}{T}$，则利用式 (5.1.10)，其波峰因数 $K_{p\sim}$（下标 ~ 表示正弦波）为

$$K_{p\sim} = \frac{U_p}{U_p/\sqrt{2}} = \sqrt{2} \approx 1.414 \tag{5.1.12}$$

波形因数定义为有效值与平均值的比值，用 K_F 表示为

$$K_F = \frac{U}{\overline{U}} \tag{5.1.13}$$

对于理想的正弦波交流电压 $u(t) = U_p \sin(\omega t)$，若 $\omega = \frac{2\pi}{T}$，则利用式 (5.1.8) 和式 (5.1.10)，其波形因数 $K_{F\sim}$（下标 ~ 表示正弦波）为

$$K_{F\sim} = \frac{U_p/\sqrt{2}}{2U_p/\pi} = \frac{\pi}{2\sqrt{2}} \approx 1.11 \tag{5.1.14}$$

式 (5.1.11) 和式 (5.1.13) 分别定义了波峰因数和波形因数，并以正弦波说明了其峰值和平均值与有效值的比值关系。在所有波形中，正弦波最为常见，因而也最为重要。不同的波形具有不同的波峰因数和波形因数，常见的列于表 5.1.1 中。

2. 交流/直流（AC/DC）电压转换原理

动圈式直流微安表是靠直流电流驱动的。因此，对于交流电压测量，首先需要取出其对应的表征量——峰值、平均值或有效值的直流电压，然后转换为驱动微安表的直流电流。这种将交流电压变换为峰值、平均值或有效值的直流电压的过程也称为检波。

1）峰值检波原理

图 5.1.5 为峰值检波原理电路图及波形图，其中，图 5.1.5(a) 为二极管串联形式，图 5.1.5(b) 则为二极管并联形式，图 5.1.5(c) 为输入电压 $u(t)$ 为正弦波时的峰值检波波形图。

峰值检波是通过二极管正向快速充电达到输入电压的峰值，而二极管反向截止时"保持"该峰值。图 5.1.5 的检波电路中要求：

$$\begin{cases} (R_s + r_d)C \leqslant T_{\min} \\ R_L C \geqslant T_{\max} \end{cases} \tag{5.1.15}$$

式中，R_s 和 r_d 分别为等效信号源 $u(t)$ 的内阻和二极管正向导通电阻；C 为充电电容（并联式检波电路中 C 还起到隔直流的作用）；R_L 为等效负载电阻；$T_{\min}$ 和 $T_{\max}$ 为 $u(t)$ 的最小周期和最大周期。满足式 (5.1.15) 即可满足电容 C 上的快速充电和慢速放电的需求。

表 5.1.1 常见波形的平均值和有效值以及波峰因数和波形因数

波形名称	波形图	有效值 U	均值 $\overline{U}$	波峰因数 $\overline{K}_p$	波形因数 K_F
正弦波		$\dfrac{U_p}{\sqrt{2}}$	$\dfrac{2U_p}{\pi}$	1.414	1.11
全波整流		$\dfrac{U_p}{\sqrt{2}}$	$\dfrac{2U_p}{\pi}$	1.414	1.11
半波整流		$\dfrac{U_p}{2}$	$\dfrac{U_p}{\pi}$	2	1.57
三角波		$\dfrac{U_p}{\sqrt{3}}$	$\dfrac{U_p}{2}$	1.73	1.15
锯齿波		$\dfrac{U_p}{\sqrt{2}}$	$\dfrac{U_p}{2}$	1.73	1.15
方波		U_p	U_p	1	1
脉冲波		$\sqrt{\dfrac{\tau}{T}}\,U_p$	$\dfrac{\tau}{T}U_p$	$\sqrt{\dfrac{T}{\tau}}$	$\sqrt{\dfrac{T}{\tau}}$
白噪声		$\dfrac{U_p}{3}$	$\dfrac{U_p}{3.75}$	3	1.25

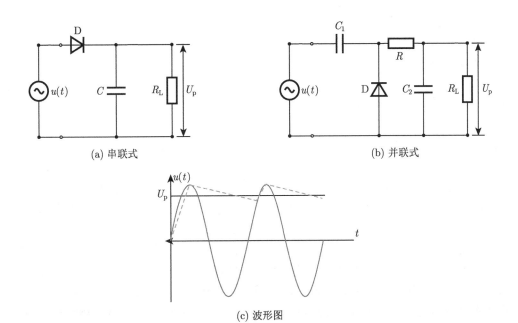

(a) 串联式 (b) 并联式

(c) 波形图

图 5.1.5 峰值检波原理图

从图 5.1.5(c) 的波形图可以看出，峰值检波电路的输出实际上存在较小的波动，其平均值略小于实际峰值，其误差量（负误差）取决于满足式 (5.1.15) 的程度。

2）均值检波原理

均值检波电路可由整流电路实现，图 5.1.6(a)、(b) 分别为二极管桥式全波整流和半波整流电路。

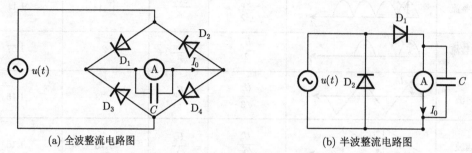

(a) 全波整流电路图   (b) 半波整流电路图

图 5.1.6   平均值检波原理图

整流电路输出直流电流 I_0 的平均值与被测输入电压 $u(t)$ 的平均值成正比，而与 $u(t)$ 的波形无关。以图 5.1.6(a) 的全波整流电路为例，I_0 的平均值为

$$\overline{I_0} = \frac{1}{T} \int_0^T \frac{u(t)}{2r_d + r_m} \mathrm{d}t = \frac{\overline{u(t)}}{2r_d + r_m} \tag{5.1.16}$$

式中，T 为 $u(t)$ 的周期；r_d 和 r_m 分别为检波二极管的正向导通电阻和电流表内阻，对特定电路和所选用的电流表可视为常数，并反映了检波器的灵敏度。式 (5.1.16) 反映了 I_0 的平均值 $\overline{I_0}$ 与 $u(t)$ 的平均值 $\overline{u(t)}$ 成正比。图 5.1.6 中并联在电流表两端的电容用于滤除整流后的交流成分，避免指针摆动。

3）有效值检波原理

有效值表达式 (5.1.9) 直观表示了有效值为交流电压 $u(t)$ 的均方根值，其检波原理则完全依据该式进行。

可以利用热电偶实现有效值检波。热电偶中，两种不同导体的两端相互连接在一起，组成一个闭合回路，当两节点处温度不同时，回路中将产生电动势，从而形成电流，所产生的电动势称为热电动势。其原理如图 5.1.7(a) 所示。

图 5.1.7(a) 中，假设两种导体的相互连接端的温度分别为 T 和 T_0，称为热端和冷端，若 $T \neq T_0$，则热端和冷端之间将存在热电动势，而热电动势的大小与温差 $\Delta T = T - T_0$ 成正比。据此，将两种不同金属进行特别封装并标定后，称为一对热电偶（简称热偶）。热电偶是温度检测的常用传感器，其温度测量范围很宽。若冷端温度为恒定的参考温度，则通过热电动势就可得到热端（被测温度点）的温度。

若通过被测交流电压对热电偶的热端进行加热，则热电动势将反映该交流电压的有效值，从而实现有效值检波。如图 5.1.7(b) 所示，被测电压 $u(t)$ 对加热丝加热，热偶 M 的热端感应加热丝的温度，维持冷端温度 T_0 不变，并连接到直流微安表，而连接导线不改变热偶回路中的热电动势。在 $u(t)$ 的作用下，热端温度 T 不断升高，从而热端与冷端温差增大，形成热电动势并在回路中产生直流电流 I，由此驱动微安表头。

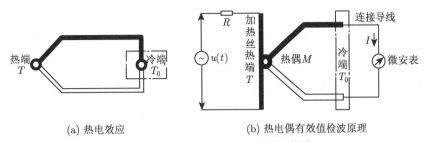

(a) 热电效应   (b) 热电偶有效值检波原理

图 5.1.7 利用热电偶进行有效值检波

下面分析直流电流 I 与被测电压 $u(t)$ 的有效值 U 的关系。首先，电流 I 正比于热电动势，而热电动势正比于热端与冷端的温差，热端温度又是通过交流电压 $u(t)$ 直接对加热丝加热得到的，与 $u(t)$ 的有效值 U 的平方成正比。即表头电流值正比于有效值 U 的平方，$I \propto U^2$，这里 I 与 U 并非线性关系，而是与 U^2 呈线性关系，这样会使电流表的刻度不能线性表达有效值大小，造成刻度和使用上的不方便。

实际有效值电压表中，为使表头刻度线性化，可以采用两对相同的热电偶，分别称为测量热电偶和平衡热电偶，如图 5.1.8 所示。图中，实际上为通过平衡热偶形成一个电压负反馈系统。测量热偶的热电动势 $E_x \propto U^2$（U 为 $u(t)$ 有效值），令 $E_x = k_1 U^2$；而平衡热偶的热电动势 $E_f \propto U_o^2$（U_o 为差分放大器的输出直流电压），令 $E_f = k_2 U_o^2$。假如两对热偶具有相同特性，即 $k_1 = k_2 = k$，则差分放大器输入电压 $U_i = E_x - E_f = k(U^2 - U_o^2)$，若放大器增益足够大，则有 $U_i = 0$，即负反馈放大器的同相端与反相端等电位，于是有 $U_o = U$，即输出电压等于 $u(t)$ 有效值，从而实现了有效值电压表的线性化刻度，有效值电压表的读数为被测电压的有效值。

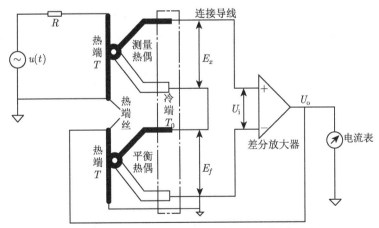

图 5.1.8 具有线性刻度的有效值电压表原理图

热电偶有效值电压表的缺点是，受外界环境温度的影响较大，结构复杂，价格较贵。随着集成电路技术的发展，计算式有效值电压表得到更多应用。

热电偶有效值电压表理论上不存在波形误差，所以也称为真有效值电压表。但是，实际有效值电压表将可能存在下面两个因素所引起的波形误差。首先，所有电子线路都存在有效的线性工作范围，对于波峰因数较大的交流电压波形，电路饱和致使电压表可能出现

"削波"。另一个因素是，所有电子线路都存在有效的工作带宽，因而，高于电压表有效带宽的波形分量将被抑制。这两种情况都限制了波形的有效成分，使这部分波形分量得不到有效响应，因而读数值小于实际有效值。

3. 峰值电压表原理、刻度特性和误差分析

峰值电压表是对被测电压的峰值响应的，但是表头刻度却是按纯正弦有效值定度的，所以当被测电压 $u(t)$ 为正弦波时，表头的读数 α 即为该正弦波的有效值，而不是峰值 U_p。对于非正弦波，读数 α 没有直接意义，既不等于其峰值 U_p，也不等于其有效值 U。但可由读数 α 换算出峰值和有效值，换算步骤如下。

第一步，把读数 α 想象为有效值等于 α 的纯正弦波输入时的读数，即 $U_\sim = \alpha$；

第二步，由 $U_\sim$ 计算该纯正弦波的峰值 [参见式 (5.1.10)]，即 $U_{\mathrm{p}\sim} = \sqrt{2}U_\sim = \sqrt{2}\alpha$；

第三步，假设峰值 $U_{\mathrm{p}\sim}$ 等于被测波形（任意波）的输入，即 $U_\mathrm{p} = U_{\mathrm{p}\sim} = \sqrt{2}\alpha$，这一假设依据了如下原则：对于峰值电压表，（任意波形的）峰值相等，则读数相等；

第四步，由 U_p 和该波形的波峰因数（用 K_p 表示，对常见波形，可由表 5.1.1 查得），可得其有效值为

$$U = \frac{U_\mathrm{p}}{K_\mathrm{p}} = \frac{\sqrt{2}\alpha}{K_\mathrm{p}} \tag{5.1.17}$$

实际上，上面的换算过程可用式 (5.1.18) 描述，即

$$U = \frac{U_\mathrm{p}}{K_\mathrm{p}} = \frac{U_{\mathrm{p}\sim}}{K_\mathrm{p}} = \frac{K_{\mathrm{p}\sim}U_\sim}{K_\mathrm{p}} = k\alpha \tag{5.1.18}$$

式 (5.1.18) 表明，对任意波形，欲从峰值电压表读数 α 得到有效值，需将 α 乘以因子 k，它是式 (5.1.17) 的更一般形式，若式中的任意波为正弦波，则 $k = 1$，读数 α 即为正弦波的有效值。

综上所述，对于任意波形而言，峰值电压表的读数 α 没有直接意义，由读数 α 到峰值和有效值需进行换算，换算关系归纳如下：

$$\begin{cases} U_\mathrm{p} = \sqrt{2}\alpha = 1.41\alpha \\ U = \dfrac{\sqrt{2}\alpha}{K_\mathrm{p}} = \dfrac{1.41\alpha}{K_\mathrm{p}} \end{cases} \tag{5.1.19}$$

式中，α 为峰值电压表读数；K_p 为波峰因数。

根据式 (5.1.19)，若将读数 α 直接作为有效值，产生的误差为

$$\gamma = \frac{\alpha - \dfrac{\sqrt{2}\alpha}{K_\mathrm{p}}}{\dfrac{\sqrt{2}\alpha}{K_\mathrm{p}}} = \frac{K_\mathrm{p} - \sqrt{2}}{\sqrt{2}} = \frac{K_\mathrm{p}}{\sqrt{2}} - 1 \tag{5.1.20}$$

式 (5.1.20) 称为峰值电压表的波形误差，它反映了读数值与实际有效值之间的差异。

4. 均值电压表原理、刻度特性和误差分析

均值电压表是对被测电压的均值响应的，表头刻度也是按纯正弦有效值刻度的，所以，当被测电压 $u(t)$ 为正弦波时，读数 α 即为该纯正弦波的有效值，而并不是该正弦波的均值 $\overline{U}$。对于非正弦波，读数 α 没有直接意义，既不等于其均值也不等于其有效值。但可由读数 α 换算出均值和有效值。换算步骤如下。

第一步，将读数 α 想象为有效值等于 α 的纯正弦波输入时的读数，即 $U_\sim = \alpha$；

第二步，由 $U_\sim$ 计算该纯正弦波的均值，由式 (5.1.13) 和式 (5.1.14)，得

$$\overline{U_\sim} = \frac{U_\sim}{K_{F\sim}} = \frac{U_\sim}{\frac{\pi}{2\sqrt{2}}} = \frac{\alpha}{1.11} = 0.9\alpha \tag{5.1.21}$$

第三步，假设均值 $\overline{U_\sim}$ 等于被测波形（任意波）的输入，即 $\overline{U} = \overline{U_\sim} = 0.9\alpha$，该假设依据了如下原则："对于均值电压表，（任意波形的）均值相等，则读数相等"；

第四步，由 $\overline{U}$ 和该波形的波形因数（用 K_F 表示，对常见波形可由表 5.1.1 查得），可得其有效值为

$$U = K_F \overline{U} = K_F \times 0.9\alpha \tag{5.1.22}$$

实际上，上面的换算过程可用式 (5.1.23) 描述，即

$$\begin{cases} U = K_F \overline{U} = K_F \overline{U_\sim} = K_F \dfrac{U_\sim}{K_{F\sim}} = k\alpha \\ k = \dfrac{K_F}{K_{F\sim}} = \dfrac{K_F}{1.11} = 0.9 K_F \end{cases} \tag{5.1.23}$$

式 (5.1.23) 表明，对任意波形，欲从均值电压表读数 α 得到有效值，需将 α 乘以因子 k，它是式 (5.1.22) 的更一般形式。若式中的任意波为正弦波，则 $k = 1$，读数 α 即为正弦波的有效值。

综上所述，对于任意波形，均值电压表的读数 α 没有直接意义，由读数 α 到均值和有效值需进行换算，换算关系归纳如下：

$$\begin{cases} \overline{U} = 0.9\alpha \\ U = K_F \times 0.9\alpha \end{cases} \tag{5.1.24}$$

式中，α 为均值电压表读数；K_F 为波形因数。

由式 (5.1.24)，若将读数 α 直接作为有效值，产生的误差为

$$\gamma = \frac{\alpha - K_F \times 0.9\alpha}{K_F \times 0.9\alpha} = \frac{1.11}{K_F} - 1 \tag{5.1.25}$$

式 (5.1.25) 称为均值电压表的波形误差。

例 5.1 用具有正弦有效值刻度的峰值电压表测量方波电压，读数为 1.0V，问如何从该读数得到方波电压的有效值？

解：根据上述峰值电压表的刻度特性，由读数 $\alpha = 1.0\text{V}$：

第一步，假设电压表有一正弦波输入，其有效值 $U_\sim = \alpha = 1.0\text{V}$；

第二步，该正弦波的峰值 $U_{p\sim} = \sqrt{2}U_\sim = \sqrt{2}\alpha = 1.4\text{V}$；

第三步，将方波电压引入电压表输入，其峰值 $U_p = U_{p\sim} = 1.4\text{V}$；

第四步，查表 5.1.1可知，方波的波峰因数 $K_p = 1$，则该方波的有效值为

$$U = U_p/K_p = 1.4\text{V} \tag{5.1.26}$$

即该方波电压的有效值为 1.4V。

计算结果也可直接由式 (5.1.19) 简单地代入读数 α 和波峰因数得到。另外，若读数不经过换算，而直接认为该读数为有效值，由此产生的波形误差为

$$\gamma = \frac{1 - 1.4}{1.4} \times 100\% \approx -29\% \tag{5.1.27}$$

可见波形误差是相当大的。

例 5.2　用具有正弦有效值刻度的均值电压表测量方波电压，读数为 1.0V，问该方波电压的有效值为多少？

解： 根据上述均值电压表的刻度特性，由读数 $\alpha=1.0\text{V}$：

第一步，假设电压表有一正弦波输入，其有效值 $U_\sim = \alpha = 1.0\text{V}$；

第二步，该正弦波的均值 $\overline{U}_\sim = 0.9\alpha = 0.9\text{V}$；

第三步，将方波电压引入电压表输入，其均值 $\overline{U} = \overline{U_\sim} = 0.9\text{V}$；

第四步，查表 5.1.1可知，方波的波形因数 $K_F = 1$，则该方波的有效值为

$$U = K_F\overline{U} = 0.9\text{V} \tag{5.1.28}$$

即该方波电压的有效值为 0.9V。

也可简单地直接将读数 α 和波形因数代入式 (5.1.24) 得到有效值。另外，若读数不经过换算，而直接认为该读数为有效值，由此产生的波形误差为

$$\gamma = \frac{1 - 0.9}{0.9} \times 100\% \approx 11\% \tag{5.1.29}$$

该波形误差也是相当大的，但比前例的峰值电压表小。

5. 模拟式交流电压表

1）检波-放大式电压表

检波器是电压表中实现交流电压测量的核心部件，同时，为测量小信号电压，放大器也不可缺少，因此，模拟电压表组成方案有两种类型：一种是先检波后放大，称为检波-放大式；另一种是先放大后检波，称为放大-检波式。图 5.1.9(a) 为检波-放大式电压表的组成框图。检波-放大式电压表中，常采用峰值检波器，它决定了电压表的频率范围、输入阻抗和分辨力。为扩大频率范围，采用超高频二极管进行峰值检波，其频率范围可从直流到几百兆赫，并具有较高的输入阻抗，并且为减小信号传输线的影响，将峰值检波器直接置于探头内，如图 5.1.9(b) 所示。但是，检波二极管的正向压降限制了其测量小信号电压的能力，反向击穿电压限制了电压测量的上限。放大器可采用桥式或斩波稳零式放大器 [图 5.1.9(b)]，它具有较高的增益和较小的漂移。这种电压表常称为"高频电压表"或"超高频电伏表"。

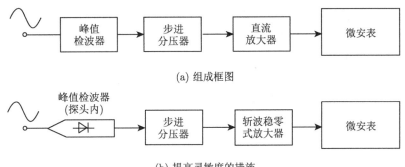

(a) 组成框图

(b) 提高灵敏度的措施

图 5.1.9 检波-放大式电压表组成

2）放大-检波式电压表

为避免检波-放大式电压表中检波器的灵敏度限制，可采用先对被测电压放大再检波的方式，即构成放大-检波式电压表，其组成如图 5.1.10 所示。此时检波器常采用均值检波器，放大器为宽带交流放大器，其带宽决定了电压表的频率范围，一般上限为 10MHz。这种电压表具有很高的灵敏度，但仍然要受宽带的交流放大器内部噪声的限制，因此，也常称为"宽频毫伏表"或"视频毫伏表"。

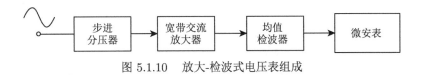

图 5.1.10 放大-检波式电压表组成

3）外差式选频电平表

宽频电平表受宽带交流放大器内部噪声的影响，其灵敏度和带宽有限，从而限制了小信号电压的测量以及从噪声中测量有用信号的能力。采用外差式接收原理的选频电平表则可大大提高测量灵敏度（可达 -120dB，相当于 0.775μV），在放大器谐波失真的测量、滤波器衰耗特性测量及通信传输系统中得到广泛应用。外差式选频电平表由于灵敏度高，也常称为"高频微伏表"，图 5.1.11 为外差式选频电平表的组成框图。

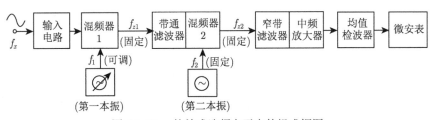

图 5.1.11 外差式选频电平表的组成框图

由图 5.1.11可见，外差式选频电平表的工作原理与外差式接收机相同。首先，频率为 f_x 的被测信号通过输入电路（衰减或小增益高频放大）后，与第一本振输出 f_1 混频，得到固定的第一中频 f_{z1}（由带通滤波器选出），f_{z1} 再与第二本振输出 f_2 混频，得到固定的第二中频 f_{z2}（经窄带滤波器选出），再经过后面的高增益中频放大器和检波器，驱动表头并以 dB 指示被测信号。外差式选频电平表经过两级变频，对测量信号具有很好的频率选择性，从而在窄带中频上获得很高的增益，很好地解决了测量灵敏度与频率范围的矛盾。

4）电压表的使用

模拟式交流电压表有很多种类型，其组成、性能和用途各不相同，使用中应特别了解它们的性能特点，根据应用场合加以选用。

峰值电压表为检波-放大式电压表，其特点是峰值响应、频率范围较宽（达 1000MHz）但灵敏度低（mV 级）。由峰值电压表得到的读数还需根据波峰因数进行换算。使用中还需注意波峰因数的限制，测量波峰因数大的非正弦波时，由于"削波"可能产生误差。

均值电压表为放大-检波式电压表，其特点是均值响应、灵敏度有所提高，但频率范围较小（<100MHz），主要用于低频场合，得到的读数也需根据波形因数进行换算。

有效值电压表是测量电压有效值的理想电压表，但由于"削波"和带宽限制，将可能损失一部分被测信号的有效值，带来负的测量误差。一般有效值表较为复杂，价格较贵，常选用均值电压表通过波形因数的换算得到有效值。这一方法也在噪声测量中得到应用。

外差式选频电平表内部放大器对窄带中频放大，其增益可以做得很高，使测量灵敏度得到大幅提高，能够适合微小信号的测量。

5.1.3 直流电压的数字化测量及数字多用表

数字电压表（Digital Voltage Meter，DVM）以及衍生而来的数字多用表（Digital MultiMeter，DMM），是直流电压测量的基本工具。

1. 数字电压表的组成原理及主要性能指标

数字电压表（DVM）的组成框图如图 5.1.12 所示，包括模拟和数字两部分。其核心部件是模数转换器（ADC），结果直接用数字显示。为适应不同的量程及不同输入信号的测量需要，ADC 输入端之前一般都有输入放大电路或输入变换电路（如 AC/DC 变换）。直流数字电压表的被测电压为直流或慢速变化的信号，通常采用低速的 ADC。通过 AC/DC 输入变换电路，也可测量交流电压的有效值、平均值、峰值，构成交流数字电压表。如果输入电路进一步扩展电流/电压、阻抗/电压等变换功能，则可构成数字多用表，基本框图如图 5.1.13 所示。

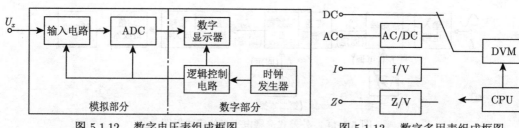

图 5.1.12 数字电压表组成框图   图 5.1.13 数字多用表组成框图

DVM 的主要性能指标包括以下几项。

1）显示位数

DVM 的显示位分为完整显示位和非完整显示位。一般的显示位均能够显示 0～9 的数字，而在最高位上，可以采用只能显示 0 和 1 的非完整显示位，俗称半位。例如，4 位显示即指 DVM 具有 4 位完整显示位，其最大显示数字为 9999，而 $4\frac{1}{2}$ 位（4 位半）指 DVM 具有 4 位完整显示位和 1 位非完整显示位，其最大显示数字为 19999。

2）量程

DVM 的量程按输入被测电压范围划分。由 ADC 的输入电压范围确定了 DVM 的基本量程。在基本量程上，输入电路不需对被测电压进行放大或衰减，便可直接进行 AC/DC 转换。也可以再通过输入电路对输入电压按 10 倍放大或衰减，扩展出其他量程。例如，基本量程为 10V 的 DVM，可扩展出 0.1V、1V、10V、100V、1000V 五挡量程；基本量程为 2V 或 20V 的 DVM，则可扩展出 200mV、2V、20V、200V、2000V 五挡量程。

3）分辨力

分辨力也称为分辨率，指 DVM 能够分辨最小电压变化量的能力，在数字电压表中，通常用每个字对应的电压值来表示，即 V/字。显然，在不同的量程上能分辨的最小电压变化的能力是不同的，例如，$3\frac{1}{2}$ 位的 DVM，在 200mV 量程上，可以测量的最大输入电压为 199.9mV，其分辨力为 0.1mV/字，即当输入电压变化 0.1mV 时，显示的末尾数字将变化 "1 个字"。或者说，当输入电压变化量小于 0.1mV 时，测量结果的显示值不会发生变化，而为使显示值 "跳变 1 个字"，所需电压变化量为 0.1mV，即 0.1mV/字。在 DVM 中，每个字对应的电压量也可用 "刻度系数" 表示。

有时也用百分数表示分辨率，它与量程无关，比较直观。例如，上述的 DVM 在最小量程 200mV 上分辨力为 0.1mV，则分辨率为

$$\frac{0.1}{200} \times 100\% = 0.05\% \tag{5.1.30}$$

上述结果也可直接从显示位数求得，例如，显示 1999 的 DVM（共 2000 个字），分辨率为

$$\frac{1}{2000} \times 100\% = 0.05\% \tag{5.1.31}$$

4）测量速度

DVM 的测量速度用每秒钟完成的测量次数来表示。它直接取决于 ADC 的转换速度，一般低速高精度的 DVM 测量速度在每秒几次至每秒几十次。

5）测量精度

DVM 的测量精度通常用固有误差表示，即

$$\Delta U = \pm(\alpha\% U_x + \beta\% U_{\mathrm{m}}) \tag{5.1.32}$$

示值（读数）相对误差为

$$\gamma = \frac{\Delta U}{U_x} = \pm\left(\alpha\% + \beta\%\frac{U_{\mathrm{m}}}{U_x}\right) \tag{5.1.33}$$

式中，U_x 为被测电压的读数；U_{m} 为该量程的满度值（Full Scale，FS）；α 为误差的相对项系数；β 为误差的固定项系数。

由式 (5.1.32) 可见，ΔU 由两部分构成，其中，$\pm\alpha\% U_x$ 称为读数误差，$\pm\beta\% U_{\mathrm{m}}$ 称为满度误差。读数误差项与当前读数有关，主要包括 DVM 的刻度系数误差和非线性误差。刻度

系数理论上是常数，但 DVM 输入电路的传输系数（如放大器增益）的漂移，以及 ADC 采用的参考电压的不稳定性，都将引起刻度系数误差。非线性误差则主要由输入电路和 ADC 的非线性引起。满度误差项与读数无关，只与当前选用的量程有关，主要由 ADC 转换器的量化误差、DVM 的零点漂移、内部噪声等引起。因此，有时将 $\pm\beta\%U_m$ 等效为"$\pm n$ 字"的电压值表示，即

$$\Delta U = \pm\,\alpha\%U_x + n \tag{5.1.34}$$

例 5.3   例如，某台 $4\frac{1}{2}$ 位 DVM，说明书给出基本量程为 2V，$\Delta U = \pm\,0.01\%U_x + 1$，显然，在 2V 量程上，1 字 $=0.1$mV，由 $\beta\%U_m = \beta\%\times 2V=0.1$mV 可知 $\beta\% = 0.005\%$。ΔU 表达式中"1 字"的满度误差项与"$0.005\%U_m$"是等价的。该 DVM 的相对误差为

$$\gamma = \pm\left(0.01\% + 0.005\%\frac{U_m}{U_x}\right) \tag{5.1.35}$$

当被测量（读数值）很小时，满度误差起主要作用；当被测量较大时，读数误差起主要作用。为减小满度误差的影响，应通过选择量程，尽量使被测量大于满量程的 2/3。

6）输入阻抗

输入阻抗取决于输入电路，并与量程有关。输入阻抗越大越好，否则将影响测量精度。对于直流 DVM，输入阻抗用输入电阻表示，一般为 10～1000MΩ。对于交流 DVM，输入阻抗用输入电阻和并联电容表示，电容值一般在几十到几百 pF 之间。

2. 电流、电压、阻抗变换技术

为扩大数字电压表（DVM）的测量范围，如对交流电压、直流电流、电阻、阻抗等进行测量，首先需将它们转换为相应的直流电压。此外，在 DVM 的基础上，利用微处理器技术实现的数字多用表（DMM）在测量功能上可进一步增强。

1）AC/DC 变换

交流电压的测量主要是对表征交流电压的参数进行测量，包括有效值、峰值、平均值（均为直流电压量）等。

2）I/V 变换

基于欧姆定律即可实现电流-电压（I/V）变换，即将被测电流通过一个已知的取样电阻，通过测量取样电阻两端的电压，即可得到被测电流。为了实现不同量程的电流测量，可以选择不同的取样电阻，如图 5.1.14 所示。图中，假如变换后采用的电压量程为 200mV，则通过量程开关选择取样电阻分别为 1kΩ、100Ω、10Ω、1Ω、0.1Ω，便可测量 200μA、2mA、20mA、200mA、2A 的满量程电流。

3）Z/V 变换

同样地，基于欧姆定律即可实现阻抗-电压（Z/V）变换。对于纯电阻，可用一个恒流源流过被测电阻，通过测量被测电阻两端的电压，即可得到被测电阻阻值。而对于电感、电容参数的测量，则需要采用交流参考电压，并将实部和虚部分离后分别测量得到。

图 5.1.15 为实现电阻-电压（R/V）变换的原理图。其中，图 5.1.15(a) 直接通过恒流源 I_r 流过被测电阻 R_x，并将 R_x 两端的电压放大后送入 ADC，为了实现不同量程电阻的测量，要求恒流源可调。这种电路对于大电阻的测量不利，因为要求的恒流源电流 I_r 很小，

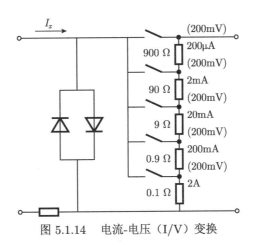

图 5.1.14　电流-电压（I/V）变换

对测量精度影响较大。图 5.1.15(b) 中，将被测电阻作为一个负反馈放大器的反馈电阻，将恒流源输出 I_r 流过一个已知的精密电阻，从而得到参考电压 U_r，可得放大器输出：

$$U_o = -\frac{R_x}{R_1}U_r \tag{5.1.36}$$

或

$$R_x = -\frac{U_o}{U_r}R_1 \tag{5.1.37}$$

如果将 U_o 作为 ADC 的输入，并将 U_r 直接作为 ADC 的参考电压，即可实现比例测量。

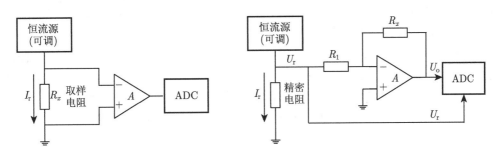

(a) 实现R/V变换的简单原理图　　　　(b) 通过运放实现比例测量的R/V变换

图 5.1.15　电阻-电压（R/V）变换的原理图

3. 数字多用表

数字多用表（DMM）是可以实现多种测量功能的数字式仪器，其前端为实现各种测量应用的变换电路，如 AC/DC 变换、I/V 变换、Z/V 变换等，变换后得到直流电压，通过以 ADC 为核心的 DVM 即实现数字化测量，并通过内置的 CPU，实现测量自动化。

DMM 的主要特点如下：

（1）功能扩展。DMM 可进行直流电压、交流电压、电流、阻抗等测量。

（2）测量分辨力和精度有低、中、高三个级别，位数为 $3\frac{1}{2} \sim 8\frac{1}{2}$ 位。

（3）一般内置有微处理器，可实现开机自检、自动校准、自动量程选择，以及测量数据的处理（求平均、均方根值）等自动测量功能。

（4）一般具有外部通信接口，如 RS-232、通用接口总线（General Purpose Interface Bus，GPIB）等，易于组成自动测试系统。

如前所述，利用 DMM 测量电阻时，是通过一个恒流源 I_r 流过该被测电阻，通过测量被测电阻两端的电压实现的。这里，恒流源由 DMM 提供，于是在连接上就有两种接法，称为二端法与四端法，如图 5.1.16 所示。

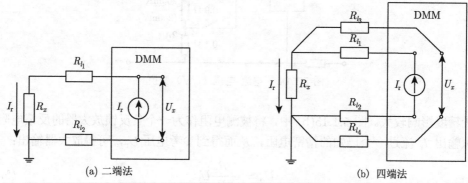

图 5.1.16　DMM 的二端法与四端法测电阻

图 5.1.16(a) 为二端法连接，被测电压直接取自 DMM 的恒流源两端，考虑到测量时的引线电阻和接触电阻（图中标为 R_{l_1} 和 R_{l_2}）的影响，该电压与实际被测电阻两端的电压存在一定差异，因而将产生测量误差（实际测量得到的电阻值为 $R_x + R_{l_1} + R_{l_2}$，即包含引线电阻和接触电阻，测量值偏大），只有当 $R_x \gg R_{l_1}$，$R_x \gg R_{l_2}$ 时，R_{l_1} 和 R_{l_2} 才可以忽略，即二端法只适合于测量大电阻。

为了提高小电阻测量时的精度，可采用四端法，如图 5.1.16(b) 所示。即将被测电阻 R_x 两端的电压，再单独用导线连接到 DMM 的电压测量端，通常，由于 DMM 的电压输入端都有高输入阻抗（R_{in}）的运算放大器，因此，虽然这两根导线也存在导线电阻和接触电阻 R_{l_3} 和 R_{l_4}，但由于 $R_{l_3} \ll R_{in}$，$R_{l_4} \ll R_{in}$，R_{l_3} 和 R_{l_4} 上基本上没有电流流过，因而 R_{l_3} 和 R_{l_4} 上也就没有压降，即 DMM 能够准确测量到被测电阻 R_x 两端的电压。

4. 数字电压表的误差分析

数字电压表（DVM）和数字多用表（DMM）是常用的电压测量仪器，因此，了解 DVM 在电压测量中的误差形成、误差表示，并寻求减小测量误差、根据需要合理选择测量仪器等显得非常重要。本节将在 DVM 的误差分析基础上，阐述 DVM 的自动校准和自动量程转换技术，其分析方法和技术原理不仅对深入了解 DVM 的工作特性有帮助，而且对 DVM 的设计及工程应用中的检测系统设计具有重要的参考价值。DVM 的整体误差可分为固有误差和附加误差。固有误差表示在一定测量条件下 DVM 本身所固有的误差，它反映了 DVM 的性能指标。附加误差指测量环境的变化（如温度漂移）和测量条件（如被测电压的等效信号源内阻）所引起的测量误差。

1）固有误差

如前所述，DVM 的固有误差用式 (5.1.32) 或式 (5.1.34) 表示，重写如下：

$$\begin{cases} \Delta U = \pm(\alpha\% U_x + \beta\% U_m) \\ \Delta U = \pm(\alpha\% U_x + n) \end{cases} \tag{5.1.38}$$

式中，$\alpha\% U_x$ 和 $\beta\% U_m$ 或 n 字分别为读数误差和满度误差。式 (5.1.32) 和式 (5.1.34) 也是 DVM 说明书用于表示 DVM 性能指标的常用形式。

固有误差中的读数误差与被测电压大小有关，它包括转换误差（或称为刻度误差）和非线性误差。满度误差与被测电压大小无关，主要由系统漂移引起。

转换误差表示了从输入衰减/放大器（设传递系数分别为 k_1 和 k_2）、模拟开关（传递系数为 k_3）到 ADC（传递系数为 k_4）的转换特性，将 DVM 从输入 U_x 到最终转换结果 N 视为一个 $k_1 \sim k_4$ 的多级级联系统，则

$$N = k_1 k_2 k_3 k_4 U_x = k U_x \tag{5.1.39}$$

式中，$k = k_1 k_2 k_3 k_4$ 即表示了 DVM 的"转换系数"，它是刻度系数 l（V/字）的倒数。

理论上，转换系数 k 应为常数，但由于各部件的非理想性，必然存在误差。k 的相对误差为各部件传递系数 $k_1 \sim k_4$ 的相对误差之和，即

$$\frac{\Delta k}{k} = \frac{\Delta k_1}{k_1} + \frac{\Delta k_2}{k_2} + \frac{\Delta k_3}{k_3} + \frac{\Delta k_4}{k_4} \tag{5.1.40}$$

满度误差是由上述级联系统中各部件的漂移引起的，与输入电压无关。设上述各部件的输出电压分别为 U_{o1}、U_{o2}、U_{o3} 和 U_{o4}，输出电压的误差量分别为 ΔU_{o1}、ΔU_{o2}、ΔU_{o3}、ΔU_{o4}，则折合到总输入端（相对于被测量）的误差量为

$$\Delta U = \frac{\Delta U_{o1}}{k_1} + \frac{\Delta U_{o2}}{k_1 k_2} + \frac{\Delta U_{o3}}{k_1 k_2 k_3} + \frac{\Delta U_{o4}}{k_1 k_2 k_3 k_4} \tag{5.1.41}$$

假设式 (5.1.39) 的数字量 N 的最小量化单位（1LSB）对应的电压量为 U_s，则对式 (5.1.39) 的 N 取整后的输出为

$$N = \left[\frac{k U_x}{U_s} \right] \tag{5.1.42}$$

对式 (5.1.39) 作误差合成（想一想，应该如何得到下面的式子，有没有看到微分运算的影子），则

$$N = \frac{(k + \Delta k)(U_x + \Delta U)}{U_s + \Delta U_s} \approx \frac{k U_x}{U_s} \left(1 + \frac{\Delta k}{k} - \frac{\Delta U_s}{U_s} + \frac{\Delta U}{U_x} \right) \tag{5.1.43}$$

式 (5.1.43) 中 N 取整后，得

$$\begin{aligned} N &= \frac{k U_x}{U_s} \left(1 + \frac{\Delta k}{k} - \frac{\Delta U_s}{U_s} + \frac{\Delta U}{U_x} \right) \pm 1 \\ &= \frac{k U_x}{U_s} \left(1 + \frac{\Delta k}{k} - \frac{\Delta U_s}{U_s} \right) + \left(\frac{k \Delta U}{U_s} \pm 1 \right) \end{aligned} \tag{5.1.44}$$

比较式 (5.1.44) 与式 (5.1.42)，可得 DVM 的绝对误差和相对误差分别为

$$\Delta N = \frac{k U_x}{U_s} \left(\frac{\Delta k}{k} - \frac{\Delta U_s}{U_s} + \frac{\Delta U}{U_x} \pm \frac{U_s}{k U_x} \right) \tag{5.1.45}$$

和

$$\frac{\Delta N}{N} = \frac{\Delta k}{k} - \frac{\Delta U_s}{U_s} + \frac{\Delta U}{U_x} \pm \frac{U_s}{kU_x}$$

$$= \left(\frac{\Delta k}{k} - \frac{\Delta U_s}{U_s}\right) + \frac{kU \pm U_s}{kU_{\mathrm{m}}} \cdot \frac{U_{\mathrm{m}}}{U_x} \tag{5.1.46}$$

$$= \alpha\% + \beta\%\frac{U_{\mathrm{m}}}{U_x}$$

式中，U_x 为被测电压；U_{m} 为满量程电压；α、β 分别为式 (5.1.32) 中误差的相对项系数和绝对项系数。式 (5.1.46) 表示 DVM 的读数误差和满度误差的构成。

图 5.1.17 中粗线表示 DVM 存在读数误差和满度误差时的实际转换特性曲线。需要指出，图中转换误差影响下的特性未考虑非线性误差部分，在非线性误差影响下，实际转换特性为弯曲的曲线。

2）附加误差

除固有误差外，DVM 的输入阻抗、输入零电流及温度漂移等也将引入测量误差，称为 DVM 附加误差。图 5.1.18 为 DVM 的等效输入电路。

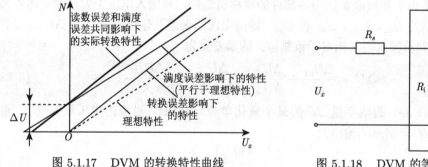

图 5.1.17　DVM 的转换特性曲线　　　　图 5.1.18　DVM 的等效输入电路

图 5.1.18 中，R_s 为输入电压 U_x 的等效信号源内阻，R_{i} 和 I_0 分别为 DVM 的等效输入电阻和输入零电流。由 R_{i} 和 I_0 引入的附加误差分别为

$$\gamma_{R_{\mathrm{i}}} = \frac{\Delta U_x}{U_x} = \frac{U_{HL} - U_x}{U_x} = \frac{\dfrac{R_{\mathrm{i}}}{R_s + R_{\mathrm{i}}}U_x - U_x}{U_x} = -\frac{R_s}{R_s + R_{\mathrm{i}}} \approx -\frac{R_s}{R_{\mathrm{i}}} \tag{5.1.47}$$

和

$$\gamma_{I_0} = \frac{\Delta U_x}{U_x} = \frac{U_{HL} - U_x}{U_x} = \frac{(I_0 R_s + U_x) - U_x}{U_x} = \frac{I_0 R_s}{U_x} \tag{5.1.48}$$

典型 DVM 的输入放大器的输入电阻为 1000MΩ，当接入分压器时，输入电阻为 10MΩ，输入零电流约为 0.5nA。DVM 的附加误差还包括由环境温度变化引起的误差，一般指固有误差随温度的变化，表示为 $\alpha\%U_x + \beta\%U_{\mathrm{m}}$，或者用温度系数（百万分之一）表示。因此，在计算 DVM 的总误差时，应将 DVM 的固有误差、各项附加误差进行合成。

例5.4 一台 $3\frac{1}{2}$ 位的 DVM 说明书给出的精度为 $\pm 0.1\% + 1$，如用该 DVM 的 0~20V 直流的基本量程分别测量 5.00V 和 15.00V 的电源电压，试计算 DVM 测量的固有误差。

解： 首先，计算出"1 字"对应的满度误差。

在 0~20V 量程上，$3\frac{1}{2}$ 位的 DVM 对应的刻度系数为 0.01V/字，因而满度误差"1 字"相当于 0.01V。

当 $U_x = 5.00$V 时，固有误差为

$$\Delta U_x = \pm(0.1\% \times 5.00\text{V} + 0.01\text{V}) = \pm 0.015\text{V} \tag{5.1.49}$$

相对误差为

$$\gamma = \frac{\Delta U_x}{U_x} \times 100\% = \frac{\pm 0.015}{5.00} \times 100\% = \pm 0.3\% \tag{5.1.50}$$

当 $U_x = 15.00$V 时，固有误差为

$$\Delta U_x = \pm(0.1\% \times 15.00\text{V} + 0.01\text{V}) = \pm 0.025\text{V} \tag{5.1.51}$$

相对误差为

$$\gamma = \frac{\Delta U_x}{U_x} \times 100\% = \frac{\pm 0.025}{15.00} \times 100\% = \pm 0.17\% \tag{5.1.52}$$

由上面的计算可见，被测电压越接近满度电压，测量的（相对）误差越小，这也是在使用 DVM 时应注意的。

例5.5 一台 DVM，其等效输入电阻 $R_\text{i} = 1000\text{M}\Omega$，输入零电流 $I_0 = 1\text{nA}$，被测信号源等效内阻 $R_s = 2\text{k}\Omega$，分别测量 $U_x = 2\text{V}$ 和 $U_x = 0.2\text{V}$ 两个电压，试计算由 R_i 和 I_0 引入的附加误差极限值。

解： 为计算由 R_i 和 I_0 引入的附加误差极限值，可将分别由 R_i 和 I_0 引入的附加误差进行代数和合成，于是，由式 (5.1.47) 和式 (5.1.48) 可得

$$\gamma = \pm\left(|\gamma_{R_\text{i}}| + |\gamma_{I_0}|\right) = \pm\left(\frac{1}{R_\text{i}} + \frac{I_0}{U_x}\right)R_s \tag{5.1.53}$$

将 $R_\text{i} = 1000\text{M}\Omega$，$I_0 = 1\text{nA}$，$R_s = 2\text{k}\Omega$ 代入式 (5.153)。

当 $U_x = 2$V 时，

$$\gamma = \pm\left(\frac{1}{1000 \times 10^6} + \frac{1 \times 10^{-9}}{2}\right) \times 2 \times 10^3 = \pm 3 \times 10^{-6} \tag{5.1.54}$$

当 $U_x = 0.2$V 时，

$$\gamma = \pm\left(\frac{1}{1000 \times 10^6} + \frac{1 \times 10^{-9}}{0.2}\right) \times 2 \times 10^3 = \pm 1.2 \times 10^{-5} \tag{5.1.55}$$

从上面的计算可以看出，当测量小电压时，I_0 的影响较大。

5.2 阻 抗 测 量

阻抗测量的
前沿应用

阻抗测量一般是指电阻、电容、电感及相关的 Q 值、损耗角、电导等参数的测量。其中，电阻引起电路中能量的损耗，电容和电感则分别引起电场能量和磁场能量的存储。阻抗测量的方法主要有两类：模拟测量法和数字测量法。

5.2.1 集总参数元件特征表征

阻抗是评测电子元器件和电路系统的一个最基本的参数。阻抗表示对流经器件或电路电流的总抵抗能力。对于一个单口或双口网络，阻抗定义为加在端口上的电压 $\dot{U}$ 和流进端口的同频电流 $\dot{I}$ 之比，如图 5.2.1 所示，阻抗 $\dot{Z}$ 可表示为 $Z = \dfrac{\dot{U}}{\dot{I}}$。

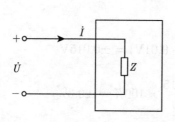 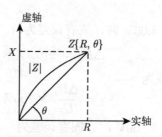

图 5.2.1   阻抗定义示意图及阻抗参数关系图

阻抗的概念不仅适用于单口或双口网络，还可推广至多口或多端网络。在集总参数系统中，电阻、电容及电感是根据其内部发生的电磁现象给出的理论定义。在一般的工程应用中，要严格分析这些元件内的电磁场十分困难，为了简便，往往把这些参数看作常量。实际上，阻抗元件不会以纯电阻、纯电容或者纯电感特性出现，而是这些阻抗成分的组合。测量的具体条件改变可能会引起被测阻抗特性的改变。例如，过大的电流使阻抗元件表现出非线性，不同的温度、湿度乃至不同的激励频率都会影响阻抗值，甚至同一元件表现的阻抗性质也可能相反。测量环境的变化也会造成同一元件测量结果的差异。

在直流情况下，线性二端器件的电阻，由欧姆定律来定义。在交流情况下，电压和电流的比值是复数。一个阻抗矢量包括实部（电阻 R）和虚部（电抗 X）。阻抗在直角坐标系中用 $R + \mathrm{j}X$ 的形式表示，或在极坐标系中用幅度 $|Z|$ 和相角 θ 表示，见图 5.2.1，即

$$Z = \frac{\dot{U}}{\dot{I}} = R + \mathrm{j}X = |Z|\,\mathrm{e}^{\mathrm{j}\theta} = |Z|\,(\cos\theta + \mathrm{j}\sin\theta) \tag{5.2.1}$$

阻抗两种坐标形式的转换关系为

$$\begin{cases} |Z| = \sqrt{R^2 + X^2} \\ \theta = \arctan \dfrac{X}{R} \end{cases} \tag{5.2.2}$$

和

$$\begin{cases} R = |Z|\cos\theta \\ X = |Z|\sin\theta \end{cases} \tag{5.2.3}$$

导纳 Y 是阻抗 Z 的倒数，即

$$Y = \frac{1}{Z} = \frac{1}{R + \mathrm{j}X} = \frac{R}{R^2 + X^2} + \mathrm{j}\frac{-X}{R^2 + X^2} = G + \mathrm{j}B \tag{5.2.4}$$

式中，G 和 B 分别是导纳 Y 的电导分量和电纳分量。导纳的极坐标形式为

$$Y = G + \mathrm{j}B = |Y|\,\mathrm{e}^{\mathrm{j}\phi} \tag{5.2.5}$$

式中，$|Y|$ 和 ϕ 分别是导纳幅度和导纳角。

实际的元件，如电阻器、电容器和电感器都是非理想的，都存在寄生电容、寄生电感和损耗。表 5.2.1 分别给出了电阻器、电容器和电感器在考虑各种因素时的等效电路模型。其中，R_0、R_0'、L_0 和 C_0 均表示等效分布参量。

表 5.2.1　电阻器、电容器、电感器等效电路模型

元件类型	组成	等效电路模型	等效阻抗
电阻器	理想电阻		$Z=R$
	考虑引线电感		$Z=R+\mathrm{j}\omega L_0$
	考虑引线电感和分布电容		$Z=\dfrac{R+\mathrm{j}\omega L_0\left[1-\frac{C_0}{L_0}\left(R^2+\omega^2 L_0^2\right)\right]}{(1-\omega^2 L_0 C_0)^2+\omega^2 C_0^2 R^2}$
电容器	理想电容		$Z=\dfrac{1}{\mathrm{j}\omega C}$
	考虑泄漏、介质损耗等		$Z=\dfrac{R_0}{1+\omega^2 C^2 R_0^2}-\mathrm{j}\dfrac{\omega C R_0^2}{1+\omega^2 C^2 R_0^2}$
	考虑泄漏、引线电阻和电感		$Z=\left(R_0'+\dfrac{R_0}{1+\omega^2 C^2 R_0^2}\right)+\mathrm{j}\left(\omega L_0-\dfrac{\omega C R_0^2}{1+\omega^2 C^2 R_0^2}\right)$
电感器	理想电感		$Z=\mathrm{j}\omega L$
	考虑导线损耗		$Z=R_0+\mathrm{j}\omega L$
	考虑导线损耗和分布电容		$Z=\dfrac{R_0+\mathrm{j}\omega L\left[1-\frac{C_0}{L}\left(R_0^2+\omega^2 L^2\right)\right]}{(1-\omega^2 L C_0)^2+\omega^2 C_0^2 R_0^2}$

实际上，电阻器、电容器和电感器都随所加的电流、电压、频率、温度等因素而变化，只有在某些特定条件下，才被看成理想元件。例如，实际的电阻器，在高频情况下，既要考虑其引线电感，又必须考虑其分布电容。在测量阻抗时，必须使得测量条件尽可能与实际工作条件接近，否则将会有较大的误差，甚至得到错误的结果。

理解元件的理论值、真实值和指示值对于元件测量是很重要的。理论值是排除了寄生参数缺陷的元件（电阻器、电容器或电感器）量值。在许多情况下，理论值由元件所含物理成分的数学关系确定，是理想值。真实值考虑了元件寄生参数的影响，是实验者需要知道的量值，和频率相关。指示值是测量仪器获取和显示的量值，它反映出仪器的固有损耗和不精确性。与理论值或真实值相比，指示值总存在误差，甚至每次测量中均会有所不同，其差异取决于多种影响因素。在确定的一组测量条件下，可通过指示值与真实值的符合程度判定测量的质量，测量的目标就是使指示值尽可能地接近真实值。

5.2.2　元件的影响因素

元件阻抗的测量值与多种测量条件有关，如测量信号频率、电平等。对于采用不同材料和制作工艺的元件，各种因素的影响程度也各不相同。以下是对影响测量结果的一些典型因素的介绍。

（1）频率：寄生参数的存在使频率对所有实际元件都有影响。当主要元件的阻抗值不同时，主要的寄生参数也会有所不同。

（2）测量信号电平：对于某些元件，施加的测量信号（AC）可能会影响测试结果。例如，测量信号电压对陶瓷电容器的影响，这一影响随陶瓷电容材料的介电常数而变化。铁心电感器与测量信号的电流有关。

（3）直流偏置：对于二极管和晶体管这样的半导体元件，直流偏置的影响是普遍存在的。一些无源元件也存在直流偏置影响量。所施加的直流偏置对高 K 值型介电陶瓷电容器的电容有很显著的影响。对于铁心电感器，电感量的变化由流过铁心的直流偏置电流确定。这是由铁心材料的磁通饱和特性确定的。

（4）温度：大多数元件都存在温度影响因素。对于电阻器、电容器和电感器，温度系数是一项重要的技术指标。

（5）其他影响因素：其他物理和电气环境，如湿度、磁场、光、大气条件、振动和时间都会改变阻抗值。例如，高 K 值型介电陶瓷电容器的电容会随着时间而降低。

5.2.3　测量连接方式

所有阻抗测量都涉及连接头的问题，常用的连接方法如表 5.2.2 所示。

（1）两端接线柱式（或香蕉插头）：适用于 Q 表等低准确度谐振式阻抗仪器，此种连接将引入各种不确定的残余阻抗量影响。引线电感、引线电阻以及两条引线间的杂散电容都会叠加到测量结果中，如表 5.2.2 中的示意图所示。

（2）有极性的同轴的连接头：如 N 型、BNC 型接头，可大大减少分布参量影响，因而被不少高频阻抗仪器所采用。

（3）中性精密同轴连接头：具有限定的参考平面，机械和热的稳定性，良好的屏蔽及连接重复性，是高频高准确度阻抗校准和检定工作中最适宜的连接头。

（4）三端连接头：用同轴电缆减小杂散电容及对地分布电容的影响，也可称为带屏蔽的二端连接头。如果像表 5.2.2 中有屏蔽的示意图那样连接，对测量精度略有改进；主要用于较低频率下导纳测量和量值传递工作中。

（5）四端连接头：信号电流激励通路与电压检测电缆是彼此独立的，可减小引线阻抗

表 5.2.2　阻抗测量的连接图、示意图及阻抗测量范围

	连接图	示意图	有屏蔽的示意图	测量阻抗范围
二端	H_c H_p L_p L_c DUT	R_0 L_0 C_0 DUT（$\sim$ V A R_0 L_0）		100Ω $\sim$ $10k\Omega$
三端	H_c H_p L_p L_c DUT	R_0 L_0 C_0 DUT（$\sim$ V A R_0 L_0）	R_0 L_0 DUT（$\sim$ V A R_0 L_0）具有屏蔽的两端连接头	100Ω $\sim$ $100M\Omega$
四端	H_c H_p L_p L_c DUT	DUT（$\sim$ V A）		$10m\Omega$ $\sim$ $10k\Omega$
五端	H_c H_p L_p L_c DUT	DUT（$\sim$ V A）	DUT（$\sim$ V A）具有屏蔽的四端连接头	$10m\Omega$ $\sim$ $100M\Omega$
四端对	H_c H_p L_p L_c DUT	DUT（$\sim$ V A）		$1m\Omega$ $\sim$ $100M\Omega$

注：H_c－ 电流高端，L_c－ 电流低端，H_p－ 电位高端，L_p－ 电位低端。

的影响。通常可测低到 $10m\Omega$ 的小阻抗；当被测件（Device Under Test，DUT）的阻抗低于 1Ω 时，将有较大电流通过电流通路，与电压检测电缆的互感耦合产生误差。

（6）五端连接头：具有四条同轴电缆，四条同轴电缆的外导体均接到保护端，是三端

和四端连接头的组合，具有 $10m\Omega \sim 100M\Omega$ 的宽测量范围，但互感问题依然存在。如果外导体如表 5.2.2 中的有屏蔽的示意图那样连接，能稍微改进小阻抗的测量精度。

（7）四端对连接头：用同轴电缆把电压检测电缆与信号电流通路相隔离，返回电流通过同轴电缆的外导体，使外导体（屏蔽）抵消了内导体所产生的磁通，可有效消除引线间互感影响及消除接触电阻等分布误差，测量范围低至 1Ω 以下。四端对连接适用于宽量程范围的阻抗测量，在矢量阻抗测量仪器中广泛采用；但实际的阻抗测量范围不仅取决于测量仪器，而且也要求四端对连接头与 DUT 正确连接。

上述连接方法各有优缺点，必须根据 DUT 的阻抗大小及测量精度要求选择最适合的连接方法。在使用四端或五端连接头时，必须提供足够的测试电流。此外，为进行精确的测量，应正确进行开路/短路补偿，特别是对于施加直流偏置电压的电解电容器，应在考虑直流偏置的情况下进行开路/短路补偿。

有时使用不同仪器会得到不同的电感测量结果。其原因如下。

（1）测量信号电流：即使把两台不同的测量仪器设置为输出同样电压，如果它们的源阻抗不同，输出电流也将不同。

（2）测量夹具：当电感器近旁有金属物体时，电感器的泄漏磁通将在金属中产生涡流。不同测量夹具大小和形状不同，导致产生的涡流幅度也不同，从而影响测量结果。尤其是测量磁通开路的电感时，当使用高电平的测量信号时，磁心材料的非线性可能造成电流的谐波失真，导致无法获得在特定的频率范围的结果；为降低磁心材料非线性的影响，应控制测量信号电平的幅度。

5.2.4   主要测量方式

每种方法都有其各自的优缺点。首先必须考虑测量的要求和条件，然后选择最合适的方法，需要考虑的因素包括频率覆盖范围、测量量程、测量精度和操作的方便性。没有一种方法能包括所有的测量能力，因而在选择测量方法时需折中考虑。一般而言，阻抗测量仪器分为两种：一种是模拟阻抗测量仪器；另一种是数字阻抗测量仪器。表 5.2.3 列出了它们的频率覆盖范围和各自的优缺点。

表 5.2.3   常用的阻抗测量仪器分类与方法比较

类别	仪器分类	采用方法	优点	缺点	频率范围	一般应用
模拟阻抗测量仪器	万用电桥、惠斯通电桥等	电桥法	高精度，价格低。使用电桥组合可得宽频率范围	需要手动平衡	DC～300MHz	标准实验室
	Q 表	谐振法	可测很高的 Q 值	阻抗测量精度低	10kHz～70MHz	高 Q 值器件测量
	多用表	电压电流法	可测量接地器件，适于各类探头	频率范围受使用探头带宽限制	10kHz～100MHz	接地器件测量
数字阻抗测量仪器	射频阻抗分析仪	RF 电压电流法	适于高频下高精度宽阻抗测量	工作频率范围受限于探头带宽	1MHz～3GHz	射频元件测量
	LF 阻抗测量仪	自动平衡电桥法	宽频率范围、高精度	不适用更高频率范围	20Hz～110MHz	通用元件测量
	网络分析仪	网络分析法	高频率范围，阻抗匹配时高精度	改变测量频率需要重新校准，阻抗测量范围窄	300kHz～3GHz	射频元件测量

5.2.5 阻抗标准

1. 电阻标准

自 1980 年发现量子化霍尔效应以来，很多国家建立了量子化霍尔电阻标准。国际计量委员会建议从 1990 年 1 月 1 日起在世界范围内用量子化霍尔电阻标准代替原来的电阻实物标准，并给出了下面的国际推荐值：

$$R_k = \frac{h}{e^2} = 25812.807\Omega \tag{5.2.6}$$

式中，R_k 表示量子化霍尔电阻值；$\dfrac{h}{e^2}$ 称为 Klitzing 常数。

由于用量子化霍尔效应复现的 R_k 等于由普适常数确定的恒量 $\dfrac{h}{e^2}$。各国测量结果的一致性能达到 10^{-8} 量级甚至更高。量子化霍尔电阻原则上不随时间而变化，而用电阻实物标准组来复现和保存电阻单位时，会由于电阻线圈的阻值随时间变化而产生不确定性。

电阻计量标准器具分为一等和二等两个等级，用作标准电阻器的电阻材料必须具备以下条件：电阻值稳定，电阻的温度系数小（不确定度为 $\pm 10^{-5}\Omega/℃$），对铜的热电动势小（不大于为 $2\mu V$）。满足以上条件的材料中常用的有锰铜线（Cu: 84%, Mn: 12%, Ni: 4%）。标准电阻器用锰铜线绕制成无感线圈，参照图 5.2.2(a)，装入圆筒状的容器内。标准电阻值较低时，存在与引接线的接触电阻问题，因此把电压端子和电流端子独立设置。图 5.2.2(b) 所示的标准电阻器的不确定度为 $\pm 5 \times 10^{-5}$。

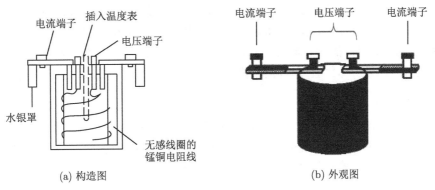

(a) 构造图　　　　　　　　　(b) 外观图

图 5.2.2　标准电阻器

电阻计量标准器具中，一等电阻标准包括 $10^{-3}\Omega$、$10^{-2}\Omega$、$10^{-1}\Omega$、1Ω、10Ω、$10^2\Omega$、$10^3\Omega$、$10^4\Omega$、$10^5\Omega$ 等 9 个标称值及一等电阻标准装置；二等电阻标准除上述 9 个标称值及电阻标准装置外，还有 $10^6\Omega$ 和 $10^7\Omega$ 及其相应装置。

一等电阻标准中，1Ω 的允许年变化为 1×10^{-6}，检定总不确定度为 0.5×10^{-6}；$10^{-1}\Omega$、10Ω、$10^2\Omega$、$10^3\Omega$、$10^4\Omega$ 的允许年变化为 3×10^{-6}，检定总不确定度为 1.5×10^{-6}；$10^{-3}\Omega$、$10^{-2}\Omega$、$10^5\Omega$ 的允许年变化为 6×10^{-6}，检定总不确定度为 3×10^{-6}。

二等电阻标准中，$10^{-1}\Omega$、1Ω、10Ω、$10^2\Omega$、$10^3\Omega$、$10^4\Omega$ 的允许年变化为 10×10^{-6}，检定总不确定度为 5×10^{-6}；$10^{-3}\Omega$、$10^{-2}\Omega$、$10^5\Omega$、$10^6\Omega$ 的允许年变化为 20×10^{-6}，检定总不确定度为 10×10^{-6}。

电阻工作计量器从 $10^{-4}\Omega$ 到 $10^8\Omega$ 按 10 倍分度有 13 个标称值。其中 1Ω 包括 0.00005 级、0.001 级、0.002 级、0.005 级、0.01 级、0.02 级、0.05 级、0.1 级、0.2 级 9 个准确度等级；$10^{-1}\Omega$、10Ω、$10^2\Omega$、$10^3\Omega$、$10^4\Omega$ 包括除 0.00005 级外的 8 个等级；而 $10^{-4}\Omega$、$10^{-3}\Omega$、$10^{-2}\Omega$、$10^5\Omega$、$10^6\Omega$、$10^7\Omega$、$10^8\Omega$ 包括 0.00005 和 0.001 级外的 7 个等级。

2. 电容标准

标准电容器的电介质必须满足以下条件：频率和温度的变化不引起电容量变化，介电损耗小，绝缘良好、耐反压高。满足以上条件的有空气电容器和云母电容器。图 5.2.3(a) 展示了无损耗型空气电容器的结构，图 5.2.3(b) 为其外观图。

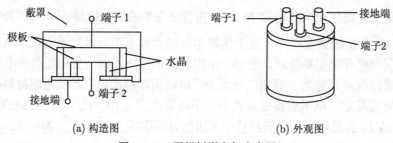

(a) 构造图　　　　　　　　　　　　　　　　(b) 外观图

图 5.2.3　无损耗型空气电容器

标准电容器分为三等。一等和二等标准电容量具采用标称值分别为 1pF、10pF、100pF 和 1000pF 的标准电容器，主要差别在不确定度和年稳定度。三等标准电容量具采用标称值为 10^{-4}pF~1F 的标准电容器。三等标准电容量具分成 0.01 级、0.02 级、0.05 级、0.1 级、0.2 级、0.5 级和 1.0 级，对应的级别指数 a 为 0.01、0.02、0.05、0.1、0.2、0.5、1.0。标称值为 10^{-4}pF ~ 1F 的电容器在 1000Hz 时定级，大于 1μF 的在 100Hz 时定级。在定级频率下使用时，可用标称值或实际值；在非定级频率下使用时，须用该频率下的实际值。

3. 电感标准

对于标准电感器，要求作为单位量的电感值不随电流和频率的大小而改变。标准电感器用大理石或木质框架把铜线绕成线圈状。实际标准电感器中，除电感 L 以外还存在线圈电阻和杂散电容，其结构和等效电路图如图 5.2.4 所示。

(a) 构造(剖面图)　　　　　　　　　　　　　　(b) 等效电路

图 5.2.4　标准电感器

采用标称值为 1μH ~ 10000H 的标准电感器作为标准电感量具。标准电感量具分成 0.01 级、0.02 级、0.05 级、0.1 级、0.2 级、0.5 级和 1.0 级，对应的级别指数 a 为 0.01、0.02、0.05、0.1、0.2、0.5、1.0，对应的最大允许误差 δ 和年稳定度 γ 为 a%。1μH ~ 1H

的标准电感量具在 1000Hz 时定级，大于 1H 的，在 100Hz 时定级。在非定级频率下使用标准电感量具时，必须用它的实际电感值。用替代法检定标准电感量具时，标准与被检的电感值的不确定度之比为 1:3。用直接测量法检定标准电感量具时，检定设备与被检之间的不确定度之比为 1:3。在频率为 $20 \sim 10^5$ Hz 时，用标准电感量具检定标准电感量具、标准电感电桥、测量电感器、电感箱和电感电桥。

5.2.6 阻抗的模拟式测量

1. 电压电流法

电压电流法又叫伏安法，根据欧姆定律，可测量未知阻抗上的交流电压值 $\dot{U}$ 和流过它的电流值 $\dot{I}$ 计算出被测阻抗值：

$$Z_x = \frac{\dot{U}}{\dot{I}} = R + \mathrm{j}X = |Z|\,\mathrm{e}^{\mathrm{j}\theta} \tag{5.2.7}$$

被测器件的导纳为

$$Y = \frac{1}{Z_x} = G + \mathrm{j}B = |Y|\,\mathrm{e}^{\mathrm{j}\phi} \tag{5.2.8}$$

电流通过它所流经的低阻值标准电阻器 R_s 上的电压计算，如图 5.2.5 所示。

射频电压电流法与低频电压电流法的原理相同。在频率较高的射频段用阻抗匹配测量电路（50Ω）和精密同轴测量端口连接。有两种连接电压表和电流表的方法，可分别实现低阻抗和高阻抗的测量。如图 5.2.6 所示，被测件（DUT）的阻抗由电压和电流的测量值求出。流过 DUT 的电流由已知的小电阻 R 上的电压计算得到。在实际中用低损耗变压器代替小阻值的电阻，可避免小阻值电阻对电路的附加误差，但该变压器也限制了该方法在低频率时的性能。

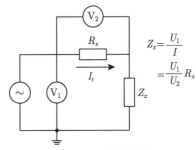

图 5.2.5 电压电流法

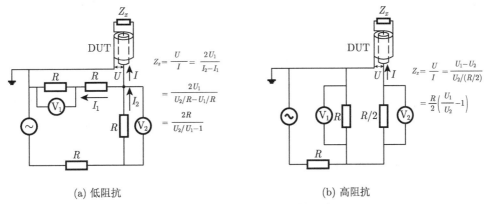

(a) 低阻抗   (b) 高阻抗

图 5.2.6 低阻抗和高阻抗的测量

2. 电桥法

电桥法又叫指零法，以电桥平衡原理为基础，能在很大程度上消除或削弱系统误差的影响，精度高达 10^{-4}。电桥法历史悠久，但交流电桥需要对幅值与相位两个参量进行反复平衡调节，调平衡步骤烦琐，且其中的精密元器件精度要求较高。

1）基本原理

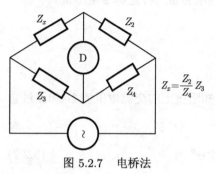

图 5.2.7　电桥法

当流过检测器（D）的电桥平衡电流为零时，被测阻抗 Z_x 可从与其他电桥元件的关系获得。如图 5.2.7 所示，电桥电路用各种类型的电感、电容和电阻元件组合成电桥，可适用不同的阻抗测量。

电桥的平衡条件：电桥电路如表 5.2.4 第一行、第一列所示，它由 Z_x、Z_2、Z_3 和 Z_4 四个桥臂组成，G 为信号源，D 为检流计。桥臂接入被测电阻（或电感、电容），调节桥臂中的可调元件使检流计指示为零，电桥处于平衡状态。此时有

$$Z_x Z_4 = Z_2 Z_3 \tag{5.2.9}$$

式 (5.2.9) 即为电桥平衡条件，即一对相对桥臂阻抗的乘积必须等于另一对相对桥臂阻抗的乘积。若用指数形式表示阻抗，可得

$$|Z_x|\,\mathrm{e}^{\mathrm{j}\theta_x}\,|Z_4|\,\mathrm{e}^{\mathrm{j}\theta_4} = |Z_2|\,\mathrm{e}^{\mathrm{j}\theta_2}\,|Z_3|\,\mathrm{e}^{\mathrm{j}\theta_3} \tag{5.2.10}$$

根据复数相等的定义，式 (5.2.10) 必须同时满足：

$$\begin{cases} |Z_x|\,|Z_4| = |Z_2|\,|Z_3| \\ \theta_x + \theta_4 = \theta_2 + \theta_3 \end{cases} \tag{5.2.11}$$

式 (5.2.11) 表明，电桥平衡必须同时满足两个条件：相对臂的阻抗模乘积必须相等（模平衡条件），且相对臂的阻抗角之和必须相等（相位平衡条件）。因此，在交流情况下，必须调节两个或两个以上的元件才能将电桥调节到平衡。同时，电桥四个臂的元件性质要适当选择才能满足平衡条件。

在实用电桥中，为调节方便，常有两个桥臂采用纯电阻。由式 (5.2.9) 可知，若相邻两臂（如 Z_x 和 Z_3）为纯电阻，则另外两臂的阻抗性质必须相同（即同为容性或感性），若相对两臂（如 Z_x 和 Z_4）采用纯电阻，则另外两臂必须一个是电感性阻抗，另一个是电容性阻抗。若是直流电桥，由于各桥臂均由纯电阻构成，不需要考虑相位问题。

2）交流四臂电桥

图 5.2.8 标示精密万用电桥的基本组成，包括测量信号源、测量桥路、平衡指示电路、平衡调节机构、显示电路和电源等。

激励桥路的测量信号源有两种：当测量电感和电容时，可用 1kHz 振荡器，当测量电阻时，用整流后的直流电压。平衡指示电路由高输入阻抗的低噪声输入放大级、选频放大级和输出检波级组成，具有较高的灵敏度和抗干扰能力。平衡调节机构是电桥结构的最关键的装置，是一套经过精心设计的特殊结构装置，有较高的制作工艺要求。当测量电阻时，

表 5.2.4　常用电桥

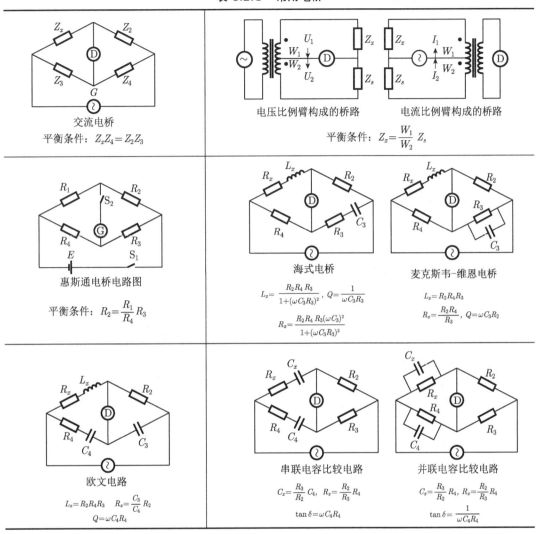

桥路接成惠斯通电桥。当测量电容时，桥路接成电容比较电桥。当测量电感时，桥路接成麦克斯韦-维恩电桥或者海氏电桥。

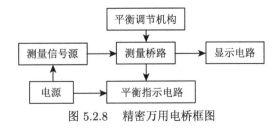

图 5.2.8　精密万用电桥框图

3）变压器耦合臂电桥

除四臂电桥以外，耦合比例臂电桥也获得了广泛的应用。变压器耦合比例臂实际上就是由绕在铁心上的绕组所构成的电压比例臂或电流比例臂。这类电桥具有高准确度、高稳定性及很强的抗干扰性能。

变压器耦合比例臂电桥的原理如表 5.2.4 的第一行、第二列所示。它们分别为电压比例臂构成的桥路和电流比例臂构成的桥路。电压比例臂是使各绕组的端电压严格与匝数成正比，而电流比例臂是使各绕组中流过的电流严格与匝数成反比，平衡条件均为

$$Z_x = \frac{W_1}{W_2} \times Z_s \tag{5.2.12}$$

由于变压器两个绕组的匝数比 $\dfrac{W_1}{W_2}$ 为实数，因此标准臂参数必须与被测参数性质相同，即同为电阻、电容或电感。

4）电桥法测量集总参数元件的误差

（1）标准元件值的误差：当标准元件值不准确时会直接影响测量误差，误差的大小决定于电路的形式和元件的准确度。

（2）电桥指示器的误差：电桥指示器通常用模拟式指示器。当指示器灵敏度较低时，难于判断最小值的准确位置，产生指示误差。当信号源中含有较高次谐波电压时，电桥只对基波平衡，对其他谐波信号并不平衡，指示器只能调节到某一最小值，影响平衡位置的判断。

（3）屏蔽不良引起误差：寄生耦合和外界电磁场的干扰也会引起误差。

3. 谐振法测量元件参数

谐振法是利用调谐回路的谐振特性而建立的阻抗测量方法。测量精度虽然不如交流电桥法高，但测量线路简单方便，在技术上的困难要比高频电桥小。再加上高频电路元件大多被调谐回路元件使用，也适于用谐振法进行高频电路参数（如电容、电感、品质因数、有效阻抗等）测量。

谐振法测量原理图如图 5.2.9 所示，它由振荡源、已知元件、被测元件组成的谐振回路和谐振指示器组成。当回路达到谐振时，有

$$\omega = \omega_0 = \frac{1}{\sqrt{LC}} \tag{5.2.13}$$

且回路总阻抗为零，即

$$X = \omega_0 L - \frac{1}{\omega_0 C} = 0 \tag{5.2.14}$$

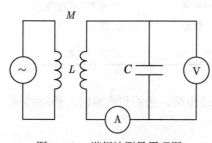

图 5.2.9　谐振法测量原理图

测量回路与振荡源之间采用弱耦合，可使振荡源对测量回路的影响小到可忽略不计。谐振指示器一般用电压表并联在回路上，或用热偶式电流表串联在回路中。它们的内阻对回路的影响应尽量小。将回路调至谐振状态，根据已知的回路关系式和已知元件的数值，求出未知元件的参量。

谐振原理测电容和电感的方法如下。

1）直接测量

利用式 (5.2.13)，根据测得的回路谐振频率 ω_0（MHz）和已知的标准电感值 L（μH），可求得电容 C。同理根据谐振频率 ω_0（MHz）和已知的标准电容值 C（pF），可求得电感

L。值得注意的是，此法求得的 L 未考虑引线电感及回路电容的寄生电感（或统称仪器的残量）的影响，一般需加以修正，即应为 $L - L_\delta$，其中 L_δ 由仪器说明书给出。

2）替代法

（1）替代法测电容：在图 5.2.10(a) 中，选择适当电感 L（不必为标准电感），接入标准可变电容 C_s，调回路至谐振，然后接入被测电容 C_x。当 C_x 较小，即 $C_x < C_{s\,\max}$ 时，并联接入，再调 C_s，使回路再次谐振。设两次谐振时 C_s 读数为 C_{s_1} 和 C_{s_2}，则被测电容 C_x 为 $C_x = C_{s_1} - C_{s_2}$，当 C_x 较大时，C_x 应和 C_s 串联接入，利用同样的方法，则 C_x 为 $C_x = \dfrac{C_{s_1} C_{s_2}}{C_{s_2} - C_{s_1}}$。

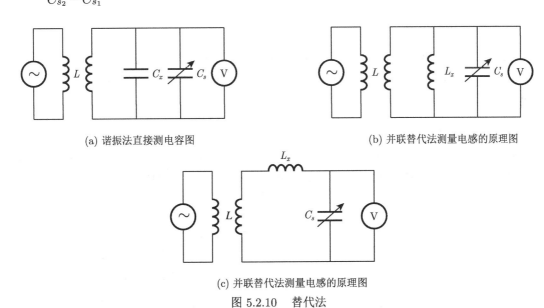

(a) 谐振法直接测电容图　　　　　　(b) 并联替代法测量电感的原理图

(c) 并联替代法测量电感的原理图

图 5.2.10　替代法

（2）替代法测电感：可以采用并联替代和串联替代两种方法。

并联替代法：用于测量较大的电感，测量原理如图 5.2.10(b) 所示。测量时，先不接 L_x，把 C_s 调至较小容量位置 C_{s_1}，使其回路谐振，则

$$\frac{1}{L} = 4\pi^2 f^2 C_{s_1} \tag{5.2.15}$$

然后接入 L_x 保持信号频率不变。调 C_s 至 C_{s_2} 使回路再次谐振，则

$$\frac{1}{L_x} + \frac{1}{L} = 4\pi^2 f^2 C_{s_2} \tag{5.2.16}$$

两式相减再取倒数得

$$L_x = \frac{1}{4\pi^2 f^2 \left(C_{s_2} - C_{s_1}\right)} \tag{5.2.17}$$

串联替代法：用于测量较小的电感，测量原理如图 5.2.10(c) 所示。测量时，先将 1、2 端短路，把 C_s 调至较大量位置 C_{s_1}。调信号源频率，使回路谐振，则

$$L = \frac{1}{4\pi^2 f^2 C_{s_1}} \tag{5.2.18}$$

然后去掉 1、2 端接短路线，接入 L_x（L 与 L_x 之间应无互感），保持信号源频率不变，再调 C_s 至较小量位置 C_{s_2} 使回路重新谐振，则

$$L_x + L = \frac{1}{4\pi^2 f^2 C_{s_2}} \tag{5.2.19}$$

以上两式相减，得

$$L_x = \frac{C_{s_1} - C_{s_2}}{4\pi^2 f^2 C_{s_1} C_{s_2}} \tag{5.2.20}$$

4. 自动平衡电桥法

如图 5.2.11(a) 所示，通过 DUT 的电流也通过电阻 R。L 点的电位保持为 0V（称为虚地）。电压电流转换放大器使 R 上的电流与 DUT 上的电流保持平衡。测量高端的电压，即可计算出 DUT 的阻抗值。

5. 网络分析法

网络分析法是通过测量输入信号与反射信号之比得到反射系数。用定向耦合器或电桥检测反射信号，即用网络分析仪提供激励并测量响应，如图 5.2.11(b) 所示。由于这种方法测量的是在被测件（DUT）上的反射，因此能用于较高的频率范围。

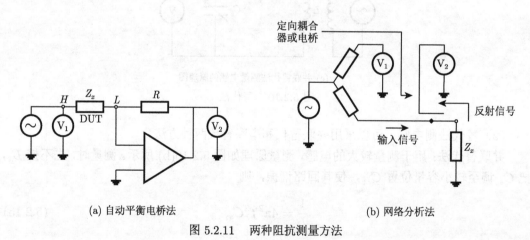

（a）自动平衡电桥法　　　　　　　　　　　（b）网络分析法

图 5.2.11　　两种阻抗测量方法

5.2.7　阻抗的数字式测量

数字化伏安法阻抗测量的主要原理如图 5.2.12 所示。加在未知阻抗上的交流电压由直接数字频率合成（DDS）技术产生，流经被测元件的电流经过电流/电压转换电路转换为电压，如图 5.2.13 所示，再通过 ADC 转换为数字量。通过数字解调方法得到所采集的离散正弦信号的幅值和相位，激励电压信号的幅值和相位可由一个已知的阻抗元件标定得到。当输入信号 $V_i = A\sin(\omega t)$ 时，经过待测元件 Z_x 和反馈电阻 R_f 后，输出电压为 $V_o = B\sin(\omega t + \varphi)$。根据欧姆定律，可知 $Z_x = \frac{B}{A}\mathrm{e}^{\mathrm{j}\varphi}$。通常激励信号的幅值 A 是给定的，

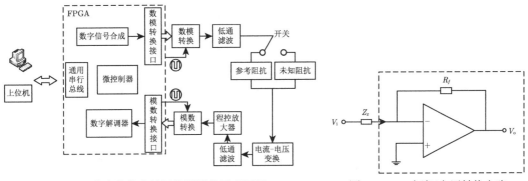

图 5.2.12　数字化伏安法阻抗测量的原理框图　　　　图 5.2.13　电流/电压转换电路

也就是已知的；为此，需要确定测量信号的幅值 B 和相位 φ。可利用如下正交解调的方法，即将输入（激励）信号和输出（测量）信号做乘法运算：

$$A\sin(\omega t) \cdot B\sin(\omega t + \varphi) = \frac{1}{2}AB\cos\varphi - \frac{1}{2}AB\cos(2\omega t + \varphi) \tag{5.2.21}$$

式 (5.2.21) 等号右端的第一项是一个直流信号，第二项是一个高频信号，而且是激励频率的 2 倍频。如果能通过低通滤波的方式滤掉第二项，而且 A 已知，可以得到一个测量值：

$$M_{\sin} = \frac{1}{2}AB\cos\varphi \tag{5.2.22}$$

类似地，如果再构造一个 $\cos(\omega t)$ 的信号，具体构造时可以在物理上生成一个这样的信号，也可以用数字序列的方式"虚拟"生成。再将该信号和输出信号相乘，得

$$A\cos(\omega t) \cdot B\sin(\omega t + \varphi) = \frac{1}{2}AB\sin\varphi + \frac{1}{2}AB\sin(2\omega t + \varphi) \tag{5.2.23}$$

式 (5.2.23) 等号右端的第一项也是一个直流信号，第二项是一个高频信号，而且是激励频率的 2 倍频。如果能通过低通滤波的方式滤掉第二项，而且 A 已知，可得另一个测量值：

$$M_{\cos} = \frac{1}{2}AB\sin\varphi \tag{5.2.24}$$

联立式 (5.2.22) 和式 (5.2.24) 即可确定 B 和 φ 的值，从而确定待测元件 Z_x。

1. 直接数字频率合成

在基于交流法的阻抗测量电路中，对测量信号进行数字解调时通常需要同相和正交的参考信号，而相关的数字信号处理都在 FPGA 内部进行。FPGA 内部有实现 DDS 信号发生器所需要的硬件资源，即查找表、累加器以及充足的寄存器资源。利用 DDS 技术还可同步产生数字乘法解调时所需要的同相和正交参考信号，即 $\sin(\omega t)$ 和 $\cos(\omega t)$。在同时需要正弦信号发生和解调的阻抗测量应用中，采用基于 DDS 技术的正弦信号发生方式显得更加合理。DDS 技术的基本工作原理框图如图 5.2.14 所示，主要包括相位寄存器、相位全加器、DAC 和低通滤波器，相位寄存器和相位全加器构成相位累加器。DDS 直接对参考时钟进行抽样、数字化，在不同的相位给出不同的电压幅度，最后经滤波平滑输出正弦信号。

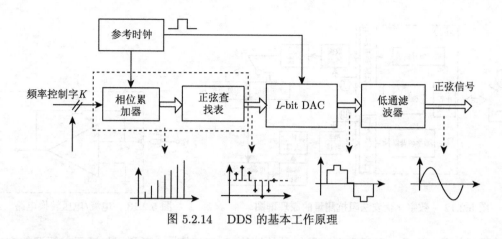

图 5.2.14　DDS 的基本工作原理

2. 数字乘法解调

相敏解调（Phase-Sensitive Demodulation，PSD）是获取交流信号幅值和相位的最常见、效果最好的方式之一。目前，应用最广泛的相敏解调以乘法解调（Multiplication Demodulation）为主。该方法实现过程中，首先用与测量信号同频、同相的正弦参考信号与测量信号相乘，得到一个直流信号和一个二倍于测量信号频率的交流信号之和，再利用低通滤波器滤掉交流成分，即得到代表测量信号幅值的直流信号。根据相敏解调实现时所采用器件和处理方法的不同，可分为模拟式和数字式相敏解调两种形式。

数字式相敏解调利用高速 ADC 直接对调理后的测量信号进行采样，之后利用先进的数字信号处理方法在数字器件中实现信号的解调。在各种数字解调方法中，数字乘法解调以其简单的结构、明确的物理意义和效果良好等优点，一直以来被广为采用。下面简要介绍一下数字乘法解调的工作原理。假设采样率为 f_s 的高速 ADC 对正弦交流测量信号进行采样，得到的数字化的测量信号表达式为

$$y(k) = A_1 \sin\left(2\pi k \frac{f}{f_s} + \varphi\right) \tag{5.2.25}$$

其中，k 表示一个采样周期内采样点的序号；$y(k)$ 表示第 k 个采样点的值；A_1 是数字化测量信号的幅值。为了表示方便，令

$$F = 2\pi \frac{f}{f_s} \tag{5.2.26}$$

则式 (5.2.25) 可简化为

$$y(k) = A_1 \sin(kF + \varphi) \tag{5.2.27}$$

同理，被采样后，解调过程中所需的同相和正交参考信号的表达式为

$$\begin{cases} r_i(k) = \sin(kF) \\ r_q(k) = \cos(kF) \end{cases} \tag{5.2.28}$$

与模拟乘法解调类似，将数字化的同相和正交参考信号分别与数字化测量信号相乘，即

可得到两个相互正交的乘积信号：

$$\begin{cases} p_i(k) = \sin(kF) \cdot A_1 \sin(kF + \varphi) = \dfrac{A_1}{2}\left[\cos\varphi - \cos\left(2kF + \varphi\right)\right] \\ p_q(k) = \cos(kF) \cdot A_1 \sin(kF + \varphi) = \dfrac{A_1}{2}\left[\sin\varphi + \sin\left(2kF + \varphi\right)\right] \end{cases} \tag{5.2.29}$$

此时，需要分别对同相和正交参考信号在一个完整信号周期内求和，利用正弦信号的正交特性（在整数个信号周期内积分为 0）消除二倍频交流分量。因为 ADC 的采样速率较高，每个信号周期内存在足够多的采样点数，满足：

$$\begin{cases} \displaystyle\sum_{k=1}^{N} \cos\left(2kF + \varphi\right) = 0 \\ \displaystyle\sum_{k=1}^{N} \sin\left(2kF + \varphi\right) = 0 \end{cases} \tag{5.2.30}$$

这里每个原始信号周期内都包含两个二倍频信号周期，所以若不考虑抗噪声能力，在半个原始信号周期内对乘积信号进行累加也可使式 (5.2.30) 成立，其中 N 为一个完整信号周期内采样点的总个数。因此，按整周期累加后，两路乘积信号变成：

$$\begin{cases} P_i(k) = \displaystyle\sum_{k=1}^{N} \dfrac{A_1}{2}\left[\cos\varphi - \cos\left(2kF + \varphi\right)\right] = \dfrac{NA_1}{2}\cos\varphi \\ P_q(k) = \displaystyle\sum_{k=1}^{N} \dfrac{A_1}{2}\left[\sin\varphi + \sin\left(2kF + \varphi\right)\right] = \dfrac{NA_1}{2}\sin\varphi \end{cases} \tag{5.2.31}$$

数字化测量信号的幅值和相位可表示为

$$\begin{cases} A_1 = \dfrac{1}{N}\sqrt{P_i{}^2(k) + P_q{}^2(k)} \\ \varphi = \arctan \dfrac{P_i(k)}{P_q(k)} \end{cases} \tag{5.2.32}$$

近年来，随着阻抗测量技术的不断发展，结合先进的计算技术，出现了一大批基于阻抗测量的成像技术，受到学术及工业界的广泛关注，其中主要的有电阻层析成像（Electrical Resistance Tomography，ERT）、电容层析成像（Electrical Capacitance Tomography，ECT）以及电磁层析成像（Electromagnetic Tomography，EMT）等，可实现被测对象截面上参数分布的无侵入高速成像。

*5.3　电学层析成像技术

著名科学家门捷列夫指出"科学是从测量开始的"。眼睛是心灵的窗户，视觉是人主要的信息来源。层析成像技术的出现为科学研究与工业生产提供了新的可视化的无损测量手段。层析（Tomography）的含义源于希腊语 tomos，意思是切片，层析成像意味着分层（片）式的成像技术。

　　最初的可视化测量手段是基于光学原理的。早在公元前一世纪，人们就已发现通过球形透明物体去观察微小物体时，可以使其放大成像。后来逐渐对球形玻璃表面能使物体放大成像的规律有了认识。16 世纪，荷兰和意大利的眼镜制造者已经造出类似显微镜的放大仪器，1674 年，Antonie van Leeuwenhoek（列文虎克）利用显微镜成为首位发现"细菌"存在的人。光学方法一般只能观测透明的对象，无法获取不透明物体的内部信息，不能实现层析成像。

　　一切随着德国物理学家 Wilhelm Conrad Röntgen（伦琴）的发现而有了彻底的改变。1895 年，德国物理学家伦琴，在实验室发现了一种新的具有特别强的穿透力的射线，即 X 射线，并拍下了人类的第一张 X 射线照片。他因此获得了 1901 年诺贝尔物理学奖，自此开创了无损成像的新时代。半个世纪后，美国物理学家 Cormack 和英国工程师 Hounsfield 在 1971 年构造出第一台 CT 样机，从此把人类的可视化测量技术提高到计算断层成像的水平。CT 技术所处理的区域属于硬场，即探测信号的分布（如射线指向）与被测区域的物质分布不存在复杂的非线性关系，被测区域的物质分布不影响射线的指向，且与检测信号的强度存在较为简单的对应关系。其图像重建的数学基础为德国数学家 Radon 于 1917 年建立的 Radon 变换理论，根源在于 CT 对应的测量信号可以认为与时间无关，图像重建只涉及空间域的变换。

　　为进一步增强大家对 CT 的认识，下面结合具体计算过程进行简要讲述。CT 的重建算法可以这样简单说明，如图 5.3.1 所示。

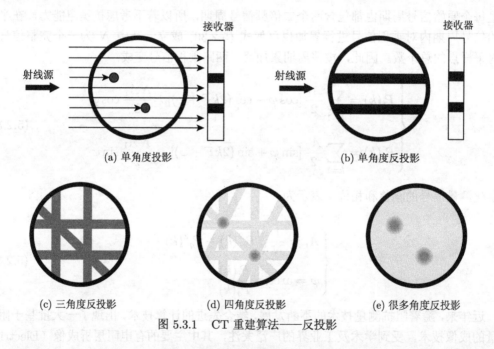

图 5.3.1　　CT 重建算法——反投影

　　概括地说，CT 技术是以 X 射线束对体部某一选定体层层面进行扫描，然后计算得到该层面各个单位容积的吸收系数，然后重建图像的一种成像技术。平行射线源从某一角度穿过被测区域，如在某条射线的方向上有物体，则该条射线对应的探测器会探测到阴影。根据一个方向的射线源投影进行反投影时，可以确定物体所在的方向，但无法确定物体具体的位置。如图 5.3.1 (a) 中的两个圆形物体在一维反投影后重建出的物体是两个条状物体，如图 5.3.1 (b) 所示。逐渐增加射线源的入射角度数目，并将每次一维反投影的结果相叠加，可逐渐重建出两个圆形物体，如图 5.3.1 (c)~(e) 所示。

　　以一个 2 像素 × 2 像素的图像重建为例，如图 5.3.2 (a) 所示。假如仅知道 2 个方向的投影值，如图 5.3.2 (b) 所示。

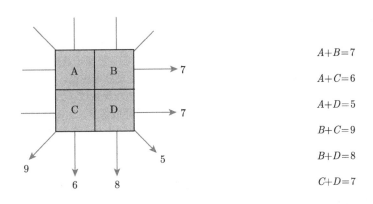

(a) 原始2像素×2像素的图像 　　　　　　　(b) 各方向投影

图 5.3.2 　2 像素 × 2 像素的图像及各方向投影值

可以通过建立不同方向投影的方程组来求解未知的 2 像素 × 2 像素图像，如式 (5.3.1) 所示。

$$
\begin{bmatrix}
1 & 1 & 0 & 0 \\
1 & 0 & 1 & 0 \\
1 & 0 & 0 & 1 \\
0 & 1 & 1 & 0 \\
0 & 1 & 0 & 1 \\
0 & 0 & 1 & 1
\end{bmatrix}
\begin{bmatrix}
A \\ B \\ C \\ D
\end{bmatrix}
=
\begin{bmatrix}
7 \\ 6 \\ 5 \\ 9 \\ 8 \\ 7
\end{bmatrix}
\tag{5.3.1}
$$

如果把矩阵记为 K，列向量分别记为 x 和 y，那么式 (5.3.1) 可写成普适的公式进行求解，如式 (5.3.2) 所示。

$$
Kx = y \tag{5.3.2}
$$

可以解得

$$
x = \left(K^{\mathrm{T}} K \right)^{-1} K^{\mathrm{T}} y \tag{5.3.3}
$$

在本例中，可以得到

$$
x =
\begin{bmatrix}
A \\ B \\ C \\ D
\end{bmatrix}
=
\begin{bmatrix}
2 \\ 5 \\ 4 \\ 3
\end{bmatrix}
\tag{5.3.4}
$$

至此，我们基本上就可以初步地了解 CT 重建的过程了，需要注意的是，当矩阵 K 的规模比较大时，直接采用式 (5.3.3) 进行求解时，对硬件的存储及计算能力都可能造成挑战，于是可以采用迭代的求解方式，求解规模较大的方程式 (5.3.2)。

1971 年，受限于当时的硬件水平，制造出世界上第一台 CT 机的英国工程师 Hounsfield 当时就采用了迭代方法，后来，他和提出模型直接算法的美国物理学家 Cormack 共同获得 1979 年的诺贝尔生理学或医学奖。简单的计算和历史性的科学突破之间，竟可如此和谐共生，令人感叹"纸上得来终觉浅，绝知此事要躬行"。

随后，层析成像技术得到迅速发展，产生了图像重建方法类似于 CT 的超声波 CT（Ultrasound CT）、正电子发射断层显像（Positron Emission Tomography，PET）、单光子发射 CT（Single Photon Emission Computed Tomography，SPECT）、光学相干层析等。

1973 年，纽约州立大学石溪分校的 Lauterbur 采用线性梯度磁场进行空间编码，首次从实验上获得了核磁共振（Nuclear Magnetic Resonance，NMR）图像，于是磁共振成像（Magnetic Resonance Imaging，

MRI）学科正式诞生。核磁共振成像技术是继 CT 后医学影像学的又一重大进步。自 20 世纪 80 年代应用以来，它以极快的速度得到发展。其基本原理是：将人体置于特殊的磁场中，用无线电射频脉冲激发人体内氢原子核，引起氢原子核共振，并吸收能量。在停止射频脉冲后，氢原子核按特定频率发出射电信号，并将吸收的能量释放出来，被体外的接收器收录，经电子计算机处理获得图像，即核磁共振成像。核磁共振是一种物理现象，作为一种分析手段广泛应用于物理、化学、生物等领域，到 1973 年才将它用于医学临床检测。为了避免与核医学中放射成像混淆，将其称为核磁共振成像术。MRI 虽然采用电磁波激发共振，但其信号载体是水质子磁矩，由于水质子有一个弛豫过程，时间为几十毫秒到秒的量级，这就决定了 NMR 信号是一个时间域信号。在 MRI 中，梯度磁场构建了时间与空间的线性关系，从而空间信号在本质上为时间信号。同时梯度磁场也构建了 Larmor 频率与空间的线性关系，如此一来，反映原子核常数的磁旋比便与时间域的 MRI 信号建立了线性关系，这就决定了 MRI 图像重建问题采用傅里叶变换方法的必然性。尽管 MRI 的图像重建也可以采用 CT 中的 Radon 变换，但是傅里叶变换则更为直接，被目前 MRI 系统所采用。

近年来，波长介于 0.1~10 THz 的太赫兹波，由于占据了电磁波谱红外与微波的大部分频段，有望用于新一代的成像技术。与已有的微波与光学波段的医学成像技术相比，太赫兹波的基础研究进展相当有限。与邻近波段（如微波及光学）相比，太赫兹波的发生器与接收器尚未完备，可谓是科研前景广阔但技术应用有限。太赫兹波已被用来表征固、液、气等物质的电、振动以及组分等特性。公认的突破领域在于医学成像。通常，光谱分析只能获得特定频率的光强，而太赫兹波的时域频谱分析技术可以获得其暂态电场信息，时域数据的傅里叶变换可以给出太赫兹波脉冲的幅值和相位，进而给出介电常数的实部与虚部，不再需要采用 Kramers-Kronig 关系获得。可以精确获得样品在太赫兹波的折射率与吸收系数。许多液相、气相分子的旋转与振动谱线在太赫兹波的频段内，可根据共振谱线确定其分子结构。Raman 波谱采用频域信息对晶格振动进行判别，类似地，太赫兹波技术可根据时域信息获得介电常数函数的实部与虚部，以描述分子的旋转与振动，目前的光学与微波技术无法实现这一点。由于衍射现象的存在，1THz 下标准的成像分辨率不会低于 300nm，无法实现细胞级的分辨。一般可采用近场 THz 技术。将光波聚焦至一个电光晶体，通过光学检波产生、电光效应检测，以达到亚微米级的精度，成像区域的组织与聚焦点尺寸相当，与波长无关，如此可达到 1/1000 的波长分辨率，如 0.5THz 时分辨率为 0.5μm。

近二十余年发展起来的电学层析（Electrical Tomography，ET）成像技术，以其非侵入性、便携性、价格低廉、响应快速等技术优势，成为一种多相流可视化测量手段，受到广泛关注。与 CT 及 MRI 技术所不同的是，电学层析成像所处理的区域属于软场，即探测信号的分布（如指向）与被测区域的物质分布存在复杂的非线性关系，被测区域的物质分布影响射线的指向，且与检测信号的强度存在复杂的非线性对应关系。其图像重建的数学基础分别参考了 CT 的 Radon 变换技术与 MRI 的变换技术，属于非常典型的欠定、病态的非线性逆问题求解。

伴随着工业生产与生活的水平不断提高，所见即所得，人们对测量的需求不再满足于单一参数信息的获取，而日渐体现在复杂参数的分布测量上，进而结合现代计算技术实现可视化测量。以多相流测量为例，多相流测量反映的是工程技术发展中存在的共性问题，具有明显的工业背景。如气液两相流等流动现象是工业中广为使用的锅炉、汽轮机、冷凝器、蒸发器、核反应堆、精馏塔及其他化工反应等设备共同的重要课题。如对核反应堆热工水力特性进行监测，可以弥补目前对堆内热工水力特性认识上的不足，加强反应堆的实时场分布测量，对于提高反应堆运行安全无疑有着积极的意义。在多相流系统中，由于各分相之间有相互作用，其相界面在时间上和空间上都有可变性和随机性，流动特性远比单相系统复杂。因此描述多相流动的参数测量也比单相流动复杂，不仅有比单相流动多的常规参数，而且有多相流系统本身特有的区别于单相流的新参数（如流型、分相含率等），因此其参数检测的难度很大。且由于多相流中一些相界面相互作用变化很快，常规接触式传感器因其本身惰性和对流场的干扰，已不能满足某些测量（如流型）的需要。并且常规式的过程参数测量基本为离散点测量，无法反映被测区域的二维/三维场分布信息。

高速数据采集与信息处理技术的进步，使电磁学、光学、声学、X 射线、核辐射技术的非侵入式可视化测量技术进入多相流检测领域，并得到迅速发展。电学层析成像等可视化技术可使得测量信息二维化、立体化、四维化（包含时间项），界面更加友好，进一步促进了过程参数检测技术的发展。而人体也是复杂的多相流系统，作为非侵入式、无损伤的多相流可视化测量技术，电学层析成像有望成为新一代的生物参数测量手段。

基于多传感器融合的智慧医疗物联网平台

习　　题

5-1　试简述电压测量的基本原理、方法和分类。

5-2　试简述三种不同的直流电压标准的特征及应用。

5-3　表征交流电压的基本参量有哪些？简述各参量的意义。

5-4　请计算典型三角波形及锯齿波形电压信号的波形因数和波峰因数，并给出计算过程。

5-5　简述峰值电压表和平均值电压表的灵敏度和带宽特征，如何由峰值电压表和平均值电压表的读数换算得到被测电压的有效值？

5-6　预测量失真的正弦波，若手头无有效值表，应选用峰值表还是均值表更合适一些？为什么？

5-7　如何理解均值电压表测量时，若被测电压均值相等，则读数相同；峰值电压表测量时，若被测电压峰值相等，则读数相同？

5-8　分析并计算有效值电压表的有限带宽对测量非正弦电压时的波形误差。设某有效值电压表带宽为 10MHz，用该电压表测量图 5.e1 所示的方波电压，计算由电压表带宽引起的波形误差。提示：方波电压可用傅里叶级数表示为

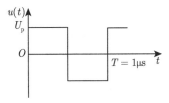

$$u(t) = \frac{4}{\pi} U_{\mathrm{p}} \left[\sin(\omega t) + \frac{1}{3} \sin(3\omega t) + \frac{1}{5} \sin(5\omega t) + \cdots \right]$$

上式表示，方波电压只含奇数次谐波分量，其总有效值为

$$U = \frac{4}{\sqrt{2}\pi} U_{\mathrm{p}} \sqrt{1 + \left(\frac{1}{3}\right)^2 + \left(\frac{1}{5}\right)^2 + \cdots} = U_{\mathrm{p}}$$

图 5.e1　测量波形

5-9　甲、乙两台 DVM，显示器最大值分别为 999 和 1999，问：

(1) 它们各是几位的 DVM？

(2) 乙的最小量程为 200mV，其分辨力等于多少？

(3) 工作误差为 $\Delta U = \pm 0.02\% U_x \pm 2$ 字，分别用 2V 和 20V 量程，测 $U_x = 1.5$V 的电压，求其绝对误差和相对误差。

5-10　判断图 5.e2 中所示交流电桥中哪些接法是正确的？哪些是错误的？并说明理由。

5-11　一台 5 位 DVM，其准确度为 $\pm 0.01\% U_x + 0.01\% U_m$。

(1) 试计算用这台表的 1V 量程测量 0.5V 电压时的相对误差为多少？

(2) 若基本量程为 10.0000V，则其刻度系数即每个字代表的电压量 e 为多少？

(3) 若该 DVM 的最小量程为 0.100000V，则其分辨力为多少？

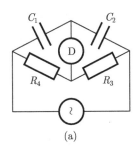

(a)

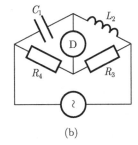

(b)

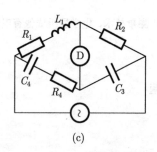 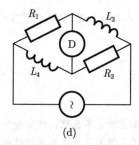

(c)　　　　　　　　　　　　　　　　(d)

图 5.e2　交流电桥

5-12　测量电阻、电容、电感的主要方法有哪些？它们各有什么特点？

5-13　试推导图 5.e3 所示交流电桥平衡时计算 R_x 和 L_x 的公式。

5-14　某交流电桥平衡时有下列参数：Z_1 为 $R_1 = 2000\Omega$ 与 $C_1 = 0.5\mu\text{F}$ 相并联，Z_2 为 $R_2 = 1000\Omega$，$C_2 = 1\mu\text{F}$ 相串联，Z_4 为电容 $C_4 = 0.5\mu\text{F}$，信号源角频率 $\omega = 10^2\text{rad/s}$，求阻抗 Z_3 的元件值。

5-15　简述进行数字式阻抗测量时，采用正交解调提取阻抗的幅值和相位的原理。

5-16　在进行阻抗测量时，通常有五种连线方式可以采用，包括二端连接、三端连接、四端连接、五端连接及四端对连接等方式，请简述每种方式的优缺点。

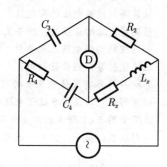

图 5.e3　交流电桥

5-17　交流电压 $V(t)$ 的平均值的表达式为 _____。

A. $\dfrac{1}{T}\displaystyle\int_0^T u(t)\mathrm{d}t$;　　　　　　　　　　B. $\dfrac{1}{T}\displaystyle\int_0^T |u(t)|\,\mathrm{d}t$;

C. $\sqrt{\dfrac{1}{T}\displaystyle\int_0^T u^2(t)\mathrm{d}t}$;　　　　　　　　　D. $\sqrt{\dfrac{1}{T}\left(\displaystyle\int_0^T u(t)\mathrm{d}t\right)^2}$

5-18　一台 $5\dfrac{1}{2}$ 位 DVM，其基本量程为 20V，则其刻度系数（即每个字代表的电压值）为 _____ mV/字。

A. 0.01;　　　　　　　B. 0.1;　　　　　　　C. 1;　　　　　　　D. 10

5-19　测量一小电阻，若引线间的互感效应可以忽略，则最优的连接方式为 _____。

A. 三端连接方式;　　　　　　　　　　　B. 四端连接方式;

C. 五端连接方式;　　　　　　　　　　　D. 四端对连接方式

5-20　用具有正弦有效值刻度的峰值电压表测量一个方波电压，读数为 1.0V，则该方波电压的有效值是多少？

5-21　若被测信号频率为 20MHz，选闸门时间为 0.1s，则由 ±1 误差导致的测频误差为 _____。

5-22　某同学需要设计一个电压信号的采集系统，并达到 $3\dfrac{1}{2}$ 位 DVM 的分辨能力，现有若干 ADC，其手册宣称的位数分别为 8 位、10 位、12 位、16 位及 24 位，该同学该选哪一种？并解释原因。

5-23　用具有正弦有效值刻度的峰值电压表测量一个方波电压，读数为 1.414V，则其有效值是 _____；若此时换用同样刻度的均值电压表，则其读数是 _____。

5-24　有人说，设计一台 $3\dfrac{1}{2}$ 位的数字电压表，可选用 10 位 ADC 实现模拟量到数字量的转换。请判断正误并简述理由。

5-25　已知一个方波基波频率为 1MHz，请问用带宽至少为多少的有效值电压表对该方波进行测量，可以保证波形误差小于 5%?

5-26 以下不属于电子测量仪器的主要性能指标的是 _____。

A. 精度;   B. 稳定度;   C. 灵敏度;   D. 速度

5-27 波形因数表征的是 _____。

A. 平均值与峰值之比;   B. 峰值与平均值之比;

C. 平均值与有效值之比;   D. 有效值与平均值之比

5-28 自动平衡电桥法的特点是 _____。

A. 测量精度高;   B. 测量范围窄;   C. 使用复杂;   D. 以上皆是

5-29 某交流电桥平衡时有下列参数:Z_1 为 $R_1=2k\Omega$ 与 $C_1=0.5\mu F$ 相并联,Z_2 为 $R_2=1k\Omega$ 与 $C_2=1\mu F$ 相串联,Z_4 为电容 $C_4=0.5\mu F$,信号源角频率 $\omega=10^3$ rad/s,其中 Z_1 的两个相邻桥臂上分别为 Z_2 和 Z_4,Z_3 与 Z_1 位于相对的桥臂上,则阻抗 Z_3 的元件值为 _____。

5-30 有人说,利用均值电压表进行测量时,如果被测电压的峰值相同,则读数一定相同。请判断正误并简述理由。

5-31 分别简述两种模拟式和数字式阻抗测量仪器的常用方法。

5-32 一台 $3\frac{1}{2}$ 位的 DVM 说明书给出的精度为 $\pm(0.1\%+1)$,如用该 DVM 的 0~20V DC 的基本量程分别测量 5.00 V 和 15.00 V 的电源电压,试计算 DVM 测量的固有误差和相对误差。

5-33 有人说,对于峰值相等的正弦波、方波和三角波,用同一台正弦有效值刻度的峰值电压表进行测量,三种信号的读数相等。请判断正误并简述理由。

第 6 章　时间与频率的测量

时间的含义有两个：一个是指"时刻"，即某个事件何时发生；另一个是指"时间间隔"，即某个事件相对于开始时刻持续了多久。

频率就是指周期信号在单位时间（1s）内变化的次数。如果在一定时间间隔 T 内周期信号重复变化了 N 次，则其频率可表达为

$$f = \frac{N}{T} \tag{6.0.1}$$

频率和周期互为倒数，由一个信号的频率，可确定它的周期。换言之，周期也是一种时间间隔，时间的测量可转换成周期数的测量，即频率的测量。

在不引起歧义的情况下，后续将时间测量和频率测量一并叙述，其测量的主要特点包括：

（1）测量精度高。目前，频率是迄今为止复制得最准确（10^{-18} 量级）、保持得最稳定（10^{-14}/星期）而且测量得最准确的物理量。很多情况下，可利用某种确定的函数关系把其他电参数的精确测量转换成频率的测量。

（2）应用范围广。现代科技所涉及的频率范围是极其宽广的，从 0.01Hz 甚至更低频率开始，一直到 10^{14}Hz 以上，频率测量遍及现代科技的方方面面。

（3）自动化程度高。仪器的数字化是自动化的基础，而时间和频率测量极易实现数字化。电子计数器利用数字电路的各种逻辑功能很容易实现自动重复测量、自动选择量程、测量结果自动显示等。数字式仪器很容易与计算机相结合，形成自动测试系统。

（4）测量速度快。数字式仪器可实现测量自动化，操作简便，且测量速度快。

6.1　时间与频率标准

6.1.1　时间与频率的原始标准

1. 天文时标

时间和频率测量的一个重要特点就是：时间是一去不复返的。时间和频率的测量不可能像长度测量那样用相同的标尺作任意多次测量。寻找按严格相等的时间间隔重复出现的周期现象就成为制定时间和频率标准的首要问题。长期以来，人们把地球自转当作符合上述要求的频率源，把由地球自转确定的时间计量系统称为世界时（Universal Time，UT）。地球自转速度会变化，不能提供均匀的时间系统，而且与原子时或力学时都没有任何理论上的关系，只能通过观测进行比较。后来，世界时先后被历书时和原子时所取代，但在日常生活、大地测量和宇宙飞行等方面，仍可基本满足人们的需要。

科学技术的发展，对时间计量的准确度提出越来越高的要求。为适应这种需要，国际天文学会定义了以地球绕太阳公转为标准的计时系统，称为历书时（Ephemeris Time，ET）。1952 年 9 月，国际天文学联合会第 8 次大会通过了历书时的正式定义。这种计时系统采用

1900 年 1 月 1 日 0 时起的回归年长度作为计量时间的单位，定义"秒是按 1900 年起始时的地球公转平均角速度计算出的一个回归年的 1/31556925.9747"，称为历书秒。86400 历书秒被规定为一历书日。历书秒可认为是"秒"的第二次定义，在 1960 年的第 11 届计量大会上得到认可。

2. 原子时标

上述基于天体运动确定的标准是宏观的计时标准，需要一整套庞大的设备，操作麻烦、观测周期长。虽然其准确度已大体满足天体力学的需要，但不能满足物理学上的高精度测量要求，例如，需要提高时间和频率短期测量的相对准确度到 10^{-11} 或更高的量级。为了寻求更加恒定又能迅速测定的时间标准，人们从宏观世界转向微观世界的研究。原子时就是近年来建立起来并确定的一种新型计时系统，它是利用原子从某种能量状态转变到另一种能量状态时，辐射或吸收的电磁波的频率作为标准频率来计量时间的。由于微观原子、分子本身的结构及其运动的永恒性远优于宏观的天体运动，基本不受宏观世界的影响，因此频率准确度和稳定度都十分高，远超天文标准。

1995 年，铯原子频标初步实用化，并以原子秒的积累产生了原子时（Atomic Time，AT）。1964 年，国际计量委员会将其作为暂定的"秒"定义和频率标准。1967 年 10 月的第 13 届国际计量大会正式通过了秒的新定义：秒是 Cs^{133} 原子基态的两个超精细结构能级之间跃迁频率所对应的辐射的 9192631770 个周期所持续的时间。该定义被全世界所接受。1972 年 1 月 1 日零时起，时间单位"秒"由天文秒改为原子秒，时间标准则转而改由频率标准来定义，使时间频率标准由实物基准转变成为自然基准。秒的定义摆脱了天文定义，准确度提高了 4~5 个数量级，且仍在不断提高。

世界时、历书时和原子时系统之间互有联系，但不能彼此取代，各有各的用处。由于我们所说的时间包含时刻和时段（时间间隔）双重概念，定义世界时和历书时的时候考虑了时间的起点问题，包含上述两个含义。而原子时只能提供准确的时间间隔。UT、ET、AT 三者之间是不能完全统一的，但却是不可缺少的时间标准。

6.1.2 石英晶体振荡器

在任何测量过程中，测量准确度决定于测量方法和所使用标准本身的准确度。自第 13 届国际计量大会（1976 年 10 月）以来，时间和频率的原始基准已由铯原子标准来定义。工作基准通常都采用一级标准校准的晶体振荡器来担任。因此，某些特定的晶体振荡器又成为时间、频率的工作基准。

石英晶体是一种化学、物理性能高度稳定，具有压电效应的晶体，是制造机械谐振器的理想材料。石英晶体由于有很高的机械稳定性和热稳定性，它的振荡频率受外界因素的影响较小，因而比较稳定。压电效应使得石英晶体高度稳定的机械振动可直接控制电振荡，使电振荡频率也保持得非常稳定。

石英晶体振荡器是从一块石英（氧化硅）晶体上按一定方位角切下薄片（晶片），在它的两个对应面上涂敷银层作为电极，利用压电效应制成的压电谐振器件。晶片的等效电感为几十 mH 到几百 mH，而等效电容 C 很小，为 0.0002~0.1pF，回路的品质因数 Q 很大，一般为 1000，甚至可达 10000。其谐振频率基本上只与晶片的切割方式、几何形状和尺寸有关，晶片可做得精确，从而获得很高的频率稳定度。晶片振动时因摩擦而造成的损耗用 R 来等效，约为 100Ω，可估计谐振频率 $f = \dfrac{1}{2\pi\sqrt{LC}}$，一般其最高输出频率不超过 200MHz。

大部分石英晶体控制的振荡器已应用于很多电子设备，如电子计数器、频率合成器、发射机等的工作频率基准。即使现代频率标准，也往往要用它将微波频段的频标传递下来。晶体振荡器在使用时须不间断地长期连续工作，但长期工作将逐渐破坏石英晶体表面金属层，使振荡频率单方面缓慢变化，造成振荡频率的系统漂移或老化，须定期和高一级的频率源校准，通过微调频率以达到规定的准确度和稳定度。

由于采用了高质量因数的泛音晶体、精密的恒温设备以及特别选定的电子器件的工作状态，目前，石英晶体老化率不难做到 10^{-8}，较好的可达 $3 \times 10^{-9}/$天 $\sim 5 \times 10^{-10}/$天，短期稳定度达 $2 \times 10^{-10}/$秒 $\sim 5 \times 10^{-11}/$秒。

目前商用的频率基准除了石英频标，原子钟也得到越来越普遍的应用。

6.2　频率和时间的测量原理

6.2.1　模拟测量原理

频率和时间测量技术按工作原理可分为直接法和比较法两类。

1. 直接法

直接法是直接利用电路的某种频率响应特性来测量频率值。在某些电路中，输入被测频率 f_x 与电路和设备的已知参数 $a, b, c, \cdots$ 存在确定的函数关系，即

$$f_x = \varphi(a, b, c, \cdots) \tag{6.2.1}$$

进行测量时，利用各种有源和无源的频率比较设备和指示器来确定这种函数关系的具体形式，以获取被测信号的频率。这种测频方法简单，但是精度低。其测量误差主要来自于频率特性函数式的理论误差、各参数的测量误差以及判断误差。谐振法和电桥法是其典型代表。原则上，任何一个具有尖锐频率特性的可调谐无源网络再配上适当的读数及指示设备，都可用来测量频率。

1）谐振法

谐振法测频的基本原理如图 6.2.1 所示。被测信号经互感 M 耦合进 LC 串联谐振回路，改变可变电容器 C，使回路发生串联谐振。谐振时回路电流 I 达到最大，与电容相串联的电流表指示也将达到最大。通常，被测频率用式 (6.2.2) 计算：

$$f_x = f_0 = \frac{1}{2\pi\sqrt{LC}} \tag{6.2.2}$$

一般地，L 是预先给定的，可变电容采用标准电容。为使用方便，可预先绘制配用相应电感的 $f_x\text{-}C$ 曲线或 $f_x\text{-}\theta$（θ 为 C 的旋转角度）曲线。测量时，调节标准电容使回路谐振，可从曲线上直接查出被测频率。

2）电桥法

凡是平衡条件与频率有关的电桥，原则上都可作为测频电桥。考虑到电桥的频率特性

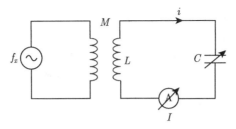

图 6.2.1 谐振法测频原理

应尽可能尖锐，通常都采用图 6.2.2 所示的文氏电桥。这种电桥的平衡条件为

$$\left(R_1 + \frac{1}{\mathrm{j}\omega_x C_1}\right) R_4 = \left(\frac{1}{\frac{1}{R_2} + \mathrm{j}\omega_x C_2}\right) R_3 \tag{6.2.3}$$

令等式两端的实部和虚部分别相等，则被测角频率为

$$\omega_x = \frac{1}{\sqrt{R_1 R_2 C_1 C_2}} \tag{6.2.4}$$

及

$$f_x = \frac{\omega_x}{2\pi} = \frac{1}{2\pi\sqrt{R_1 R_2 C_1 C_2}} \tag{6.2.5}$$

如果取 $R_1 = R_2 = R$，$C_1 = C_2 = C$，则由 $f = \frac{\omega}{2\pi}$ 可得 $f_x = \frac{1}{2\pi RC}$，借助 R（或 C）的调节，可使电桥在被测频率 f_x 时达到平衡（指示器指示最小），故可变电阻 R（或可变电容 C）上即可按频率进行刻度。这种测频电桥的精确度主要受桥路中各元件的精确度、判断电桥平衡的准确程度和被测信号频谱纯度的限制。

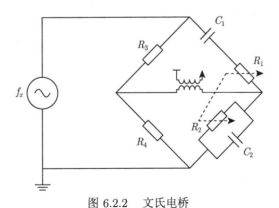

图 6.2.2 文氏电桥

2. 比较法

比较法通过利用标准频率 f_s 和被测频率 f_x 进行比较来测量频率。这种测量方法的准确度比较高。其数学模型为

$$f_x = N f_s \tag{6.2.6}$$

式中，N 为某个确切的常数。利用比较法测量频率，其准确度主要取决于标准频率 f_s 的准确度，即判断式 (6.2.6) 时的误差。

拍频法、外差法、示波法及计数法测频是这种测量法的典型代表。拍频法是把被测信号和标准信号叠加在线性元件（如耳机、电压表或示波器等）上测量频率。如果两个频率都在音频范围内，当标准频率 f_s 与被测频率 f_x 相差很大时，可从耳机中听到两个高低不同的音调。当 f_s 逐渐靠近 f_x 且两者相差几赫兹时就分辨不出两个信号音调（频率）的差别，只能听到声音响度（幅度）作周期性变化的单一音调信号，这种现象在声学上称为拍。声音响度变化的频率，是两个频率之差。当两个频率接近时，声音的节拍变慢，当两个信号频率完全相等时，合成信号的强度保持不变，这时被测频率等于标准频率。通过拍频方法可把高频信号变成低频信号进行处理，简化了测频的处理电路。

电子计数器是一种利用比较法进行测量的最常见、最基本的数字化仪器，是其他数字化仪器的基础，应用极为广泛。因此，这里重点介绍电子计数器的组成及其在频率、时间及相位等方面的测量原理。

6.2.2　数字测量原理

1. 门控计数法测量原理

频率特性在时间轴上可表现为无限延伸的信号，实际上对频率的测量需要确定一个取样时间。计数式频率和时间测量原理中的核心部件是比较器和计数器，为了使其具备测频或测时功能，在计数电路前增设一个门电路（主门），在规定的时间内打开主门，允许信号进入计数电路作累加计数。在已知的标准时间内累计未知的待测输入信号的脉冲个数，就实现了频率测量；在未知的待测时间间隔内累计已知的标准时间脉冲个数，就实现了周期或时间间隔的测量。其原理如图 6.2.3 所示。

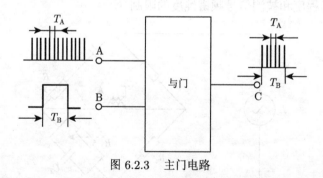

图 6.2.3　主门电路

2. 通用计数器的基本组成

通常又把数字式测频、测时仪器称为电子计数器或通用计数器，其组成如图 6.2.4 所示。除主门、计数电路和数字显示器外，通用计数器还包括两个放大、整形电路和一个门控双稳触发器。从 A 通道输入频率为 f_A 的 A 信号，经放大、整形变换为计数脉冲信号，接至闸门 "1" 端。从 B 通道输入频率为 f_B 的 B 信号，也经放大、整形变换为周期为 T_B 的矩形脉冲信号。这个矩形脉冲信号接至闸门 "2" 端以触发门控双稳态触发器，使它输出

一个宽度为 T_B 的门控时间脉冲信号（开门脉冲），控制主门的开门时间。主门的开门时间应远大于 A 通道输入信号的周期，以获得更准确的读数。

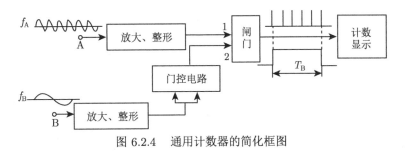

图 6.2.4 通用计数器的简化框图

6.3 电子计数器原理及误差分析

6.3.1 电子计数器的组成框图

根据测量的原理与实现的功能，电子计数器的组成应当包含以下几个功能部件：输入通道、主门电路、计数显示电路、时基产生电路等。图 6.3.1 表示了电子计数器的整机框图。分别介绍如下。

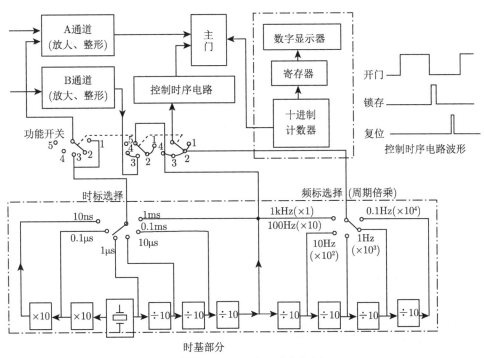

图 6.3.1 电子计数器整机框图

1. A、B 输入通道

输入信号通常需要经过放大和整形，变成符合主门要求的脉冲信号后，才能加到主门的输入端。在主门前面设置 A、B 两个通道，A 通道形成周期为 T_A 的窄脉冲直接加到主门的 A 输入端，而 B 通道的输出触发一个门控双稳态触发器，形成宽度为 T_B 的门控脉冲，加到主门的 B 输入端。

2. 主门电路

其原理如图 6.2.3 所示。主门有两个输入端（A 和 B）和一个输出端 C。若在 A 端加上时间间隔为 T_A 的周期性窄脉冲信号，B 端加上一个脉冲宽度为 T_B 的门控脉冲信号，C 端输出的窄脉冲个数为 N，则可实现时间或频率的数字测量。其中，$\dfrac{T_B}{T_A} = N \pm 1$。

3. 计数与显示电路

计数电路对主门输出的脉冲个数 N 进行计数，其结果再用数字显示出来（图 6.2.4）。为了便于观察和读数，通常使用十进制显示。

4. 时基产生电路

时基产生电路用来产生计数器所使用的标准频率或时间间隔。对时间或频率的基准有以下两点要求。

1）标准性

时基是量化的标准，若其值不准将直接影响转换精度。作为时间或频率的基准源应当是一个具有高稳定度（要求达 10^{-6} 乃至 10^{-10} 量级）的信号源，因为没有稳定性就谈不上标准性。在各类振荡器中，只有石英晶体振荡器才能充当这种标准信号源。

2）多值性

为了便于对各种输入值进行量化比较，要求电子计数器中备有多种量化单位值，如同一架天平应当备有多种砝码一样。常用的标准单位时间（时标信号）T_0 有 1ms、0.1ms、10μs、1μs、0.1μs、10ns、1ns 等几种；常用的标准单位频率（频标信号）f_0 有 1kHz、100Hz、10Hz、1Hz、0.1Hz（相应的闸门时间为 1ms、10ms、100ms、1s、10s）等几种。

晶体振荡器只能产生一个固定频率的信号，采用多级分频或者倍频的方法，可获得多种标准的量化单位值，如图 6.3.1 所示。图中时标或频标选择电路的功能是：根据测量的需要来选择适当大小的时标或频标信号。

5. 控制电路

控制电路的作用是产生各种控制信号去控制各单元的工作，使整机按一定的工作程序完成自动测量的任务。在控制电路的统一指挥下，电子计数器的工作按照"复零—测量—显示"的程序自动地进行。

测频时，电子计数器的工作过程如下：① 准备期。在开始进行一次测量之前应当做好的准备工作是使各计数电路回到起始状态，并将读数清零。这一过程称为"复零"。② 测量期。通过频标信号选择开关，从时基电路选取适当的频标作为开门时间控制信号。门控双稳在所选频标信号的触发下产生单位长度的脉冲使主门准确地开启一段固定时间，以使输入信号通过主门到计数电路进行计数。这段时间称为测量时间。③ 显示期。在一次测量完毕后关闭主门，把计数结果送到显示电路去显示。为了便于读取或记录测量结果，显示的读数应当保持一定的时间，在这段时间内，主门应当被关闭，这段时间称为显示时间。显示时间结束后，再做下一次测量的准备工作。

6.3.2 电子计数器的测量功能

通用电子计数器的基本功能是测量频率、周期、频率比、时间间隔和自检等。

1. 频率测量

电子计数器按照式 $f = N/T$ 的定义进行频率测量的原理如图 6.3.2 所示，其对应点的工作波形图如图 6.3.3 所示。从图中可看出测量的过程：输入信号通过放大、整形电路形成计数的窄脉冲。晶体振荡器产生高稳定度的时基信号，经过分频作为门控双稳态电路的开门信号。在开门时间内，被测信号通过闸门进入计数器计数并显示。若闸门开启时间为 T_C、输入信号频率为 f_x，则计数值为

$$N = \frac{T_C}{T_x} = T_C f_x \tag{6.3.1}$$

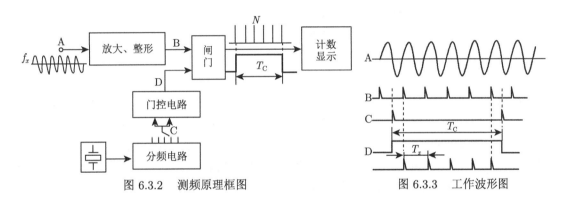

图 6.3.2 测频原理框图   图 6.3.3 工作波形图

例 6.1 假设所用闸门时间为 1s，计数器的值为 1000，则被测频率应为 1000Hz 或 1kHz。通常电子计数器的闸门时间有五挡，分别为 1ms、10ms、0.1s、1s 和 10s。这样在改变闸门时间时，频率的显示单位分别对应为 1kHz、100Hz、10Hz、1Hz、0.1Hz。例如，闸门开启时间 T_C=1s，若计数值 N=10000，则显示的 f_x 为 10000Hz 或 10.000kHz。若闸门开启时间 T_C=0.1s，则计数值 N=1000，则显示的 f_x 为 10.00kHz。

2. 频率比的测量

频率比 f_A/f_B 测量的原理如图 6.3.4 所示。两个信号中频率较低的信号（周期大的）需要加到门控电路输入端作为开门信号。计数器得到的读数即为两个频率的比值。

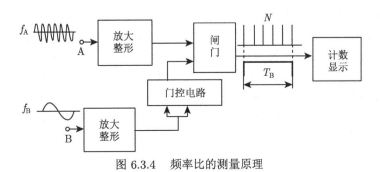

图 6.3.4 频率比的测量原理

3. 周期测量

由于周期和频率互为倒数，因此在测频的原理电路中对换一下被测信号和时标信号的输入通道就能完成周期的测量。其原理如图 6.3.5 所示。被测信号 T_x 从 B 输入端输入，经脉冲形成电路取出一个周期的方波信号，加到门控电路。若时标信号周期为 T_0，计数器读数为 N，被测周期的表达式应为

$$T_x = NT_0 \tag{6.3.2}$$

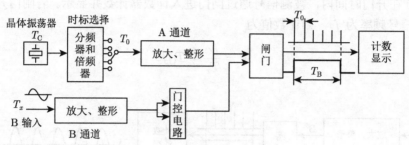

图 6.3.5   测周期的原理框图

例 6.2   待测频率 f_x=50Hz 时，闸门开启时间为 1/50Hz（=20ms）。若选择时标的频率为 f_0=10MHz，计数器计得的脉冲个数为 f_0/f_x=200000 个，如以 ms 为单位，则从计数器上可读得 20.0000 （ms）。可以看到，每一个计数值代表 1/10MHz（=0.1μs）。例如，时标 T_0=1μs，若计数值 N=10000，显示的 T_x 为 10000μs 或 10.000ms。若时标 T_0=10μs，则计数值 N=1000，显示的 T_x 为 10.00ms。

4. 时间间隔测量

通用计数器测量时间间隔的原理如图 6.3.6(a) 所示。时间的起始和停止脉冲经 B 和 C 两个输入通道，分别触发 RS 触发器产生 $T_x = T_C - T_B$ 的闸门信号宽度。在时间间隔 T_x 所形成的开门时间内，对 A 通道输入的时标信号进行计数，若计数值为 N，则 $T_x = NT_0$。通过选择两个输入通道的触发极性和触发电平可完成两输入信号任意两点之间时间间隔的测量，如图 6.3.7 所示。图 6.3.7(a) 表示 B、C 通道分别加上信号 V_B、V_C 后的情况，如果 B、C 通道的触发电平均选择为各自输入信号幅度的 50%，而且两通道的触发极性均选为正，就可测得 V_B 和 V_C 的上升沿 50% 电平点之间的时间间隔。图 6.3.7(b) 表示 B 通道选取正触发极性和 C 通道选取负触发极性时，测得 V_B 的上升沿（50% 电平点）与 V_C 的下降沿（50% 电平点）之间的时间间隔。

如果需要测量同一个输入信号的任意两点之间的时间间隔，可把被测信号同时送入 B、C 通道，分别选取其触发电平和触发极性以产生开始和停止信号。图 6.3.7(c)、(d) 表示测量脉冲信号的宽度和上升时间的工作波形。测量两个正弦波形上两个相应点之间的时间间隔，然后根据信号的频率可求得两个正弦信号的相位差，如图 6.3.8 所示。为减小系统误差，可进行两次测量。第一次把触发极性选为 "+"，第二次选为 "−"，然后取平均，就可得到较准确的值，即

$$t_\varphi = \frac{t_1 + t_2}{2} \tag{6.3.3}$$

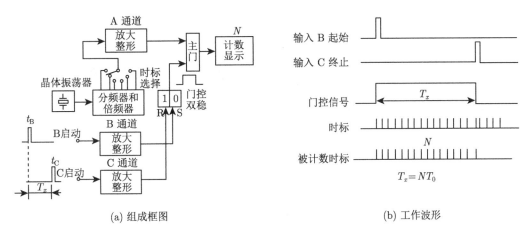

(a) 组成框图   (b) 工作波形

图 6.3.6   时间间隔测量原理

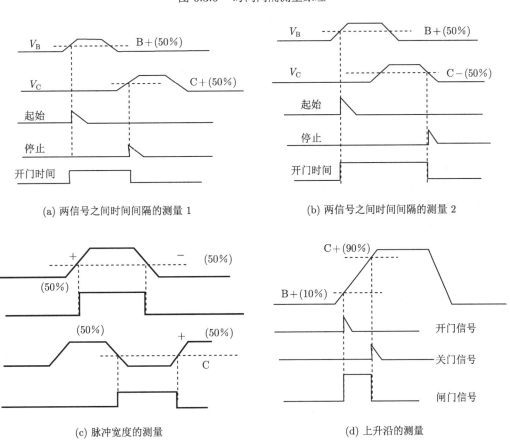

(a) 两信号之间时间间隔的测量 1   (b) 两信号之间时间间隔的测量 2

(c) 脉冲宽度的测量   (d) 上升沿的测量

图 6.3.7   时间间隔的测量波形图

故

$$\varphi = \frac{t_1 + t_2}{2}\omega \tag{6.3.4}$$

式中，ω 为信号角频率。

5. 自检

自检是确认仪器工作状态是否正常的自我检查，其原理如图 6.3.9所示。时基信号经过 n 级 10 分频后控制闸门的开启时间，对时基本身进行计数，其计数值应为 $N = 10^n$。在计数器工作正常的情况下，因为闸门信号和被计数脉冲来自同一个信号源，所以在理论上不存在 ± 1 量化误差。因此每次测量值和分频比相一致则表明仪器工作正常。

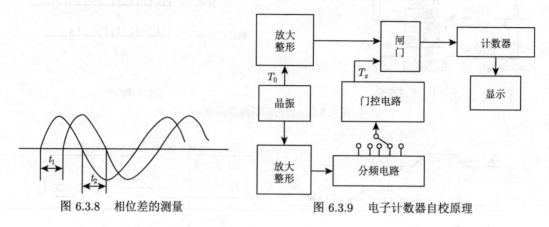

图 6.3.8 相位差的测量   图 6.3.9 电子计数器自校原理

6.3.3 测量误差的来源

（1）量化误差，就是指在进行频率的数字化测量时，被测量与标准单位不是正好为整数倍，再加之闸门开启和关闭的时间及被测信号不同步（随机的），因此在量化过程中有一部分时间零头没有被计算在内，使电子计数器出现 ± 1 误差。

（2）触发误差，就是指在门控脉冲受到干扰时，由于干扰信号的作用使触发提前或滞后所带来的误差。

（3）标准频率误差，是指由于电子计数器所采用的频率基准（如晶振等）受外界环境或自身结构性能等因素的影响产生漂移而给测量结果引入的误差。

6.3.4 频率测量误差分析

1. 误差表达式

计数器直接测频的误差主要由两项组成，即 ± 1 量化误差和标准频率误差。一般，总误差可采用分项误差绝对值合成，即

$$\frac{\Delta f_x}{f_x} = \pm \left(\frac{1}{T_s f_x} + \left| \frac{\Delta f_c}{f_c} \right| \right) \tag{6.3.5}$$

式中，等号右边第一项为 ± 1 量化误差，第二项为标准频率误差。

2. 量化误差

量化误差的示意图如图 6.3.10 所示。在开始和结束时产生零头时间 Δt_1 和 Δt_2。从图 6.3.10可得

$$T_s = NT_x - \Delta t_1 + \Delta t_2 = \left(N - \frac{\Delta t_1 - \Delta t_2}{T_x} \right) T_x = N - \Delta N T_x \tag{6.3.6}$$

式中，$\Delta N = \dfrac{\Delta t_1 - \Delta t_2}{T_x}$。

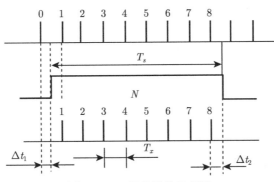

图 6.3.10 量化误差示意图

由于 Δt_1 和 Δt_2 在 $0 \sim T_x$ 之间任意取值，则可能有下列情况：当 $\Delta t_1 = \Delta t_2$ 时，$\Delta N = 0$；当 $\Delta t_1 = 0$，$\Delta t_2 = T_x$ 时，$\Delta N = -1$；当 $\Delta t_1 = T_x$，$\Delta t_2 = 0$ 时，$\Delta N = +1$。

即最大计数误差为 ± 1，故电子计数器的量化误差又称为 ± 1 误差。由 $f = \dfrac{N}{T}$ 可得

$$\frac{\Delta N}{N} = \frac{\pm 1}{N} = \pm \frac{1}{T_s f_x} \tag{6.3.7}$$

式中，T_s 为闸门时间；f_x 为被测频率。

由式 (6.3.6) 可见，提高被测信号频率 f_x 或增加闸门时间 T_s 可减小 ± 1 误差的影响，如图 6.3.11 所示。

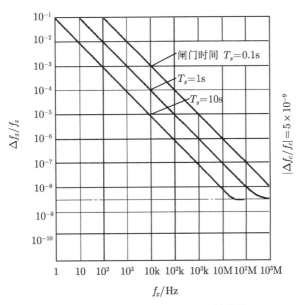

图 6.3.11 计数器测频时的误差曲线

3. 标准频率误差

在频率测量中，闸门时间是由晶振输出的频率分频得到的。晶振输出频率不稳定引起闸门时间的不稳定，造成测频误差。

$$T_s = kT_c = \frac{k}{f_c} \tag{6.3.8}$$

而

$$\Delta T_s = \frac{\mathrm{d}T_s}{\mathrm{d}f_c}\Delta f_c = -\frac{k\Delta f_c}{f_c^2} \tag{6.3.9}$$

式中，k 为产生闸门信号的分频系数。因此，有

$$\frac{\Delta T_s}{T_s} = -\frac{\Delta f_c}{f_c} \tag{6.3.10}$$

在实际应用中，要求标准频率的相对不确定度应比测量相对不确定度小一个数量级。

4. 减小测频误差方法的分析

根据式 (6.3.5) 所表示的测频误差 $\left|\dfrac{\Delta f_c}{f_c}\right|$ 与 ± 1 误差和标频误差 $\left|\dfrac{\Delta f_c}{f_c}\right|$ 的关系，可画出如图 6.3.11 所示的误差曲线。

从图 6.3.11 中可看出：当 f_x 一定时，增加闸门时间 T_s 可提高测频分辨力和准确度。当闸门时间一定时，输入信号频率 f_x 越高，测量准确度越高。在这种情况下，随着 ± 1 误差减小到 $\left|\dfrac{\Delta f_c}{f_c}\right|$ 以下，可认为 $\left|\dfrac{\Delta f_c}{f_c}\right|$ 是计数器测频的准确度的极限。

例 6.3　设 $f_x=20\text{MHz}$，选闸门时间 $T_s = 0.1\text{s}$，则由于 ± 1 误差而产生的测频误差为

$$\frac{\Delta f_x}{f_x} = \pm\frac{1}{T_s f_x} = \frac{\pm 1}{0.1 \times 2 \times 10^7} = \pm 5 \times 10^{-7} \tag{6.3.11}$$

若 T_s 增加为 1s，则测频误差为 $\pm 5 \times 10^{-8}$，精度提高 10 倍，但测量时间是原来的 10 倍。

6.3.5　周期测量误差分析

1. 误差表达式

由式 $T_x = NT_0$ 可得

$$\Delta T_x = \Delta N T_0 + N\Delta T_0 \tag{6.3.12}$$

所以

$$\frac{\Delta T_x}{T_x} = \frac{\Delta N}{N} + \frac{\Delta T_0}{T_0} \tag{6.3.13}$$

根据图 6.3.5的测周原理有

$$N = \frac{T_x}{T_0} = T_x f_0 \tag{6.3.14}$$

而 $\Delta N = \pm 1$，$T_0 = kT_c$，因此

$$\frac{\Delta T}{T_x} = \pm \frac{1}{T_x f_0} \pm \frac{\Delta T_c}{T_c} = \pm \left(\frac{1}{T_x f_0} + \frac{\Delta f_c}{f_c} \right) \tag{6.3.15}$$

这就是测周期时的误差表达式，但未考虑形成闸门信号时的触发误差。

2. 量化误差的影响

由式 (6.3.15) 可看出，T_x 越大（即被测频率越低），时基频率 f_0 越高（即晶振频率 f_c 越大，分频系数 k 越小），则 ± 1 误差对测量误差的影响越小。

3. 减小测量周期误差的方法

根据式 (6.3.15) 可得周期测量的误差曲线如图 6.3.12 所示。可看出，周期测量时信号的频率越低，测周的误差越小；周期倍乘的值越大，误差越小；也可通过对更高频率的时基信号进行计数来减小量化误差的影响。当被测信号足够低时，标准频率误差的影响无法忽略，可看成周期测量所能达到的最高精度，如图 6.3.12 中的虚线所示。

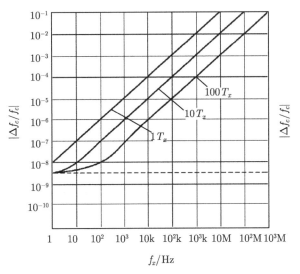

图 6.3.12   测周时的误差曲线（$f_0 = 100\mathrm{MHz}$）

4. 触发误差

在测量周期时，被测信号通过触发器转换为门控信号，其触发电平的波动以及噪声等均会对测量精度产生影响。在测周时，闸门信号宽度应准确等于一个输入信号周期。闸门方波是输入信号经施密特触发器整形得到的。在没有噪声干扰的时候，主门开启时间刚好等于一个被测周期 T_x。当被测信号受到干扰时（如图 6.3.13 所示，干扰为尖峰脉冲 V_n，V_B 为施密特电路触发电平），施密特电路本来应在 A_1 点触发，现在提前在 A_1' 点处触发，于是形成的门方波周期为 T_x'，由此产生的误差 ΔT_1 称为"触发误差"。

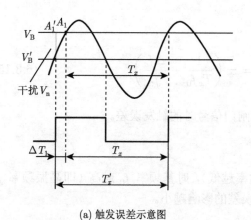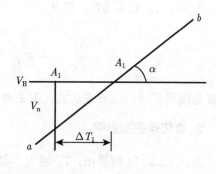

(a) 触发误差示意图   (b) 触发误差计算示意图

图 6.3.13　转换误差的产生与计算

可利用图 6.3.13(b) 来近似分析和计算 ΔT_1。若图中直线 ab 为 A_1 点的正弦波切线，接通电平处正弦波曲线的斜率为 $\tan\alpha$。由图可得

$$\Delta T_1 = \frac{V_n}{\tan\alpha} \tag{6.3.16}$$

式中，V_n 为干扰和噪声幅度。因为 $V_x = V_m\sin(\omega_x t)$，所以

$$
\begin{aligned}
\tan\alpha &= \left.\frac{\mathrm{d}v_x}{\mathrm{d}t}\right|_{v_x=v_B} = \omega_x V_m\cos(\omega_x t_B)\\
&= \frac{2\pi}{T_x}V_m\sqrt{1-\sin^2(\omega_x t_B)}\\
&= \frac{2\pi V_m}{T_x}\sqrt{1-\left(\frac{V_B}{V_m}\right)^2}
\end{aligned}
\tag{6.3.17}
$$

将式 (6.3.17) 代入式 (6.3.16)，实际上一般门电路采用过零触发，即 $V_B = 0$，可得

$$\Delta T_1 = \frac{T_x}{2\pi}\times\frac{V_n}{V_m} \tag{6.3.18}$$

同样，在正弦信号下一个上升沿上（图中 A_1 点附近）也可能存在干扰，即也可能产生触发误差 ΔT_2：

$$\Delta T_2 = \frac{T_x}{2\pi}\times\frac{V_n}{V_m} \tag{6.3.19}$$

由于干扰或噪声都是随机的，因此 ΔT_1 和 ΔT_2 都属于随机误差，可按

$$\Delta T_n = \sqrt{(\Delta T_1)^2+(\Delta T_2)^2} \tag{6.3.20}$$

来合成，于是可得

$$\frac{\Delta T_n}{T_x} = \frac{\sqrt{(\Delta T_1)^2+(\Delta T_2)^2}}{T_x} = \pm\frac{1}{\sqrt{2}\pi}\times\frac{V_n}{V_m} \tag{6.3.21}$$

5. 多周期同步法

多周期测量减小转换误差的原理如图 6.3.14 所示。在周期测量时，为了减少量化误差和触发误差对测量精度的影响，可采用多周期同步测量的方法来提高测量精度。

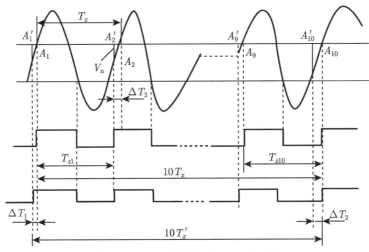

图 6.3.14　多周期测量减小转换误差

原理如下：一次对多个周期进行测量，同时用两个计数器对被测信号的周期数和标准信号进行计数，然后将计得的标准信号的值除以所测的周期数就得到一个周期的值。由于闸门信号是和输入信号同步后产生的，因此对周期个数的计数值不存在量化误差。其精度仅取决于标准信号的精度。而标准信号一般都是由晶振产生的，精度很高。由于测量了多个周期的值，所以转换误差也相应地减小了。

两相邻周期触发误差所产生的 ΔT 是相互抵消的，例如，第一个周期 T_1 终了，由于干扰 V_n 使其少计了 Δt_1，则紧邻的下一个周期必然要多计 Δt_1。当测量完 10 个周期时，只有第一个周期开始产生的转换误差 ΔT_1 和第十个周期终了产生的误差 ΔT_2，内部周期之间的转换误差都被互相抵消掉。这个误差与测一个周期的误差一样，平均到一个周期上来说就相当于原来误差的 1/10。

6.3.6　中界频率

当直接测频和直接测周的量化误差相等时，就确定了一个测频和测周的分界点，这个分界点的频率值称为中界频率。由测频和测周的误差表达式并结合图 6.3.11 和图 6.3.12 可看出：测频时的量化误差 f_s/f_x 和测周时的量化误差 T_0/T_x 相等时，即可确定中界频率 f_{x_m} 为

$$\frac{f_s}{f_{x_m}} = \frac{T_0}{T_{x_m}} = \frac{f_{x_m}}{f_0} \tag{6.3.22}$$

故

$$f_{x_m} = \sqrt{f_s f_0} \tag{6.3.23}$$

式中，f_s 为测频时选用的频标信号频率，即闸门时间的倒数 $f_s = 1/T_s$；f_0 为测周时选用的频标信号频率，$f_0 = 1/T_0$。

当 $f_x > f_{x_m}$ 时，应使用测频的方法。当 $f_x < f_{x_m}$ 时，适宜用测周的方法。对于一台电子计数器特定的应用状态，可在同一坐标图上同时作出直接测频和直接测周时的误差曲线（即重合图 6.3.11 和图 6.3.12），两曲线的交点即为中界频率点。

6.4　高分辨力时间和频率测量

6.4.1　多周期同步测量技术

在通用计数器中，整个测量范围的测频精度是不相同的，特别是低频测量的精度是很低的。为了提高低频测量的精度，可用测量周期的方法来间接计算出频率。由于从显示器上不能直接读出频率，使用不方便。

倒数计数器采用多周期同步测量的原理，即测量输入信号的多个（整数个）周期值，再进行倒数运算而求得频率。这样便可在整个测频范围内基本上获得同样高的测试精度和分辨力。图 6.4.1 是倒数计数器的原理图。

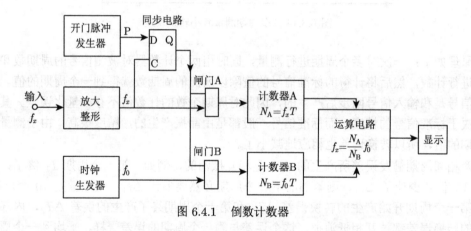

图 6.4.1　倒数计数器

其中，f_x 为输入信号频率，f_0 为时钟脉冲的频率。A、B 两个计数器在同一闸门时间 T_s 内分别对 f_x 和 f_0 进行计数，计数器 A 的计数值 $N_A = f_x T$，计数器 B 的计数值 $N_B = f_0 T$，由于 $\dfrac{N_A}{f_x} = \dfrac{N_B}{f_0} = T$，则被测频率 f_x 为 $f_x = \dfrac{N_A}{N_B} f_0$，同步电路的作用是使开门信号与被测信号同步并且准确地等于被测信号的整数倍。因此计数值 N_A 不存在 ± 1 误差。虽然 N_B 存在 ± 1 误差，但是在时钟频率很高的情况下，其 ± 1 误差很小，且和被测频率 f_x 无关，倒数计数器在整个测频范围内为等精度测量。

6.4.2　变频法

通用计数器能够直接计数的频率上限一般在 1.5GHz 以下。要对微波频率的信号进行测量，须采用频率变换技术将其转换为频率较低的信号，用电子计数器对此低频信号进行计数以获得差频值，再加上已知信号的频率就可得被测信号的实际频率。

图 6.4.2 是其原理框图。首先，电子计数器主机内送出高精度的标准频率 f_s，在谐波发生器中产生它的各次谐波，并送入谐波选择器。当被测信号 f_x 输入时，控制器开始扫描，使谐波选择器由低到高地选出标准信号的谐波分量 Nf_s，并与输入信号在混频器中混频出差频 f_I。当被选出的第 N 次谐波 $f_x - Nf_s$ 处在计数器的计数频率范围内时，计数器开始计数得到差频值。由于谐波次数是已知的，因此被测频率 f_x 为

$$f_x = Nf_s \pm f_I \tag{6.4.1}$$

式中，f_s 为标准频率；N 为选用的谐波次数。由于是从低到高地选择谐波与 f_s 差频，在式 (6.4.1) 中 f_I 前应取加号，故

$$f_x = Nf_s + f_I \tag{6.4.2}$$

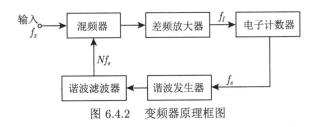

图 6.4.2 变频器原理框图

例 6.4 被测频率 $f_x = 5216.000000\text{MHz}$，设标频 $f_s = 100\text{MHz}$，故选择 52 次谐波（$N=52$）与 f_x 差频，得差频为

$$f_I = f_x - Nf_s = 16.000000\text{MHz} \tag{6.4.3}$$

它由电子计数器直接测出。最终显示数字为

$$f_x = Nf_s + f_I = 5200\text{MHz} + 16.000000\text{MHz} = 5216.000000\text{MHz} \tag{6.4.4}$$

其中，数字 52 是直接预置到显示器，16.000000 是计数器得到的结果。

这种方案的优点是分辨率高，在 1s 的测量时间有 1Hz 的分辨率。但由于到达混频器的高次谐波信号 Nf_s 的幅度较低，因此仪器的灵敏度较低，一般只能到 100mV 左右。

6.4.3 置换法

置换法的原理是利用一个与 f_x 有一定关系的低频信号 $f_d = g(f_x)$ 置换被测频率 f_x，再用频率计数器测出 f_d 后，则不难从函数 $f_d = g(f_x)$ 中求出 f_x。置换法的简化框图如图 6.4.3 所示。

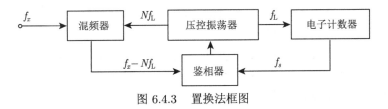

图 6.4.3 置换法框图

被测频率 f_x 与压控扫描振荡器频率 f_L 的谐波 Nf_L 进行混频，其差频输出 $f_I = f_x - Nf_L$。当 f_L 落在差频放大器的通频带内时，鉴相器的输出电压控制压控振荡器，使它停止扫频，并通过锁相环路与 f_x 锁定。当锁相环锁定时，被测频率为

$$f_x = Nf_L + f_s \tag{6.4.5}$$

式中，f_L 为压控振荡器（即置换振荡器）的频率；f_s 为计数器的标准频率。f_L 可由计数器直接计数，故只要确定谐波次数 N，就可知被测频率 f_x。

由于置换法应用了锁相电路，其环路增益和整机灵敏度很高。但闸门时间需要扩展 N 倍，因而在同样测量时间的情况下，其分辨率比变频法低。此外，由于受锁相环路的限制，被测信号的调频系数不能过大。

6.4.4 频率稳定度的表征

精密频率源可从两方面表征频率特性：一是用"频率准确度"来描述频率的准确性；二是用"频率稳定度"来描述频率的稳定性。

1. 频率准确度

频率准确度是指频率实际值与其标称值 f_0 的相对偏差，其数学表达式为

$$\alpha = \frac{f_x - f_0}{f_0} = \frac{\Delta f}{f_0} \tag{6.4.6}$$

标称值 f_0 实际上是根据铯原子频标 (简称铯标) 定义的。所以"准确度"也就是 f_x 与频率为其标称值的铯标比较而得的相对频差。

高精度频率源准确度的好坏，不仅与频率源的好坏有关，同时也取决于时间、环境等因素。以晶体振荡器为例，晶体振荡器长期工作时，由于晶体的老化率和振荡器的闪变噪声的存在，引起晶体振荡器频率的慢漂移。此外，周围环境的温度、湿度和其他干扰因素也影响振荡器频率的稳定性。

2. 频率稳定度

频率源的频率稳定度是指在一定时间间隔内，频率源的频率准确度的变化。由于引起频率变化的因素很多，各个因素对频率的影响各不相同，有的引起系统漂移，有的引起随机变化，在不同的取样时间内又各有不同的影响。上述复杂性说明用一个特征量来表征频率源"稳"的特性是不够的，需要根据引起频率变化的几种主要因素，由几个技术指标来分别加以说明。在讨论频率稳定度时，须说明所用的观测时间。按照观测时间的长短，可分为长期稳定度和短期稳定度。

长期稳定度是指年、月、周、天、小时内频率的相对变化，对于晶振来说，主要是器件老化引起的频率漂移。外界条件（如环境温度、电源电压等）引起的频率变化可采用相应的措施（如恒温、稳压等）来减小。

短期稳定度是指短于几秒内的频率抖动，这种抖动是由频率源内各种随机因素引起的。研究频率源的频率稳定度主要是指短期稳定度。用于计数器的石英振荡器，其输出频率在 1s 内稳不稳具有重要意义，故常用"秒级稳定度"来表征。

长期稳定度是指石英谐振器老化而引起的振荡频率在其平均值上的缓慢变化,即频率的老化漂移。多数高稳定的石英振荡器,经过足够时间的预热后,其频率的老化漂移往往呈现良好的线性(增加或减少)。

对短期频率稳定度的表征可在时域和频域两个角度进行,在时域内用相对频率起伏,而在频域内用相位噪声来表征频率的不稳定性。

6.4.5 频率稳定度的测量

1. 频稳的时域定义

瞬时频率 $f(t)$ 是指在某一时刻 t 的频率值,它是一个随机变量,要通过多次测量的统计特性来表征。在测量次数趋于无限大时,随机变量 $f(t)$ 的算术平均值为其数学期望。一个随机变量 $f(t)$ 的方差可表示为

$$\sigma_f^2 = \lim_{T \to \infty} \frac{1}{2T} \int_{-T}^{T} [f(t) - \bar{f}]^2 \mathrm{d}t = E\{f(t) - E[f(t)]\}^2 \tag{6.4.7}$$

严格意义上的瞬时频率是无法测量的。实际上,可实现的测量是在有限时间间隔 $t \sim t+\tau$ 内测量出随机起伏的平均值 $\bar{f}_{t,\tau}$ 来近似地表示 $f(t)$,即

$$\bar{f}_{t,\tau} = \frac{1}{\tau} \int_{t}^{t+\tau} f(t)\mathrm{d}t \tag{6.4.8}$$

在实际测量时,通常是在有限的时间内对随机变量进行有规律的取样。如图 6.4.4 所示,在相同的时间间隔 T 内,相邻的测量可以是连续的,也可以是相隔一段时间的。这时,其采样方差与测量次数 N、测量周期 T 及取样时间 τ 有关,即

$$\sigma_f^2(N,T,\tau) = < \left(\bar{f}_i - \frac{1}{N} \sum_{i=1}^{n} \bar{f}_i \right)^2 > \tag{6.4.9}$$

式中,$<\cdot>$ 代表随机变量长时间的统计平均。

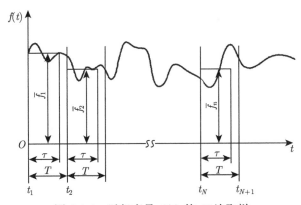

图 6.4.4　随机变量 $f(t)$ 的 N 次取样

由于实际的测量次数 N 为有限个,可利用贝塞尔公式来求取 $\sigma^2(N,T,\tau)$ 的最佳估计值,即

$$\sigma_f^2(N,T,\tau) \approx \frac{1}{N-1} \left(\bar{f}_i - \frac{1}{N} \sum_{i=1}^{n} \bar{f}_i \right)^2 \tag{6.4.10}$$

2. 阿伦方差的测量

用标准方差描述频率稳定度指标存在根本的困难。通过对频率源信号内的噪声分析可知，对频率源的频率起伏而言，由于频率源内部存在具有丰富低频成分的调频闪变噪声，此类噪声的长期变化影响，使标准方差是一个发散量，即测量次数越多，标准方差就越大。当 N 趋于无穷大时，标准方差也趋于无穷大。可以相对频率起伏的采样方差为基础，采用阿伦方差进行时域表征，可记为

$$\sigma_y^2(\tau) = \frac{1}{2} < (\bar{y}_2 - \bar{y}_1)^2 > \tag{6.4.11}$$

式中，$\bar{y}_1$、$\bar{y}_2$ 是在取样时间 τ 内，频率相对起伏 $y(t)$ 分别在第一次取样和连续进行的第二次取样，按式 (6.4.8) 求得的平均值。阿伦方差选取测量次数 $N = 2$，取样周期与取样时间相等 $(T = \tau)$ 的方差。若相邻两次取样为一组，组内取样无间隙，组与组间可有间隙，称为双采样方式，如图 6.4.5(a) 所示。在此情况下进行有限次测量时，可求得阿伦方差近似为

$$\sigma_y^2(2, \tau, \tau) = \frac{1}{f_0^2} \sum_{i=1}^{m} \frac{(f_{i_2} - f_{i_1})^2}{2m} \tag{6.4.12}$$

式中，m 为取样的组数；f_{i_2} 为第 i 组的第 2 个读数；f_{i_1} 为第 i 组的第 1 个读数。

若组内和组与组之间都是无间隙的，如图 6.4.5(b) 所示，全部连续取样，取样个数为 $m+1$ 个，则阿伦方差的近似值为

$$\sigma_y^2(2, \tau, \tau) = \frac{1}{f_0^2} \sum_{i=1}^{m} \frac{(f_{i+1} - f_{i_1})^2}{2m} \tag{6.4.13}$$

式中，f_{i+1}、f_i 为两次相邻测量的频率值，它是双采样的一种特殊形式。

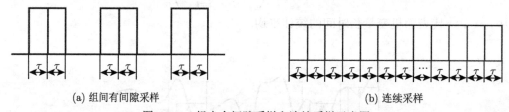

(a) 组间有间隙采样　　　　　　　　　　　　　　　(b) 连续采样

图 6.4.5　组内有间隙采样和连续采样示意图

如果取 $m=100$，按式 (6.4.12) 计算需要 200 个测量数据，但按式 (6.4.13) 只需要采样 101 个数据，可见大大减少了工作量。

*6.5　原子钟工作原理

时间到底意味着什么？如何实现时间的精密测量，自古以来就是人类从未间断思考和探索的问题。从日出而作、日落而休，到星斗满天、四季轮换，人类发现了大自然呈现的周期性，并由此构造了周期性发生原理的单摆、机械钟，使得时间的准确测量进入普通人的日常生活。尤其是，随着人们对电子技术的认识不断深入，以石英谐振为代表的电子钟进一步促进了时间测量的便捷应用与精度提高。时至今日，机械钟以及石英钟仍是人们认识时间的主要方式，大家可看看四周，石英表（手机上的时间也和石英表密切相关）是最普遍的电子测量仪器，几乎家家有、人人用。

随着量子物理的发展，人们认识到微观世界同样存在周期性的变化规律，原子能级间的辐射跃迁同样可反映一个固有频率特征，如 $E = h\nu$，其中 E 为能级间的能量差，h 为普朗克常量，ν 为频率。这个频率 ν 只和能级差相关，属于物质的内在属性，如果能把这个频率传递出来，作为标准频率，那么就可以做一个原子钟。美国哥伦比亚大学的拉比（Isidor Isaac Rabi）和学生在研究原子核的基本特性时，发明了一种被称为磁共振的技术，依靠这项技术，能够测量出原子的自然共振频率，从而将原子能级频率对应到时钟上，如图 6.5.1 所示，这使得高精度的原子钟变为可能，他被授予 1944 年的诺贝尔物理学奖。

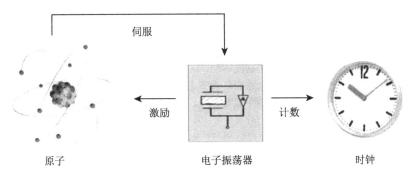

图 6.5.1 原子钟的基本原理示意图

后来，他的学生也是后来的同事 Norman F. Ramsey，在 1949 年左右开始利用均匀磁场前后的附加单独的振荡电磁场产生的干涉效应降低了响应曲线的半宽，使得信号的峰值特征更加凸显，进一步提高了自然共振频率测量的精度，"for the invention of the separated oscillatory fields method and its use in the hydrogen maser and other atomic clocks." 他被授予 1989 年的诺贝尔物理学奖。原子钟的发展使得时间的刻画更加精细。1967 年第 13 届国际计量大会将时间"秒"进行了重新定义：1 秒为铯原子（Cs^{133}）基态的两个超精细能级之间跃迁所对应的辐射的 9192631770 个周期所持续的时间。

初看起来，原子钟貌似并不复杂，不就是把一个频率传递出来吗？但操作起来却需要较多的知识，如锁相放大、闭环控制。下面以在地球上工作的铯原子钟为例，简单介绍原子钟的工作原理。每一个原子都有自己的特征振动频率（特征谱线）。Cs^{133} 属于有毒的半衰期长达 30 年的放射性元素，由于铯原子的最外层的电子存在超精细跃迁能级结构，两个超精细能级电子跃迁每秒发生 9192631770 次，而被普遍地用于原子钟。铯原子钟的基本工作框图如图 6.5.2 所示。

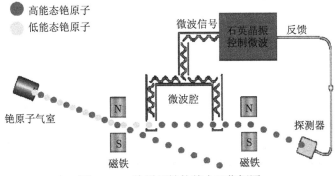

图 6.5.2 铯原子钟的基本工作框图

为了制造原子钟，铯原子会被加热至气化，由铯原子组成的气体，被引入时钟的真空室中，用 6 束相互垂直的红外线激光（黄线）照射铯原子气，利用多普勒效应，使之相互靠近而呈球状，同时激光减慢了原子的运动速度并将其冷却到接近 0K，实现激光冷却原子。此时的铯原子气呈现圆球状气体云。随后，利用两束垂直的激光轻轻地将这个铯原子气球向上举起，形成"喷泉"式的运动，然后关闭所有的激光器。这个很小的推力将使铯原子气球向上举起约 1m 高，穿过一个充满微波的微波腔，这时铯原子从微波中吸收了足够能量，从低能态 A 跃迁到高能态 B。然后，在地心引力的作用下，铯原子气球开始向下落，再次穿过微波腔，使得足够多的原子达到高能态 B。最后，在微波腔的出口处，探测器将对高能态的铯原子数目进行测量。利用一束激光照射铯原子，当在微波腔中跃迁到高能态的铯原子与激光束再次发生作用时就会放射出光能，并用探测器对光强进行测量。通过光强的数据控制微波腔内微波频率，利用闭环控制原理，使得微波频率和能级跃迁频率一致，从而利用铯原子的天然共振频率提高了微波频率的精度，而这个高精度的微波频率就是铯原子跃迁频率的现实版本，从而原子钟可变为现实。

需要指出的是，在地球上工作的铯原子钟，由于受到重力的作用，自由运动的原子团始终处于变速状态，宏观上只能做类似喷泉的运动或者是抛物线运动，这使得基于原子量子态精密测量的原子钟在时间和空间两个维度受到一定的限制。而在空间微重力环境下，原子团可做超慢速匀速直线运动，基于对这种运动的精细测量可获得较地面上更加精确的原子谱线信息，从而可获得更高精度的原子钟信号。可预期，空间冷原子钟将成为更高精度的原子钟。

原子钟的作用是巨大的，例如，在卫星导航领域，狭义相对论认为高速移动物体的时间流逝得比静止的要慢。每个 GPS 卫星的时速为 1.4×10^4km，根据狭义相对论，它的星载原子钟每天要比地球上的钟慢 7μs。另外，广义相对论认为引力对时间施加的影响更大，GPS 卫星位于距离地面大约 20000km 的太空中，由于 GPS 卫星的原子钟比地球表面的原子钟重力位高，星载时钟每天要快 45μs。两者综合的结果是，星载时钟每天大约比地面钟快 38μs。这个时差看似微不足道，但如果考虑到 GPS 系统要求纳秒级的时间精度，这个误差就非常可观了。38μs 等于 38000ns，如果不加以校正，GPS 系统每天将累积大约 10km 的定位误差，这会大大影响人们的正常使用。因此，为了得到准确的 GPS 数据，将星载时钟每天拨回 38μs 的修正项须计算在内。

互联网更离不开高精度的原子钟。

习　题

6-1　欲用电子计数器测量一个 f =0.1MHz 的信号频率，采用测频（选闸门时间为 1s）和测周（选时标为 0.01μs）两种方法，试比较这两种方法由 ±1 误差引起的测量误差。

6-2　通用计数器测量低频信号的频率时，采用倒数计数器是为了 ＿＿＿＿＿＿。

　　A. 测量低频周期；　　　　　　　　　　B. 消除转换误差；

　　C. 改善低频失真；　　　　　　　　　　D. 减小测频时的量化误差影响

6-3　用于电子计数器中的高精度晶体振荡器，通常采取了 ＿＿＿＿＿＿ 措施。

　　A. 精密稳压；　　　B. 选择电路元件；　　　C. 恒温或温补；　　　D. 消除寄生振荡

6-4　用游标法测量一个时间间隔 τ，假设 f_1 领先 f_2 且 $f_1 = 10$MHz，$f_2 = 10.001$MHz。经过 100 个周期的追赶，两时标重合，则被测时间间隔 τ 为 ＿＿＿＿＿＿。

　　A. 1μs；　　　　　　B. 0.99μs；　　　　　　C. 1ns；　　　　　　D. 0.99ns

6-5　调制域描述的是 ＿＿＿＿＿＿ 之间的关系。

　　A. 时间　幅度；　　　B. 时间　频率；　　　C. 频率　幅度；　　　D. 时间　相位

6-6　对电信号的测量中，测量准确度最高的是 ＿＿＿＿＿＿。

　　A. 电压；　　　　　　B. 频率；　　　　　　C. 相位；　　　　　　D. 频谱

6-7　有人说，电子计数器具有自检功能，因而可对内部基准源进行自检。请判断正误，并简述理由。

6-8　欲用电子计数器测量一个 f_x=200 Hz 的信号频率，可采用测频（选闸门时间为 1s）和测周（选时标为 0.1μs）两种方法。从减少 ±1 误差的影响来看，试问 f_x 在什么频率范围内宜采用测频方法？在什么频率范围内宜采用测周方法？

6-9　若被测信号频率为 20MHz，选闸门时间为 0.1s，则由 ±1 误差导致的测频误差为 ＿＿＿＿＿＿。

6-10　测量频率时，设定闸门时间 $T_s=1s$，若计数值 $N=10000$，则显示的 f_x 为 _____ kHz。

6-11　以下不属于电子测量仪器的主要性能指标的是 _____。

　　　A. 精度；　　　　　　　　B. 稳定度；　　　　　　　C. 灵敏度；　　　　　　　D. 速度

第 7 章　信号波形显示与测量

示波器（Oscilloscope），顾名思义就是显示波形的仪器，可将电信号作为时间的函数显示在屏幕上；既是最经典、最通用的时域波形测试的仪器，也是当前电子测量领域中品种最多、数量最大、最常用的一类仪器。示波器可直接观察并测量一个正弦信号的波形、幅度和周期/频率等基本参量，或一个脉冲信号的前后沿、脉宽、上冲、下冲等参数。更广义地说，示波器是一种能够反映任何两个互相关联的参数 X-Y 坐标图形的显示仪器，只要把两个有关系的变量转化为电信号，分别加至示波器的 X、Y 通道，就可以显示这两个变量之间的关系，甚至如频谱仪和逻辑分析仪都可看成广义示波器。

示波器作为对信号波形进行直观观测和显示的电子仪器，其发展历程与整个电子技术的发展息息相关。1878 年由英国的 W. 克鲁克斯发现的阴极射线管（Cathode Ray Tube，CRT）奠定了示波器发展的基础。1934 年，B. 杜蒙发明了 137 型示波器，堪称现代示波器的雏形。随后，国外创立了许多仪器公司，后来成为示波器的主要生产厂商，对示波器的研究和生产起了很大的推动作用。示波器的发展过程大致可分为以下三个阶段。

（1）模拟示波器的兴起。20 世纪 40 年代是电子示波器兴起的时代，雷达和电视的开发需要性能良好的波形观察工具，泰克成功开发了带宽 10MHz 的同步示波器，开启了近代示波器的发展历程。伴随着半导体和电子计算机的问世，电子示波器的带宽达到 100MHz。

（2）模拟示波器的发展与数字示波器的产生。20 世纪 60 年代，美国、日本、英国、法国在电子示波器开发方面各有不同的贡献，出现带宽 6GHz 的取样示波器、带宽 4GHz 的行波示波管和宽带 1GHz 的存储示波管，便携式、插件式示波器形成了系列产品。20 世纪 70 年代模拟式电子示波器达到高峰，行谱系列非常完整，带宽 1GHz 的多功能插件式示波器标志着当时科学技术的高水平，为测试数字电路又增添了逻辑示波器和数字波形记录器。模拟示波器从此没有更大的进展，开始让位于数字示波器，高端技术以美国领先。

（3）数字示波器引领新时代。数字技术的发展和微处理器的问世，对示波器的发展产生了重大的影响。1974 年诞生了带微处理器的示波器，即智能数字示波器，具备对信号进行数字存储和数据处理功能。1983 年带宽为 50kHz 的数字存储示波器问世，经过多年的努力，数字存储示波器的性能得到很大的提高。现在，数字存储示波器尤其是数字荧光示波器，无论在产品的技术水平还是在其性能指标上都优于模拟示波器，特别是宽带示波器的带宽可高达 100GHz，是示波器发展的一个主要方向。

7.1　模拟示波器

在数字示波器已形成主流应用态势的情况下，对模拟示波器的原理学习并不过时。了解示波器的完整发展历程，把握其优点及历史局限性，更有助于学习新型的示波器原理；在数字示波器能力提升日益困难的情况下，熟悉模拟示波器的测量方式，也有助于未来开展更先进示波器的创新研究。

7.1.1 通用模拟示波器

示波器的显示器主要有阴极射线管（CRT）和液晶显示器（Liquid Crystal Display，LCD）两大类，早期的示波器主要采用 CRT 显示技术。CRT 主要由电子枪、偏转系统和荧光屏三部分组成，它们被密封在真空的玻璃管壳内，基本结构如图 7.1.1 所示。电子枪产生的高速电子束，经偏转系统实现空间偏转，轰击荧光屏的相应部位产生荧光，进而实现二维区域的光强度分布的更新，即实现灰度图像的显示。

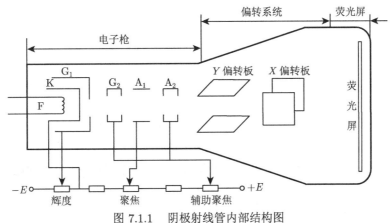

图 7.1.1 阴极射线管内部结构图

F-灯丝，K-阴极，G_1、G_2-栅极，A_1、A_2-阳极

电子枪的作用是发射电子并形成很细的高速电子束。它由灯丝 F、阴极 K、栅极 G_1 和 G_2 及阳极 A_1、A_2 组成。当电流流过灯丝后对阴极加热（电能转换为热能），使涂有氧化物的阴极产生大量电子，并在后续电场作用下将电势能转换为动能，轰击荧光屏发光将动能转换为光能和热能。

示波管的偏转系统由两对相互垂直的平行金属板组成，分别称为垂直（Y）偏转板和水平（X）偏转板；偏转板在外加电压信号的作用下使电子枪发出的电子束产生偏转。

X、Y 偏转板的中心轴线与示波管中心轴线重合，分别独立地控制电子束在水平和垂直方向上的偏转。当偏转板上没有外加电压（或外加电压为零）时，电子束打向荧光屏的中心点；如果有外加电压，则偏转板之间形成电场，在偏转电场作用下，电子束打向由 X、Y 偏转板共同决定的荧光屏上的某个坐标。通常，为了使示波器有较高的测量灵敏度，将 Y 偏转板置于靠近电子枪的部位，而 X 偏转板在 Y 偏转板的后边（图 7.1.1）。

电子束在偏转电场作用下的偏转距离与外加偏转电压成正比，图 7.1.2 为在垂直偏转板上施加电压 U_y 时，电子束的偏转示意图。如图 7.1.2 所示，电子在离开第二阳极 A_2（设电压为 U_a）时速度为 v_0，这时电子在 A_2 的电势能转换为动能，设电子质量为 m，则有 $eU_a = \frac{1}{2}mv_0^2$。电子将以 v_0 为初速度进入偏转板。根据物理学知识，电子经过偏转板后的运动轨迹将类似抛物线，并可推导出偏转距离 y 如下：

$$y = \frac{lS}{2bU_a}U_y \tag{7.1.1}$$

式中，l 为偏转板的长度；S 为偏转板中心到屏幕中心的距离；b 为偏转板间距；U_a 为阳极 A_2 上的电压；U_y 为偏转板上所加的电压。

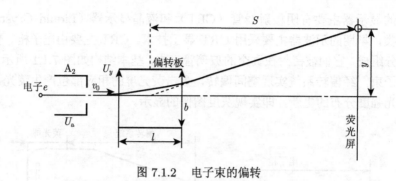

图 7.1.2   电子束的偏转

式 (7.1.1) 表明，偏转距离与偏转板上所加电压和偏转板结构的多个参数有关，其物理意义可解释如下：若外加电压 U_y 越大，则偏转电场越强，偏转距离越大；若偏转板长度 l 越长，则偏转电场的作用距离越长，因而偏转距离越大；若偏转板到荧光屏的距离 S 越长，则电子在垂直方向上的速度的作用下，偏转距离增大；若偏转板间距 b 越大，则偏转电场减弱，使偏转距离减小；若阳极 A_2 的电压 U_a 越大，则电子在轴线方向的速度越大，穿过偏转板到荧光屏的时间越短，因而偏转距离减小。

对于设计定型后的示波器偏转系统，l、S、b、U_a 可视为常数，设

$$S_y = \frac{lS}{2bU_a} \quad (\text{cm/V}) \tag{7.1.2}$$

则式（7.1.1）可写为

$$y = S_y U_y \tag{7.1.3}$$

称比例系数 S_y 为示波管的 Y 轴偏转灵敏度（单位为 cm/V），$D_y = 1/S_y$ 为示波管的 Y 轴偏转因数（单位为 V/cm），它是示波管的重要参数。S_y 越大，示波管越灵敏。式（7.1.3）表示，垂直偏转距离与外加垂直偏转电压成正比，即 $y \propto U_y$。同样地，对水平偏转系统，亦有 $x \propto U_x$。据此，当偏转板上施加的是被测电压时，可用荧光屏上的偏转距离来表示该被测电压的大小，因此，式（7.1.3）是示波管用于观测电压波形的理论基础。

荧光屏将电信号变为光信号，它是示波管的波形显示部分，通常制作成矩形平面（也有圆形平面的）。

当电子束停止轰击荧光屏时，光点仍能保持一定的时间，这种现象称为"余辉效应"。从电子束移去到光点亮度下降为原始值的 10% 所持续的时间称为余辉时间。余辉时间与荧光材料有关，一般将余辉时间小于 10μs 的称为极短余辉；10μs ~ 1ms 为短余辉；1ms ~ 0.1s 为中余辉；0.1 ~ 1s 为长余辉；大于 1s 为极长余辉。正是由于荧光物质的"余辉效应"以及人眼的"视觉残留"效应，尽管电子束每一瞬间只能轰击荧光屏上一个点发光，但电子束在外加电压下连续改变荧光屏上的光点，我们就能看到光点在荧光屏上移动的轨迹，该光点的轨迹即描绘了外加电压的波形。

示波器显示图形或波形的原理是基于电子与电场之间的相互作用原理进行的。根据这个原理，示波器可显示随时间变化的信号波形和任意两个变量 X 与 Y 的关系图形。

电子束进入偏转系统后，要受到 X、Y 两对偏转板间电场的控制，设 X 和 Y 偏转板之间的电压分别为 U_x 和 U_y。

X 偏转板加锯齿波电压 $u_x = kt$，Y 偏转板加正弦波信号电压 $u_y = U_m \sin(\omega t)$，即 X、Y 偏转板同时加电压，并假设 $T_x = T_y$，则电子束在两个电压的同时作用下，在水平方向和垂直方向同时产生位移，荧光屏上将显示出被测信号随时间变化的一个周期的波形曲线，如图 7.1.3 所示。显示波形的逐点描迹的过程如下。

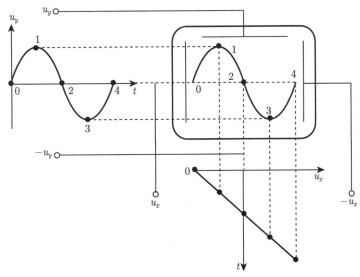

图 7.1.3 水平和垂直偏转板分别施加锯齿波和正弦信号时的显示

当时间 $t = t_0$ 时，$u_x = -U_{x_m}$（锯齿波电压的最大负值），$u_y = 0$。光点出现在荧光屏上最左侧的"0"点，偏离屏幕中心的距离正比于 U_{x_m}。当时间 $t = t_1$ 时，$U_y = U_{y_1}$、$U_x = -U_{x_1}$，光点同时受到水平和垂直偏转板的作用，但此时正弦波电压为正的最大值，即 $U_{y_1} = U_{y_m}$，光点出现在屏幕第 Ⅱ 象限的最高点"1"点。当时间 $t = t_2$ 时，$U_y = 0$、$U_x = 0$，此时锯齿波电压和正弦波电压均为 0，即 $U_{x_2} = U_{y_2} = 0$，光点将会出现在屏幕中央的"2"点。当时间 $t = t_3$ 时，$U_y = U_{y_3}$、$U_x = U_{x_3}$，正弦波的负半周与正半周类似，此时正弦波电压为负半周到负的最大值，$U_{y_3} = -U_{y_m}$、光点出现在屏幕第 Ⅳ 象限的最低点，如图 7.1.3 中"3"点所示。当时间 $t = t_4$ 时，$U_y = 0$、$U_x = U_{x_4}$，此时锯齿波电压和正弦波电压均为零，$U_{x_4} = U_{y_4} = 0$，光点将会出现在屏幕的第"4"点。

以后，在被测信号的第二个周期、第三个周期等都将重复第一个周期的情形，光点在荧光屏上描出的轨迹也将重叠在第一次描出的轨迹上，因此，荧光屏显示的是被测信号随时间变化的稳定波形。

但是，需要指出的是，锯齿波扫描周期和正弦信号的周期需要有匹配关系。大家可以想一想，如果这两个参数之间的周期不同步，会出现什么情况？大家通过推导和画一画的方式可以知道，这样会导致显示的波形相位一直改变，就会出现波形在向左或者向右移动的情形，不利于波形的显示与观察。模拟示波器通过电子束运动轨迹和控制电压间的比例关系，巧妙地实现了电压信号随时间的波形的显示，这种现象和中学物理中讲过的单摆沙漏下匀速运动的平板上获得的沙子的轨迹是类似的。在模拟示波器中，只要控制横坐标代表时间的锯齿波连绵不断地出现，纵坐标上的电压波形一定会无所遁形，有点类似一直盯着看，眼睛也不眨，处于持续观测状态；而多年以后出现的数字存储示波器，由于存储或者处理能力的限制，总是存在一段时间无法进行观测，就好似人的眼睛，一直看会疲劳，需要眨一眨，在眨眼的阶段，是无法"观测"信号波形的。一直到并行数字处理数据的快速发展出现了数字荧光示波器，才缓解了这一困境，但眨眼现象依然存在，死区时间也没有被消除。

7.1.2　波形取样技术及取样示波器

从示波器显示波形的过程可知，无论是连续扫描还是触发扫描，它们都是在信号经历的实际时间内显示信号波形，即测量时间（一个扫描正程）与被测信号的实际持续时间相等，故称实时（Real Time）测量方法。与此相应的示波器称为"实时示波器"，一般通用示波器都属于实时示波器。随着被测信号频率的提高，被测脉冲的前沿越来越陡，通用实时示波器的带宽受垂直放大器和示波管响应速度的限制，已不能满足需求，需要采用取样示波器扩展观测频率范围。

取样就是从被测波形上取得样点的过程。取样分为实时取样和非实时取样两种。从一个信号波形中取得所有取样点来表示一个信号波形的方法称为实时取样，如图 7.1.4 所示；从被测信号的许多相邻波形上取得样点的方法称为非实时取样，或称为等效取样，如图 7.1.5 所示。图 7.1.5 表示了顺序取样示波器的显示过程（注意，荧光屏上显示的波形是不连续的光点）。非实时取样的信号间隔选取是灵活的，可以间隔 10 个、100 个甚至更多个波形取一个样点，以更有利于观测高频周期信号。

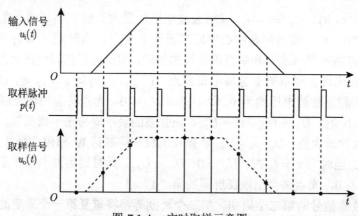

图 7.1.4　实时取样示意图

欲观察一个波形，可以把这个波形在示波器上连续显示，也可以在这个波形上取很多的点，把连续波形变换成离散波形。只要取样点数足够多，这些离散点也能够反映原波形的形状。当这些光点足够密集时，则可观测到近似连续的波形。若采用插值处理，也可显示连续的信号波形。也就是说，既可以实时也可以非实时显示被测波形。

图 7.1.6 为取样示波器的组成框图，与通用示波器类似，取样示波器主要由示波管、X 通道和 Y 通道组成。它与普通示波器相比，主要差别是增加了取样电路和步进脉冲发生器，

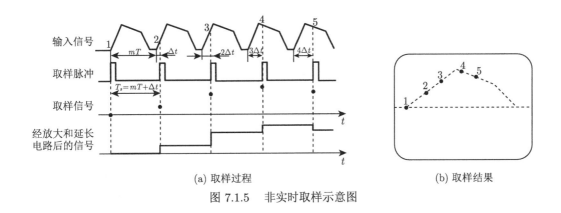

(a) 取样过程　　　　　　　　　　(b) 取样结果

图 7.1.5　非实时取样示意图

这些电路都是为了对被测信号进行逐点取样而加入的，此外，为了观测信号前沿，必须把延迟线放在取样示波器的输入端。

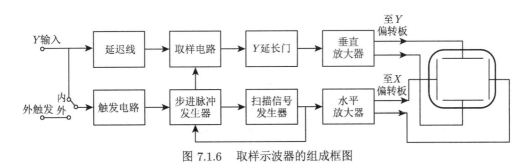

图 7.1.6　取样示波器的组成框图

垂直 Y 通道由延迟线、取样电路、延长门和 Y 放大器等电路组成，最关键的电路是取样电路，产生正比于取样值的阶梯电压。被测信号经延迟线送至取样门，在步进延迟的取样脉冲控制下取样。取样后得到的是一连串很窄的取样信号，取样幅度一般只能达到被测信号的 2%~10%；取样后必须对取样信号进行放大，并通过脉冲延长电路，使得取样脉冲结束后，仍保持取样信号幅值；最后将放大和延长后的信号送到垂直放大器。

水平 X 系统由触发电路、步进脉冲发生器、扫描信号发生器和 X 放大器等电路组成。被测信号或外触发信号经触发电路产生所需的触发同步信号。该信号馈入步进脉冲发生器，产生步进延迟脉冲。步进延迟脉冲送到垂直系统，控制取样脉冲发生器和延长门控制器。步进延迟脉冲还用于控制水平扫描电路，每一个延迟脉冲送至阶梯波发生电路，产生阶梯电压。阶梯波每上升一个阶梯，屏幕上隔一定距离就显示一个光点，取样示波器屏幕上的扫描线是由断续的光点组成的，每两点相差一个阶梯电压上升一级对应的时间。

在取样技术中，取样保持器是核心电路，取样保持器在原理上可等效为一个取样开关（取样门）和保持电容的串联，如图 7.1.7 所示，相应的工作波形参看图 7.1.5。

在 $t = t_1$ 时，取样脉冲 $p(t)$ 到来，取样门开关 S 闭合，输入信号 $u_i(t)$ 经 R 对 C 充电，充到此刻输入信号对应的瞬时值。$p(t)$ 过去后，S 断开，C 上电压维持不变。此时，输入信号 $u_i(t)$ 被取样，形成离散输出信号 $u_o(t)$，$u_o(t)$ 称为"取样信号"。若取样脉冲宽度 τ 很窄（大家想一想，如果不是足够窄，会怎样？），则可以认为输入信号幅度在 τ 时间内

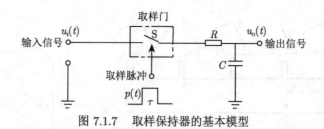

图 7.1.7   取样保持器的基本模型

不变，即每次取样所得离散的取样信号幅度就等于该次取样瞬间输入信号的瞬时值。此时，充电值对应于波形的取样点 1。在 $t = t_2$ 时，取样脉冲 $p(t)$ 再次到来，S 闭合，输入信号 $u_i(t)$ 经 R 对 C 充电，充电值对应于波形的取样点 2。依次类推，可取样点若干。

从图 7.1.5 中可以看出，两个取样脉冲的时间间隔为

$$T_s = mT + \Delta t \tag{7.1.4}$$

式中，T 为被测信号的周期；Δt 为步进延迟时间；m 为两个取样脉冲之间被测信号周期的个数（图 7.1.5 中 $m=1$）。则所得的取样信号的包络可重现原信号波形，因为波形包络所经历的时间变长了，故可用低频示波器显示。

步进间隔 Δt 决定了采样点在各个波形上的位置，并使本次采样点的位置比上次采样点的位置推迟 Δt 时间。由于被测信号是波形完全相同的重复信号，可以利用具有"步进延迟"的宽度极窄的取样脉冲 Δt 在被测信号各周期的不同相位上逐次取样，即每取样一次，取样脉冲比前一次延迟 Δt，那么取样点将按顺序取遍整个信号波形。这样，就把高速的采样过程，等效成了高精度的时刻控制过程，对器件的要求也大大降低了，毕竟高速采样受限于半导体/场效应晶体管的结电容，但对于时间/频率的测量与控制，相对容易多了（时间和频率的测量是目前最精密、最普遍、最广泛的测量。）。

步进间隔 Δt 与信号最高频率 f_h 应满足取样定理：

$$\Delta t \leqslant \frac{1}{2f_h} \tag{7.1.5}$$

假设在实时取样条件下，以 Δt 为取样间隔，完成一个信号周期（T）的采样需 n 次，即 $T = n\Delta t$，在非实时取样时，设每 m 个信号周期取样一次，经过 n 次取样之后完成对信号的一次取样循环，则一次取样循环的时间 t 和信号周期 T 的关系为

$$t = n(mT + \Delta t) = (mn + 1)T \approx mnT \tag{7.1.6}$$

即非实时取样后得到的 n 个取样点形成的包络等效为原信号的一个周期，而这 n 个取样点来自于原信号的（$mn+1$）个周期，因而，取样后频率降低为原来的 $1/（mn+1）$。但是，需要指出的是，非实时取样只适用于周期性信号。而对于非周期性信号，只能采用实时取样方式。谁在起作用？还是采样定理！

除了上述逐渐延时的顺序采样方式之外，也可以采用随机采样的方式。随机取样也是经过若干个信号周期取得一组取样值，但取样不是顺序进行的，而是随机出现的，取样时同时记录取样点出现的相对位置，这样在显示时才能根据不同的位置，确定信号的取样点，从而确定信号。对于随机取样，光点的显示也是依照取样的先后进行的，因而，扫描电压

不是规则的阶梯波，而应该根据每个样点原来的位置分别扫描。但需要指出的是，随机采样只是形式上满足随机统计规律的采样，利用的是随机数（实际上是伪随机数，也是预先确定的）的统计特性，而不是随意或者胡乱采样，究其根源也是为了模拟白噪声的宽谱特性，以获得足够好的信号特征，计算的过程在数学上是确定的，而不是混乱的，大家需要认清这一点。

7.1.3 波形模拟存储技术及记忆示波器

在模拟示波器时代，通用示波器可以观察从低频到高频的周期性重复信号，但很难测量单次瞬变过程和非周期信号。模拟示波器的显示离不开屏幕的荧光效应，信号停留时间取决于屏幕的荧光持续时间，一般荧光持续时间需要兼顾响应速度（越短支持的速度越高）和人眼的响应能力（越长看着越清晰）；因为无法记录下实时的波形，一旦瞬变信号没有被观测者看到，就不能被发现。此外，如果要将正在观察的信号和以前某一时刻的信号进行对比，通用示波器也无法实现。利用记忆示波管的波形记忆（存储）特性可以实现波形较长时间的存储，由此构成的示波器称为模拟记忆示波器，也称 CRT 存储示波器。

CRT 存储示波器的 Y 轴偏转系统和时基扫描电路与通用示波器相同，它是在通用示波器的基础上增加了记忆示波管和控制信号实现的。

7.2　数字示波器

数字示波器的发展离不开模拟数字转换技术的不断演化，当然也受到采样定理的约束。而且一旦采样完成，就需要进行数据显示或者数据存储。同时，数字示波器不仅要替代模拟示波器的主要功能，也需要提供新的功能，如复杂的信号处理能力。

数字存储示波器（Digital Storage Oscilloscope，DSO）是 20 世纪 70 年代初发展起来的一类新型示波器，能存储记忆测量的任意时间的瞬时信号波形。与模拟记忆示波器不同，数字存储示波器不是一种模拟信号的存储，而是将捕捉到的波形通过 ADC 进行数字化，而后存入数字存储器中。它可以方便地对模拟信号进行长期存储并利用微处理器对存储的信号做进一步处理，例如，对被测波形的频率、幅值、前后沿时间和平均值等参数的自动测量以及多种复杂的处理。数字存储示波器的出现使传统示波器的功能发生了重大变革。目前，数字示波器有数字存储示波器、数字取样示波器和数字荧光示波器等。虽然受限于眨眼效应，但新技术的发展降低了其对波形捕获的影响，从发展趋势来看，液晶显示数字示波器最终将取代模拟示波器。

与模拟示波器相比，数字存储示波器具有以下几个特点。

（1）波形的取样/存储与显示相互独立。在存储工作阶段，对快速信号采用较高的速率进行取样和存储，对慢速信号采用较低速率进行取样和存储；但在显示工作阶段，其读出速度可采用一个固定的速率，不受取样速率的限制，因而可以获得清晰而稳定的波形，可以无闪烁地观测极慢变化信号，这是模拟示波器无能为力的。

（2）能长时间地保存信号。由于数字存储示波器是把波形用数字方式存储起来，其存储时间在理论上可以无限长。这种特性对观察单次出现的瞬变信号尤其重要，如单次冲击波、放电现象等。

（3）先进的触发功能。它不仅能显示触发后的信号，而且能显示触发前的信号，并且可以任意选择超前或滞后的时间。除此之外，数字存储示波器还可以提供边缘触发、组合触发、状态触发和延迟触发等多种方式来实现多种触发功能。

（4）测量准确度高。数字存储示波器由于采用晶振作为高稳定时钟，有很高的测时准确度，采用高分辨率 ADC 也使幅度测量准确度大大提高。

（5）很强的数据处理能力。数字存储示波器内含微处理器，因而能自动实现多种波形参数的测量与显示。例如，上升时间、下降时间、脉宽、频率和峰峰值等参数的测量与显示；能对波形取平均值、取上下限值、频谱分析以及对两波形进行加减乘除等多种复杂的运算处理；还具有自检与自校等多种自动操作功能。

（6）外部数据通信接口。数字存储示波器可以很方便地将存储的数据送到计算机或其他的外部设备，进行更复杂的数据运算和分析处理，还可以通过 GPIB 接口与计算机一起构成自动测试系统。

数字存储示波器的主要部件及要求

7.2.1 数字存储示波器的组成及工作原理

数字示波器是在模拟示波器的基础上开发的，它保留了模拟示波器的优点。而对于瞬间出现而又瞬间消失的单发信号，仅借助模拟示波器是无法显示的。与模拟示波器不同，数字示波器拥有存储记录瞬时波形的功能，相当于集模拟示波器与记录器两项功能于一体，可以捕捉到突发的单发信号。模拟示波器和数字示波器的结构比较示意图如图 7.2.1 所示，图中虚线部分是数字示波器增加的电路部分。由图可知，数字示波器的主要特点是将被测信号进行数字化，被测信号变成数字信号之后在微处理器控制下可以进行存储，把被测信号的一部分，即一个时间段的信号记录在存储器中。此外在微处理器的控制下还可对测量的信号进行处理和运算，将幅度和时间轴等信息显示在屏幕上，为信号的观测、分析和处理

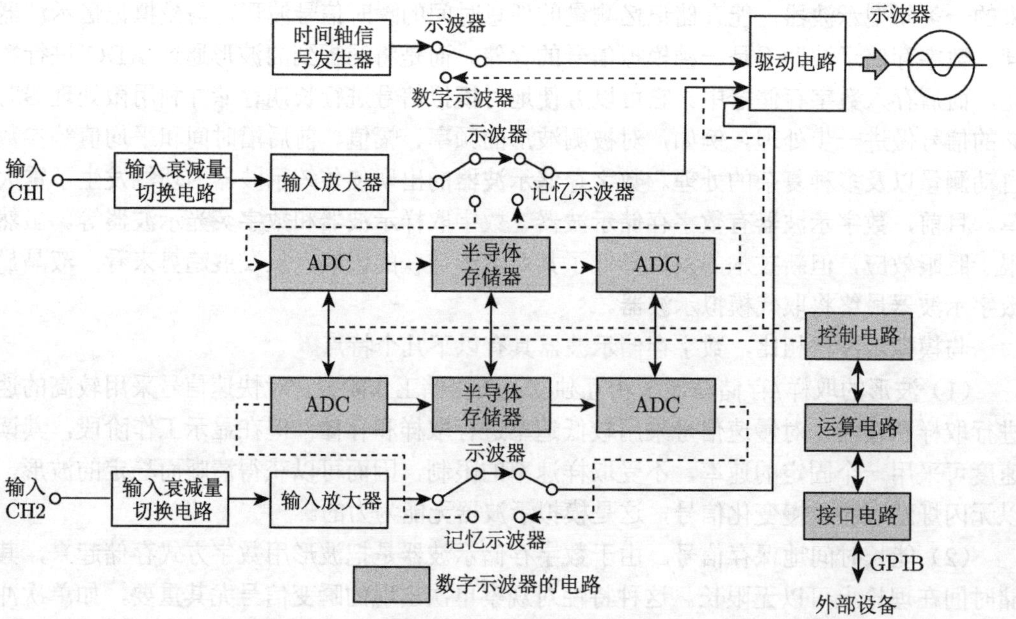

图 7.2.1 模拟和数字示波器的电路结构的比较

提供了极大便利。

一般的数字存储示波器的普遍结构可由图 7.2.2 表示，主要由校准衰减器、垂直放大器、水平放大器、模数转换器、数模转换器、存储器、石英晶体时基以及微处理器构成。

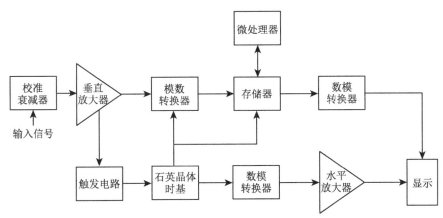

图 7.2.2 数字存储示波器的结构示意图

模拟信号通过垂直输入衰减和放大器后，到达模数转换器（ADC），模数转换器的位数越多，量化的层次越多，数字处理的精度越高。存储器中每个单元都存储了一个抽样点的信息，在显示屏上显示为一个点，该点 Y 方向的坐标值取决于数字信号值的大小、示波器 Y 方向电压灵敏度设定值和 Y 方向的整体偏移量。X 方向的坐标值取决于数字信号值在存储器中的地址、示波器 X 方向电压灵敏度的设定值以及 X 方向的整体偏移量。经模数转换后的数字信号将被存入存储器。存储过程的速度由触发电路和石英晶体时基信号来决定。接下来，被测信号变成数字信号之后，在微处理器的控制下可以进行信号的分析和运算处理。最后可根据需要选择相应的波形和数据。处理过后的信号经数模转换器后作为模拟信号输出，进行显示。其中微处理器的功能比较强大，主要有峰值检出功能、波形计算功能等。借助这些功能，可以将被测信号的频率值、幅度值等参数显示出来。

7.2.2 示波器的触发与显示

1. 数字示波器的触发模式

相对于模拟示波器来说，数字示波器有着非常丰富的触发功能，数字示波器正是凭借丰富的触发功能而成为电路调试的利器。触发对于示波器来说有两个主要作用：一个是捕获感兴趣的信号，另一个是确定波形的时间零点。如图 7.2.3 所示，信号从外面进入示波器经放大后分成两路：一路通过 ADC 进行采样和量化，另一路触发信号通过外触发送入触发器。触发电路实时监控着输入的信号并判断是否满足预先设置好的触发条件。示波器采集的开始、停止等关键的动作都是在触发比较电路的控制下进行的。

触发对波形的稳定显示非常重要，如果示波器没有触发，示波器可能采集到波形的任何一段位置，而下一个波形可能又采集到另一段位置，这样在屏幕上看到的波形就是不稳定的。图 7.2.4 是示波器不触发时示波器捕捉的一个连续的正弦波中的几段波形，由于每段波形采集的起始点是随机的，因此在示波器上看到的波形是不稳定的。

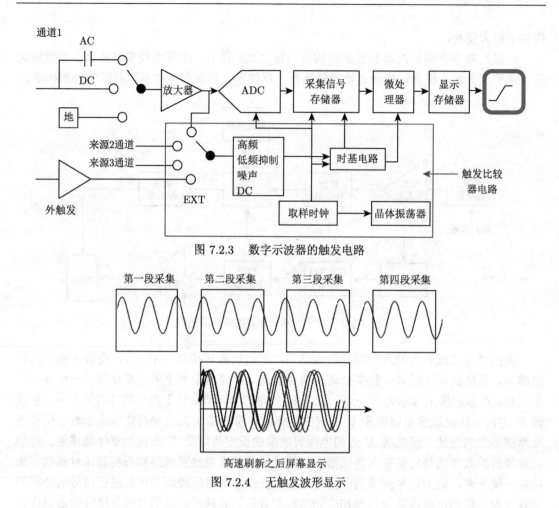

图 7.2.3　数字示波器的触发电路

图 7.2.4　无触发波形显示

对于模拟示波器来说，是在触发后才进行信号的扫描显示，在屏幕上看到的波形都是触发点以后的。而对于数字示波器来说，在触发条件不满足时，示波器并不是在等待，而是在全速向缓存中填充并不断用新的数据覆盖旧的数据，这个过程一直会持续到触发的发生，一旦满足触发条件，触发电路会控制示波器继续采集一段时间再停止。这样，示波器的内存中有一部分是触发点前（Pre-Trigger）的数据，另一部分是触发点后（Post-Trigger）的数据。由于数字示波器的存储功能，使用者既能看到触发点前的数据也能够看到触发点后的数据，并可根据需要调整前后部分波形的比例，如图 7.2.5 所示。

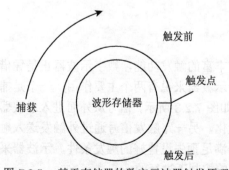

图 7.2.5　基于存储器的数字示波器触发原理

对于数字示波器来说，整机都是在触发电路的控制下工作的。触发电路决定了示波器什么时候采集信号，什么时候停下来显示波形。而触发模式就是指示波器在触发条件满足前和触发条件满足后的工作状态。示波器常用的触发模式有以下三种。

自动触发模式（Auto Trigger Mode）：这是绝大多数示波器的默认触发模式。在自动触发模式下，示波器优先检测设定好的触发条件是否满足。如果触发条件满足，示波器就按当前的触发条件触发；如果触发条件不满足且持续超过一定时间（一般是几十毫秒），示波器内部会自动产生一个触发并捕获波形显示。如果示波器发生了自动触发，这时捕获的波形可能是不满足触发条件的，但是这避免了用户由于触发条件设置错误而完全看不到信号波形的情况。在自动触发模式下，无论是满足条件的触发还是示波器自动产生的触发，一旦触发后示波器就会把捕获的波形处理显示，然后等待下一次触发的到来，因此无论触发条件是否满足，示波器上的波形都是"动"起来的。

正常触发模式（Normal Trigger Mode）：如果用户要捕获的信号出现的时间间隔较长，而且触发条件是设置无误的，就可以把示波器设置为正常触发模式。在正常触发模式下，示波器会严格按照设定好的触发条件触发。如果触发条件不满足，示波器会一直等待满足触发条件的信号到来，而且不会自动触发。在正常的触发模式下，一旦触发后，示波器就会把捕获的波形处理显示，然后等待下一次触发的到来。因此，如果持续有触发条件的波形到来，示波器上的波形也会"动"起来，但如果满足触发信号的波形一直没有到来，示波器上的波形既不动也不更新。

单次触发模型（Single Trigger Mode）：在正常的触发条件下，当有新的满足触发条件的波形到来时，会更新前面的波形，而有时需要捕获一些单次或瞬态的情况，例如，要捕获系统上电的波形、开关打开瞬间的波形等，这个时候就可以使用单次触发模式。在单次触发模式下，一旦满足触发条件，示波器就会把捕获的波形进行处理显示，并且不再进行后续的触发和采集。

2. 数字示波器的触发实现形式

数字示波器虽然有比较长的死区时间，但是由于采用数字技术，可以设置非常丰富的触发条件。如果使用者能够大概估计出可能要捕获的信号特征，就能根据信号特征设置相应的触发条件进行捕获。

边沿触发是当被测信号的电平变化方向与设定相同（上升沿或下降沿），其值变化到与触发电平相同时，示波器被触发，并捕获波形。边沿触发是常用的有效触发方式。边沿触发时，先预设触发电平和触发沿，触发沿信号与触发电平通过比较器进行比较，当触发源信号穿越触发电平后，比较器输出信号改变，产生一个触发信号，如图 7.2.6 所示。

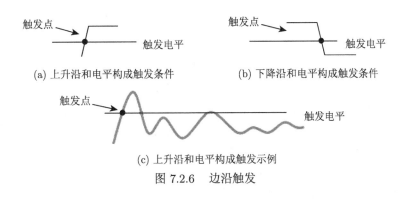

(a) 上升沿和电平构成触发条件   (b) 下降沿和电平构成触发条件

(c) 上升沿和电平构成触发示例

图 7.2.6　边沿触发

触发电平只是一个参考电压，而实际的波形在边沿处是存在抖动的，如图 7.2.7 所示，图中波形的干扰非常小，但是上升沿还是存在锯齿状，当噪声很大时，抖动会更剧烈。如果想稳定触发波形的上升沿，则需要在触发电平的上下范围内使用迟滞比较，该范围对应触发灵敏度，以抑制触发电平附近的波形抖动和毛刺。

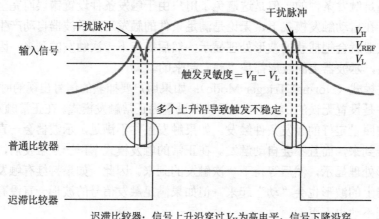

图 7.2.7　普通比较器与迟滞比较器的触发

触发灵敏度的设置对噪声的抑制如图 7.2.8 所示，当测量小信号时，需要较高的触发灵敏度才能使信号稳定触发，这时可将触发灵敏度的值调小或置零；当波形噪声较大时，需要适当地调大触发灵敏度，可以有效滤除叠加在触发信号上的噪声，防止误触发，如图 7.2.8 所示。

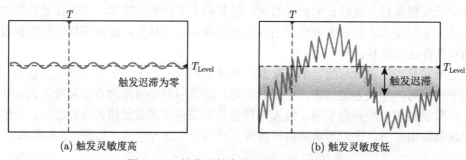

图 7.2.8　触发灵敏度的设置对噪声的抑制

脉宽触发，主要适合于周期信号中出现的与规定时间宽度不符的异常信号或感兴趣脉冲序列中的某一时间宽度特征码捕获。根据信号的特征，尤其是波形宽度，选用脉冲宽度触发功能。设定触发电平和所要捕获波形的时间宽度，例如，时间触发条件设定为"＝"或"＜"或"＞"或"≠"。当波形符合电平触发条件，也满足设定的波形时间宽度的触发条件时，通过脉冲宽度触发比较器使示波器触发，可捕获到所感兴趣的宽度波形。利用脉冲宽度触发，可长时间监视信号，当脉冲宽度超过设定范围时，引起触发，如图 7.2.9 所示。

摆率触发也称响应速率触发，适合于周期信号中出现的与规定边缘速率不符的异常波形或感兴趣脉冲序列的边缘速率异常的脉冲捕获。摆率等于幅度 V 除以时间 t，表示由低

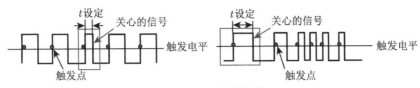

图 7.2.9 脉宽触发

电平变化到高电平的速度。幅度表示高低阈值间的幅度，时间表示波形沿在高低阈值间的时间。由于信号在波形沿上都具有触发条件，隔离捕获上升或下降时间异常信号时，利用边缘触发的基本方式设定触发条件，无法捕获到感兴趣的波形。根据信号的特征，例如，波形边沿斜率，选用摆率触发功能，设定高低阈值之间的时间。示波器自动计算摆率，如摆率触发条件设定为"="或"<"或">"或"≠"；当波形满足触发条件时，通过触发比较器使示波器触发，捕获到感兴趣的边沿信号，也允许选择触发边缘的快慢，如图 7.2.10 所示。

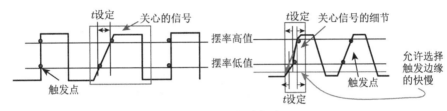

图 7.2.10 摆率触发

欠幅触发又称矮脉冲触发，适于感兴趣的周期信号中出现的与规定幅度不符的异常波形或感兴趣脉冲序列的欠幅脉冲的捕获，如图 7.2.11 所示。由于信号在波形的沿上都具有触发点。捕获欠幅信号时，利用边缘触发的基本方式设定触发条件，是不可能捕获到欠幅波形的。根据信号的特征，如波形欠幅，选用欠幅触发功能，设定高低电平。当波形满足低电平触发条件，同时（波形幅度低于设置的高电平）不能满足高电平触发条件时，通过欠幅触发比较器使示波器触发，捕获到欠幅的波形。在使用欠幅触发时，可同时选择波形宽度条件（与脉宽触发相同），当波形满足高低电平设置条件，同时满足设定的波形时间宽度的触发条件时，通过欠幅触发比较器使示波器触发，捕获到所感兴趣的欠幅波形。利用欠幅触发可长时间监视信号，当波形幅度低于设定的门限电平时，引起触发。

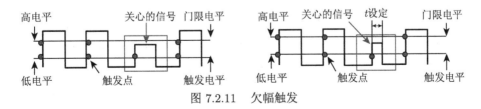

图 7.2.11 欠幅触发

逻辑触发适于测量各通道输入信号之间的数字逻辑关系。示波器有 2 个或者 4 个通道，有些示波器还可以额外增加 16 个逻辑通道，逻辑触发是利用这些通道进行并行的逻辑信号的测量。如果输入通道的逻辑组合满足触发条件时，产生触发，特别适用于验证数字逻辑的操作，如图 7.2.12 所示。

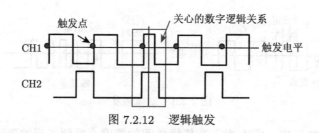

图 7.2.12　逻辑触发

由于存储深度的限制，既希望观测某时刻后发生的信息，又不希望失去信号的高频信息（降低采样率提升存储时间会丢失信号高频成分），当关心单次信号某时间后发生的信息或关心单次信号某事件后发生的信息时，使用 B 触发功能是最佳选择，如图 7.2.13 所示。根据波形的特征（所感兴趣的信号部分）设定 A 触发电平、B 触发电平和 A 与 B 触发点间的时间或事件。信号从 A 触发点（条件）开始，经过延时或事件两种方式之一后到 B 触发点（条件）产生触发，其中，时间触发是以计时器鉴别比较 AB 触发条件之间的时间；事件触发是以计数器鉴别比较 AB 触发条件之间的事件次数。

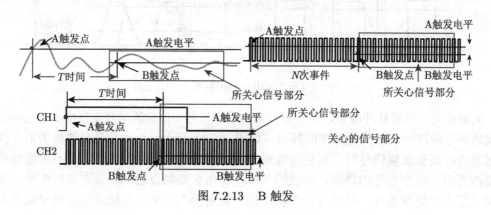

图 7.2.13　B 触发

7.2.3　数字采样示波器

数字采样示波器从采样的角度有两种实现方式。第一种是实时捕捉到感兴趣信号的特征，当然需要满足采样定理，从而构造实时示波器。如果感兴趣信号频率很高，没有器件能以满足采样定理的方式去捕获信号波形，但幸运的是感兴趣信号周期出现，就可以采用第二种实现方式，即利用多个周期不同时刻的信号去恢复原信号，也是前面介绍过的欠采样的方式，实现采样示波器。进行欠采样时，只要取样动作很短 [逼近 $\delta(t)$]，采样速率仅需要和带宽比满足采样定理即可。如果大家留意过压缩感知（Compressive Sensing）的采样方法，就会发现对带宽的要求还可以进一步降低，那就是只要信号频谱具有系数特征，就可以利用欠采样，究其根源，还是多少未知数需要多少独立方程联立求解的问题。其中，实时示波器可以显示单次瞬时事件，无需显式触发，无需重复的波形，直接测量周期到周期抖动，长记录长度/深存储器适用于故障诊断情况；采样示波器可以更低的采样速率支持更高分辨率的 A/D 转换、更宽的带宽、更低的本底噪声、更低的固有抖动，可包括前端光学模块，可用于时域反射计技术（TDR）以实现阻抗测量和 S 参数测量，能够以更低的成本获得解决方案。

数字实时示波器就像 ADC 一样，有时也称为"单次"示波器，它在每个触发事件上捕获一个完整波形。也就是说，它在一个连续记录中捕获大量的数据点。可以将实时示波器假设为一个速度极快的模数转换器 (ADC)，其中采样速率决定采样间隔，存储器深度决定要显示的点数。为了捕获任何波形，ADC 采样速率要明显快于输入波形的频率。该示波器采样速率可以达到 40 GSa/s，决定了带宽目前可扩展到 13GHz。可以根据数据本身的特性来触发实时示波器，并且通常输入波形的幅度达到一个特定阈值时，触发就会发生。示波器此时开始以异步速率（与输入波形的数据速率没有任何关联）将模拟波形转换为数字数据点。该转换速率即采样速率，它通常源于一个内部时钟信号。示波器对输入波形的幅度进行采样，并将这个幅度值存储到存储器中，然后继续下一个采样，如图 7.2.14 所示。触发的主要工作是为输入数据提供一个水平时间参考点。

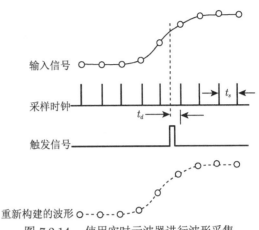

图 7.2.14 使用实时示波器进行波形采集

1. 等效时间采样示波器

等效时间采样示波器有时简称"采样示波器"，它仅测量采样瞬间波形的瞬时幅度，每周期采样一次。与实时示波器不同，等效时间采样示波器的每次触发只对输入信号采样一次。下次触发示波器时，会增加一个小小的延迟然后进行下一次采样。预期的采样数决定重新生成波形所需的周期数。测量带宽由采样器的频率响应决定，测量带宽现在可超过 70GHz。

等效时间采样示波器的触发和随后的采样与实时示波器有着明显的差别。最重要的是，等效时间采样示波器为了执行操作需要一个显式触发，这个触发需要与输入数据同步。显式触发通常由用户提供，但有时也可以使用硬件时钟恢复模块来获得触发。采样过程为：一个触发事件发起第一次采样，然后示波器重新调整并等待下一个触发事件。重新调整的时间约为 25 μs。下一个触发事件发起第二次采样，并在对第二个数据点采样之前添加一个极小的增量延迟。该增量延迟时间由时基设置和采样点数确定。如图 7.2.15 所示，重复该过程直到获得完整的波形。

2. 触发等效时间采样示波器

有两种方法可以触发等效时间采样示波器，这两种方法分别以不同的格式（比特流或眼图）显示数据结果。查看信号中的单个比特可以使用户看到系统中的码型依赖，但是不能以高分辨率显示大量比特。为了查看比特流，触发在输入码型期间必须只发出一次脉冲，并且必须是在每个事件的比特码型中的同一个相对位置上。然后对输入信号进行采样并且在下一个触发事件上添加增量延迟，并对比特流进行采样直到采集到整个波形。为了在等效时间示波器上查看比特流，必须有一个重复的波形；否则需要使用实时示波器。图 7.2.16 为

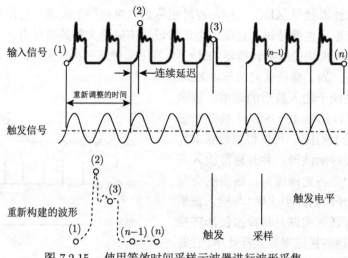

图 7.2.15　使用等效时间采样示波器进行波形采集

显示比特流波形的触发过程，这种模式要求重复的波形。

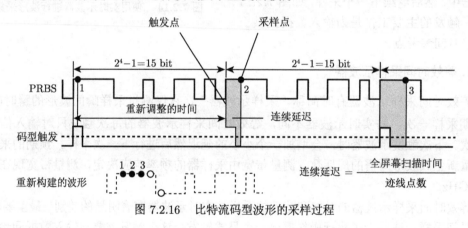

图 7.2.16　比特流码型波形的采样过程

　　另一种查看模式是眼图。眼图模式查看的是比特流中每个比特组合叠加后的图形，因此它可以得到系统性能的总体统计数据。这种模式要求使用一个同步时钟信号来进行触发，但不要求波形重复，且可以帮助确定许多其他测量中的噪声、抖动、失真和信号强度。在每个触发事件处（允许重新调整时间），示波器对数据进行采样并在整个屏幕上显示所有可能的 1 和 0 组合的合并结果。触发可以使用全速率时钟和分速率时钟，但是如果码型长度是时钟分割比率的偶数倍，眼图会丢失部分组合从而变得不完整。如果使用数据作为其自身的触发条件，眼图可以完整地显示出来，但通常只能由数据码型的上升沿进行触发，不利于精确的眼图测量。图 7.2.17 为显示眼图的触发过程。最新的实时示波器捕捉波形后，可以使用软件按照恢复时钟周期的间隔分割单一的长捕获波形，并把这些比特叠加在一起来重新创建眼图。

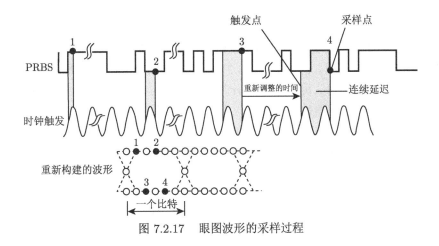

图 7.2.17 眼图波形的采样过程

7.3 示波器探头

探头将被测信号连接到示波器的输入通道,可以是一条导线,也可能非常复杂,如利用复杂的匹配电路形成有源探头。可从物理连接、对电路操作的影响和信号传输等角度描述探头连接的充分程度。大多数探头利用一两米长的电缆进行物理连接;通常电缆越长,探头的带宽越窄;除电缆外,还包括探头手柄或尖端。测量时,探头连接对电路操作的影响要尽可能小,同时探头探测的信号须以足够的保真度传送到示波器的输入端。

示波器的输入接口一般是 BNC 或者 SM 等同轴接口。如果被测件的输出使用的是类似的同轴接口连接器,可以通过电缆直接连接示波器;而若被测信号使用的不是同轴的连接器,例如,PCB 上的信号,就需要用到相应的示波器探头。探头的主要作用是把被测的电压信号从测量点引入示波器进行测量。图 7.3.1是各种各样的示波器探头。

(a) 探测 SMT 设备的探头

(b) 高压探头

(c) 夹子式电流探头

图 7.3.1 各种各样的示波器探头

理想的探头可以保证探头尖端上发生的信号无失真地复现在示波器输入上,主要具有下述特点:方便连接,获取信号不失真,零信号源负荷,抗噪声。

为实现信号不失真,从探头尖端到示波器输入的探头电路必须拥有零衰减、无穷大的带宽,以及在所有频率上实现线性相位。理想的探头要求信号源负荷为零,换言之,它不会从信号源吸收任何信号电流,探头必须具有无穷大的阻抗,从而对测试点为绝对开路。实际上,探头必须吸收少量的信号电流,以在示波器输入上形成信号电压。使用屏蔽可以提高探头的抗噪声能力,但并不存在理想的探头。

7.3.1   探头的寄生参数

探头的高保真性能是实现信号波形显示的关键。如果信号在探头处就已经失真了，那么示波器做得再好也没有用。例如，图 7.3.2 中，通常的 500MHz 的无源探头本身的上升时间约为 700ps，若通过该探头测试一个上升时间为 530ps 的信号，经过探头后信号的上升时间变成 860ps。即使示波器性能再好，也无法准确显示信号原貌。

对于高斯频响的示波器和探头，探头和示波器组成的测量系统的带宽 $\mathrm{BW_{sys}}$ 主要由示波器本身的带宽 $\mathrm{BW_{scope}}$ 和探头带宽 $\mathrm{BW_{probe}}$ 决定，即可以用以下公式计算：

$$\mathrm{BW_{sys}} = \cfrac{1}{\sqrt{\cfrac{1}{\mathrm{BW_{scope}^2}} + \cfrac{1}{\mathrm{BW_{probe}^2}} + \cdots}} \tag{7.3.1}$$

相应地，示波器测量系统的上升时间为 $\mathrm{Tr_{sys}}$，主要由示波器的上升时间 $\mathrm{Tr_{scope}}$ 和探头上升时间 $\mathrm{Tr_{probe}}$ 决定：

$$\mathrm{Tr_{sys}} = \sqrt{\mathrm{Tr_{scope}^2 + Tr_{probe}^2} + \cdots} \tag{7.3.2}$$

这些结论虽然是在高斯频响的情况下获得的，但是仍具有较为普遍的应用价值。

而对于平坦响应的示波器和探头来说，其组成的测量系统的带宽取决于带宽最小的那部分。由此可见，探头以及连接方式直接影响测试系统性能。实际上，探头的设计要比示波器还困难，除要满足探测的方便性的要求外，还要保证至少和示波器一样的带宽。在示波器的发展历史上，很多高带宽的实时示波器刚问世时都缺乏相应的匹配探头。

要选择合适的探头，需要分析探头对被测电路的影响以及探头本身造成的信号失真。通常可以把探头的输入电路简单等效为如图 7.3.3 所示的 R、L、C 的模型。实际上的模型比这个要复杂得多，也需要和被测电路放在一起分析。

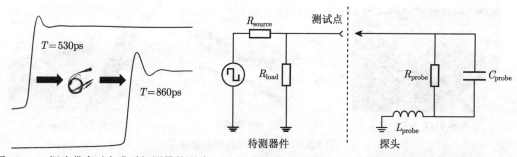

图 7.3.2   探头带宽对上升时间测量的影响   图 7.3.3   用 R、L、C 简化近似的探头模型

探头本身有输入电阻。与万用表测电压的原理一样，为尽可能减少对被测电路的影响，探头的输入电阻 R_{probe} 要尽可能大。但由于 R_{probe} 不可能做到无穷大，测到的电压通常低于实际电压。为降低探头电阻负载的影响，一般要求探头的输入电阻要大于源阻抗以及负载阻抗 10 倍以上。大部分探头的输入阻抗在几十 kΩ 到几十 MΩ 之间。

探头本身有输入电容，即寄生电容。寄生电容会导致探头的交流输入阻抗随着频率下降，把信号的上升沿变缓，直接影响探头带宽。理想情况下，探头的寄生电容 C_{probe} 应该为 0，但是实际做不到，通常高带宽的探头寄生电容需要控制得比较小。一般无源探头的输入电容为 10pF 至几百 pF，带宽高些的有源探头输入电容一般为 0.2pF 至几 pF。输入寄生电容对于探头带宽的影响非常大。两种探头在直流情况下均具有高输入阻抗：500MHz 带宽的高阻无源探头的直流输入阻抗为 10MΩ，2GHz 带宽的单端有源探头的直流输入阻抗为 1MΩ。无源探头有更大的寄生电容，其输入阻抗随频率增加下降得更快；当频率达到 70MHz 时，其输入阻抗已经远低于寄生电容更小的有源探头。

探头获取的信号还会受到寄生电感的影响。尤其是在高频测量时，探头和被测电路间有导线连接，而且信号的回流还要经过探头的地线；通常 1mm 探头的地线会有大约 1nH 的电感，信号和地线越长，电感值越大。如图 7.3.4 所示，探头的寄生电感和寄生电容组成了谐振回路。当电感值太大时，易在输入信号的激励下产生高频谐振，造成信号失真。高频测试时需要严格控制信号和地线的长度，以避免谐振。

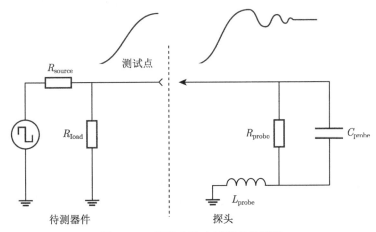

图 7.3.4　探头寄生电感引起的谐振

示波器的探头种类很多，但是示波器的匹配只有 1MΩ 或 50Ω 两种选择，不同种类的探头需要不同的匹配电阻形式。很多通用的示波器在输入端有 1MΩ 或 50Ω 可切换的匹配电阻。

为了对被测电路影响小，示波器可以采用 1MΩ 的高输入阻抗，但是其带宽易受寄生电容的影响，通常 1MΩ 的输入阻抗应用于 500MHz 带宽以下的测量。对于更高频率的测量，通常采用 50Ω 的传输线。一般来说，100MHz 带宽以下的示波器大部分只有 1MΩ 输入；100MHz~2GHz 带宽的示波器大部分有 1MΩ 和 50Ω 的切换选择，以兼顾高低频测量；2GHz 或更高带宽的示波器大部分只有 50Ω 输入，主要用于高频测量。

在示波器之间甚至同一台示波器不同输入通道间都有差异，为此，许多探头，特别是衰减探头 (10X 和 100X 探头) 都带有内置补偿网络，进行探头补偿。没有补偿的探头可能会导致各种测量误差，特别是在测量脉冲上升时间或下降时间时。

7.3.2　探头的种类

利用示波器测试数字或通用信号时，通常需要使用专门的探头。图 7.3.5 是示波器中常用的一些探头的分类。示波器的探头按是否需要供电可分为无源探头和有源探头。无源探

头是指整个探头都由无源器件构成，包括电阻、电容和电缆等；有源探头一般包含放大器，
而放大器需要供电的有源器件，所以叫有源探头。也可以按测量的信号类型分为电压探头、
电流探头、光探头等。

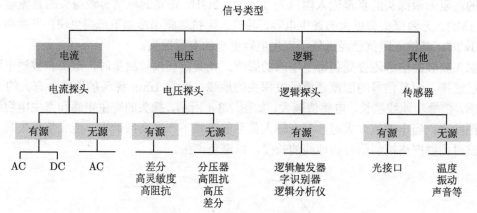

图 7.3.5   示波器中常用的探头分类

1. 无源探头

无源探头根据输入阻抗又分高阻无源探头和低阻无源探头两种。

1）高阻无源探头

高阻无源探头即通常所说的无源探头，应用最为广泛。大多数高阻无源探头是为用于
通用示波器而设计的，因此其带宽范围一般为 100~500 MHz 或更高的带宽。

不同的高阻无源探头可以测量不同的电压范围。例如，高压探头，衰减比可达 100:1 或
1000:1，测量电压范围很大。而衰减比是 1:1 的探头，即信号没有衰减的探头，不会放大示
波器本身的噪声，适于小信号和电源纹波的测量。但衰减比为 1:1 的探头前端没有充分的
信号高频补偿电路，带宽通常在 50MHz 以下。

高阻无源探头价格便宜、连接方便；同时
输入阻抗高、测量范围大，广泛应用于通用测
试场合。由于寄生电容等影响，一般高阻无源
探头的带宽都在 1GHz 以下。

2）低阻无源探头

除了高阻无源探头，还有低阻无源探头，
低阻无源探头的外观与高阻无源探头较为类
似，但内部结构不同，基本原理如图 7.3.6
所示。

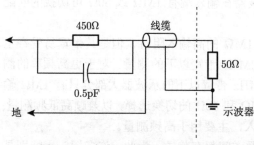

图 7.3.6   低阻无源探头的原理框图

其等效电路是在前端串联了一个分压电阻，使用时要求示波器的输入阻抗设置为 50Ω。
根据串联阻值的不同，可实现不同的分压比，如串联一个 450Ω 的电阻就是 10:1 的分压。
采用 50Ω 的传输电缆，示波器端也是 50Ω 的匹配，探头的带宽可高达数 GHz。

低阻无源探头可用比较低的价格获得高测试带宽，但由于输入阻抗一般为 50Ω~5kΩ，
被测电路的阻抗和分压关系的变化，特别是测量高输出阻抗的电路时，对被测信号影响

很大。

2. 有源探头

无源探头无法保证输入阻抗高同时带宽又高，若要在保证高输入阻抗时尽可能提高带宽，需要利用放大器，形成有源探头。有源探头也分为很多种，如单端有源探头、差分有源探头等。有源探头通常包含场效应晶体管 (FET)，主要是利用 FET 的低输入电容，该电容一般为几 pF，可以在更宽的频段上保持高输入阻抗。

有源 FET 探头的带宽一般为 500 MHz 到几 GHz。在获取高带宽的同时，有源 FET 探头的可测电压范围被压缩。有源探头在正常工作时，其增益带宽积可视为近似不变；而无源探头受限于电容电阻形成的时间常数，输入阻抗高时，带宽较低，反之亦然。有源探头可耐较高电压，但不利于测微弱电压。而且较高的电压或静电放电都可能损坏有源探头。而无源探头虽然整体带宽较低，但可测量从几毫伏到几十伏的电源。

1）单端有源探头

有源探头的前端一般有一个高带宽高输入阻抗的放大器，可以提供比较高的输入阻抗；同时，放大器又可以直接驱动后面 50Ω 的负载和传输线。50Ω 的传输线可以提供很高的传输带宽，再加上放大器本身带宽较高，整个探头系统相比无源探头具有更高的带宽。图 7.3.7是单端有源探头的工作原理。

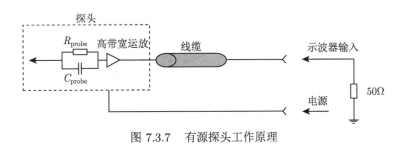

图 7.3.7 有源探头工作原理

有源探头得益于放大器可以尽可能靠近被测电路从而使信号环路很小，降低了寄生参数的影响，但高带宽的放大器造价较高，又要放在探头前端有限的空间内，这使得有源探头成本较高，普遍比一般无源探头高一个数量级。

限制有源探头广泛应用的因素除了价格高，还在于其有限的动态范围。一般高带宽放大器可以正常工作的电压范围都不大，高带宽的有源探头无法获得无源探头的大电压测量范围。常用的 10:1 的高阻无源探头一般可以测量的最大电压为几百伏，而有源探头的典型动态范围都在几伏以内，超高带宽的有源探头的输入动态范围更低。单端的有源探头上会有一个接地插孔，通过地线可以连接被测电路，造成地环路的电感效应限制有源探头的可用带宽。当探测比较高频的信号时，应使用尽可能短的接地线。单端有源探头的带宽一般不超过数 GHz，更高带宽的测量只能使用差分有源探头。

2）差分有源探头

差分有源探头是一种特殊的有源探头，与普通单端有源探头的区别在于其前端的放大器是差分放大器，如图 7.3.8 所示，可以直接测试高速的差分信号，同时共模抑制比较高，可以更好地抑制共模噪声的影响。

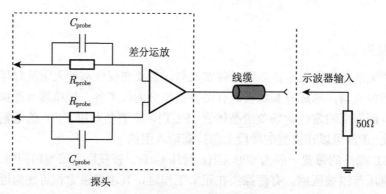

图 7.3.8 差分有源探头原理

同样受到半导体器件的带宽增益积的约束，差分探头也分为两类，即高带宽的差分探头和高压的差分探头。高带宽差分探头主要用于高速信号的测试领域。单端的有源探头由于地线环路较长，其探头带宽很少超过 6GHz，对于更高带宽的测试领域，一般都是使用差分探头。当信号速率比较高时，特别是高速率的数字信号，基本都是采用差分的传输方式，用差分探头可以直接测试到正负信号相减后的结果，因此高带宽的差分探头在高速数字信号的测试领域有广泛应用。图 7.3.9 是一种 20GHz 带宽的差分探头，由探头放大器和测试前端两部分组成。

图 7.3.9 一种 20GHz 带宽差分探头

数字示波器
的探头校准

7.3.3 示波器探头的正确使用

常见探头为低电容、高电阻探头，有金属屏蔽层的塑料外壳，内部装有一个 RC 并联电路，一端接探针，另一端通过屏蔽电缆接到示波器的输入端。使用这种探头，探头内的 RC 并联电路与示波器的输入阻抗 $R_i C_i$ 并联电路组成了一个具有高频补偿的 RC 分压器，如图 7.3.10 所示。当调节探头内的电容 C 满足 $RC = R_i C_i$ 时，分压器的分压比为 $\dfrac{R_i}{R_i + R}$，与频率无关。一般取分压比为 10:1，如 $R_i = 1\text{M}\Omega$，则 $R = 9\text{M}\Omega$。从探针看进去的输入电阻 $R' = R + R_i$（此时 $R' = 10\text{M}\Omega$），而输入电容 $C' = \dfrac{C_i C}{C_i + C}$，因为 $R' \gg R_i$，$C' \ll C_i$，故称为高电阻、低电容探头。

低电容探头的应用使输入阻抗大大提高，特别是输入电容大大减小。由 RC 元件组成的无源探头中，由于探头具有 10 倍的衰减，示波器的灵敏度也降为原来的 1/10。如果在

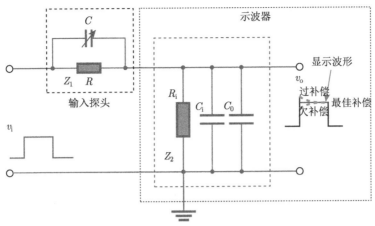

图 7.3.10 补偿式衰减器电路

探头中装有由晶体管构成的射（源）极跟随器，则可形成具有更高的输入阻抗的有源探头，适于测量高频及快速脉冲信号。有源探头通常无法测量低频信号，无法完全替代无源探头。

探头和示波器是配套使用的，不能互换，否则将会导致分压比误差增加或高频补偿不当。特别是低电容探头，如果因示波器 Y 通道的输入级放大管更换而引起输入阻抗的改变，或探头互换，都有可能造成高频补偿不当而产生波形失真。

信号源阻抗、探头和示波器构成了一个测量系统。为实现最优测量结果，需尽可能使示波器/探头对信号源的影响最小，即要了解探头负荷可能给被探测电路造成的影响，选择在测量功能及与测试点机械连接上最能满足应用需求的探头，根据示波器制造商的建议匹配示波器和探头；保证示波器/探头对要测量的信号拥有足够的带宽或上升时间功能。一般来说，应该选择上升时间指标比计划测量的最快上升时间快 3~5 倍的示波器/探头组合；要使探头地线尽可能短且直；接地环路过长易导致谐振。

7.4 示波器的主要技术指标

数字示波器
的采样率

示波器的指标主要有频带宽度（Bandwidth，BW）、上升时间、垂直分辨率和输入阻抗等；如果是数字示波器，还需要考虑采样率、存储深度以及波形捕获率等指标。

7.4.1 频带宽度 BW 和上升时间 t_r

数字示波器
的分辨率

示波器的频带宽度一般指 Y 通道的频带宽度，即 Y 通道输入信号上、下限频率 f_H 和 f_L 之差：$BW = f_H - f_L$。一般下限频率 f_L 可达直流（0Hz），因此，频带宽度也可用上限频率 f_H 来表示。

上升时间 t_r 是一个与频带宽度 BW 相关的参数，它表示由于示波器 Y 通道的频带宽度的限制，会形成对高频信号的低通滤波作用；当输入一个理想阶跃信号（上升时间为零）时，显示波形上升沿的幅度从 10% 上升到 90% 所需的时间。它反映了示波器 Y 通道跟随输入信号快速变化的能力，Y 通道的频带宽度越宽，输入信号的高频分量衰减越小，波形的变化就越快，显示波形越陡峭，上升时间就越短。

在某些应用中，有时候仅仅知道信号的上升时间。对示波器而言，频带宽度 BW 与上升时间 t_r 的关系可近似表示为

$$t_r\,[\mu s] \approx \frac{K}{BW\,[MHz]} \tag{7.4.1}$$

式中，K 通常是 0.35~0.45，具体数值和示波器频响曲线形状及脉冲上升时间响应的形状有关。

一般而言，带宽小于 1GHz 的示波器的 K 值取 0.35，而带宽大于 1GHz 的示波器的 K 值取 0.40~0.45。例如，对于带宽 100MHz 的示波器，上升时间约为 3.5ns。

在进行示波器选型时，通常要求示波器及探头的组成系统的带宽至少应该是信号最大模拟带宽的 5 倍，以实现 2% 以内的测量误差，即五倍法则，换言之，示波器上升时间要小于输入信号的最快上升时间的 1/5。通常，在输入信号最高频率已知的情况下，不同的示波器上升时间会导致不同的测量误差，如表 7.4.1 所示。

表 7.4.1　示波器上升时间及相应的误差

示波器上升时间	上升时间慢/异常幅度衰减误差
等于信号的上升时间	41%
信号的上升时间的 1/2	12%
信号的上升时间的 1/3	5%
信号的上升时间的 1/5	2%

带宽决定了这台示波器测量高频信号的能力，主要受限于前端的放大器等模拟器件，其增益不可能在任何频率下都保持相同。示波器中放大器的工作频点是从直流开始的，其增益随着输入信号频率的提高会逐渐下降。一般把放大器增益下降 3dB 对应的频点称为放大器的带宽，示波器的带宽也是用同样方法定义的。示波器的带宽检定通常通过计算在标称带宽内示波器的增益来实现，若带宽内示波器对信号的增益比均不超过 −3dB，就视为示波器合格。

测量信号频率接近示波器带宽时，测量结果的幅度误差会变大。为保证幅度测量的精度，需要根据所测量信号的频率来选择不同带宽的示波器。若要知道某个特定频点下示波器的增益比，可通过微波信号源配合功率计扫描得到频率响应曲线。带宽与取样速率 f_s 密切相关。根据取样定理，如果取样速率大于或等于信号频率的 2 倍，便可重现原信号。为保证显示波形的分辨率，往往要求增加更多的取样点，一般取 $N = 4 \sim 10$ 倍或更多，即带宽 $B = N f_s$。

7.4.2　示波器频带宽度的提升方法

除了设计高带宽的放大器前端以及其他硬件技术，有时会采用一些特殊方式来提升带宽，其中常用到的是频带交织技术和数字处理带宽增强技术。

1. 频带交织技术

频带交织技术是在频域上把信号分成两个或多个频段来处理，例如，把输入信号分成低频段和高频段两个频段分别采样和处理，再用数字信号处理技术合成在一起。图 7.4.1 是

频带交织技术实现的原理。假设放大器硬件带宽只能做到 16GHz，而希望实现 25GHz 的带宽，这就要把 16GHz 以下的能量滤波后用一个放大器放大后采样，16~25GHz 的能量经滤波、下变频后再用另一个放大器放大后采样；这种方法可用 3 或 4 个频段复用来实现更高的带宽。由于不存在理想的滤波器，而且宽带信号的下变频的过程会产生非常多的信号混叠和杂散问题。如果硬件电路设计和数学修正方法不好，在频段的交界点附近会有很大的问题，最典型的表现就是在频段交界点附近，噪声会明显抬高，信号失真明显。

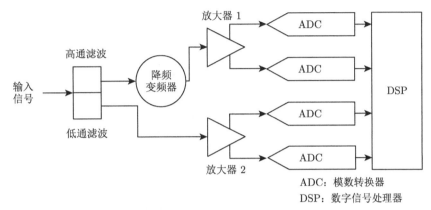

图 7.4.1　频带交织技术实现原理

2. 数字处理带宽增强技术

数字处理带宽增强技术实际上是一种数字信号处理技术。DSP 是一种对数字信号进行处理以获取相应频谱信息的器件，不仅具有可编程性，而且每秒可实时运行复杂指令程序，具有强大的数据处理能力和高运行速度。采用数字信号处理技术可以校正宽带放大器的频率响应，通常放大器的增益通频带内各个频点的增益存在波动情况。通过数字处理方法调整频率响应，可补偿带宽内的频率响应波动，以获得比较平坦的频率响应曲线，进而获得更准确的测量结果。而为了充分利用带宽以外频点的能量，可以通过数字处理技术把带宽以外的一部分频率成分的能量增强，使得 −3dB 对应的频点右移，相当于提高带宽。图 7.4.2 显示了带宽增强对系统频响特性的改变。然而，带宽增强技术在提高带宽的同时也会增大系统的高频噪声。带宽增强技术虽然实现简单，但不适用于大比例增加系统带宽的场合。数字处理技术也可以用来压缩带宽，同时滤掉一部分频率成分的噪声。

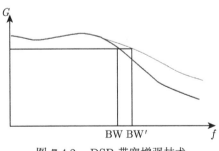

图 7.4.2　DSP 带宽增强技术

7.4.3 示波器的频响方式

频率响应方式，是指示波器的前端模拟电路对于不同频率的正弦波信号的增益曲线。带宽只是定义了示波器的增益下降 3dB 时对应的频点，但并没有定义示波器的频响曲线。图 7.4.3就是两个带宽相同但是频率响应方式不同的示波器的频响曲线。按照带宽的定义，这两台示波器的带宽是一样的，都是在相同的频率点增益下降 3dB，但是对于实际信号测量的影响可能也不一样。

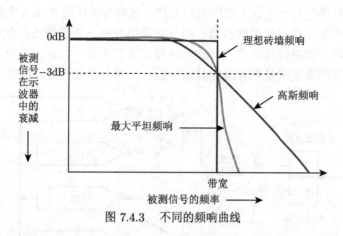

图 7.4.3   不同的频响曲线

示波器的经典频响方式为高斯频响，类似低通的高斯滤波器，特点是其时域的冲激响应是一个高斯函数。在进行阶跃信号测试时，没有过冲，在相同的带宽情况下，高斯频响的示波器的上升时间最小。很多一阶或多阶的 RC 滤波电路的频响方式都是高斯或类高斯的，实现比较简单。

高斯频响的示波器，在带内损耗较大且对带外抑制能力不够。对于带宽内信号的测量，在信号频率接近带宽附近时信号衰减已经比较厉害，要达到高的测量精度，示波器的带宽要比被测信号的带宽宽很多。例如，对于快速上升沿信号的测量，一般情况下需要示波器的带宽是被测信号带宽的 3 倍以上才能保证 5% 以内的上升时间测量误差。高斯频响的示波器对于带外的信号的抑制能力不够，如果被测信号的带宽较宽，有超出示波器带宽的能量进入后续采集电路，易造成混叠。为了避免信号混叠，通常高斯频响的示波器要求的采样率至少要是示波器带宽的 4 倍以上。

为提高带内信号的测量精度并尽可能避免信号的混叠，很多高带宽示波器也采用平坦响应的频响方式，如图 7.4.3 所示。从频响曲线上可看到，采用平坦响应的示波器在进行带内信号测量时的精度更高，例如，对于快速上升沿信号的测量，一般情况下示波器的带宽比被测信号带宽高 40% 以上就可以保证比较小的上升时间测量误差（<5%）。

平坦响应的示波器带外抑制能力比较强，无论被测信号的带宽有多宽，经过示波器的前端电路后，信号的主要频率成分都集中在信号带宽以内，采样率只需要达到带宽的 2 倍多就可以避免信号混叠，降低了对 ADC 采样率的要求。平坦响应的示波器对超出带宽的频率成分衰减严重，不适于宽带信号测量。

平坦响应的示波器，在相同的带宽下，其固有上升时间大于高斯频响的示波器；其次，在测量阶跃或者快沿信号时，当输入信号的频谱成分超过示波器带宽时，由于吉布斯效应，测量到的信号中会有比较大的过冲，会影响一些高速信号的眼图测量。

7.4.4 数字示波器的死区时间

对于模拟示波器来说,由于没有数据处理的中间环节,信号通过扫描直接在屏幕上显示,除了回扫的时间外,在信号捕获和显示上几乎没有间断。而对于数字示波器来说,由于采样率很高,又无法实时处理这么大的数据量,所以采集完一段波形后必须停下来等待数据处理和显示,这段停下来的时间就称为死区时间,如图 7.4.4 所示。

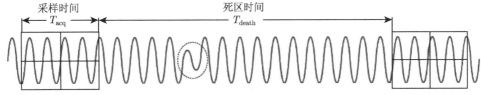

图 7.4.4 示波器的死区时间

死区时间主要由示波器处理波形的时间决定,通常不是定值,具体的死区时间或者波形捕获率与内存深度、时基刻度、是否打开测量分析功能以及硬件处理能力等因素有关。如果示波器的死区时间过长,那么两次波形采集的间隔时间就会比较长,死区时间内的信号跳变将不会被示波器捕获和显示,示波器单位时间内捕获和显示的波形数量就会变少,会造成信号大量遗漏,不利于信号调试。为缩短死区时间,业内常采用专门的数据处理芯片加快数据处理速度或者以牺牲内存深度、测量功能为代价,在使用较深内存或打开多测量分析功能时仍保持较短的死区时间和较高波形捕获率。

如果信号的跳变或者异常可以预测,可通过示波器触发去捕获它们,不受限于死区时间。虽然实时示波器波形捕获速度低于模拟示波器,但有丰富的触发和显示功能,可帮助用户有针对性地对信号异常进行捕获。有时也会用波形捕获率的指标衡量示波器单位时间内能够捕获和处理的波形数量。数字示波器可以对波形做完采集处理再显示,波形的捕获率不再受限于屏幕的刷新率。不同系列的示波器在不同设置情况下的波形捕获率差别很大,一般示波器的波形捕获率为每秒几百次或几千次,一些示波器的最高波形捕获率已经可以达到每秒约 100 万次。用波形捕获率才能更好地描述数字示波器捕获波形的能力。

7.4.5 数字示波器的内存深度

对于高速的数字实时示波器来说,由于其采样率很高,高速的数据以现有的数字处理技术是不可能实时处理的。所以数字示波器在工作时都是先采集一段信号存储到其高速缓存中,然后把缓存中的数据读出来并显示。这段缓存的深度,有时也称为示波器的内存深度,它决定了示波器在进行一次连续采集时所能采集到的最长的时间长度。通常用以下公式计算示波器能够一次连续采集的时间长度:时间长度 = 内存深度/采样率。

一般来说,示波器的内存深度是该示波器配置的最大内存深度。由于内存深度设置很深时要处理的数据量很多,波形的更新速度可能会很慢。很多示波器厂商为了改善使用体验,默认会根据示波器时基刻度自动调整所用的内存深度;而当内存深度增加到最大仍不足以保证采集更长时间时,通常会自动降低采样率以获得更长的采样时间。

如果示波器的内存深度不足,增大时基刻度易造成采样率的下降。如果要分析的是低速的信号,采样率下降不会造成问题;而对于高频信号、窄脉冲或者 Burst 高速数据流,采样率的下降就有可能造成信号的失真或者混叠。很多示波器也支持手动设置示波器的采样率和内存深度，手动设置后示波器的采样率和内存深度一般不会再随着时基刻度的变化而变化，能够采集的最长的时间也固定不变。

为保证测量精度，示波器的采样率应满足采样要求，若还要采集更长的时间，只有扩充其内存深度。大内存的管理要求很高的数据处理速度，通常需要专门的数据处理芯片，这导致示波器的内存深度扩展的价格昂贵；或示波器 ADC 位数较低，一般低于 12 位。

7.4.6　输入阻抗及触发源选择方式

当被测信号接入示波器时，输入阻抗 Z_i 就成为被测信号的等效负载。当输入直流信号时，输入阻抗用电阻 R_i 表示，通常为 1MΩ。当输入交流信号时，输入阻抗用电阻 R_i 和电容 C_i 的并联表示，C_i 一般为 33pF 左右。当使用有源探头时，R_i=10MΩ，C_i <10pF。

输入方式也称输入耦合方式，一般有直流（DC）、交流（AC）和接地（GND）三种，可通过示波器面板选择。直流耦合即直接耦合，输入信号的所有成分都加到示波器上。交流耦合用于只需要观测输入信号的交流波形时，它将通过隔直电容去掉信号中的直流和低频分量（如低频干扰信号）。接地方式则断开输入信号，将 Y 通道输入直接接地，在信号幅度测量时用于确定零电平位置。

触发源是指用于提供产生扫描电压的同步信号来源，一般有内触发（INT）、外触发（EXT）、电源触发（LINE）三种。内触发即由被测信号产生同步触发信号。外触发由外部输入信号产生同步触发信号，通常该外部输入信号与被测信号具有某种时间同步关系。电源触发即利用 50Hz 工频电源产生同步触发信号。在使用示波器时，外触发模式往往能达到比较灵活的应用效果，在带宽允许的范围内，通过外触发同步采样可以更好地实现相对同步的信号，如未进行初始频率锁定的双光频梳中拍频信号的获取。

*7.5　一道高考题背后的示波器

曾经有一道全国高考物理卷的压轴题，就和示波器密切相关，从一个侧面也说明依靠中学的物理知识就可以较好地理解示波器的工作原理。下面，我们将重新回顾一下这道物理题，换个角度简要审视一下示波器的发展演化过程。

如图 7.5.1 所示，真空室中电极 K 发出的电子（初速不计）经过 $U_0 = 10^3$V 的加速电场后，由小孔 S 沿两水平金属板 A、B 间的中心线射入。A、B 板长 l =0.20m，相距 d =0.020m，加在 A、B 两板间的电压 u 随时间 t 变化的 u-t 曲线如图 7.5.2 所示。设 A、B 间的电场可看作均匀的，且两板外无电场。在每个电子通过电场区域的极短时间内，电场可视作恒定的。

两板右侧放一记录圆筒，筒的左侧边缘与极板右端距离 b =0.15m，筒绕其竖直轴匀速转动，周期 T =0.20s，筒的周长 s =0.20m，筒能接收到通过 A、B 板的全部电子。

（1）以 t =0 时（见图 7.5.2，此时 u =0）电子打到圆筒记录纸上的点作为 x-y 坐标系的原点，并取 y 轴竖直向上。试计算电子打到记录纸上的最高点的 y 坐标和 x 坐标（不计重力作用）。

（2）在给出的坐标纸（图 7.5.3）上定量地画出电子打到记录纸上的点形成的图线。

解：用 e 表示电子电荷，计算电子打到记录纸上的最高点的坐标。设 v_0 为电子沿 A、B 板的中心线射入电场时的初速度，则

$$\frac{1}{2}mv_0^2 = eU_0 \tag{7.5.1}$$

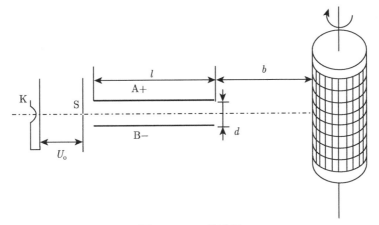

图 7.5.1　工作过程

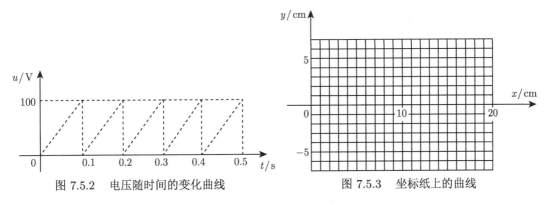

图 7.5.2　电压随时间的变化曲线　　　　图 7.5.3　坐标纸上的曲线

电子在中心线方向的运动为匀速运动，设电子穿过 A、B 板的时间为 t_0，则

$$l = v_0 t_0 \tag{7.5.2}$$

电子在垂直 A、B 板方向的运动为匀加速直线运动，对于恰能穿过 A、B 板的电子，在它通过时加在两板间的电压 u_c 应满足：

$$\frac{1}{2}d = \frac{1}{2}\frac{eu_c}{md}t_0^2 \tag{7.5.3}$$

联立式 (7.5.1)～式 (7.5.3) 解得

$$u_c = \frac{2d^2}{l^2}U_0 = 20\text{V} \tag{7.5.4}$$

此电子从 A、B 板射出时沿 y 方向的分速度为

$$v_y = \frac{eu_c}{md}t_0 \tag{7.5.5}$$

此后，此电子做匀速直线运动，它打在记录纸上的点最高，设纵坐标为 y_m，由图 7.5.4可得

$$v_y = \frac{eu_c}{md}t_0 = \frac{eu_c l}{mdv_0} \tag{7.5.6}$$

在竖直向上方向上最大的位移为

$$y_m = v_y\frac{b}{v_0} + \frac{d}{2} = \frac{eu_c l}{mdv_0}\frac{b}{v_0} + \frac{d}{2} = \frac{u_c b}{2dU_0}l + \frac{d}{2} = 2.5\text{cm} \tag{7.5.7}$$

也可以根据匀速运动的速度合成关系进行计算，即

$$\frac{y_m - d/2}{b} = \frac{v_y}{v_0} \tag{7.5.8}$$

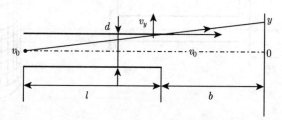

图 7.5.4　电子运动轨迹示意图

如果仔细观察式 (7.5.7) 和式 (7.5.8) 就会发现，这里虽然说的是临界的情形，但对于任意一个从 A、B 金属板形成的电场射出的电子而言，公式都是类似的，如果电子对应的电压写为 u，电子在圆柱筒竖直向上方向上的位移 y 为

$$y = \frac{bl}{2dU_0} u + y_0 \tag{7.5.9}$$

式中，y_0 为电子刚离开 A、B 金属板形成的电场时，在 y 方向上的位移，根据运动合成的性质：

$$y_0 = \frac{v_y/2}{v_0} l = \frac{bl}{4dU_0} u \tag{7.5.10}$$

所以，式 (7.5.9) 可进一步简化为

$$y = \frac{bl}{2dU_0} u + \frac{bl}{4dU_0} u = \frac{3bl}{4dU_0} u \tag{7.5.11}$$

由此，可以明确地看到 y 和施加在 A、B 金属板上的电压 u 存在简单的比例关系，换言之，电压 u 长什么样，打在圆筒上的坐标点 (x, y) 对应的曲线就是什么样的，这就是波形的显示过程。

除了按照物理上运动的合成方式进行求解以外，也可以换种思路，利用函数求导的方式做一遍，可以发现，从 A、B 金属板所形成的电场出射的电子，都是以抛物线切线的轨迹运动的。可以整理出这个切线方程，即

$$y = \frac{ul}{2dU_0} \left(x - \frac{l}{2} \right) \tag{7.5.12}$$

这个切线的方程表明，无论电子在电压 u 的作用下在哪个位置离开电场，都经过 $\left(0, \dfrac{l}{2} \right)$ 这一点。从旋转的圆筒看回来，都和从点 $\left(0, \dfrac{l}{2} \right)$ 发射出来的是一样的，这样也进一步验证了电压 u 和 y 的比例关系。这道题反映的就是示波器的原理。至此，进一步的求解细节不再赘述，感兴趣的读者可自行补充。

重新审视这道题，我们发现高于 u_c 的电压信号不能反映到用于记录的圆筒上，那么如何才能把施加在 A、B 两金属板的电压信号无遗漏地展现出来呢？仔细看一下式 (7.5.12) 就会发现，我们可以把 l 缩短到原来的 1/5 以内，也可以把 d 或 U_0 增大为原来数值的 5 倍以上，就可以把电压信号完整地展现出来，实现完整信号的波形显示。

仔细回味电子的运动过程，我们注意到"在每个电子通过电场区域的极短时间内，电场可视作恒定的"是保证比例关系的前提，如果在电子通过的过程中，电场已经发生了显著变化，这个假设就会失效，后面的比例关系也就无从谈起，也就无法通过简单的比例关系实现波形显示的功能了。那么"电场发生

了显著变化"意味着什么? 比如说, 如果施加在 A、B 金属板上的电压如图 7.5.2 所示, 至少电子从进入 A、B 所形成的电场直到又出来这段时间, 认为电场没来得及变化或者变化不大, 电压波形进入另外一个锯齿波周期。我们粗略估算一下这个周期。如果对于这道题的几何尺寸, 要求电子在电场运动过程中没有跨越一个周期, 那么需要估算一下这个时间大概有多长? 根据相对论, 电子的速度不可能超过光速 $c = 3 \times 10^8 \text{m/s}$, 所以时间不能少于 2/3ns, 这样电场电压信号的周期不能超过 1.5GHz, 也就是说锯齿波的变化频率不能超过 1.5GHz, 而实际上更小一些, 因而模拟示波器通常能测量的信号的频率宽度也低于这个数值, 一般低于 700MHz。至此, 我们看到模拟示波器的带宽是有上限的, 而这个上限竟然和相对论有关。当今, 我们已经进入了 5G 移动通信时代, 对应的信号频带往往高于 700MHz, 模拟示波器就无能为力了。数字示波器可以大显身手。

但数字示波器是否也有带宽的上限? 如果有, 它的带宽瓶颈在哪里? 答案就在模拟到数字的转换技术上, 根源在晶体管或场效应管的结电容上, 所以响应速度上不去, 带宽也上不去。研制高性能的数字示波器离不开高性能的 ADC, 细心的同学会发现, 几乎所有的先进示波器厂商都具有高速 ADC 的设计制造能力, 同时也依赖于新型材料和新的设计思路的出现。

数字示波器的发展演化

习　题

7-1　通用示波器应包括哪些单元? 各有什么功能?

7-2　如果被测正弦信号的周期为 T, 扫描锯齿波的正程时间为 $T/4$, 回程时间可忽略, 被测信号加在 Y 输入端, 扫描信号加在 X 输入端, 使用作图法说明信号的显示过程。

7-3　如何判断探头补偿电容的补偿是否正确? 如果不正确应怎样进行调整?

7-4　某示波器的带宽为 120MHz, 探头的衰减系数为 10:1, 上升时间为 $t_{r0} = 4$ns。用该示波器测量一方波发生器输出波形的上升时间 t_r, 从示波器荧光屏上测出的上升时间为 $t_{rs} = 15$ns。问方波实际上升时间为多少?

7-5　示波器测量电压和频率时产生误差的主要原因是什么?

7-6　数字存储示波器显示与模拟示波器相比有何特点?

7-7　在使用数字存储示波器进行波形测量时, 由于触发到采集完成需要时间, 因此通常示波器会出现会"眨眼"现象? 你觉得"眨眼"是否可以随着技术的进步而彻底消除, 谈谈你的理由。

7-8　欲观测一个上升时间 t_{r0} 约为 50ns 的脉冲波形, 现有下列 4 种带宽的示波器, 问选用其中哪种示波器最好? 为什么?

A. $f_{3dB} = 10$MHz, $t_{r0} \leqslant 40$ns;　　　　　　B. $f_{3dB} = 30$MHz, $t_{r0} \leqslant 12$ns;

C. $f_{3dB} = 15$MHz, $t_{r0} \leqslant 24$ns;　　　　　　D. $f_{3dB} = 100$MHz, $t_{r0} \leqslant 3.5$ns

7-9　取样示波器采用 ＿＿＿＿＿＿＿ 取样技术扩展带宽, 但它只能观测 ＿＿＿＿＿＿＿ 信号。

7-10　请简述示波器中采用锯齿波进行时间轴扫描的理由。

7-11　近年来引力波探测受到人们的普遍关注, 可探测的引力波频率有的在数百 MHz, 且一般都是一次性事件。有人认为, 根据采样定理可用带宽高达数十 GHz 的取样示波器测量得到完整的引力波信号。请判断正误并简述理由。

7-12　2017 年 11 月 10 日, 工业和信息化部发布通知, 第五代移动通信系统使用 3300～3600MHz 和 4800～5000MHz 的频段。如果开展 5G 移动通信器件的测试工作, 需要对天线直接接收的信号进行观察, 利用示波器进行观察时, 示波器应该满足什么要求, 并谈谈你的依据。

7-13　对于示波器而言, 触发必不可少, 原因是 ＿＿＿＿＿＿＿。

A. 把重复波形稳定在屏幕上;　　　　　　B. 捕获单次波形;

C. 标记采集的某个点;　　　　　　　　　D. 以上都是

7-14　简述非实时取样示波器的基本原理, 并说明其能否用来观测单次出现的信号。

7-15　关于示波器, 下面哪种说法是错误的?

A. 示波器探头必须补偿;　　　　　　　　B. 示波器需要触发;

C. 示波器可以不接地;　　　　　　　　　D. 示波器工作时会"眨眼睛"

7-16　采样示波器可用于观察 _____。

　　　A. 周期信号；　　　　　　B. 非周期信号；　　　　C. 两者皆可；　　　　　D. 两者皆不可

7-17　可以使用示波器 _____。

　　　A. 计算信号的频率；　　　　　　　　　　　　　B. 找到有故障的电气元件；

　　　C. 分析信号细节；　　　　　　　　　　　　　　D. 上面全都是

7-18　模拟示波器与数字示波器的差别是 _____。

　　　A. 模拟示波器没有屏幕上的菜单；

　　　B. 模拟示波器对显示系统直接施加测量电压，而数字示波器则先把电压转换成数字值；

　　　C. 模拟示波器测量模拟信号，数字示波器测量数字信号；

　　　D. 模拟示波器没有采集系统

7-19　示波器的垂直区域功能有 _____。

　　　A. 使用 ADC 采集样点；　　　　　　　　　　　B. 启动水平扫描；

　　　C. 调节显示器亮度；　　　　　　　　　　　　　D. 衰减或放大输入信号

7-20　示波器的时基控制功能有 _____。

　　　A. 调节垂直标度；　　　　　　　　　　　　　　B. 显示一天中的时间；

　　　C. 设置屏幕水平宽度表示的时间量；　　　　　　D. 把时钟脉冲发送到探头

7-21　在示波器显示屏上，_____。

　　　A. 电压是纵轴，时间是横轴；

　　　B. 平直的对角线轨迹表示电压以稳定速率变化；

　　　C. 平坦的水平轨迹表示电压是恒定的；

　　　D. 上面全都是

7-22　所有重复波都有下面的特点：_____。

　　　A. 用赫兹表示频率；　　　B. 用秒表示周期；　　　C. 用赫兹表示带宽；　　　D. 上面全都是

7-23　如果使用示波器探测计算机内部，您可能会发现下面的信号类型：_____。

　　　A. 脉冲串；　　　　　　　B. 斜波；　　　　　　　C. 正弦波；　　　　　　　D. 上面全都是

7-24　在评估模拟示波器性能时，您可能要考虑的有：_____。

　　　A. 带宽；　　　　　　　　B. 垂直灵敏度；　　　　C. ADC 分辨率；　　　　　D. 扫描速度

7-25　数字存储示波器 (DSO) 和数字荧光示波器 (DPO) 的差别是：_____。

　　　A. DSO 的带宽更高；　　　　　　　　　　　　　B. DPO 实时捕获波形信息的三个维度；

　　　C. DSO 有彩色显示器；　　　　　　　　　　　　D. DSO 捕获的信号细节更多

7-26　为安全地操作示波器，您应该：_____。

　　　A. 使用适当的三头电源线把示波器接地；

　　　B. 学习认识潜在危险的电气器件；

　　　C. 即使在电源关闭时，仍要避免接触被测电路中暴露的连接；

　　　D. 上面全都是

7-27　示波器必须接地：_____。

　　　A. 基于安全原因；　　　　　　　　　　　　　　B. 为进行测量提供一个参考点；

　　　C. 把轨迹与屏幕的横轴对准；　　　　　　　　　D. 上面全都是

7-28　引起电路负荷的原因是：_____。

　　　A. 输入信号的电压太大；　　　　　　　　　　　B. 探头和示波器与被测电路交互；

　　　C. 没有补偿 10X 衰减器探头；　　　　　　　　 D. 电路上放的东西太重

7-29　必须补偿探头：_____。

　　　A. 均衡 10X 衰减探头与示波器的电气属性；　　　B. 防止损坏被测电路；

　　　C. 改善测量精度；　　　　　　　　　　　　　　D. 上面全都是

7-30　轨迹旋转控制功能用来 _____。

A. 在屏幕上确定波形量程；　　　　　　　　　　B. 检测正弦波信号；

C. 把波形轨迹与模拟示波器屏幕上的横轴对准；　D. 测量脉宽

7-31　伏特/格控制功能用来 ＿＿＿＿＿＿＿＿＿。

A. 在垂直方向确定波形量程；　　　　　　　　　B. 在垂直方向定位波形；

C. 衰减或放大输入信号；　　　　　　　　　　　D. 设置每格表示的伏特数

7-32　设置到接地的垂直输入耦合可以 ＿＿＿＿＿＿＿＿。

A. 把输入信号从示波器上断开；　　　　　　　　B. 引起自动触发时出现一条横线；

C. 看到零伏在屏幕上什么位置；　　　　　　　　D. 上面全都是

7-33　触发必不可少的原因是：＿＿＿＿＿＿＿＿。

A. 把重复波形稳定在屏幕上；　　　　　　　　　B. 捕获单次波形；

C. 标记采集的某个点；　　　　　　　　　　　　D. 上面全都是

7-34　自动触发模式与正常触发模式的差别是：＿＿＿＿＿＿＿＿。

A. 在普通模式下，示波器只扫描一次，然后停止；

B. 在普通模式下，示波器只在输入信号到达触发点时扫描，否则屏幕为空白；

C. 即使没有被触发，自动模式仍连续进行示波器扫描；

D. 上面全都是

7-35　能最有效地降低重复信号中的噪声的采集模式是：＿＿＿＿＿＿＿＿。

A. 采样模式；　　　　　B. 峰值检测模式；　　　　C. 包络模式；　　　　　D. 平均模式

7-36　使用示波器可以进行的两种最基本的测量是：＿＿＿＿＿＿＿＿。

A. 时间和频率测量；　　　　　　　　　　　　　B. 时间和电压测量；

C. 电压和脉宽测量；　　　　　　　　　　　　　D. 脉宽和相移测量

7-37　如果 V/div 设置为 0.5，可以放到屏幕上的最大信号 (假设 8 格 × 10 格屏幕) 是：＿＿＿＿＿＿＿。

A. 62.5mV（峰峰值）；　　　　　　　　　　　　B. 8V（峰峰值）；

C. 4V（峰峰值）；　　　　　　　　　　　　　　D. 0.5V（峰峰值）

7-38　如果 s/div 设置为 0.1，那么屏幕宽度表示的时间量是：＿＿＿＿＿＿＿＿。

A. 0.1 ms；　　　　　　　B. 1 ms；　　　　　　　C. 1 s；　　　　　　　D. 0.1 kHz

7-39　依据惯例，脉宽测得位置是：＿＿＿＿＿＿＿＿。

A. 脉冲峰峰值电压的 10% 处；　　　　　　　　B. 脉冲峰峰值电压的 10% 和 90% 处；

C. 脉冲峰峰值电压的 90% 处；　　　　　　　　D. 脉冲峰峰值电压的 50% 处

7-40　把探头连接到测试电路上，但屏幕是空白的，应该：＿＿＿＿＿＿＿＿。

A. 检查屏幕辉度是否已经打开；

B. 检查示波器是否设置成显示探头连接到的通道；

C. 把触发模式设置成自动触发，因为普通模式会使屏幕变成空白；

D. 把垂直输入耦合设置成 AC，V/div 设置成最大值，因为大的 DC 信号可能会移出屏幕顶部或底部；

E. 检查探头是否短路，确认探头正确接地；

F. 检查示波器是否设置成触发使用的输入通道；

G. 上面全都是

第 8 章　频谱分析与测量

广义地说，信号的频谱是指组成信号的全部频率分量的总集。频谱测量就是在频域内测量信号的各频率分量，以获得信号的多种参数。对许多测量问题来说，频域测量和时域测量同样重要。例如，从事通信工作的技术人员更希望检查移动无线电系统的载波信号谐波成分，以降低对工作于同一谐波频率下的其他系统的干扰；调制在载波上的信息失真也是通信领域内关切的问题之一，如果三阶交调失真分量落在工作频带内，就会影响通信质量，只能通过频域测量来确定信号的谐波分量。信号的频谱占用情况也得到越来越多的关注，如电子产品的传输频谱宽度必须满足电磁干扰与兼容的相关要求。

对频域测量的原理、方法及应用进行研究具有重要的现实意义。尤其是近年来越来越广泛的移动通信网络 (如 4G 和 5G) 的成功，导致基本射频 (Radio Frequency，RF) 元器件的成本直线下降。这使得传统军事和通信领域之外的制造商能够把相对简单的 RF 设备嵌入各类商用产品中。RF 发射机变得异常流行，几乎在任何想得到的位置都可以发现它们的身影，如家中的消费电子设备、医院中的医疗设备、工厂中的工控系统和跟踪设备，甚至可植入家畜、宠物和人的皮肤下。随着 RF 信号在现代世界中变得无所不在，生成 RF 信号的设备之间的干扰问题也随之增长。

8.1　信号频谱的傅里叶分析

频谱测量中，一般将信号随频率变化的幅度谱称为频谱。频谱测量的基础是傅里叶变换，任意一个时域信号都可以被分解为一系列不同频率、不同相位、不同幅度的正弦波的组合；换言之，几乎可用复指数函数 $e^{j\omega t}$ 构造任意信号。在已知信号幅度谱的条件下，通过计算可获得频域内的其他参量，进而研究信号本身的特性。傅里叶分析包含针对连续时间非周期信号的傅里叶变换和适于离散时间信号的傅里叶级数变换，是联系信号时域和频域的桥梁。

8.1.1　频谱分析原理

信号的频谱包括离散频谱和连续频谱。离散频谱，又称线状谱线，由呈线状的谱线组成，各谱线分别代表某一频率分量的幅度，每两条谱线的间隔相等，等于周期信号的基频或基频的整倍数。而连续频谱可视为谱线间隔无穷小、连在一起的"离散频谱"。非周期信号和各种随机噪声的频谱都是连续的，即在所观测的全部频率范围内都有频率分量存在。实际的信号频谱往往是上述两种频谱的混合，被测的连续信号或周期信号频谱中除了基频、谐波和寄生信号所对应谱线之外，还有随机噪声产生的连续频谱基底。

1. 周期信号的频谱特性

傅里叶级数可将周期信号展开成无限多个正弦项与余弦项之和，直接反映信号的频域特性。时域内的重复周期与频域内谱线的间隔成反比,周期越大,谱线越密集。当时域内的波形向非周期信号渐变时,频域内的离散谱线会逐渐演变成连续频谱。

周期信号的频谱有离散性、谐波性和收敛性的特点。即频谱是离散的,由无穷多个冲激函数组成;谱线只在基波频率的整数倍上出现,代表的是基波及其高次谐波分量的幅度或相位信息;各次谐波的幅度随着谐波次数的增大而逐渐减小,且整体能量有限。

2. 非周期信号的频谱特性

若将非周期连续时间信号视为周期为无穷大的周期连续信号,则非周期信号可以通过连续时间信号的傅里叶变换表示在频域中。非周期信号 $f(t)$ 的傅里叶变换为 $F(j\omega)$,则可以写成虚部和实部组合的形式,如 $F(j\omega) = R(\omega) + jX(\omega)$。

当 $f(t)$ 为实函数时,有 $F(j\omega) = F^*(-j\omega)$,且 $R(\omega)$ 是偶函数、$X(\omega)$ 是奇函数;而当 $f(t)$ 为虚函数时,有 $F(j\omega) = -F^*(-j\omega)$,且 $R(\omega)$ 是奇函数、$X(\omega)$ 是偶函数;但无论 $f(t)$ 为实函数还是虚函数,幅度谱关于纵轴对称,相位谱关于原点对称。

3. 离散时间信号的频谱特性

离散时间信号的傅里叶变换 (Discrete Fourier Transform,DFT) 又称为序列的傅里叶变换,是分析离散时间信号与系统特性的工具。序列傅里叶变换的基本特性是以 $e^{j\omega n}$ 作为完备正交函数集,对给定序列做正交展开,很多特性与连续信号的傅里叶变换相似。

离散傅里叶变换频谱 $F(e^{j\omega})$ 是 ω 的周期函数,周期为 2π,即离散时间序列的频谱是周期性的。

4. 信号的频谱特性小结

综合周期/非周期连续时间信号的频谱特点,可以得到如表 8.1.1 所示的不同信号频谱特性:如果一个信号在时域内是周期性的,那么在频域内一定是离散信号,反之亦然。同样地,若信号在时域内是非周期的,在频域内一定是连续的,反过来也成立。

表 8.1.1 信号与傅里叶变换的对应关系

变换名称	傅里叶变换	傅里叶级数	离散时间傅里叶变换	离散傅里叶级数
时域特性	连续、非周期	连续、周期	离散、非周期	离散、周期
频域特性	非周期、连续	非周期、离散	周期、连续	周期、离散

这四种傅里叶变换针对四种不同类型的信号,各有不同的性质及应用背景。连续时间信号的傅里叶变换通常并不直接用于在测量系统中反映信号的频域表示;DFT 是傅里叶变换的离散形式,能将时域中的取样信号变换成频域中的取样信号表达式。将时域中的真实信号数字化,然后进行 DFT,便可实现信号的频谱分析。

5. 快速傅里叶变换

快速傅里叶变换(Fast Fourier Transform,FFT)是实现离散傅里叶变换的高效算法。该算法主要是大幅降低了重复计算的次数,经过仔细选择和重新排列中间计算结果,使其速度较之离散傅里叶变换有了明显提高,并在数字式频谱仪中广泛使用。

尽管 FFT 狭义上只代表某一种确定的算法,但实际上可以反映一大类的计算方法。最常见的是基 2 的时间抽取算法,即蝶形算法。设频谱分析的典型记录长度为 N(通常取 2

的幂次，如 256、1024、2048 等），离散傅里叶变换所需的计算次数约为 N^2；使用蝶形算法的 FFT 所需的计算次数为 $N\log_2 N$。当 $N=256$ 时，两种算法的计算次数分别为 65536 和 2048；N 越大，两者的差异也就越可观。数学上，FFT 和离散傅里叶变换所得的结果相同，但 FFT 能够大幅节约计算时间，因而得到广泛应用。

8.1.2　频谱分析技术

信号的频谱分析技术，以傅里叶分析为理论基础，可对不同频段的信号进行线性或非线性分析。信号的频谱分析包括对信号本身的频率特性分析，如对幅度谱、相位谱、能量谱和功率谱等进行测量，从而获得信号在不同频率上的幅度、相位、功率等参数，还包括对线性系统非线性失真的测量，如测量噪声、失真度、调制度等。

1. 频谱分析仪的基本原理

频谱分析仪是一种多用途的频域测量仪器，在频域测量领域内的重要地位可与时域测量中的示波器相比拟。主要使用不同方法在频域内对信号的电压、功率、频率等参数进行测量并显示，一般有 FFT 分析（实时分析）法、非实时分析法两种实现方法。

FFT 分析仪属于数字式频谱仪，可以充分利用数字技术和计算机技术。通过在一个特定时段中对时域内采集到的数字信号进行 FFT，获取相对于频率的幅度、相位信息，非常适合于非周期信号和持续时间很短的瞬态信号的频谱测量。这种频谱仪能够在被测信号发生的实际时间内取得所需的全部频谱，是一种实时频谱分析仪。

非实时分析方式包括扫描式分析和差频式分析两种。扫描式分析，是使分析滤波器的频率响应在频率轴上扫描；差频式分析，或称为外差式分析，是频谱仪最常采用的方法；主要利用超外差接收机的原理，将频率可变的扫频信号与被分析信号在混频器中差频，再通过测量电路对所得的固定频率信号进行分析，由此依次获得被测信号不同频率成分的幅度。由于在任意瞬间只有一个频率成分能够被测量，该方法只适于连续信号和周期信号的频谱测量，无法得到相位信息。

2. 频谱分析仪的分类

频谱分析仪种类很多，有多种分类依据。按照分析处理方法的不同，可分为模拟式频谱分析仪、数字式频谱分析仪和模拟/数字混合式频谱分析仪；按照基本工作原理，可分为扫描式频谱分析仪和非扫描式频谱分析仪；按照处理的实时性，可分为实时频谱分析仪和非实时频谱分析仪；按照频率轴刻度的不同，可分为恒带宽分析式频谱分析仪、恒百分比带宽分析式频谱分析仪；按照输入通道的数目，可分为单通道和多通道频谱分析仪等。

模拟式频谱分析仪以扫描式为基础构成。扫描式频谱分析仪根据组成方法的差异又分为射频调谐滤波器型、超外差型两种，分别采用滤波器或混频器实现被分析信号中各频率分量的逐一分离。所有早期的频谱分析仪几乎都属于模拟滤波式或超外差结构。数字式频谱分析仪属于非扫描式，以快速傅里叶变换为基础，利用数字器件和计算方法改变了频谱分析技术。数字式频谱分析仪精度高、性能灵活，但受限于数字系统工作频率，一般用于低频段的实时分析，尚达不到宽频带高精度频谱分析。

实时和非实时的分类方法主要针对频率较低或频段覆盖较窄的频谱仪而言。实时并非是指时间上的快速，实时分析应达到的速度与被分析信号的带宽以及所要求的频率分辨力有关。一般认为，实时分析是指在长度为 T 的时段内，完成频率分辨力达到 $1/T$ 的谱分析；或者待分析信号的带宽小于仪器能够同时分析的最大带宽。在一定频率范围内讨论实时分析才有现实意义：在该范围内，数据分析速度与数据采集速度相匹配，不会发生积压现象，这样的分析就是实时的；如果待分析的信号带宽超过这个频率范围，则分析变成非实时的。

恒带宽分析与恒百分比带宽分析的重要区别在于：恒带宽分析式频谱仪的频率轴为线性刻度，此时信号的基频分量和各次谐波分量在频谱上等间距排列，便于表征信号特性，适用于周期信号的分析和波形失真分析。而恒百分比带宽分析式频谱仪的频率轴采用对数刻度，可覆盖较宽的频率范围，能兼顾高、低频段的频率分辨力，适于进行噪声类广谱随机信号分析。数字式频谱仪可以使用微处理器方便地实现不同带宽的 FFT 分析以及频率刻度的显示，不再沿用这种分类方法。

单通道频谱分析仪只能分析一路信号，多通道频谱分析仪则可以用于多路信号分析以及系统分析。例如，声强分析和互功率谱分析就需要对两个信号同时进行分析处理；在网络分析和其他系统分析中，也需要对多个输入输出信号或多个检测点进行分析计算。

8.2 扫描式频谱分析技术

如前所述，扫描式频谱分析仪可以分为滤波式和外差式两种，本节将分别介绍这两种频谱分析仪的基本原理、构成及应用。

8.2.1 滤波式频谱分析仪原理及分类

这一类频谱分析仪的原理大致相同，都是先用带通滤波器选出待分析信号，然后用检波器将该频率分量变为直流信号，再送到显示器将直流信号的幅度显示出来。为了显示输入信号的各频率分量，带通滤波器的中心频率通常是多个或可变的。根据滤波器的不同实现形式，滤波式频谱分析仪有以下几种。

1. 挡级滤波式频谱仪

挡级滤波式频谱仪也叫顺序滤波频谱仪，由多个通带互相衔接的带通滤波器和共用检波器构成。使用多个频率固定而且相邻的窄带带通滤波器阵列，将被测信号的各种频率成分区分开来，因此得以全面记录被测信号的各频率成分。原理框图如图 8.2.1 所示。

图 8.2.1 中各窄带滤波器的中心频率 f_{01}, f_{02}, $\cdots$, f_{0n} 是固定的，依次排列起来能够覆盖整个测量频率范围，且有 $f_{01} < f_{02} < \cdots < f_{0n}$。各滤波器的输出信号通过脉冲分配器和电子开关顺序地接入检波器，再经放大后送往显示器。由于开关的顺序动作占用一定的时间，这类频谱仪较难实时体现被测信号某一时刻的特性。

当频率范围不宽时，这种方法所需滤波器数目不多，简单易行，速度很快。然而在频带较宽或较高频段的情况下需要大量滤波器，仪器体积过大，因而不适于宽带分析；而且由于通带窄，分辨力和灵敏度都不是很高，一般用于低频段的音频测试等场合。

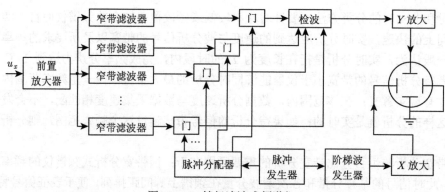

图 8.2.1　挡级滤波式频谱仪

2. 并行滤波式频谱仪

这种滤波式频谱仪也有多个滤波器，但它与挡级滤波式频谱仪的区别在于每个滤波器之后都有各自的检波器，无须电子开关切换及检波建立时间，因此速度快，能够满足实时分析的需要。并行滤波式频谱仪的原理框图如图 8.2.2 所示。

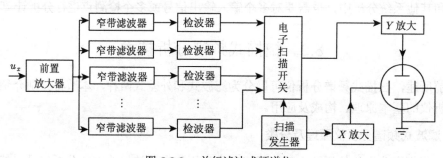

图 8.2.2　并行滤波式频谱仪

并行滤波式频谱仪能够进行实时分析，缺点是所显示的频谱分量数目取决于滤波器的数目，需要大量的滤波器。

3. 扫频滤波式频谱仪

扫频滤波式频谱仪实质是一个中心频率在整个宽频率范围内可调谐的窄带滤波器。当改变它的谐振频率时，滤波器就分离出特定的频率分量，原理框图如图 8.2.3 所示。被测信号通过电调谐滤波器、视频检波器之后加到 Y 放大器。受锯齿波电压的控制，电调谐滤波器的中心频率和通带沿频率轴改变，由此可实现全频带范围内的频谱分析。由于滤波器的中心频率与扫描电压的同步关系，故水平轴可以作为频率轴。为了避免显示闪烁，扫描频率通常不能太低，通常使用 50Hz 和 75Hz。

扫频滤波式频谱仪结构简单，价格低廉；缺点是电调谐滤波器损耗大、调谐范围窄、频率特性不均匀、分辨力差。由于受到滤波器中心频率调节范围的限制，目前这种方法只适用于窄带频谱分析。扫频滤波式频谱仪与挡级滤波式频谱仪一样，是一种非实时频谱测量的频谱仪。频谱分析仪没有提供触发这个瞬时信号的方式，也不能存储全面的信号在不同时间上的行为记录。

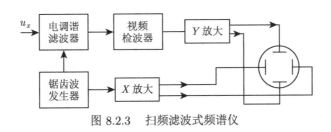

图 8.2.3 扫频滤波式频谱仪

传统的频谱仪以扫描的方式处理数据，在频率跨度内扫描需要很长的时间，在某些情况下要达到几十秒。这种方法假设分析仪能够完成多次扫描，被测信号没有明显变化、相对稳定不变。传统的扫描式频谱仪的最小扫描时间为

$$T_{\text{sweep}} = K \frac{\text{Span}}{\text{RBW}^2} \tag{8.2.1}$$

式中，Span 是测试频谱带宽；RBW 是中频滤波器带宽；K 是中频滤波器因子。

例 8.1 当 Span = 10MHz，RBW = 10kHz，K = 1.5 时，代入式 (8.2.1) 得到最小扫描时间为 150ms，即扫描 10MHz 带宽一次需要 150ms。

如果某个跳频信号在某个频点上出现很短时间，如 10ms，则很可能就无法捕获这个信号，至少无法百分之百地捕获该信号。也可以通过加大 RBW 的方法来减少扫描时间，但仪器的本底噪声会提升，仪表的频率分辨率会降低（还是测不准原理在起作用）。

4. 数字滤波式频谱仪

利用数字滤波器可以实现频分或时分复用，仅用一个数字滤波器就可以实现与多个模拟滤波器等效的频谱分析功能。数字滤波式频谱仪的原理框图如图 8.2.4 所示，用单个数字滤波器代替多个模拟滤波器后，滤波器的中心频率由时基电路控制使之顺序改变。

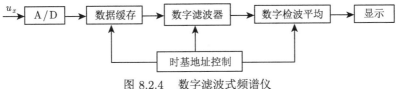

图 8.2.4 数字滤波式频谱仪

与模拟滤波器相比，数字滤波器具有以下突出优点：可以实现较小的波形因子，因而提高了频谱仪的频率分辨力；具有数字信号处理的高精度、高稳定性、可重复性和可编程性等普遍优点。由于数字滤波式频谱仪继承了传统模拟式频谱仪的优点，又在重要指标和性能上取得了突破，因而获得了广泛的应用，并在现代频谱分析仪中占有重要的地位。但扫频仪只能给出幅度和频率的关系，没有时间信息，无法描述信号随时间的变化过程。由于其内存的限制，一般只有几百 KB，所以只能存储一个界面，也无法存储一段时间的信息。同时由于检波后丢失了信号相位信息，扫频仪无法进行数字解调分析，对数字信号测试无能为力。从以上分析可以看到，扫频仪无法分析数字信号，也很难捕获瞬态信号，越来越难满足现代瞬态复杂信号的测试挑战。

8.2.2　外差式频谱仪原理及构成

外差式频谱仪是目前应用最广泛的一种频谱仪，它利用无线电接收机中普遍使用的自动调谐方式，通过改变本地振荡器的频率来捕获欲接收信号的不同频率分量。其频率变换原理与超外差式收音机的变频原理完全相同，只不过把扫频振荡器用作本振而已，所以也称为扫频外差式频谱仪。扫频外差式方案是实施频谱分析的传统途径，虽然现在这类频谱仪在较低频段已逐渐被 FFT 分析仪取代，但在高频段仍占据一定优势。

外差式频谱仪的原理框图如图 8.2.5 所示，主要包括输入通道、混频电路、中频处理电路、检波和视频滤波等部分。频率为 f_x 的输入信号与频率为 f_L 的本振信号在混频器中进行差频，只有当差频信号的频率落入中频滤波器的带宽内时，即当 $f_L - f_x \approx f_1$ (f_1 为中频滤波器的中心频率) 时，中频放大器才有输出，且其大小正比于输入信号分量 f_x 的幅度。因此只需连续调节 f_L，输入信号的各频率分量就将依次落入中频放大器的带宽内。中频滤波器输出信号经检波、放大后，输入显示器的垂直通道；由于示波管的水平扫描电压同时也是扫频本振的调节控制电压，故水平轴已变成频率轴，这样，屏幕上将显示出输入信号的频谱图。为了获得较高的灵敏度和频率分辨力，混频电路一般采用多次变频的方法；固定中频可以使中频滤波器的带宽做得很窄，因而获得很高的频率分辨力；改变中频滤波器带宽，就可以相应改变频率分辨力。

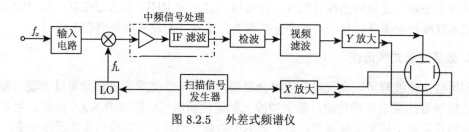

图 8.2.5　外差式频谱仪

外差式频谱分析仪具有频率范围宽、灵敏度高、频率分辨力可变等特点，是目前频谱仪中使用数量最大的一种，尤其在高频段应用更多。但由于本振是连续可调的，被分析的频谱依次被顺序采样，因此外差式频谱分析仪不能实时分析信号的频谱。这种分析仪只能提供幅度谱，而不能提供相位谱。

1. 输入通道

频谱仪的输入通道的作用是控制加到仪器后续部分的信号电平，并对输入的信号取差频以获得固定中频。输入通道也称为前端，主要由输入衰减、低噪声放大、低通滤波及混频等几部分组成，功能上等同于一台宽频段、窄带宽的外差式自动选频接收机，所以也称为接收部分（Receiver）。

由于模拟混频器是非线性器件，为了得到较佳混频效果，必须保证混频器的输入电平满足一定幅度要求，因此需要相应的衰减和放大电路对输入电平进行调整。适当的输入衰减一方面可以避免因为信号电平过高而引起的失真，另一方面可起到阻抗匹配的作用，尽可能降低源负载与混频器之间的失配误差。频谱仪通常具有自动选择输入衰减量程的功能，可以将输入衰减挡位做得很细，并具有相等的步进。

外差式接收机使用混频器将输入信号频率变换到固定的中频上，如式 (8.2.2) 所示：

$$|mf_{\mathrm{L}} \pm nf_x| = f_{\mathrm{I}} \tag{8.2.2}$$

式中，f_{L} 为本振频率；f_x 为被转换的输入信号频率；f_{I} 为中频信号频率；m、n 表示谐波的次数，可取值 1, 2, $\cdots$。如果仅考虑输入信号和本振的基频，即取 $m = n = 1$ 时，式 (8.2.2) 简化为

$$|f_{\mathrm{L}} \pm f_x| = f_{\mathrm{I}} \tag{8.2.3}$$

用一个在宽频率范围内连续调谐的扫描本振，即可实现固定的中频频率。

由式 (8.2.3) 同时可以看到，当存在较高的频率分量 $f_{\mathrm{L}} + f_{\mathrm{I}}$ 时，同样可以通过混频得到相同的中频信号，这个高频信号与输入频率关于本振频率对称，因而被称为镜像频率（简称镜频）。输入频率与镜像频率之差为 $2f_{\mathrm{I}}$，如图 8.2.6 所示。为抑制不需要的镜像频率进入混频器，必须使用适当的滤波器将它滤除。对镜频滤波器而言，如果输入频率的范围大于 $2f_{\mathrm{I}}$，镜像频率也同样具有很宽的频带，这两个频段将在本振频率处交叠。此时，所选滤波器应该能够具有可调谐的带宽以抑制镜频，保留输入频率。而通常的频谱仪输入频率非常宽，典型如 100kHz $\sim$ 3GHz，一般的滤波器难以达到如此宽的调谐范围。只能通过选择高中频来解决，本振频率也应相应提高，如图 8.2.7 所示。

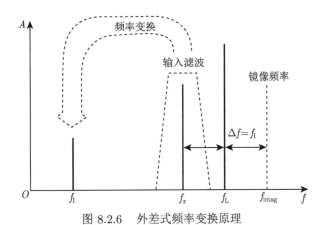

图 8.2.6 外差式频率变换原理

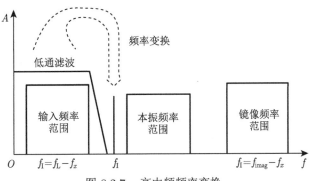

图 8.2.7 高中频频率变换

由图 8.2.7 可见，此时镜频的频率范围远在输入频率范围之上，两者不会有交叠；且可看出，中频频率越高，镜频距离本振就越远，同样可避免因交叠而带来的滤波器实现问题，即可使用固定调谐的低通滤波器在混频前滤去镜频。

最后，由于后续电路需要的是窄带中频，而过高的中频很难实现窄带带通滤波和性能良好的检波，因此需要进行多级混频处理。图 8.2.7 所示的高中频变换由第一混频实现，在带通滤波之后，由第二、三级甚至第四级混频将固定的中频频率逐渐降低，每级混频之后都有相应的带通滤波器抑制混频之后的高次谐波交调分量。图 8.2.8 所示为一种三级混频电路的实例，最后的第三中频信号为 10.7MHz。

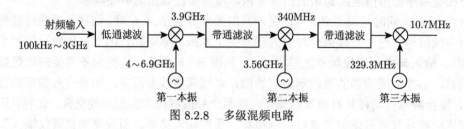
图 8.2.8   多级混频电路

2. 中频信号处理

中频信号处理部分进行的是被检测之前的预处理，主要完成对固定中频信号的放大/衰减、分辨力滤波等处理。通常具有自动增益放大、多级程控衰减的功能。中频滤波器的带宽也可程控选择，以提供不同的频率分辨力。

各级混频电路的输出信号中，只有幅度和频率满足一定范围的中频信号才会被送到中频处理电路。中频信号的幅度调节由中频放大电路完成，末级混频的增益必须能够以小步进精密调节，这样才能保持后续处理电路中的固定最大信号电平，而不受输入衰减和混频器电平的影响。由于前端可能有的高衰减量，中频增益也不得不做得很高，为包络检波器或 ADC 尽可能提供满量程输入。

中频放大电路之后的中频滤波器用于减小噪声带宽，实现对各频率分量的分辨。频谱仪的分辨力带宽由最后一个中频滤波器的带宽决定，如果使用了多个中频滤波器，其组合响应决定了分辨力带宽。通常，其中某个中频滤波器的通带会比其他滤波器窄，该滤波器单独地决定分辨力带宽。只要简单地改变滤波器，就可以实现多种分辨力带宽。宽带滤波器建立时间短，可提供较快的扫描测量；窄带滤波器需要较长时间才能达到稳定，但可提供更高的频率分辨力和更好的信噪比。数字滤波器通常具有比模拟滤波器好的选择性，并且没有任何漂移，因此能够实现极稳定的窄分辨力带宽。

8.3   数字频谱分析仪

8.3.1   信号矢量分析仪/实时频谱分析仪

传统扫频分析进行标量测量，只提供与输入信号的幅度有关的信息。随着数字调制信号的普遍出现，简单的频谱测试难以满足要求。若要同时分析幅度和相位信息的矢量测量，需要使用矢量信号分析仪（Vector Signal Analyzer，VSA）。

VSA 对仪器传输频带中的所有 RF 能量进行数字化，以提取测量数字调制要求的幅度和相位信息。大多数 VSA 很难或不可能存储很长的一串采集记录，获得信号在不同时间上行为特点的累积历史。与扫频频谱分析仪一样，触发功能一般局限于 IF 电平触发器和外部触发器。在 VSA 内部，ADC 数字化宽带中频（Intermediate Frequency，IF）信号，下变频、滤波和检测均以数字方式进行，时域到频域转换使用 FFT 算法完成。ADC 的线性度和动态范围十分重要，仍须有足够的数字信号处理能力，以进行快速测量，如图 8.3.1 所示。

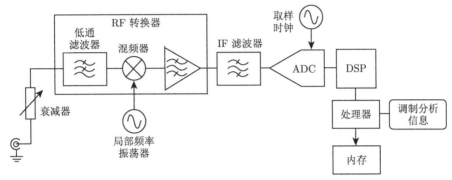

图 8.3.1 矢量信号分析仪结构

许多现代仪器可同时实现扫频分析仪和 VSA 功能，进行频域测量和调制域测量。与扫频频谱分析仪一样，触发功能一般也局限于 IF 电平触发和外部触发，这些触发方式对于异常频谱事件无效，如果瞬态信号刚好出现在 VSA 的捕获时间内可被显示出来，由于处理时间远大于捕获时间，若瞬态信号出现在处理时间内，就会丢失该信号。

实时频谱仪和矢量信号分析仪的基本原理几乎是一样的，同样是射频信号下变频到中频，然后 ADC 数字化宽带 IF 信号，下变频、滤波和检测均以数字方式进行，时域到频域转换使用 FFT 算法完成。实时频谱仪增加了实时 FFT 专门的硬件设备，可提供实时 FFT 处理和频域模板触发功能，其处理能力远高于软件 FFT，能够实时地处理采集到的数据。实时频谱分析仪旨在进行瞬时动态 RF 信号有关的测量，能够触发 RF 信号，把信号无缝地捕获到内存中，在多个域中分析信号，可靠地检测分析随时间变化的 RF 信号。

现代实时频谱分析仪（RTSA）可以采集分析仪输入频率范围内任何地方的传输频带或跨度。这一功能的核心是 RF 下变频器，后面跟有一个宽带中间频率（IF）段。ADC 数字化 IF 信号，系统以数字方式执行所有进一步的步骤。FFT 算法实现时域到频域的变换，后续分析生成频谱图、码域图等显示画面。

RTSA 是为迎接与动态 RF 信号有关的测量挑战而设计的。实时频谱分析的基础概念是能够实时触发 RF 信号频谱，把它无缝地捕获到内存中，在多个域中对其进行分析。这样就可以可靠地检测和检定随时间变化的 RF 信号。ADC 技术可以实现高动态范围和低噪声转换，因此 RSA 能够进行传统的频域测量，其性能相当于或超过了许多扫频分析仪的基本 RF 性能。图 8.3.2 是 RTSA 简化的方框图。RF 前端可以从 DC 调谐到 8GHz，输入信号下变频到与 RTSA 的最大实时带宽相关的固定 IF。然后信号进行滤波，由 ADC 进行数字化，然后传送到 DSP 引擎，DSP 引擎管理着仪器的触发、内存和分析功能。RTSA 是为提供实时触发、无缝信号捕获和时间相关的多域分析而优化的。

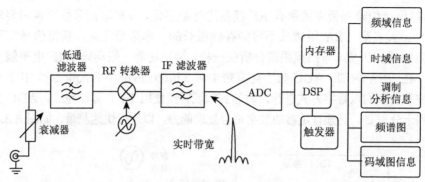

图 8.3.2　实时频谱分析仪的结构

8.3.2　FFT 频谱分析仪

　　快速傅里叶变换 (FFT) 式分析仪属于数字式频谱分析仪，是将输入信号数字化，并对时域数字信息进行 FFT 以获得频域表征。基于 FFT 的频谱分析仪由于采用微处理器或专用集成电路，在速度上明显超过传统的模拟式扫描频谱仪，能够进行实时分析；但它同时也受到模/数转换电路的指标限制，通常只具有有限带宽，工作频段较低。

1. FFT 分析仪原理及组成

　　FFT 分析仪能完成与并行滤波式频谱仪相同的功能，而无须使用许多带通滤波器。不同之处是，FFT 分析仪采用数字信号处理的方式来实现多个独立滤波器的功能。

　　图 8.3.3 所示为 FFT 分析仪的简化原理框图。输入信号首先经过可变衰减器以提供不同的幅度测量范围，然后经低通滤波器除去仪器频率范围之外的高频分量。接下来对信号进行时域波形的采样和量化，转变为数字信息。最后由微处理器利用 FFT 计算波形的频谱，并将结果显示出来。单从概念上讲，FFT 方法先对信号进行时域数字化，然后计算频谱，非常简单明确。实际上在测量实现中，还有一些必须考虑的因素。

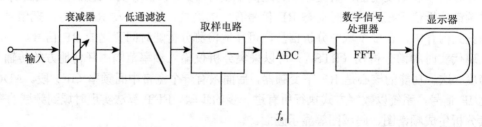

图 8.3.3　FFT 分析仪的简化原理图

2. FFT 分析仪的性能指标

　　采用 FFT 法进行频谱分析与滤波法有很大的不同。信号在时域、频域两个方向上离散化，分析是对离散序列中一个长度为 N 点的样本数据 (记录) 进行的，所得频谱与周期信号理论上存在的线谱有不同的意义，因此需要不同的评价指标。

　　首先，频率范围由采样频率 f_s 决定。为防止频谱混叠，一般采取过采样，即 $f_s > 2.56f_{max}$，其中，f_{max} 为待分析信号的最高频率。采样频率则由 ADC 的性能决定。

而 FFT 分析仪的频率分辨力和信号的采样频率以及离散傅里叶变换的点数有关。当采样频率一定时，离散傅里叶变换的点数越多，频率分辨力越高，反之亦然。频率分辨力 Δf、采样频率 f_s 和分析点数 N 三者之间的关系为 $\Delta f = f_s/N$。

信号幅值的动态范围取决于 ADC 的位数、数字数据运算的字长或精度。幅度的灵敏度取决于本底噪声，主要由前置放大器噪声决定。幅度读数精度受多个因素影响，包括计算处理误差、频谱混叠误差、频谱泄漏误差等多种系统误差，及每次单个记录分析所含的统计误差。不同的系统误差应采用不同解决方法，统计误差与信号的处理、谱估计方法、统计平均方法及次数有关，往往需要在更换设置和多次分析后才能获得较好结果。

分析速度主要取决于 N 点 FFT 的运算时间、平均运行时间及结果处理时间。实时频谱分析的频率上限可由 FFT 的速度推算而得。分析仪通常会给出 1024 点复数 FFT 的时间，若该时间为 τ，则实时工作频率的上限为 $400/\tau$；考虑到还要进行平均等其他处理，实际频率还会更低。若是实信号的功率谱计算，则速度可以提高一倍。

3. FFT 分析仪与外差式频谱分析仪

FFT 分析仪除了电路结构本身较简单之外，其测量速度也比外差式频谱仪快。如前所述，外差式频谱仪的测量速度受限于分辨力带宽，扫描时间与分辨力带宽的平方 RBW^2 成反比。在较低频段，区分紧邻的谱线需要很窄的分辨力带宽（RBW），因此扫描时间可能会长到无法忍受的地步。与此相反，FFT 分析仪的速度仅仅取决于量化所需的时间和 FFT 计算所需的时间，在相等的频率分辨力下，FFT 分析仪较外差式频谱仪快得多。

另外，由于 FFT 分析仪需要使用略高于奈奎斯特采样率的过采样，可分析的频率范围受限于 ADC 器件的速度，因而在频率覆盖范围上不及外差式频谱仪。

现代频谱仪将外差式扫描频谱分析技术与数字信号处理结合起来，通过混合型结构集成两种技术的优点。这类频谱仪的前端仍然采用传统的外差式结构，而在中频处理部分采用数字结构，中频信号由 ADC 量化，FFT 则由通用微处理器或专用数字逻辑实现。这种方案充分利用了外差式频谱仪的频率范围和 FFT 优秀的频率分辨力，使得在很高的频率上进行极窄带宽的频谱分析成为可能，整体性能大大提高。

8.4 谐波失真度测量

纯正弦波信号通过电路后，如果电路存在非线性，则输出信号中除了含有原基波分量外，还会有其他谐波成分，这就是电路产生的谐波失真 (或称非线性失真)。谐波失真是描述信号失真程度的参量。专用于失真度测量的设备是失真度仪，当然，频谱仪也可以完成部分测量失真度的任务。

8.4.1 谐波失真度的基本概念

电子系统中许多电路都被认为是线性电路，这意味着在频域中输出信号应该具有与输入信号相同的频率，而由输入信号所产生的任何其他频率都视为非线性失真。

非线性失真也称谐波失真，简称失真。一定频率的信号通过网络之后，往往会产生新的频率分量，这种现象称为该网络的非线性失真；一个信号的实际波形与理想波形有差异，这种差异被称为信号的非线性失真。

　　用频谱分析仪测量的大多数"线性电路"失真都是低电平，即产生失真的器件大都是线性器件，只表现出轻微的非线性。这种弱非线性系统的失真可以用幂级数来模拟：

$$V_{\text{out}} = k_0 + k_1 V_{\text{in}} + k_2 V_{\text{in}}^2 + k_3 V_{\text{in}}^3 + \cdots + k_n V_{\text{in}}^n \tag{8.4.1}$$

式中，k_0 代表系统输出的直流分量；k_1 代表线性电路理论所给出的电路增益；k_2 以上的其余系数代表电路的非线性特性。对于线性电路，除 k_1 之外的所有系数均应为 0。

　　由于对渐变形式的非线性，k_n 的大小随 n 增大而迅速变小，只有二次效应和三次效应起决定作用，故可以忽略式 (8.4.1) 中 k_3 之后的各项，因而得到简化的失真模型：

$$V_{\text{out}} = k_0 + k_1 V_{\text{in}} + k_2 V_{\text{in}}^2 + k_3 V_{\text{in}}^3 \tag{8.4.2}$$

　　考虑一个最简单的系统失真情况的测试。输入单音信号，即一个单一频率的纯正弦波 $V_{\text{in}} = A\cos(\omega t)$，并测量输出信号的频率成分。将 V_{in} 代入简化的失真模型式 (8.4.2) 得

$$
\begin{aligned}
V_{\text{out}} &= k_0 + k_1 A\cos(\omega t) + \frac{1}{2}k_2 A^2\left[1 + \cos(2\omega t)\right] + k_3 A^3\left[\frac{3}{4}\cos(\omega t) + \cos(3\omega t)\right] \\
&= k_0 + \frac{1}{2}k_2 A^2 + \left(k_1 A + \frac{3}{4}k_3 A^3\right)\cos(\omega t) \\
&\quad + \frac{1}{2}k_2 A^2\cos(2\omega t) + \frac{1}{4}k_3 A^3\cos(3\omega t)
\end{aligned}
\tag{8.4.3}
$$

输出信号表达式中包含直流分量、原始频率 (基波) 及二次、三次谐波。

　　由式 (8.4.3) 可以看出，直流分量受非线性模型的二次系数 k_2 的影响，而基波幅度受三次系数 k_3 的影响；基波幅度主要与输入信号的幅度 A 成正比，二次谐波的幅度与 A^2 成正比，三次谐波幅度与 A^3 成正比。如果使用分贝 (dB) 表示幅度，有

$$
\begin{cases}
20\log A^2 = 2\,(20\log A) = 2A_{\text{dB}} \\
20\log A^3 = 3\,(20\log A) = 3A_{\text{dB}}
\end{cases}
\tag{8.4.4}
$$

输入信号电平每变化 1dB，基波近似变化 1dB，二次谐波改变 2dB，三次谐波改变 3dB。

　　另一种常用于失真的输入信号是双音信号 $V_{\text{in}} = A_1\cos(\omega_1 t) + A_2\cos(\omega_2 t)$，对于简化的失真模型有下列形式的输出结果：

$$
\begin{aligned}
V_{\text{out}} =& c_0 + c_1\cos(\omega_1 t) + c_2\cos(\omega_2 t) + c_3\cos(2\omega_1 t) + c_4\cos(2\omega_2 t) + c_5\cos(3\omega_1 t) \\
& + c_6\cos(3\omega_2 t) + c_7\cos(\omega_1 t + \omega_2 t) + c_8\cos(\omega_1 t - \omega_2 t) + c_9\cos(2\omega_1 t + \omega_2 t) \\
& + c_{10}\cos(2\omega_1 t - \omega_2 t) + c_{11}\cos(2\omega_2 t + \omega_1 t) + c_{12}\cos(2\omega_2 t - \omega_1 t)
\end{aligned}
\tag{8.4.5}
$$

式中，$c_0, c_1, \cdots, c_{12}$ 是由 k_0、k_1、k_2、k_3 及 A_1、A_2 决定的系数。

　　与单音输入的情况不同的是，当输入双音的幅度变化 1dB 时，输出信号的二阶项幅度将变化 2dB，三阶项将变化 3dB。

失真度被定义为全部谐波能量与基波能量之比的平方根值。对于纯电阻负载，则定义为全部谐波电压或电流有效值与基波电压或电流有效值之比的平方根。

$$D_0 = \frac{\sqrt{\sum\limits_{m=2}^{M} u_m^2}}{u_1} \times 100\% \tag{8.4.6}$$

式中，u_1, u_2, $\cdots$, u_m 分别表示基频及其各次谐波的均方根值。失真度 D_0 以百分比（%）或分贝（dB）为单位，也称失真系数。

8.4.2 谐波失真度的测量方法

谐波失真度的测量方法很多，可以利用频谱仪将信号的基波和各次谐波的幅值一一测出，然后按定义计算，这种间接测量法称为谐波分析法。产品检验中更常用的是基波抑制法，又称为静态法，是对被研究的器件输入单音正弦信号，并通过基波抑制网络进行直接测量。此外，还可以利用白噪声作为测试信号，测量出被测器件在通带内的各频率分量因交调产生的谐波，这种方法称为动态法。

1. 基波抑制法

由于基波难以单独测量，当失真度较小时，定义式 (8.4.6) 可以近似为

$$D = \frac{\sqrt{\sum\limits_{m=2}^{M} u_m^2}}{\sqrt{\sum\limits_{m=1}^{M} u_m^2}} \times 100\% \tag{8.4.7}$$

在基波抑制法中通常按照式 (8.4.7) 来测量失真度，即实际测得的失真度是谐波电压的总有效值与被测信号的总有效值之比。这种近似是有条件的：当失真度小于 10% 时，可用失真度测量值 D 代替定义值 D_0，否则需对 D 值进行换算才能替代 D_0，公式为

$$D_0 = \frac{D}{\sqrt{1 - D^2}} \tag{8.4.8}$$

基波抑制法的测量框图如图 8.4.1 所示，图中的基波抑制网络实质上是一个陷波滤波器，专用于滤掉基波信号而使其余谐波分量通过。

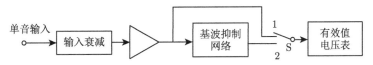

图 8.4.1 用于谐波失真度测量的基波抑制法测量框图

谐波失真测量分两次完成：首先使开关 S 打到位置"1"，测量结果为被测信号的电压总有效值。适当调节输入电平使电压表指示为某一规定的基准电平值，该值完全对应于失

真度大小，也就是使式 (8.4.7) 中的分母为 1。这个过程称为"校准"。然后使开关打到位置"2"，调整基波抑制网络使电压表指示最小，表明此时电路对基波的衰减量最大。由于基波已被抑制，这个步骤所测结果是被测信号的谐波电压总有效值。由于电压表是经过校准的，所以这时的指示值就是 D 值。

因为 D 与 D_0 并不完全相等，基波抑制法在理论上存在测量误差。这种恒定的系统误差可以通过式 (8.4.8) 得到修正。此外，由于基波抑制网络不够理想而使测量谐波电压有效值时不能完全抑制基波，也会引起测量误差。为了提高基波抑制度，可以在信号进入测量电路之前先经过一个前置的基波抑制网络。

2. 白噪声法

白噪声法是谐波失真的动态测量方法，该方法使用白噪声发生器产生均匀频谱密度分布的白噪声，相当于将一系列不同频率、不同相位的正弦信号加到被测电路上，可得到被测电路在通带内的任一频率分量所产生的谐波及其互调结果，是一种广谱测量技术。

测量电路如图 8.4.2 所示。白噪声发生器输出幅度为 U_N 的广谱噪声信号，经过中心频率为 f_0 的带阻滤波器后，f_0 及附近的频率分量被滤掉，使输出频谱产生了缝隙。该信号通过被测电路时，如果电路不存在谐波失真，就不会产生新的频率分量，输入、输出信号频谱应相同；反之如果存在失真，由于噪声各分量的互调会导致大量的组合频率，输出信号在 f_0 及附近的频率处有了新的频率分量。用选频电压表选出 f_0 分量，并测得其电压幅度 U_{out}。最终的谐波失真度 D 按照式 (8.4.9) 计算：

$$D = \frac{U_{out}}{U} \times 100\% \tag{8.4.9}$$

式中，U_{out} 为选频电压表在频率 f_0 处的读数；U 为选频电压表在同一带宽下其他频率处的读数。

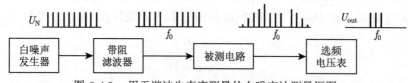

图 8.4.2   用于谐波失真度测量的白噪声法测量框图

可见，白噪声法测量所用的式 (8.4.9) 也与定义式不同，要用它来衡量被测电路谐波失真的程度，必须满足带阻滤波器带宽应小于被测电路带宽的 10% 这个条件。

*8.5   快速傅里叶变换

一提到频谱分析，无法绕过去的就是快速傅里叶变换。但何为频谱？大家已经学习过，频谱是指各种频率分量按照一定次序 (通常从小到大) 排列的强度 (幅值) 形成的点的集合。如果这个频谱点集合是按照频率分量连续分布的，一般认为里面的频率分量有无穷多个，而且这个无穷是不可数的无穷，对应时域信号的时间跨度是无穷大的，换言之，时域信号是非周期信号。大家注意，在实际处理的信号里，除了理论分析的需要外，我们并不希望一个信号是理想的非周期信号，因为那样的话，我们需要等无穷的时间才能开始处理或者处理完信号，因此，我们希望时域信号 $x(t)$ 仅仅存在于一段时间内，无论它是连续分布还是离散分布。由于信号的能量一般都是有限的或者采样时间有限，经过一段时间后的信号幅值通常就可以忽略，可以看成有限时间的信号 $x_F(t)$ $(t_0 \leqslant t \leqslant t_1)$，因此这种处理在实际应用中是合理的，于是我们可以对这段信号做傅里叶变换的积分处理，积分区间为一段有限时间。受篇幅限制，这里不再讨论傅里叶级数和傅里叶变换间的转换关系。如果对一段时间 $[t_0, t_1]$ 内采样后的信号 $x(kT)$，$k = 0, 1, 2, 3, 4, \cdots, N$ 进行傅里叶变换，即得到

$$X(\omega) = \frac{1}{2\pi} \int_0^{NT} x(t)\delta(t - kT)\mathrm{e}^{-\mathrm{j}\omega t}\mathrm{d}t \tag{8.5.1}$$

利用冲激函数 $\delta(t)$ 的性质，还可以把式 (8.5.1) 进行简化，得到

$$X(\omega) = \frac{1}{2\pi} \sum_{k=0}^{N} x(kT)\mathrm{e}^{-\mathrm{i}\omega kT} \tag{8.5.2}$$

由此也可以知道，尤其是对于数字信号处理而言，把采样一段时间得到的信号幅值序列看成一个有限时间序列信号是合理的，而且此时傅里叶变换和有限的傅里叶级数也是一样的。有些同学刚开始学习数字信号处理知识的时候，往往会有困惑，觉得不就是从时域到频域，从频域到时域变来变去吗？其实不然，想一想这样一个情形，一个受到正弦类型的噪声干扰的图片，可见于 *Digital Image Processing*（*Third Edition*）（Rafael C. Gonzalez 等著），如图 8.5.1 所示。如果在像素灰度值分布上直接进行操作，很难彻底去除噪声的影响，而且也不容易理解，但如果把整幅图片变换到频率域，就可以更加容易地找到噪声的特征，并把它滤除掉，然后进行二维傅里叶逆变换回到灰度值分布对应的图形，从而实现对噪声的高效滤除，所以从时域（一维）/空间域（二

图 8.5.1　受到正弦类型噪声干扰的图片

维及以上）到频域之间的傅里叶变换和傅里叶逆变换都是不可或缺的，如何高效地实现这些计算是需要着重考虑的问题。

下面考虑如何算得更快这个问题。从时域/空间域到频域的变换是不可缺少的，怎样加快计算？主要思路是尽量少用或者不用乘除运算，例如，前面熟悉的 CORDIC 算法，用加法和移位代替乘法，大大加快了硬件的处理速度。所以加速计算的方向明确了，那就得想想如何减少乘法计算了。首先想一想涉及乘法的常见计算都有哪些？通常，无外乎复数乘法、矩阵乘法和卷积。

有的同学可能直接会提出来，为什么会有复数乘法？例如，计算 12×34，为区分个位和十位上的数字，用 1_{10} 表示十位上的数字为 1，类似地，1_{100} 表示百位上的数字为 1，回顾一下计算过程：

$$\begin{aligned}
12 \times 34 &= (1_{10} + 2) \times (3_{10} + 4) \\
&= (1 \times 3)_{100} + (1 \times 4)_{10} + (2 \times 3)_{10} + (2 \times 4)
\end{aligned} \tag{8.5.3}$$

整个计算过程需要 4 次乘法运算，才能得到最终结果，这也和我们从小学起培养的计算习惯是一致的，貌似没有继续提高的空间。但是，如果再仔细观察，会有不一样的发现。为了描述，我们采用符号的表达方式，如 ab 表示 $a \times 10 + b$，并且不再计较 a 和 b 是几位数，一位、两位或 N 位都没有问题。于是，重新看一下 ab 和 cd 的计算结果会怎么样？

$$ab \times cd = (a_{10} + b) \times (c_{10} + d)$$

$$= (a \times c)_{100} + (a \times d)_{10} + (b \times c)_{10} + (b \times d) \tag{8.5.4}$$

$$= (a \times c)_{100} + (a \times d + b \times c)_{10} + (b \times d)$$

该过程主要涉及 $a \times c$、$a \times d$、$b \times c$ 和 $b \times d$ 四个运算，有

$$a \times d + b \times c = (a + b) \times (c + d) - a \times c - b \times d \tag{8.5.5}$$

于是，只需要计算 $(a + b) \times (c + d)$、$a \times c$ 和 $b \times d$ 三相乘法运算，就可以得到 $ab \times cd$ 的计算结果，由此而带来的计算效率的提高，使得计算复杂度从 $O(n^2)$ 降到了 $O(n^{1.59})$。之所以说这是复数乘法，是因为这是高斯在研究复数乘法时发现的规律，即

$$(a + bi) \times (c + di) = ac - bd + (bc + ad)i \tag{8.5.6}$$

复数乘法涉及的运算几乎和高低位分开计算的步骤是一样的，所以多位数的乘法都会涉及这种计算技巧。我们甚至可以进一步大胆去想，如果 a 也分成高位 a_H 和低位 a_L，c 也可以分成高位 c_H 和低位 c_L，那么 $a \times c$ 的计算也可以减少乘法操作。类似地，$b \times d$、$(a + b) \times (c + d)$ 也可以减少乘法操作，这样一直分割下去，直到不能再分割，到达理论上的极限。如果参与乘法的数字有 n 位，按照这种高低位的划分方式，一直可以分 $k = \log_2 n$ 层，而且只有最下面一层涉及乘法计算，最后一层有 3^k 次乘法计算，所以计算复杂度是 $3^{\log_2 n} = n^{\log_2 3} \approx n^{1.59}$。似乎已穷尽洪荒之力，直观上，这种"分而治之"的计算思路似乎已用到了极限，是否还有别的可能？敢问路在何方？

历史上，能工巧匠之所以伟大，在于敢为人先、能人所不能。约束计算性能的困难很多，还有一个典型的，即矩阵乘法的计算复杂度还能不能降低？

长期以来，人们从来没有怀疑过矩阵乘法的计算复杂度，例如，两个 $n \times n$ 的矩阵 X 和 Y 进行乘法运算：

$$Z = X \times Y \tag{8.5.7}$$

几乎所有的人都认为，矩阵 Z 每一个元素都需要 X 中一行 n 个元素和 Y 中一列的 n 个元素对应相乘再累加，即每个元素都需要 n 次乘法运算，若要获得 Z 的所有 $n \times n = n^2$ 个元素的数值，一定会需要 n^3 次乘法运算。似乎一切都理所应当，这是一个很自然的结果，应该不会有改进的空间？

这种局面一直持续到 1969 年，那一年德国的数学家 Volker Strassen 宣布找到了一种更为有效的计算方法。具体步骤是，把矩阵分成 $2 \times 2 = 4$ 个相同尺寸的子矩阵，如：

$$X = \begin{bmatrix} A & B \\ C & D \end{bmatrix}, \quad Y = \begin{bmatrix} E & F \\ G & H \end{bmatrix} \tag{8.5.8}$$

所以

$$XY = \begin{bmatrix} A & B \\ C & D \end{bmatrix} \begin{bmatrix} E & F \\ G & H \end{bmatrix} = \begin{bmatrix} AE + BG & AF + BH \\ CE + DG & CF + DH \end{bmatrix} \tag{8.5.9}$$

问题的突破并不是来自按部就班的运算，而是一种新的等价形式：

$$XY = \begin{bmatrix} P_5 + P_4 - P_2 + P_6 & P_1 + P_2 \\ P_3 + P_4 & P_1 + P_5 - P_3 - P_7 \end{bmatrix} \tag{8.5.10}$$

其中

$$P_1 = A(F - H)$$
$$P_2 = (A + B)H$$
$$P_3 = (C + D)E$$
$$P_4 = D(G - E) \tag{8.5.11}$$
$$P_5 = (A + D)(E + H)$$
$$P_6 = (B - D)(G + H)$$
$$P_7 = (A - C)(E + F)$$

通过这种等价关系,我们发现,矩阵乘法的计算复杂度竟然可以从 $O\left(8^{\log_2 n}\right) = O\left(n^{\log_2 8}\right) = O\left(n^3\right)$ 降到了 $O\left(7^{\log_2 n}\right) = O\left(n^{\log_2 7}\right) = O\left(n^{2.81}\right)$。这是一个极其了不起的发现,多少年来,大家都极其好奇,Volker Strassen 这么伟大的奇思妙想是如何得到的? 竟然真的有更快的矩阵相乘的计算方法,真可谓不怕做不到,就怕想不到。

见识了前面两种涉及乘法的典型运算,我们发现他们的核心要义是通过把问题划分成更小的子问题,然后利用少量乘法运算来等价代替直观上需要的乘法运算,充分体现了"分而治之"(Divide and Conquer)的策略。最后来看第三种典型的运算方式,即卷积,这样也就触及了我们最感兴趣的快速傅里叶变换。

首先,简介一下 FFT 的历史。关于 DFT 快速算法的研究最早可追溯到 1805 年,当时高斯计算小行星 Pallas 和 Juno 的轨道时,就采用了 FFT 的算法,可惜没有发表。高斯采用的算法和 1965 年 Cooley 与 Tukey 发表的算法几乎是一样的,而 Cooley 和 Tukey 则被世人认为是 FFT 的发明人。在 19 世纪 60 年代中期的美国"总统科学咨询委员会"中,普林斯顿的数学家 Tukey 遇到了 IBM 公司的 Richard Garwin;此时 Richard Garmin 在他正进行的核试验传感器布置与数据分析的研究中,急需一种计算傅里叶变换的快速方法,因此,Tukey 向 Garmin 介绍了计算傅里叶变换的技术知识,并概括地对 Richard Garwin 介绍了一种方法,它实质上是后来著名的 Cooley 和 Tukey 算法。随后 Richard Garwin 到 IBM 研究所计算中心,让该中心的 Cooley 设计出对应的计算机程序,之后 Cooley 继续自己的工作项目,他以为这件事情可以告一段落了。在 Richard Garwin 的推动下,FFT 方法得到迅速普及。不久,Cooley 和 Tukey 在《计算数学》(*Mathematics of Computation*)杂志上发表了著名的文章《一种用于机器计算的复系数 Fourier 变换的计算方法》(*An Algorithm for the Machine Calculation of Complex Fourier Series*)",从此这篇文章成了经典文章。

到底 FFT 奇妙在什么地方? 下面我们抽丝剥茧,进行逐一分析。先看一个多项式乘法的例子:

$$(1 + 2x + 3x^2) \times (2 + x + 4x^2) = 2 + 5x + 12x^2 + 11x^3 + 12x^4 \tag{8.5.12}$$

大家如果按照合并同类项的方式进行整理计算,在得到上述结果的过程中,可以隐约看到卷积运算的影子。为了更清晰地看到这一运算,我们把多项式乘法写成更一般的形式,如计算两个 d 次多项式 $A(x)$ 和 $B(x)$ 的乘积 $C(x)$,即

$$A(x) = a_0 + a_1 x + \cdots + a_d x^d$$
$$B(x) = b_0 + b_1 x + \cdots + b_d x^d \tag{8.5.13}$$
$$C(x) = c_0 + c_1 x + \cdots + c_{2d} x^{2d}$$

其中

$$c_k = a_0 b_k + a_1 b_{k-1} + \cdots + a_k b_0 = \sum_{i=0}^{k} a_i b_{k-i} \tag{8.5.14}$$

从式 (8.5.14) 中的 c_k 计算过程就可以看到卷积计算的样子。仔细观察，可以发现，如果是两个 d 次的多项式相乘，需要计算 $2d+1$ 个多项式系数 c_k $(0 \leqslant k \leqslant 2d)$，第 k 个系数的计算涉及 $k+1$ 次乘法计算，所有的系数计算共需要 $1+2+3+\cdots+(2d+1) = \dfrac{(2d+1)(2d+2)}{2} = (2d+1)(d+1)$ 次乘法运算，计算的复杂度可以表示为 $O(n^2)$。计算的过程是那么自然，我们几乎想不到怎么样变换形式，提高计算效率。

车到山前疑无路，柳暗花明又一村。需要换个角度来看问题。回到卷积式 (8.5.14) 最初的问题来源，是为了计算多项式乘法，只要能进一步提高多项式乘法的计算效率，算出来的多项式系数 $C(x)$ 就是多项式 $A(x)$ 和 $B(x)$ 系数的卷积结果。虽然多项式系数的确定涉及卷积，但是，如果换个角度看，除了用系数来表达（系数表达也只是一种空间坐标形式），一个 d 次的多项式仅仅需要 $d+1$ 个值就可以唯一确定，这是因为空间 $(1, x, x^2, \cdots, x^d)$ 的维数是确定的，即 $d+1$，所以有 $d+1$ 个数学意义上独立的多项式函数值就够了，无论这些值是系数还是不同点的数值。事实上，系数也可以看成一组特殊取点的多项式值。这样，就不会局限在多项式系数的角度，而是转换到新的 $d+1$ 维空间表示的角度，重新审视多项式乘法问题。但从多项式取值的角度来看，对于任意给定的 x_0，$C(x_0) = A(x_0) \times B(x_0)$，只需要一次乘法就可以，而且仅仅需要计算 $2d+1$ 次乘法，这就意味着一个多项式 $C(x)$ 从形式上仅需要 $2d+1$ 个 $A(x)$ 多项式值和 $2d+1$ 个 $B(x)$ 多项式值，进行 $2d+1$ 次乘法计算就可以，这样把多项式乘法（卷积运算）计算复杂度从 $O(n^2)$ 降到了 $O(n)$。唯一令我们感到不安的是，通过多项式系数获得多项式 $A(x)$ 和 $B(x)$ 值的计算复杂度如何？

先看一个例子：

$$3 + 4x + 6x^2 + 2x^3 + x^4 + 10x^5 = \left(3 + 6x^2 + x^4\right)_{\mathrm{e}} + x\left(4 + 2x^2 + 10x^4\right)_{\mathrm{o}} \tag{8.5.15}$$

其中，下标 e 表示偶函数；o 表示奇函数。努力地想一想，我们还可以想到高等数学曾学过的一个例子，即任何一个函数都可以表示成一个奇函数和一个偶函数的和：

$$f(x) = \left[\frac{f(x) + f(-x)}{2}\right]_{\mathrm{e}} + \left[\frac{f(x) - f(-x)}{2}\right]_{\mathrm{o}} \tag{8.5.16}$$

再回到多项式 $A(x)$，我们可以给一个更一般的表达形式，如：

$$A(x) = A_{\mathrm{e}}\left(x^2\right) + xA_{\mathrm{o}}\left(x^2\right) \tag{8.5.17}$$

其中，$A_{\mathrm{e}}(\cdot)$ 表示偶函数部分，$A_{\mathrm{o}}(\cdot)$ 表示奇函数部分，而且多项式 $A_{\mathrm{e}}(\cdot)$ 和 $A_{\mathrm{o}}(\cdot)$ 的阶次都不超过 $\dfrac{n}{2} - 1$。

如何降低计算量？那就尽量减少重复计算，寻找共同点，而对称无疑是值得关注的主要因素。考虑关于 y 轴对称的两个点 $\pm x_i$，如果计算 $A(x_i)$ 和 $A(-x_i)$，则有

$$A(x_i) = A_{\mathrm{e}}\left(x_i^2\right) + x_iA_{\mathrm{o}}\left(x_i^2\right)$$
$$A(-x_i) = A_{\mathrm{e}}\left(x_i^2\right) - x_iA_{\mathrm{o}}\left(x_i^2\right) \tag{8.5.18}$$

通过式 (8.5.18)，我们可以看到一个 n 次的多项式的计算，可以划分成两个 $\dfrac{n}{2}$ 次的多项式的计算问题。如果这样一直分下去，那么，对于一个 n 次的多项式，可以向下分 $\log_2 n$ 个等级，到了最下一层有 n 个函数值，就可以实现高效的计算，而且计算复杂度是 $O(n\log_2 n)$，如果可行，将得到理想的结果。

但是，怎么把这种一分为二的操作进行下去呢？仔细观察，我们发现，在第一次"一分为二"操作中，一共有 $n+1$ 个点，为了便于利用对称性，最好 $\pm x_0, \pm x_1, \cdots, \pm x_{\frac{n}{2}-1}$ 结对出现，但需要计算 $x_0^2, x_1^2,$ $\cdots, x_{\frac{n}{2}-1}^2$，为了让"一分为二"继续下去，$x_0^2$ 需要和某一个 x_k^2 成对出现，换言之，$x_0^2 = -x_k^2$，从而在 x_k^2 $(0 \leqslant k \leqslant n/2)$ 中依然可以分下去。这样，就不得不依靠复数。而且，最好在 $\pm x_0, \pm x_1, \cdots, \pm x_{\frac{n}{2}-1}$

这些点上，包括 x_k^2 $(0 \leqslant k \leqslant n/2)$，$x_k^4(0 \leqslant k \leqslant n/4)$，乃至 $x_k^{2^m}$ $(0 \leqslant k \leqslant n/2^m)$。显然，如果这些点都在单位圆上，而且具有很好的对称性，那么应该是最有可能把"一分为二"不断持续下去的，直到实现计算复杂度 $O(n \log_2 n)$。事实上，确实可以做到这一点，这就是快速傅里叶变换做的事情。

至此，我们一步步揭示了 FFT 的计算思路，通过 FFT 的单位圆周上点的对称性不断"一分为二"，可以以 $O(n \log_2 n)$ 的计算复杂度实现多项式函数值的快速计算。但问题来了，我们还没有得到多项式的系数，也就是说卷积计算还没完成，难道真的可以达到卷积计算的复杂度 $O(n \log_2 n)$ 么？带着最后一丝志忑，我们要去检验"多项式系数计算"这关键一步：

$$
\begin{bmatrix} A(x_0) \\ A(x_1) \\ \vdots \\ A(x_{n-1}) \end{bmatrix} = \begin{bmatrix} 1 & x_0 & x_0^2 & \cdots & x_0^{n-1} \\ 1 & x_1 & x_1^2 & \cdots & x_1^{n-1} \\ \vdots & \vdots & \vdots & & \vdots \\ 1 & x_{n-1} & x_{n-1}^2 & \cdots & x_{n-1}^{n-1} \end{bmatrix} \begin{bmatrix} a_0 \\ a_1 \\ \vdots \\ a_{n-1} \end{bmatrix} \tag{8.5.19}
$$

如果记中间的矩阵为 M，幸运的是，我们选取的点都是单位圆上的点，而且考虑到对称性，选的都是 $x^n = 1$ 的根，结果 M 的逆还是 $\dfrac{M}{n}$，即

$$
\begin{bmatrix} a_0 \\ a_1 \\ \vdots \\ a_{n-1} \end{bmatrix} = \frac{1}{n} \begin{bmatrix} 1 & x_0 & x_0^2 & \cdots & x_0^{n-1} \\ 1 & x_1 & x_1^2 & \cdots & x_1^{n-1} \\ \vdots & \vdots & \vdots & & \vdots \\ 1 & x_{n-1} & x_{n-1}^2 & \cdots & x_{n-1}^{n-1} \end{bmatrix} \begin{bmatrix} A(x_0) \\ A(x_1) \\ \vdots \\ A(x_{n-1}) \end{bmatrix} \tag{8.5.20}
$$

如果 n 是 2 的幂次方，可以转换成移位运算，FFT 依然可以计算式 (8.5.20)，于是乎，多项式的系数通过两次 FFT 就可以计算获得。

终于，我们可以放心地宣布，两个多项式 $A(x)$ 和 $B(x)$ 的乘积 $C(x)$ 可以分两步计算获得：第一步，通过计算复杂度为 $O(n \log_2 n)$ 的函数值得到 $A(x)$ 和 $B(x)$，并进行复杂度 $O(n)$ 的乘积运算 $A(x) \times B(x)$，这一步的整体复杂度还是 $O(n \log_2 n)$；第二步，通过计算复杂度 $O(n \log_2 n)$ 的 FFT 实现从函数值到多项系数的变换，获得多项式系数；由此，可以实现计算复杂度为 $O(n \log_2 n)$ 的多项式系数的确定。而这正是卷积运算的过程，换言之，我们实现了计算复杂度为 $O(n \log_2 n)$ 的卷积快速算法。人们甚至猜测，这可能是不能改进的结果，因为其中已利用了最多的对称性质，而有限群的性质数学家也已研究透彻；但希望这种判断是错的，从而出现 Volker Strassen 那样出人意料的突破。

回过头来看卷积计算的整个过程，FFT 无疑是最耀眼的部分，但是，我们不应该忘记跳出"多项式系数"这一特殊情况，站在更为普遍的"多项式函数值集合"宽广视角重新看待卷积问题，才是更好地解决这一问题的关键。由认识个别的和特殊的事物，逐步地扩大到认识一般的事物，认识了许多不同事物的特殊的本质，然后才有可能更进一步地进行概括工作，认识各种事物的共同的本质。

习　　题

8-1　如何理解"实时"频谱分析？传统的扫描式频谱仪为什么不能进行实时频谱分析？FFT 分析仪为什么能够进行实时分析？

8-2　什么是频谱分析仪的频率分辨力？在外差式频谱仪和 FFT 分析仪中，频率分辨力和哪些因素有关？

8-3　使用并行滤波式频谱分析仪来测量 $0 \sim 10$ MHz 的信号，如果要求达到的频率分辨力 50 kHz，共需要多少滤波器？

8-4　如果已将外差式频谱仪调谐到某一输入信号频率上，且信号带宽小于调谐回路带宽，此时停止本振扫描，屏幕将显示什么？

8-5　要想较完整地观测频率为 20kHz 的方波，频谱仪的扫描宽度应至少达到多少？

8-6　如果已将外差式频谱仪调谐到某一输入频率上，且信号带宽小于调谐回路带宽，此时停止本振扫描，屏幕将显示 ＿＿＿＿＿＿＿＿＿。

8-7　请简述使用示波器和频谱仪来观测同一信号的异同之处。

8-8　试简述"实时"频谱分析的含义。

8-9　调制域描述的是 ＿＿＿＿＿＿＿＿ 和 ＿＿＿＿＿＿＿＿ 之间的关系。

8-10　通常，扫频式频谱仪与 FFT 分析仪相比具有较 ＿＿＿＿＿＿ 的频率范围，较 ＿＿＿＿＿＿＿＿ 的扫描速度。

8-11　有人说，传统的扫描式频谱仪可以进行实时频谱分析，请判断正误并简述理由。

8-12　有人说，若采用有一定带宽的频谱分析仪来测量方波的有效值（一般以计算各次谐波分量的形式），则获得的有效值一定偏高。请判断正误并简述理由。

8-13　请简述周期信号脉冲宽度和频带宽度的概念和区别。

8-14　有人说，要想完整地观测 10 kHz 的方波，频谱仪的扫描宽度至少为方波频率的两倍，即 0 ～ 20 kHz。请判断正误并简述理由。

8-15　在进行频谱分析时，先进的仪器设备几乎都离不开 FFT，请根据你学过的知识，谈一谈未来有没有可能出现性能全面超越 FFT 的新算法，为什么？

第 9 章　自动测试系统概述

自动测试系统（Automatic Test System，ATS）是指能对被测设备（Unit Under Test，UUT）自动进行测量、故障诊断、数据处理、存储、传输，并以适当方式显示或输出测试结果的系统。它把现代微电子技术、计算机技术、虚拟仪器技术、信息技术、人工智能技术和数据库管理技术结合在一起，形成了功能强大的测试平台，为现代复杂电子设备，特别是军用电子设备的测试和维修提供了强有力的工具。

自动测试系统（ATS）一般由三部分组成：自动测试设备（Automatic Test Equipment，ATE）、测试程序集（Test Program Set，TPS）和 TPS 软件开发工具，如图 9.0.1 所示。

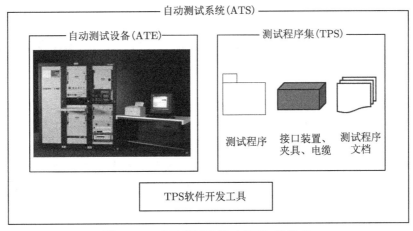

图 9.0.1　自动测试系统（ATS）的组成

ATE 是指用来完成测试任务的全部硬件和相应的操作系统软件。ATE 硬件可能是很小的便携设备，也可能是由多个机柜组成的庞大系统。为适应机载或前线机动运输的需要，ATE 往往选用加固型商用设备。如果是在恶劣环境下（如维修站或修理厂内）使用的 ATE，则可以采用纯粹的商用货架设备。ATE 的核心是计算机，通过计算机实现对各种复杂的测试仪器如数字万用表、波形分析仪、信号发生器及开关组件的控制。在测试软件的控制下，ATE 为 UUT 中的电路或部件提供其工作需要的激励信号，然后在相应的引脚、端口或连接点上测量 UUT 的响应输出，进而确定该 UUT 是否达到规范所要求的功能或性能。ATE 的操作系统软件还可以实现其自身的事务管理（如自测试、自校准等）、跟踪 ATE 设备的维护要求、规划测试过程，并能够存储和检索数字技术手册，为测试人员使用和维护 ATE 提供在线帮助。

测试程序集（TPS）与 UUT 及其测试要求密切相关。典型的测试程序集由三部分组成，即测试程序软件、测试接口适配器（包括接口装置、夹具及电缆）和 UUT 测试所需的各种文档。ATE 中的计算机执行由各种标准编程语言（如 ATLAS、C、Ada）开发的测试软件,实现对 ATE 中的激励设备、测量仪器、电源及开关组件的控制,产生被测设备 UUT 所要求的激励信号,测量 UUT 的响应输出,实现信号通道的配置和切换。测试软件能够自动分析测量结果,确定各种可能的故障原因,向测试技术人员提供维修排故建议。不同的 UUT 的连接要求和输入/输出端口定义往往不相同,为实现 UUT 与 ATE 的连接,通常需要特定的接口装置来完成 UUT 到 ATE 的正确、可靠的物理连接,实现 ATE 信号点到 UUT 中的相应 I/O 引脚间信号通道的连接。通用 ATE 系统设计的原则是使 ATE 本身资源配置最优化,能够覆盖各种 UUT 的测试需求,而接口装置的设计应以最简化和无源化为原则,当 ATE 无法完全满足 UUT 测试需要时,可考虑在接口装置中加入有源组件实现信号调理、通道切换等功能。

9.1　自动测试系统的发展概况

军事、国防、航空、航天是 ATS 应用最多、发展最快的领域。航空电子系统、武器系统的研发、使用和维护过程中对 ATE 的众多需求也是推动 ATS 和 ATE 技术发展的强大动力。从国外军用 ATS、ATE 的发展过程可以看出,军方的需求不仅促成了新的测试系统总线及新一代 ATS 的诞生,也促使 ATS、ATE 的设计思想和开发策略发生重大变化。

9.1.1　自动测试系统发展阶段

ATS 的发展过程大体上可以分为三个阶段,经历了从专用型向通用型发展的过程。

第一代 ATS 是针对具体测试任务而研制的专用型测试系统,是从人工测试向自动测试迈出的重要一步。随着计算机总线技术的迅猛发展,特别是单片机与嵌入式系统应用技术的普及和成熟,第一代 ATS 在测试功能、性能、测试速度和效率以及使用等方面明显优于人工测试。但是第一代测试系统研制具有很强的针对性,系统的适应性不强、通用性差,复杂 UUT 测试设备研制工作量大、费用昂贵。

第二代 ATS 是以台式程控仪器为主构建的积木型自动测试系统。它在具有标准接口总线(如 GPIB、CAMAC、RS-232 等)台式程控仪器的基础上以积木方式组建而成。这类系统采用了通用操作系统和测试语言,具有易组合、可扩展和多用途的特性。但是连接台式仪器的串行总线传输速率低、资源重复配置、系统体积和重量庞大。

第三代 ATS 是以模块化虚拟仪器为主组建的集成型自动测试系统。它是基于 VXI (VMEbus Extensions for Instrumentation)、PXI (PCI Extensions for Instrumentation) 等测试总线,主要由模块化的仪器、设备所组成。具有数据传输率高、数据吞吐量大、体积小、重量轻、系统组建灵活、容易扩展、资源重复性好、标准化程度高等优点,是当前先进的 ATS 特别是军用 ATS 的主流组建方案。

军用领域 ATS 的迅猛发展,及时适应了现代武器装备对综合维修测试保障的技术要求。但其发展也经历了一个从专用到兼容的过程。以美军 ATS 发展历程为例,由于美军在 ATS 的发展过程中缺乏统一的规划和组织,使得 ATS 的研制、生产和开发各自为政,造成了型号种类繁杂、测试程序和系统构件互不兼容的混乱局面,测试设备的可扩展能力严重不足,导致军用 ATS 的操作复杂,研制、维护和测试成本费用急剧上升。同时,庞大、种类繁多的测试设备也无法适应现代化机动作战的需要,造成繁重的运输负担。

为改变这种被动局面，20 世纪 90 年代初以来，美军开始制定 ATS 的总体发展规划和通用测试技术标准，并发展通用化的主流 ATS 系列型谱，以求建立标准化、系列化和模块化的电子测试维修保障装备通用平台及其应用开发环境，达到减少测试保障装备型号、降低研制开发费用、提高综合诊断测试效能的目的。

9.1.2 自动测试系统的现代化之路

作为武器装备的重要保障设备，自动测试系统（ATS）经历了从专用型向通用型发展的过程。早期的军用自动测试系统是针对具体武器型号开发的，且不同系统间互不兼容，不具有互操作性，导致专用测试系统数量快速繁殖，维护保障费用高昂。于是，美国国防部成立了集中统一的 ATS 管理机构，并制定了"五步走"战略来发展下一代自动测试系统，力图从长远考虑，保证其 ATS 能够紧跟武器装备体系发展的新需求，永不落伍。

美国 ATS 发展的历程比较完整地说明，未来的 ATS 将进一步沿着"标准、兼容、开放"的道路发展，这是保障 ATS 不落伍、不过时，又能及时吸纳新技术发展的基本思路，可以有效降低成本，提升集成效率，扩展新的能力。

9.2　自动测试系统关键技术

9.2.1　总线技术

随着科学技术的迅速发展，特别是由于电子技术及计算机技术的突飞猛进，测试技术领域产生了巨大的变化。传统的独立或局部控制的仪器系统变得越来越不适应，于是出现了以总线技术为基础的测试技术。总线是传输信号或信息的公共路径，是连接各硬件模块的基础。在大规模集成电路内各部分之间，一块插件板的各芯片之间、一个系统的各模块之间以及系统和系统之间，普遍采用总线进行连接。

测试总线是指可以应用在测试、测量和控制系统中的总线，它既包括专用于测试设备中的 GPIB、VXI、PXI、LXI（LAN Extensions for Instrumentation）等总线，也包括通用计算机系统中的 PCI、USB（Universal Serial Bus）、IEEE 1394、PCI-Express 等总线，因为这些总线技术同样可以应用于数据采集、仪器控制等测试与测量领域。测试系统总线是随着自动测试系统（ATS）的出现而提出的，并且随着 ATS 的发展而发展。ATS 首先要解决的关键问题是如何使得开放式互联设备能在机械、电气、功能上兼容，以保证各种命令和测试数据在互联设备间准确无误地传输，即要解决的是程控设备互连协议问题，也就是接口总线问题。

现代测量及检测系统的发展趋势是标准总线计算机平台、功能强大的软件，以及应用总线技术的模块化仪器设备的有机结合。这种结合极大地增强了自动测试设备的功能与性能。在测试系统研制中，选择好的测试系统平台总线，不仅有助于系统最终以较低成本满足更高的性能要求，而且可以使系统更加容易扩充、升级和保护用户的投资效益。因此，在现代计算机测试系统中，总线技术越来越受到重视，应用的范围也越来越广。目前，总线技术在工业、军事、航空、航天等测试领域中发挥着极其重要的作用，总线技术的研究与发展也迈上了一个崭新的台阶。

9.2.2 自动测试系统软件技术

软件是自动测试系统的核心，也是自动测试系统成败的关键。它描述了千差万别的测试需求，代表了针对各个领域、各个类型的 UUT 的测试应用。一套成功的测试软件能够最大限度地降低测试人员的劳动强度，提高工作效率，增强系统运行的可靠性。

测试系统软件技术包括仪器驱动的开发、计算机通用软件开发技术、测试系统软件开发环境的选择和应用、测试系统描述语言、测试程序集的描述与运行等多个环节。

同 ATS 发展历程相仿，测试系统软件的发展可以相应分为以下几个阶段：根据各个仪器独有的命令集和语言而编写的专用的测试软件；20 世纪 80 年代是采用程控仪器标准命令（Standard Commands for Programmable Instruments, SCPI）语言和一些简单的开发环境生成半标准化软件时代；20 世纪 90 年代，进入采用 VXI 即插即用（VXI Plug&Play, VPP）标准的准通用化软件时代，能够在仪器上实现即插即用，但在系统方面满足不了通用化的要求；21 世纪，采用通用测试软件框架、测试需求的图形化表示与执行及测试程序的自动生成，以及采用标准化的测试语言（如 ATLAS、C/C++）等手段，并采用仪器可互换（IVI）技术，生成通用性极强的、可以进行系统重构的测试软件系统。

软件的互操作性、仪器的互换性是测试系统永恒不懈的追求目标。自动测试系统的目的是控制仪器进行测试，测试的过程是给被测设备提供激励然后对其进行测量，因而，测试信号的流程是测试系统最为关注的对象。TPS 调用的基本单元不应是仪器，而应是信号。基于信号的 TPS 和具体测试系统无关，只要信号满足需求，可不管仪器的种类、厂家，能够实现真正意义上的软件可互操作性和仪器互换性。因此采用基于信号的通用自动测试系统软件开发平台也是未来自动测试系统的发展方向。

9.2.3 故障诊断技术

故障诊断技术是一门应用型的多学科交叉的边缘学科，已有 40 多年的发展历史。在现代化生产中，及时解决系统发生的故障，保证系统的正常运行，是一个重要的问题，故障诊断技术就是为了解决这个问题而逐渐发展起来的。它有很强的工程背景，并且以深厚的理论为基础，系统论、信息论、控制论、非线性科学等许多最新的技术在其中都有广泛的应用。从本质上讲，故障诊断技术是一个模式分类问题，即把机器的运行状态分为正常和异常两类。原始的故障诊断方法是"手摸，耳听，眼看"，在故障诊断技术出现后，这种情况得到了根本的改善。近年来，随着计算机技术和人工智能（Artificial Intelligence, AI）的发展，诊断自动化、智能化的要求逐渐变为现实，极大提高了系统诊断的效率。

计算机技术和微电子技术的飞速发展给人们在系统设计方面带来了极大的自由和空间，同时也使得所设计的系统日益复杂，这给故障诊断技术带来了新的难题。复杂系统在构造上由多个子系统作为元素组合而成，这种组合是多层次的。在子系统内，层次之间的联系可能是不确定的；在功能上，系统的输入与输出之间，存在着由构造所决定的一般并非严格的定量的或逻辑的因果关系，因而其故障与征兆之间不存在一一对应的简单关系，使故障诊断问题复杂化。

系统复杂性的提高虽然给故障诊断带来了难题，但同时也为故障诊断的发展提供了良好的机遇。以前的人工诊断或简单的计算机诊断方法已经无法满足现代电子系统的需要，面对挑战，模糊理论、神经网络、专家系统、遗传算法、小波变换等最新的理论都先后被应用到故障诊断领域，并且取得了很多有价值的成果，如模糊故障树、模糊神经网络、基于模糊规则的专家系统、基于遗传算法的诊断方法等。针对复杂系统故障诊断的特点，分层诊断方法、诊断决策方法、顺序诊断策略等提高诊断效率的方法及理论也得到了深入研究，决策论、信息论在其中获得了比较广泛的应用，为故障诊断领域开辟了新的研究方向。

*9.3　自动测试技术发展历程

　　自动化生产技术已在现代化的生产过程中得到普遍应用，带来重大的经济效果；自动化的突出特点之一是高速度，可以节约大量人力，以改进产品的性能。大批量的产品，没有自动测试系统，也是难以想象的；有了自动测试系统，人们无法进入的有损测试人员健康的场所，可实现无人值守；自动测试系统依靠具有计算、处理能力的控制器，获得极宽的测量频率和动态范围，达到多参数、多功能的测试效果。不仅如此，科学技术的发展和进步也有赖于自动测试技术，其被用于消除或削弱随机误差和系统误差，可获得极高的测量精确度；大大节约了宝贵的高级复杂劳动力，推断出事物的本质和自然规律。

　　自动测试系统的发展离不开现代工业技术的发展，尤其是国防工业的推动。1956 年，美国国防部就开始了 SETE（Secretariat to the Electronic Test Equipment coordination Group）计划，目标是不依靠技术文件（手册、文档等），由非熟练人员进行全自动操作，高速完成测试任务，通过编程的灵活性适应任何任务。1953 年，华罗庚意识到计算机技术是科学发展新的突破点，提出了重视、发展计算机研究的想法，但并未被采纳。1955 年底，一行 18 人的苏联科技代表团访华，周恩来总理发现其中 6 位成员的专业方向为包括计算机在内的新技术，随后，华罗庚被任命为中国科学院计算技术研究所筹委会主任。1958 年，中国科学院计算所的 103 机研制成功，运行速度为每秒 1500 次。20 世纪 60 年代，还没有手机、传真、电话也不普及，电报是人们联络的重要方式。1965 年，成千上万的电报可愁坏了电报局的工作者——按照这个数量，全局员工一齐上阵，不吃不喝也够破译整整一年的。不过幸运的是，1965 年已经开始采用计算机智能破译，这些工作，一台计算机 6 天便全部做完了，这让人们第一次切切实实地感受到了它的强大。

　　早期自动测试系统的"万能"的概念，为自动测试技术的发展指明了方向，但由于当时技术的局限性而无法实现。尽管，自动测试系统首先是由于军事上的需要而发展起来的，在发展到一定程度后，它就突破了原先军事应用的狭窄范围，有了更大的发展。

　　最初的测试系统多属于非标准的，缺乏通用性和互换性，称其为第一代自动测试系统。第一代自动测试系统采用计算机或其他逻辑、定时电路进行控制，但是并没有解决系统内各设备间的连接接口标准化问题，接口卡和接口箱为具体系统而设计，不能用于不同功能的其他系统。设计和组建第一代自动测试系统时，组建者必须自行解决各器件之间的接口和有关问题。当系统比较复杂，需要程控的器件较多时，不但研制的工作量大，费用高，而且系统的适应性很差。

　　因此，如何解决接口的标准化问题，成了突破第一代系统的瓶颈。第二代测试系统发展了标准接口技术，测试过程高度自动化，在很大程度上提高了测试速度和精度，通过多次测量和统计平均方法消除系统噪声的影响，自动修正系统误差，通过数据处理可直接获得所需的测试结果，可进行系统诊断，可以有多种形式的输出方式，可方便地改变、增删测试内容，可改建、拆散和重建系统。

　　在第二代自动测试系统之后，出现了一种插件式的新型微机化仪器，它需要与个人计算机配合才能工作，称为个人仪器（PC 仪器）。它以通用计算机为核心，配以一定的测试硬件电路和应用软件，共同完成测试仪器或仪器系统的任务，与此同时仍保留了个人计算机的全部功能。这种插卡式仪器将仪器功能模块化，充分利用个人计算机的软、硬件资源，更好地发挥计算机的作用，大幅度地降低了仪器成本，缩短了研制周期，它将插卡直接插入微机上的总线扩展槽内，利用计算机总线连接个人仪器插件。这种插卡式仪器结构虽然简单、方便，但难以满足散热和电源的要求，难以解决屏蔽和低电流引起的噪声问题，不能同时连接较多的个人仪器插件。PC 仪器以它突出的优点显示出强大的生命力，但是由于它没有统一的标准，各种设备兼容性差，用户在组建测试系统时很难选择多个厂家的产品，这严重影响了插卡式仪器的发展。

虽然第二代自动测试系统解决了接口的标准化问题，但系统臃肿，插卡式仪器的可靠性有待提高。为了提高设备的复用性和通用性，降低成本、提高效率，军方和工业用户对开放结构的模块式仪器提出了越来越迫切的要求，于是 1987 年，由 Colorado Data Systems、HP、Racal-Dana Instruments、Tektronix、和 Wavetek 等五家公司组成的联合体推出了 VXI 总线规范。第三代自动测试系统应运而生。

本质上，VXI 标准兼顾了 GPIB 仪器设备的易用性和插卡式仪器的紧凑快速的优点，并补充了高性能的总线管理方式，加上主流厂商和用户的大力支持，从而迅速发展起来。第三代自动测试系统充分发挥计算机的能力，取代传统电子测试设备的大部分功能，使之成为测量仪器的一个不可分割的组成部分，使整个系统简化到仅由四块积木构成却具备"万能"系统。

第三代自动测试系统在硬件上充分发挥计算机的作用，在测试技术中引入数字信号处理的方法。第三代自动测试系统的出现，将伴随着传统测试技术的革命。VXI 总线和 SCPI 模块式仪器的推广，会为第三代自动测试系统的实现奠定基础。VXI 总线自动测试系统的特点：测试仪器模块化、32 位数据总线、数据传输速率高、系统可靠性高、可维修性好、电磁兼容性好、通用性强、标准化程度高、灵活性强、兼容性好。

与此同时，插卡式仪器系统也在蹒跚地尝试走另外一条路。1974 年，英特尔发布首款真正的通用微处理器 Intel 8080，时钟频率为 2MHz。比尔·盖茨 13 岁开始计算机编程设计，18 岁考入哈佛大学，一年后从哈佛退学，1975 年与好友保罗·艾伦一起创办了微软公司，比尔盖茨担任微软公司董事长、CEO 和首席软件设计师。1979 年英特尔推出 8088 微处理器（8060 的低价版本），内含 29000 个晶体管，时钟频率为 4.77MHz。1981 年，IBM 选择了 8088 作为 IBM PC 的微处理器，从此开创了 PC 时代。PC 时代的来临，给自动测试系统的发展注入了新的强大动力。1976 年，在詹姆斯·楚查德家的车库里，三个小伙（詹姆斯·楚查德、比尔·诺林和杰夫·科多斯基）建立了一家公司。最初公司命名时曾有过"长角牛仪器""得克萨斯数据"等创意，但提交申请时均遭到拒绝，于是最终采用了如今的名称 National Instruments，简称 NI。

由于自动测试系统要素存在大量重复，迫切需要更高效的组建方式。1986 年，NI 推出基于苹果机环境的著名图形开发系统。1987 年，基于 DOS 环境的 LabVIEW 新版本 LabWindows 发布。"软件就是仪器"的虚拟仪器时代从此开始，1997 年，NI 推出 PXI 1.0 版本规范。1998 年，PXI 联盟（PXISA）成立，超过 60 个厂家宣布支持 PXI 标准（www.pxisa.org）。根据 2011 年 Frost and Sullivan 的分析报告，2007 年采用 PXI 标准的模块化仪器规模已超越采用 VXI 标准的仪器规模，到了 2017 年，由于 PXI 类仪器的高性价比，VXI 类仪器的市场份额已远远低于 PXI 类型的仪器设备。2009 年，PXISA 宣布已部署了 100000 多个 PXI 系统，其中包含 600000 多种仪器。如今，有超过 55 家 PXISA 成员公司生产了 1500 多种不同的 PXI 模块（来源：PXISA 网站）。

看上去 PXI 一路高歌，VXI 是否终将退出历史？2007 年，与 VXI 同根相连的 VPX，数据交换能力跨越 GB/s。为了更好地研发自动测量仪器系统，安捷伦技术公司和 VXI 科技公司于 2005 年 9 月联合推出了新一代基于局域网（Local Area Networks，LAN）的模块化平台标准 LXI。LXI 基于著名的工业标准以太网（Ethernet）技术，扩展了仪器需要的语言、命令、协议等内容，构成了一种适用于自动测试系统的新一代模块化仪器平台标准。自动测试系统的标准重新站到了新的巨人"互联网"的肩头，一个崭新的时代开启了。单个仪器设备是虚拟仪器，多个仪器间通过互联网技术（LXI）实现互联互通。今后的自动测试系统将是以计算机为核心的高带宽、多功能的虚拟仪器系统，"软件就是仪器"，通过将计算机硬件资源与仪器硬件资源有机地融合为一体，从而把计算机强大的处理功能和仪器硬件的测量、控制能力结合在一起，大大缩小了仪器硬件的成本和体积。虚拟仪器技术的优势在于用户可自定义自己的专用仪器系统，且功能灵活，应用面极为广泛。虚拟仪器是计算机与仪器仪表相结合的产物，它利用计算机的强大功能，结合相应的硬件，大大突破了传统仪器仪表在数据传送、处理、显示和存储等方面的限制，使用户可以方便地对其维护、扩展和升级。

目前，自动测试系统已从专用式的第一代到积木式的第二代，到以 VXI（工业应用）和 PXI（个人计算机时代）为代表的模块化的第三代自动测试系统，逐步发展到以 LXI 为代表的互联网时代的自动测试系统，未来有望实现跨地域低延时的智能化自动测试与故障诊断。尤其是 5G、6G 移动通信时代的到来，为自动测试系统提供了广阔的发展空间。

习　　题

9-1　简述第三代自动测试系统的特点，并谈谈你对自动测试系统未来发展趋势的看法。

9-2　简述自动测试系统的发展阶段。

9-3　简述通用自动测试系统的组成及各个部分的作用。

9-4　简述自动测试系统的关键技术。

9-5　下列各项中不属于现代自动测试系统特点的是 _____。

　　A. 模块化；　　　　　B. 专用性；　　　　　C. 标准化；　　　　　D. 虚拟仪器的思想

9-6　请论述第一代、第二代和第三代自动测试系统的特点。

第 10 章　自动测试系统总线技术

总线是现代自动测试系统的关键，与计算机通用总线的发展相伴相生。VXI 总线和 PXI 总线就是在高档计算机内板上的总线，即在 VME 总线和 PCI 总线的基础上发展而来的，在高端仪器和军用测试系统中获得了广泛应用。实际上，计算机硬件及其软件技术的渗入，改变了传统的测量理论、方法和技术。例如，不断提高的计算速率、图形化用户界面、分布式多任务处理方式、网络功能等，都很快移植到仪器和测试系统中，使测量和仪器增强了功能，提高了效率，形成了众多方便实用的自动测试系统。个人计算机推出的每一项新技术，都可以很快地反映在新的测试设备上。例如，最初用于计算机系统中的 USB、IEEE 1394 等总线，已经广泛应用于测试系统。

随着计算机技术、网络及信息管理等技术的飞速发展，出现了适于自动测试技术的互联网式的 LXI 总线。互联网+测试方式的引入，推动测试系统朝着计算机化、标准化和网络化的方向交叉融合。自动测试系统的标准化、网络化的关键在于总线技术，测试总线技术也必将不断地完善和提高。

本章主要对通用计算机总线技术进行详细的介绍，主要包括 RS-232、USB、IEEE 1394 等传统外部总线、VME、VXI、PCIE、PXI 等板上总线以及符合互联网需求的 LXI 总线。

10.1　传统外部总线

这里的传统外部总线主要是指用于自动测试系统设备间连接的经典总线，主要有 RS-232、USB 和 GPIB 等。

10.1.1　RS-232 总线

RS-232 是一个技术标准代号。1969 年，美国电子工业协会（Electronic Industries Association，EIA）建立了串行接口的电子信号与电缆连接特性的标准，取名为建议标准第 232 号版本 C，即 Recommend Standard 232C，简称 RS-232C。该标准使用一个 25 针 D 形接插件，标准定义了串行接口中各种信号的功能以及接口使用的物理连接方式。

1. 电气标准

下面以 RS-232C 接口的输入/输出电压（不是 TTL 电平）为参考，简单介绍几项主要的电气标准。

（1）输出电压：数据信号 0 为 $+5 \sim +15\text{V}$，1 为 $-15 \sim -5\text{V}$。

（2）控制信号：ON 为 $+5 \sim +15\text{V}$，OFF 为 $-15 \sim -5\text{V}$。

（3）最大输出电压：$\pm 25\text{V}$。

（4）输出阻抗：300Ω 以上（电源断开时）。

（5）转换速率：30V/μs 以下。

（6）比特率：20Kbit/s 以下。

（7）输入电压：0 为 +3 ~ +15V，1 为 −15 ~ −3V。

（8）最大输入电压：±25V。

（9）输入阻抗：3 ~ 7kΩ。

（10）电缆长度：15m 以下。

实际的计算机的接口电源为 ±12V，输出电压也在该范围内。为解决电源匹配问题，将内含 DC-DC 逆变器进行电压变换，这样接口电路只要 +5V 的电源就能工作。

2. 接口定义

RS-232C 是作为连接调制器和终端（PC）的串行接口而制定的标准，对插头的形状、信号线的电气规格都作了详细规定，制定以后曾进行过几次修订，现在是 EIA-232E。RS-232C 中规定的插座为 25 针小型 D 插座，如图 10.1.1 所示，但只是调制器一侧应注意的事项，而在 PC 侧的插座都是 9 针，没有对插座的规格作硬性规定。

下面结合图 10.1.1，对 RS-232C 规定的 25 针小型 D 插座中几个重要引脚进行简单介绍。

（1）FG：机架地（Frame Ground，端子序号 1），这一引脚接到壳体上。若插座的外壳为塑料制品，应将该引脚接到电缆的屏蔽线上。

（2）SG：信号地（Signal Ground，端子序号 7），全部信号线的电阻均以此端子为基准。

（3）SD：发送数据（Send Data，端子序号 2），从终端向调制器串行发送数据，调制器将数据传送到线路上。

（4）RD：接收数据（Receive Data，端子序号 3），调制器从终端的串行接收数据，调制器接收到的数据由这一信号线传送到终端。

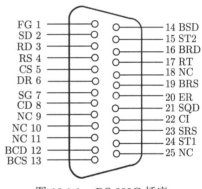

图 10.1.1　RS-232C 插座

（5）ER：终端准备就绪（Equipment Ready，端子序号 20），通知调制器终端已准备好信号。计算机的通信软件和通信驱动器启动后，这一信号有效。

（6）DR：数据发送准备（Data Set Ready，端子序号 6），通知终端调制器已准备好信号。当调制器接到线路中时，这一信号有效。

（7）RS：要求发送（Request to Send，端子序号 4），要求向调制器传送信号。终端使这一信号有效，调制器就把信号送到通信线上。在终端未接收到数据时，这一信号无效，调制器暂时停止向终端传送数据。

（8）CS：清除传送（Clear to Send，端子序号 5），可传送数据调制器在有 RS 信号时开始传送载波，做好发送的准备。调制器使这一信号有效，向终端传送可接收发送数据的信号；而且，它可作为和智能调制器的流控制信号使用。调制器不接收终端的数据时，调制器使这一信号无效，要求暂时停止向终端传送数据。

（9）CD：载波检测（Carrier Detect，端子序号 8），调制器检测到来自终端的载波时信号有效，这一信号有效时，来自调制器的接收数据（RD）有效。

（10）CI：调用指示（Calling Indicate，端子序号 22），在调制器的呼叫音被检出期间有效，并将它传送到终端。

以上是异步通信所必需的信号。这些信号再加上一些其他的信号，就成为同步通信所必需的信号。现在用的调制器几乎都已智能化，调制器由终端发出的串行数据传送的指令控制。控制信号正在失去调制器控制的意义，例如，仅连接 SD 和 RD 就可控制调制器。

如前所述，RS-232C 并没有对终端（PC）侧的接插件做任何说明。这样，在 PC 侧接口的插座会因机种而异，但电气特性要和 RS-232C 匹配。因连接插座不同，每一机种都要配备自己的接口电缆。下面介绍其中有代表性的 IBM PC/AT 接口。在 IBM PC/AT 中，采用图 10.1.2 所示的 9 针小型 D 插座。

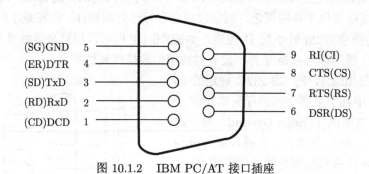

图 10.1.2   IBM PC/AT 接口插座

IBM PC/AT 早期采用的串行通信接口（IC）没有同步通信功能。因此，只留下异步通信必要的信号，把其他的信号全部舍去。IBM PC 在 AT 机型以前也用过 25 针小型 D 插座。

3. 传输方式

用 RS-232C 接口进行同步传输时，如图 10.1.3 所示，数据和时钟信号同步传送。除了传输数据信号外，还需要时钟信号，不适合进行数据的直接长途通信。实际上，数据加在包含时钟信号的载波上，通过一根线传送，在接收侧重新生成时钟信号。

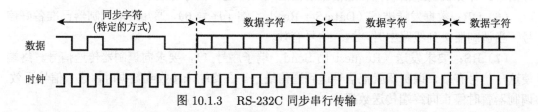

图 10.1.3   RS-232C 同步串行传输

同步传送比异步传送在控制、通信顺序方面要复杂些，在 RS-232C 接口中几乎不用同步传送方式。异步方式是以字符为单位进行传送的，如图 10.1.4 所示，字符的间隔可以自由选取，异步方式具有在任意点传送数据的优点。异步方式的通信顺序不是很复杂，但是要求每个字符应有一个起始位和停止位，用它们进行同步。这种方便特性使得异步方式被广泛用于 RS-232C 接口中。

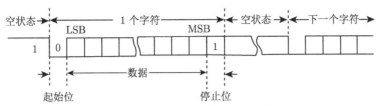

图 10.1.4 RS-232C 异步串行传输

4. 传输线路

利用 RS-232C 标准进行串行通信时，发送方和接收方的连接线路如图 10.1.5 所示。一般来说，串行通信时接收和发送双方的距离较远。较长的传输线会引起信号衰减和附加电平，从而使发送端的逻辑电平在接收端落入不确定区域而使通信出错。其中，附加电平有两种来源：一是传输线附近的干扰波，如图 10.1.5 中的 e_n；二是驱动器和接收器的电平之间的电位差，如图 10.1.5 中 A、B 之间的电位差。

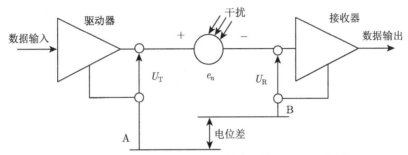

图 10.1.5 采用单端线驱动器和接收器的 RS-232C 标准

上述这些因素，迫使 RS-232C 标准在设计时采用了较高的传输电平，即 RS-232C 电平：逻辑 1 电平为 $-15 \sim -5$V；逻辑 0 电平为 5~15V。即便如此，该标准的信号传输速率也只能达到 20Kbit/s，最大传输距离仅为 15m。显然，EIA 早期制定的 RS-232 标准已不能满足传输速率更高、传输距离更远的通信要求。为进一步提高数据传输速率和传输距离，EIA 研制出了 RS-423 和 RS-422 标准。

5. 电缆连接方式

RS-232C 的连接电缆主要有两种：直连式电缆和交叉式电缆。下面具体介绍这两种电缆的连接方式。

直连式电缆是计算机与调制器之间相连的一种电缆，各种信号线一一对应地直接连接，如图 10.1.6 所示。

交叉式电缆是两台计算机之间进行通信时需要的连接电缆。因为 RS-232C 是为调制器和终端连接制定的规格，没有对计算机之间的连接作规定，所以信号（特别是控制信号）的相互连接有多种方法。简单起见，统称为交叉式电缆。图 10.1.7 所示是具有代表性的几种连接方法。

图 10.1.7(a) 所示为无调制器（Null Modem）连接，按 RS-232C 控制信号的功能接线。这是符合 RS-232C 标准的交叉式电缆接法。采用这种接法，计算机之间可以没有

调制器，故称为无调制器接法。图 10.1.7(b) 所示为 RS/CS 流连接，即 RS 和 CS 信号交叉连接，作为流控制信号使用。一般所说的交叉式连接就是指这种方法。在 RS-232C 中并未规定用 RS 信号作为流控制信号，而在 EIA-232E 中则作为新标准加进去。这也是一种符合 RS-232C 标准的交叉式电缆。图 10.1.7 (c) 所示为 3 线式连接，只连接数据信号。

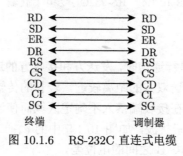

图 10.1.6　RS-232C 直连式电缆

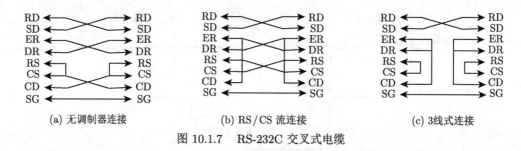

(a) 无调制器连接　　　　　　　(b) RS/CS 流连接　　　　　　　(c) 3 线式连接

图 10.1.7　RS-232C 交叉式电缆

对应不同的用途，还有多种交叉电缆接法，这使得 RS-232C 电缆接法至今仍较混乱。

10.1.2　USB 总线

USB（通用串行总线）是一些大的 PC 厂商，如 Microsoft、Intel 等公司为了解决日益增加的 PC 外设与有限的主板插槽和端口之间的矛盾而制定的一种串行通信的标准。1995 年，由 Compaq、Digital、IBM、Intel、Microsoft、NEC 和 Northern Telecom 等七个在计算机与通信工业领先的公司组成联盟，并建立 USB-IF（USB 实施者论坛）来推进采用 USB 标准的兼容设备的开发。

USB-IF 对 USB 总线的发展起到了重要的推动作用，1995 年 4 月，正式制定了 USB0.9 通用串行总线规范；1996 年，公布了 USB1.0 规范，这是第一个为 USB 产品提出设计要求的标准；1998 年，在进一步对以前版本的标准进行阐述和扩充的基础上，发布了 USB1.1 标准。2000 年 4 月，USB2.0 诞生，它在原来 USB1.1 规定的 12Mbit/s 和 1.5Mbit/s 的基础上增加了第三个传输速率 480Mbit/s，以适应性能更高的 PC 外设。USB2.0 是 USB1.1 的自然演化，并向前兼容，可"无缝升级"。

2008 年 11 月，USB-IF 推出了超高速的 USB3.0，可达 5Gbit/s 的超速传输速率。除此之外，USB-IF 积极扩展 USB 接口的应用范围，推出了支持移动设备互联和数传的 USB OTG（On-The-Go）以及无线 USB（WUSB）。高速 USB OTG（即 USB2.0 OTG）支持 480Mbit/s 的传输速率，WUSB 传输速率可达 480Mbit/s，传输距离可达 10m。

2019 年 3 月 4 日，英特尔宣布面向 USB-IF 开放雷电协议规范，厂商可经特许方式打造兼容雷电标准的芯片和设备。同时，USB-IF 公布了基于雷电协议的 USB4 标准，将实现底层雷电与 USB 协议的融合。USB4 就是在原先 USB3.2 传输速度基础上进行了倍增，达到了 40Gbit/s，也就是 USB4 Gen 3×2 的速度。USB4 同时支持 USB3.2 和雷电 3 的传输，相当于 USB3.2 加上雷电 3。USB4 接口和 USB3.2 接口一样，也有单通道模式和双通道模式，都支持搭载 USB PD 快充协议。USB4 通道可以看作通行各种类型车辆的车道，同一个车道有不同的车排成队在有序行驶；将 USB 数据、DP 数据和 PCIe 数据想象成不同的车，先汇聚在一起，通过同一个通道发送出去，到对方的设备，然后分离出 3 种不同类型的数据。

1. 拓扑结构

USB 总线拓扑为层叠的树状结构，如图 10.1.8 所示。系统主要由主控制器（Host Controller）、USB Hub 和外设（Peripherals Node）组成。

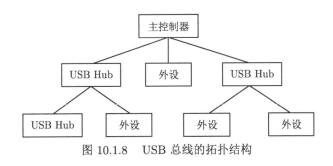

图 10.1.8　USB 总线的拓扑结构

（1）主控制器：在一个 USB 系统中有且只有一个主计算机（Host），USB 系统与主机之间的接口称为主控制器（Host Controller）。通常，主控制器被集成在主机系统中。

（2）USB Hub：用于提供更多的接口，便于系统扩展。

（3）外设：实际执行系统功能的部分，如扫描仪、打印机等。

实际上，USB 规范限制全速设备间的电缆长度为 3m，低速设备为 5m。设计 USB 时，为控制 USB 数据线上的电磁干扰而把 USB 电缆最大长度限定在 4m 之内。用 5m 电缆连接最多 5 个 Hub，一条 5m 电缆连接低速设备，这样电缆长度可达 30m。而全速设备可达 18m，这取决于设备的电缆长度。而采用直接电缆路线可达 25m 左右，可用 5m 电缆把一组 Hub 串接在一起来实现。若超过 25m，可考虑采用基于 USB 的以太网适配器把多个 PC 连在一起。

2. 动态特性

USB 协议支持 USB 外设在任何时候接入或离开 USB 系统，即支持热插拔。因此，系统软件必须支持物理总线拓扑的动态变化。

USB 外设通过直接插入 Hub 的端口接入 USB 系统，Hub 上所带的状态指示器可指示该 Hub 的任意一个端口的外设处于插入还是拔出状态，主机通过查询 Hub 来获取这些指示信息。当外设插入时，主机使能对应的 Hub 端口通过有缺省地址的控制管道给刚接入的外设分配一个系统内唯一的地址。如果接入的是 Hub，并且 Hub 的端口上已经接入了其他外设，则以上过程对每一个外设重复进行。

当一个 USB 设备从 Hub 拔出后，Hub 将该端口禁止使能，并通知主机"一个设备离开 USB 系统"。如果拔出的是一个已经插入外设的 Hub，则 USB 系统软件会自动将该 Hub 及其所连的外设从拓扑中去掉。由于 USB 支持热插拔，USB 系统软件的总线枚举始终处于活动状态。

3. 物理接口

USB 通过一个电缆传输信号和电源。

以 USB2.0 为例，标准 USB 电缆长度为 3m（低速为 5m），其中，D_+ 和 D_- 是一对差分信号线，而 U_{bus} 和 GND 则提供了 +5V 电源，可以给 Hub 供电。当外设的电源要求为 5V 且电流小于 500mA 时，可直接用 USB 总线供电。当然，外设也可接外部的电源自供电。其中，D_+ 和 D_- 分别传输数据信号，传输的信号采用非归零反转（Non Return to Zero Invert，NRZI）编码的差分数据格式，用比特插入缓冲的方法以确保数据传输。NRZI 的编码规则是，当数据位为 1 时不反转，为 0 时反转。每个数据的分组头有 SYNC 域，可使 USB 接收器的同步数据能有比特回复时钟信息。

信号利用差分方式，通过 D_+ 和 D_- 两根导线传输，接收端的灵敏度不低于 200mV。USB 的两个逻辑状态是差分 1 和差分 0，当 $D_+ - D_- > 200\text{mV}$ 且 $D_+ > U_{SE}$ 或 $D_- > U_{SE}$（最小值）时，总线状态为差分 1；当 $D_- - D_+ > 200\text{mV}$ 且 $D_+ < U_{SE}$ 或 $D_- < U_{SE}$（最小值）时，总线状态为差分 0。其中，U_{SE} 为单端接收器阈值，最小值是 0.8V，最大值是 2V。

在 Host 或 Hub 下行方向的所有端口，D_+ 和 D_- 线上都有下拉电阻，所有设备的上行端口数据线中的一根具有上拉电阻，全速率设备的 D_+ 线上有上拉电阻，如图 10.1.9 所示，而低速率设备的上拉电阻接在 D_- 线上。

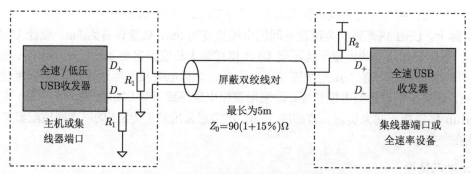

图 10.1.9　USB 全速率设备线缆和电阻连接

当没有外设接入 Host 或 Hub 的下行端口时，下拉电阻使 D_+ 和 D_- 都小于 U_{SE}，这时将在下行端口上产生一个称为"单端 0"的状态，这一状态维持 2.5 s（30 个全速率比特周期），就产生一个断开指示。当一个外设插入了 Hub 或 Host，但数据线却并未被驱动时，带有上拉电阻的信号线电压高于 2.8V，而另一条线的电压接近地电位，称为空闲状态，这一状态维持 2.5 s 以上, Host 或 Hub 就可判断出有外设连接, 由此还可以确定所连接的设备是一个全速率设备还是一个低速率设备。

对 USB3.0 而言, 新增的 5 个引脚多了一个接地, 其余的四个 TX_+、TX_- 和 RX_+、RX_- 主要负责 USB3.0 信号数据传输, 支持全双工运作, 而 USB2.0 的 D_+、D_- 只能支持半双工模式, 多出的这四个数据传输引脚就是 USB3.0 速度大幅提升的主要因素。

4. 传输模式

USB 是一种轮询总线 (Polled Bus), 主控制器负责初始化 USB 系统。总线事件包括三个数据包。首先, 主控制器发送令牌包 (Token Packet), 令牌包描述了当前事件的类型和数据传输的方向、USB 外设的地址、端点号 (Endpoint Number) 等信息。然后, 被寻址的 USB 外设通过译码令牌包的地址域选中自己。在一个给定的事件中, 数据传输方向是由令牌包确定的, 可以从主控制器到外设, 或者从外设到主控制器。数据发送端发送数据包, 或发送表示暂时没有要发送的数据的信息。最后, 数据接收端反馈一个握手信号, 表示本次传输是否成功。

USB 数据传输模型利用"管道"(Pipe)的概念。管道指在主机与设备的端点(Endpoint)之间建立起来的数据收发的连接。在 USB 系统中有两种类型的管道: 流管道和消息管道。外设上电, 消息管道即建立起来, 它作为缺省的控制管道, 给主机访问外设的状态、配置外设提供了一条路径。主机完成对外设的配置后, 各流管道才建立起来。

USB2.0 支持三种传输速率: 高速 480Mbit/s、全速 12Mbit/s、低速 1.5Mbit/s。在主机控制器和 Hub 之间可以高速传送全速和低速设备的数据, 而在 Hub 和设备之间全速和低速传送数据。这减少了全速或低速设备对高速设备带宽的影响, 低速模式是为了支持少量的低带宽设备, 如鼠标等。USB2.0 根据速率要求对不同的外设采用不同的传输模式。

USB3.0 向下兼容, 支持四种传输速率: 超速 5.0Gbit/s、高速 480Mbit/s、全速 12Mbit/s、低速 1.5Mbit/s。向外可提供 5V 电源, 最大输出电流为 900mA。USB4.0 是一种采用 USB Type-C (USB-C) 接口直连 CPU 的 PCIE 总线 (更低的 CPU 资源占用), 最高传输速率能达到 40Gbit/s (更高的传输速率), 同时还能传输 Displayport 视频信号 (能做视频输出) 和 USB PD 快充电流 (能做快速充电) 的新一代 USB 外设传输协议, 本质上是 Intel 的 Thunderbolt3 技术, 但同时也支持 USB 协议, 因此它能完美向下兼容 Thunderbolt3、USB3.2、USB3.1 及 USB2.0 协议。

低速 (Low-Speed) 模式主要适用于键盘、鼠标、输入笔、游戏杆等外设。具有费用低、易用、动态连接、动态分离、可连接多个外设的特点。全速 (Full-Speed) 模式主要适合像电话、压缩视频设备、音频设备、麦克风等一系列的中速外设传输设备, 它除具备低速模式的特点外, 还具有保障带宽、保障反应时间的优点。高速 (High-Speed) 模式被视频设备、外部存储设备、图像设备、宽带设备等具有高速特征的外设所选用。它具有带宽更高、反应时间更快的特性, 这是前面两种方式无法相比的。

5. 传输类型

USB 总线包括四种基本的数据传输类型。

(1) 控制传输: 当外设接入时, 对该设备进行配置, 也可用于设备指定的某些功能。

（2）批量数据传输：用于数据量大的、突发性的传输。

（3）中断数据传输：用于字符或反馈响应字符的传输。

（4）同步数据传输：用于实时传输。

配置 USB 接口芯片的管道时，每个管道只支持上述四种类型中的一种。

6. 容错性能

USB 提供了多种机制，如使用差分驱动、接收和防护，以保证信号的完整性；使用循环冗余码，以进行外设装卸的检测和系统资源的设置，对丢失和损坏的数据包暂停传输，利用协议自我恢复，以建立数据和控制通道，从而使功能部件避免了相互影响的副作用。上述机制的建立极大地保证了数据的可靠传输。

在错误检测方面，协议中对每个包中的控制位和数据位都提供了循环冗余码校验，可对 1 位或 2 位的错误进行 100% 纠正，并提供了硬件和软件设施来保证数据的正确性。

在错误处理方面，协议在硬件和软件上均有措施。硬件的错误处理包括汇报错误和重新进行一次传输，传输中若还遇到错误，由 USB 的主机控制器按照协议重新进行传输，最多可进行 3 次，若错误仍然存在，则对客户端软件报告错误，使之按特定方式处理。

7. 总线特点

从上面的介绍可以看出，USB 总线具有如下优点。

（1）传输速率较快：USB1.1 标准有全速和低速两种方式，主模式为全速模式，传输速率为 12Mbit/s；低速模式的传输速率为 1.5Mbit/s。USB2.0 把传输速率提高到 480Mbit/s，USB3.0 的传输速率高达 5.0Gbit/s，USB4.0 最高传输速率达到 40Gbit/s，可以在其上开发功能更多的电子产品，包括高分辨率的视频摄像机、下一代的扫描仪和打印机等。

（2）设备安装和配置容易：安装 USB 设备不必再打开机箱，加减设备完全不用关闭计算机。所有 USB 设备支持热插拔，系统对其进行自动配置，彻底抛弃了过去的跳线和拨码开关设置。

（3）易于扩展：通过使用 Hub 扩展，理论上可接多达 127 个外设。标准 USB 电缆长度为 3m（低速为 5m），通过 Hub 或中继器可以使外设距离达到 30m。

（4）能够采用总线供电：USB2.0 总线输出提供最大电压为 5V、最大电流为 500mA，USB4.0 电源可实现供电电压 5V/12V/20V，供电电流 1.5A/2A/3A/5A，这种大功率的输出使得未来 USB 直接供电的外设成为可能。

（5）使用灵活：USB 共有 4 种传输模式，即控制传输（Control）、同步传输（Isochronous）、中断传输（Interrupt）、批量传输（Bulk），以适应不同的需要。

但是，作为一种电缆总线，USB 总线也同样存在一些缺点，主要有以下几点。

（1）距离的限制：USB 的电缆长度要求在 5m 以内。其他接口，如 LAN 等，则允许使用更长的电缆。

（2）协议的复杂性：一些早期的接口，只需简单的电路与协议。然而要进行 USB 外围设备的程序设计，必须先了解 USB 的协议。虽然控制器的芯片会自动处理大部分的通信，不过仍然需要开发者使用程序进行设计。而 USB 的协议相对于原来接口的协议则复杂得多，大大增加了程序设计的复杂性。

10.1.3　GPIB 总线

GPIB 也称为 IEEE 488 总线，主要用于连接和控制多个可编程仪器，组建自动测量测试系统。该总线具有高速、可靠和系统组建方便等特点，在仪器仪表中得到了广泛的应用。现在大部分仪器仪表都带有 GPIB 接口，采用 GPIB 总线组成的系统方便、灵活、功能强大并且适应性好，广泛应用于通信、雷达、过程控制等领域，可方便地应用到科研、工程及测试等方面。

GPIB 最初是 1965 年由美国 HP 公司设计的，用于连接 HP 的计算机和可编程仪器。1972 年，HP 公司首先提出 GPIB 接口系统标准，1974 年将其命名为 HP-IB 标准，后来 GPIB 比 HP-IB 的名称使用得更为广泛并且这套系统标准陆续被电气电子工程师学会（IEEE）和国际电工委员会所接受，并正式颁布了标准文件，分别定为 IEEE 488、IEC 625 标准。目前，这套标准已被我国采用，并已颁布国家标准 GB/T 17563—2008。

IEEE 488 标准主要包括两部分，即 IEEE 488.1 和 IEEE 488.2。IEEE 488.1 标准定义了 IEEE 488 标准在机械特性、电气特性和物理特性等方面的规范，IEEE 488.2 标准定义了 IEEE 488 标准在代码、格式、通用命令等方面的规范。

IEEE 于 1987 年 6 月通过了 IEEE 488.2 的新版本，在代码、格式、通用命令方面对原有的标准作了扩充，加强了原来的标准，精确地定义了控制器和仪器之间的通信方式。后来，由 HP、Tek 等 9 家知名仪器制造商组成的联合体一致同意并发表了可编程仪器标准命令（SCPI），其中也采纳了 IEEE 488.2 定义的命令结构，创建了一整套编程命令。

IEEE 488.1 标准通过定义机械特性、电气特性和功能特性等方面的规范，极大地简化了可编程仪器之间的互连。IEEE 488.1 标准在 1975 年制定之后，又分别在 1987 年和 2003 年经过了两次修订。IEEE 488.1-2003 标准实际上是美国 NI 公司在 20 世纪 90 年代初通过的 HS488 总线协议，它对原来的标准进行了扩展，使总线的最高传输速率从 1 Mbit/s 提高到 8 Mbit/s，以适应自动测量测试系统不断提高的传输速率和吞吐量的要求。

目前市面上的 IEEE 488.1 接口卡，主要是 USB-GPIB 卡。为了与计算机进行通信，并能更好地发挥仪器的功能，进行自动测量，这些板卡软件都提供了在编程语言中使用的程序库，利用这些程序库可以对仪器进行各种操作。

1. IEEE 488.1 标准

自从 IEEE 在 1975 年首次发布了 IEEE 488 标准以来，该标准得到了持续发展和广泛应用。1987 年，IEEE 对该标准进行了第一次修订，修订主要根据实际经验和认识对某些条款进行了改进，这些条款用来提高独立产品设计的兼容性。但是这次修正并没有做大的改动，甚至许多改动只是纯粹的重新编辑，所以虽然有 20 项条款作了文字上的改进，但是这些改进与原来的版本概念上并没有冲突。在 1980 年，IEEE 对附录 A 中属于控制器功能要求的控制同步所存在的较小的不足进行了修正。1987 年，IEEE 重新公布了系统标准，即 IEEE 488.1-1987，该标准没有对以前的标准作技术上大的变动。与此同时，IEC 发布了与该标准相同的标准 IEC 625-1。2003 年，IEEE 公布的 IEEE 488.1-2003 标准在原有的 IEEE 488.1-1987 标准上又增加了可编程仪器接口功能，使整个标准得到进一步的完善。至此，IEEE 488.1 标准包含了电气特性、功能特性、机械特性和操作特性四个方面的内容。具体介绍如下。

（1）电气特性：包括逻辑电平、通信协议、时序和终端负载等。

（2）功能特性：包括接口功能以及逻辑状态的描述等。

（3）机械特性：包括连接器形状、连接方法和接线规定等。

（4）操作特性：包括仪器本身的特殊功能以及本身的逻辑特性等，其中操作特性主要是由用户自己来发挥。

2. GPIB 系统器件的工作模式

GPIB 系统内各个器件通常可以在 4 种工作模式下工作。

（1）听者（Listener）模式：器件工作在听者模式时，可以被接口消息寻址，具有从总线接收数据的能力，并且可以接收系统内其他器件发送的消息。在同一时刻，总线上最多可以有 14 个听者同时从总线上接收数据。

（2）讲者（Talker）模式：器件工作在讲者模式时可以被接口消息寻址，向总线发送数据，并可以向系统内的其他器件发送消息。一个系统可以有不止一个讲者，但是在同一时刻只能有一个讲者工作。

（3）控制器（Controller）模式：器件工作在控制器模式下可以控制接口系统的器件，指定系统中其他器件作为听者还是讲者，并且能够管理监视总线。另外，处于控制器模式下的器件可以发送接口消息，命令其他器件进行指定的操作。在同一个总线上可以有多于一个的控制器，但是同一时刻只能有一个控制器管理系统总线。这时，该控制器被称为主控制器（Controller in Charge）。其他的处于控制器模式的器件要想取得总线的控制权，可以向主控制器申请控制转移。

（4）闲置（Idle）状态：当挂在总线上的器件处于闲置状态时，该器件不对总线负责任，也不担当任何工作角色。

听者、讲者和控制器可单独或联合地出现在通过接口或总线互连的自动测试系统中。

3. IEEE 488.1-1987 标准握手协议

IEEE 488.1-1987 标准使用三线互锁握手协议进行数据通信。每次传送一个字节数据，每次传送都需要握手，以确保不会发生数据丢失或重复接收的现象。IEEE 488 总线能自动适应总线上各个器件不同的传输速率和接收速率，每次发送的数据一直保持到速率最慢的接收器件收到后才撤除或更新。

三线互锁握手的过程时序如图 10.1.10 所示。

三线互锁握手协议时序图的说明：三线互锁握手协议要求各个听者器件均宣布已经准备好接收数据，即不发出未准备好接收数据信号 NRFD 的情况下，讲者和控制器才能在数据母线上挂上数据有效（DAV）信号给各听者，表示一个字节的数据已经准备好发送出去。这时，各个接收数据的听者才能接收数据。当某个听者器件已经接收了这个字节时，并不是立即把数据未接收完（NDAC）置于无效状态，而是等待各接收消息的听者都已经接收完数据后，才向发送者传递数据已接收完消息。

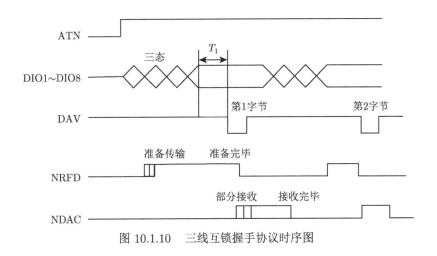

图 10.1.10 三线互锁握手协议时序图

4. IEEE 488.1-2003 标准握手协议

为减少传输延时，提高总线传输速率，IEEE 488.1-2003 标准主要采用两种方法：一是采用两线非互锁握手代替原来的三线互锁握手和每字节传送握手，减少传输过程中的握手次数；二是通过打包的数据传输流方法减少数据线上的稳定时间和数据有效时间。

IEEE 488.1-2003 标准假设所有数据接收器件能够在规定的时间内接收总线上的数据。基于这种假设，数据发送器件并不需要等待数据接收器件回传数据已接收、准备好接收数据等消息。NRFD 线和 NDAC 线并不参与握手过程，传输过程是非互锁的。

在非互锁两线握手传输过程中，数据发送器件将一个字节的数据发送到总线上，等待预先规定的数据稳定时间，将 DAV 线的电平置为低，保持规定的一段时间后，再使 DAV 线的电平为高电平，然后进行下一个字节的传输。数据接收器件使 NDAC 线为高电平，在数据保持时间内读取数据。一个字节数据的传输须在数据稳定时间和数据保持时间内完成。

与 IEEE 488.1-1987 标准不同，IEEE 488.1-2003 标准规定使用打包的数据流传输方法，数据接收器件不需要返回数据是否接收消息，且不需要等待总线上的任何消息，减少了总线的数据稳定时间和数据保持时间，使得传输速率得到提高。IEEE 488.1-1987 标准规定数据稳定时间和数据保持时间都是与器件相关的，由响应最慢的器件所决定，理论上保证可靠传输的最大速率为 1 MB/s，在电缆更短的时候可以达到 2MB/s。IEEE 488.1-2003 标准根据系统电缆总长度分成 6 个范围（表 10.1.1），对应不同的数据稳定时间、数据保持时间。总线上的器件在设置电缆长度时，也对应地选择了相应的传输速率。

表 10.1.1 电缆长度与数据稳定时间和保持时间的关系

电缆长度 L/m	数据稳定时间 T_1/ns	数据保持时间 T_2/ns
0～1	80	33
1～2	12	50
2～3	151	69
3～5	211	105
5～10	294	216
10～15	344	336

10.2　板上总线

这里的板上总线主要是指用于自动测试设备中的模块总线，主要有 VME、VXI 和 PCI/PXI 等。

10.2.1　VME 总线

VME（VERSA Module Euro-card）总线是由 Motorola、Phillips、Signetics、Mostek 和 Thompson CSF（现名为 Thales）等公司于 1981 年提出的，被广泛应用于工商业和军事部门。从常规计算机、信号处理、通信、视频处理到联网、模块设备/工业控制、兵工/航空航天系统，几乎所有的工业领域中，VME 总线都可提供高可靠性能。VME 总线已经有了数千种产品，并吸引了数百家电路板、硬件、软件和总线接口的制造商。

1981 年，Motorola 等公司推出 VME 总线时，底板上最大理论数据传输速率是 40MB/s。1989 年，VME64 将数据传输速率提高到 80MB/s。1996 年，2eVME 又将数据传输速率提高到 160MB/s。1997 年 1 月，在 Santaclara 实时计算机讨论会推出了将数据传输速率提高到 320 MB/s 的 VME320 底板。用于 VME 总线的数据传输协议源自 Motorola 的 VERSA 总线体系结构，也是当时 Motorola 68000 微处理器的产物。

VME 总线规定了两种基本的数据传输操作，即包含一个地址和一个数据传输的单循环传输和包含一个地址和一系列数据的数据块传送方式，用主/从机之间的握手协议来控制异步。主机将地址和数据放在总线上，然后等候应答。被选定的从机可以从总线上读或往总线上写数据，它接到数据后给出一个应答信号（$\overline{\text{DTACK}}$）。另外，数据传输的速率由底板本身和与底板总线接口的逻辑部件两者来决定。

美国 Motorola 公司的计算机部门于 2002 年发表了新的 VME 总线设想。该公司称其为"复兴 VME"，"复兴"表示这一计划具有划时代的重要意义。与原有的 VME 总线相比，新 VME 总线在确保扩展性的同时，数据传输速率最高可提高到原来的 8 倍。新 VME 总线为美国 Motorola 公司提倡的"PCI-X to 2eSST VME 总线"，代号为"Tempe"。在 Tempe 半导体芯片中，采用了由 VITA（VME International Trade Association）制定的业界标准——2eSST 协议。如果使用这一协议，VME 总线将以 320 MB/s 的数据传输速率工作，与原有的 VME 总线（VME64）相比，实际数据传输速率约将达到原来的 8 倍。此外，Cypress VME 系列总线接口产品也比较成熟。其中，VIC64 或 VME 总线控制器是用在计算机总线控制器上的接口控制芯片，而 CY7C960/961、CY7C964 等从属 VME 接口控制器在简单从属 VME 板材设计中得到了应用，这种从属 VME 板材完全符合 VME64 规范，并包含 SRAM（静态存储器）和 DRAM（动态存储器）。

VME64 标准本身也不是很完美，在一些特定应用领域，如超负荷数据传输系统，VME 总线通常都不能胜任。因此一些计算机厂商在 VME 总线基础上，另外增加了数据处理总线，这类数据总线有些是专用的，有些具备一定程度的互联特性，前者如 Mercury 计算机系统公司生产的 RACE way，后者如 SKY 计算机公司生产的 SKY channel。这些数据总线都是典型的并行交换互连总线。

VME 总线在采用单总线连接器时为 96 条信号线，支持 16 位数据线、24 位地址线；

在双总线连接器结构中，则支持 32 位数据线、32 位地址线，共有 128 条信号线。VME 总线的单总线连接器具有 16 位数据线和 24 位地址线，不必提高模块译码的复杂程度，不需要总线复用所必需的硬件开销，可提高系统的运行速率和控制精度，也减轻了软件编程的负担。例如，采用双总线连接器结构，可支持各种 32 位微处理器。

VME 总线具有以下特点：采用总线主/从设备结构，异步、非复用传输模式，支持 16 位、24 位、32 位寻址及 8 位、16 位、24 位、32 位数据传送，支持跨界数据传送，数据传输速率最高为 40MB/s。

10.2.2 VXI 总线

VME 总线仪器模块有大量的需求，但 VME 总线在仪器领域应用的最大困难在于缺乏 VME 总线高层标准。为了满足便携式应用的要求，1987 年，Colorado、Data Systems、HP、Racal Data、Tektronix 和 Wavetek 等仪器公司联合推出了用于测量和测试的一种新型标准仪器结构——VXI 总线。VXI 总线把已经经过长期应用考验的 VME 总线扩展应用到仪器领域，具有开放性、高数据吞吐量、灵活、小型化、规范化和高可靠性等特点。VXI 总线几经修改和完善，于 1992 年被 IEEE 接纳为 IEEE 1155-1992 标准。VXI 总线完全支持 32 位 VME 计算机总线，此外，VXI 总线还增加了用于模拟供电和 ECL 供电的额外电源线，用于测量同步和触发的仪器总线、模拟相加总线及用于模块之间通信的本地总线。VXI 总线提供了一个标准的模块结构，既可以集成到传统的基于 GPIB 仪器的测试系统中，也可以单独构成测试系统。

VXI 总线规范发布后，由于军方对测控系统的大量需求，许多仪器生产厂商都加入 VXI Plug & Play 联盟。该联盟是 VXI 总线联合体的固有补充机构，通过规定连接器的统一方法、UUT 接口和测试夹具、共享存储器通信的仪器协议、可选 VXI 特性的统一使用方法以及统一文件的编制方法来增加硬件的兼容性，并开发了一种统一的校准方法。该联盟还通过规定和推广标准系统软件框架来实现系统软件的"Plug & Play"互换性。

VXI 总线具有紧凑的尺寸、较高的数据吞吐量及灵活方便的性能。VXI 产品的生产厂家超过 100 家，VXI 仪器种类超过 3000 种，可基本满足各种工程需求，所以可以应用 VXI 总线仪器搭建各种不同的自动测试系统，包括野外使用的便携式测试仪器、远程数据采集应用及高性能数据采集和功能测试系统。

10.2.3 PCI 总线

在过去的十几年里，PCI 总线是非常成功的一种通用 I/O 总线标准，尽管不能满足未来计算机设备的带宽需要，但是它的并行总线执行机制依然具有先进性。不过 PCI 标准的不足越来越凸显，PCI 现在已经接近其性能的极限，工作频率很难提高，工作电压无法轻易降低，同步时钟数据传输受到信号失真的限制。

现今的软件应用对硬件平台提出了更多的要求，特别是 I/O 子系统，要求对不同种类的 I/O 提供基于 QoS（Quality of Service）的服务。PCI2.2 或者 PCI-X 规范中对与时间有关的数据却缺乏相关的支持，例如，在视频点播和音频再分配等应用中都使服务器受到实时限制。此外，如今的平台需要越来越高的带宽来处理多种同时传输的数据，不能再以同样方式对等处理所有的数据，因为延迟的实时数据有时毫无意义。

在 2001 年的春季 IDF 论坛上，Intel 公司提出了第三代 I/O 体系（Third Generation I/O Architecture，3GIO）总线的概念。3GIO 的出现符合现在的应用需求，它不但能与原来的 PCI 设备兼容工作，还可以增强原有设备的性能。3GIO 以串行、高频率运作的方式获得高性能，而它的体系设计也满足未来十年 PC 系统的性能需要。3GIO 计划获得了广泛响应，后来 Intel 将它提交给 PCI-SIG 组织，并于 2002 年 4 月以 PCI Express 标准的形式正式推出。PCI Express 的特点是高性能、高扩展性、高可靠性、很好的升级性以及低成本，它是取代 PCI 总线的一种选择。它的效能十分惊人，仅仅是 X16 模式的显卡接口就能够获得惊人的 8GB/s 带宽。更重要的是，PCI Express 改良了基础架构，彻底抛离了落后的共享结构。

PCI Express 这种新的输入/输出架构能够广泛应用在桌面系统、移动系统、服务器、通信系统、工作站和嵌入式系统等。并且与原来的 PCI 系统相兼容，不管是底层的操作系统还是设备的驱动程序都不能有所变化。同时与系统频率和附加设备有很好的相容性、很高的单帧带宽、较低的传输速率和延迟时间。

2004 年 6 月，Intel 公司推出完全基于 PCI Express 设计的 i915/925x 系列芯片组，而 nVIDIA 和 ATI 两家显卡厂商也都在第一时间推出了采用 PCI Express X16 接口的显卡，PCI Express 时代正式来临。不久以后，nVIDIA、VIA、SiS、ATI、Uli 等芯片组厂商又纷纷推出新一代 PCI Express 芯片组，移动平台也进入了 PCI Express 时代。目前，PCI Express 取代 PCI 的运动已经迅速、全面地开展起来。

在工作原理上，PCI Express 与并行体系的 PCI 没有任何相似之处，它采用串行方式传输数据，依靠高频率来获得高性能，因此 PCI Express 也一度被称为串行 PCI。由于串行传输不存在信号干扰，总线频率提升不受阻碍，PCI Express 很顺利地就达到了 2.5GHz 的超高工作频率。PCI Express 采用全双工运作模式，最基本的 PCI Express 拥有 4 根传输线路，其中 2 根用于数据发送，2 根用于数据接收，也就是发送数据和接收数据可以同时进行。相比之下，PCI 总线和 PCI-X 总线在一个时钟周期内只能作单向数据传输，效率只有 PCI Express 的一半；加之 PCI Express 使用 8 bit/10 bit 编码的内嵌时钟技术，时钟信息被直接写入数据流中，这比 PCI 总线能更有效地节省传输通道，提高传输效率。PCI Express 抛弃了传统的共享式结构，而采用点对点工作模式（Peer to Peer，P2P），每个 PCI Express 设备都有自己的专用连接，无须向整条总线申请带宽，避免了多个设备争抢带宽的情形发生。

PCI Express 的最大特点在于大幅度地提高了传输带宽。由于工作频率高达 2.5GHz，最基本的 PCI Express 总线可提供的单向带宽便达到 250 MB/s（2.5Gbit/s × 1B/8bit × 8bit/10bit = 250MB/s），在全双工运作时，该总线单通道的总带宽可达到 500MB/s。如果使用两个通道捆绑的模式，PCI Express 便可提供 1GB/s 的有效数据带宽。依次类推，4 通道、8 通道和 16 通道模式的有效数据传输速率分别可达到 2GB/s、4GB/s 和 8GB/s，大幅跨越了 PCI 总线的共享式 133MB/s 速率，并且每个 PCI Express 可独自占用的带宽。

与 PCI 总线相比，PCI Express 采用了更加灵活的串行机制，支持多种传输速率，同时也支持更多先进的技术，如支持热插拔并 100% 兼容 PCI 软件。

10.2.4　PXI 总线

为了适应日益复杂的仪器系统不断提出的新需求，1997 年由 NI 公司推出了一种开放的工业标准仪器总线，即 PXI 总线。PXI 是 PCI 总线在仪器领域的扩展，是一种用于测量和自动化系统领域的模块化仪器总线。它结合了 PCI 总线的电气特性和 CompactPCI 的坚固、模块化、欧卡机械特性，并且增加了适合仪器使用的触发总线、局部总线等硬件特性和关键的软件特性，使其扩展成为一种用于测控系统的开发平台，形成了一种新的高性价比虚拟仪器测试平台，可用于军事、航空、机械监控、汽车、工业测试等领域。

1997 年 8 月，NI 公司推出 PXI 1.0 版本规范，1998 年 7 月，PXI 联盟（PXI Systems Alliance，PXISA）成立，超过 60 个厂商宣布支持 PXI 标准，确保各个厂商的产品的互操作性。自 PXI 联盟成立以来，又推出了其他版本的规范，增加了新特性。

PXI 继承了 PCI 总线适合高速数据传输的优点，支持 32 位或 64 位数据传输，最高数据传输速率可达 132MB/s 或 528 MB/s；也继承了 CompactPCI 规范的一些优点，包括采用欧卡机械封装和高性能连接器，外设插槽由普通 PC 的 4 个扩展为 7 个，并可通过 PCI-PCI 桥进行更大的扩展。PXI 系统体积小、可靠性高，适合于台式、机架式和便携式等多种场合的应用。针对仪器应用需求，PXI 提供了 8 条 TTL 触发总线、13 条局部总线、10 MHz 系统时钟和精密的星形触发线等资源，定义了较完善的软件规范，保持了与工业 PC 软件标准的兼容性。

PXI 系统可以使用在台式 PCI 总线上已经存在的各种工业标准软件，使台式 PC 用户可以使用不同层次的软件，包括从操作系统、底层设备驱动、高层仪器驱动、完整的图形化 API （Application Programming Interfaces）等。PXI 定义了对于所有 PXI 模块可以方便系统集成的完整的设备驱动软件结构，可应用于 Microsoft 的 Windows 操作系统。此外，PXI 实现了 VISA （Virtual Instrument Software Architecture）规范，扩展了 VISA 的功能，使其不仅可以应用于 PXI 模块的控制，还可应用于串口、VXI 和 GPIB 接口。

PXI 测试平台具有完整的硬件和软件相容规范，可以满足绝大多数测试系统的要求。开放的 PXI 规范使得系统可以组成模块化的测试系统，整合多个厂家的产品设计系统。PXI 规范能把 GPIB、VXI 和串口等总线仪器平台轻松地集成到 PXI 的测试系统中。PXI 产品可以提供自动测试领域内所需的各种功能，包括控制 PC、信号发生器、切换开关、数字化仪器、边缘扫描技术（Boundary-scan）、电源和大量的连接装置。

表 10.2.1 为 PXI 总线与 GPIB 和 VXI 总线流量的比较表，图 10.2.1 为 PXI 总线与 GPIB 和 VXI 总线流量和性能比较图，由此可以看出，PXI 具有优良的传输速率值。

像其他总线结构一样，PXI 定义了允许多个厂商的产品同时使用的硬件接口层标准，但不同于其他规范，PXI 为了易于集成，除电气特性外同时定义了软件规范，包括支持标准 Windows 操作系统结构，支持 VXI 即插即用联盟开发的仪器软件标准（VPP 和 VISA），以及所有外设模块的驱动。PXI 软件特性可以从 PC 软件技术的不断发展中得到动力。

（1）通用软件标准：PXI 规范支持 Windows 软件结构。PXI 控制器必须支持当前流行的操作系统，而且支持未来的升级，使控制器支持多种工业标准应用编程接口，如 Microsoft 和 Borland C++、Visual Basic、LabVIEW 和 LabWindows/CVI，同样生产商提供所有的外设模块相应的软件驱动程序。其他工业总线产品硬件厂商因为没有统一的软件结构标准而不能提供软件驱动，需要用户花费大量的时间来编制驱动程序。

（2）虚拟仪器软件标准：PXI 系统同 GPIB、VXI、串口一样提供 VISA 软件标准规范，使用 VISA 规范可以保证仪器使用者在软件上投资的长时效。VISA 采用标准的机制对 PXI 模块进行访问、配置和控制，可以使 PXI 系统连接到 VIX 机箱、GPIB 设备和串口设备等不同总线系统。

表 10.2.1　PXI 总线与 IEEE 488 GPIB、VXI 等总线流量的比较表

参数	IEEE 488	VXI	PXI	ISA	PCI
总线宽度/bit	8	8, 16, 32, 64	8, 16, 32, 64	8, 16	8, 16, 32, 64
传输速率/（MB/s）	1	40, 80	132, 528	8, 16	132, 528
定时和同步	没有	有	有	自定	自定
框架	没有	规定	没有	没有	没有
模块	台式	是	是	插卡	插卡
电磁屏蔽	自定	规定	规定	自定	自定
环境条件	自定	规定	规定	自定	自定
系统成本	高	中高	中低	低	低

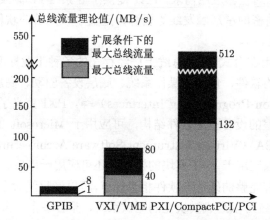

图 10.2.1　PXI 总线与 GPIB、VXI 总线流量及性能比较图

其他软件需求：PXI 同时也定义了外设模块和机箱生产商的软件结构。PXI 系统中必须有系统初始化配置文件，该文件用来提供确保系统正确配置的信息。例如，用来识别相邻外设模块的局部总线是否兼容，如果这一信息丢失，局部总线电路就不能使能，局部总线的功能也就不能使用。

10.3　LXI 总线

在自动测试领域，随着计算机技术的应用与发展，先后出现了 GPIB、VXI、PXI 总线等具有代表性的测试总线标准。但由于被测对象和测试要求的复杂多样，现有各种测试总线总是难以充分满足用户的需求。通过对众多系统集成商、工程师以及军方等用户的调查，得到的需求结论几乎一致。

（1）降低系统集成的成本和复杂性，采用通用的 PC 接口、总线及软件来简化系统搭建。

（2）保证系统紧凑的同时要保证仪器的性能和兼容性，减少复杂的连线。

（3）具备高速的 I/O 和多种触发方式，易进行故障诊断，能自定义和集成用户常用功能。

（4）能够充分利用原有的 GPIB、VXI、PXI 等标准构成非标准仪器总线。

新一代模块化仪器总线——LXI 正是在这样的背景下产生的。LXI 的概念由 Agilent Technology 和 VXI Technology 于 2004 年联合推出，并于 2005 年 9 月 23 日发布 LXI 标准 1.0 和 LXI 同步接口规范 1.0。LXI 是以太网技术在仪器领域的拓展，作为一种新型仪器总线技术，它将目前非常成熟的以太网技术引入自动测试系统，以替代传统的仪器总线。LXI 总线具备基于 LAN 的大吞吐量和组网的优势，融合了 GPIB 堆叠上架（Rack and Stack）与 VXI、PXI 模块化的工作方式，引入了 IEEE 1588 同步时钟协议，具有硬件快速触发能力。这些特性是基于用户对仪器总线性能的需求而提出的，可为测试与测量系统的实现提供更理想的解决方案。

1. LXI 协议组成

LXI 标准由 LXI 联盟编写和控制，其目标是开发基于 LAN 的标准仪器和相关的外围器件。LXI 协议包括物理规范、基于 LAN 的同步触发、数据通信格式、硬件触发、LXI 编程规范、与 LAN 相关的规范——LAN 配置、Web 人机接口、网络发现机制。除了以上协议内容外，LXI 标准还建立在大量已发布的开放标准基础上。

2. LXI 仪器分类

LXI 联盟将 LXI 仪器分为以下三个等级，如图 10.3.1 所示。

（1）等级 C：支持 IEEE 802.3 协议，具备 LAN 的编程控制能力，支持 IVI -COM 仪器驱动器，为"系统就绪"的仪器，这类仪器提供标准 LAN 接口及 Web 浏览器接口。

（2）等级 B：拥有等级 C 的一切能力，并引入 IEEE 1588 同步时钟协议。

（3）等级 A：拥有等级 B 的一切能力，同时具备硬件快速触发能力，触发性能与机箱式仪器的底板触发相当。

图 10.3.1 LXI 仪器的分类

3. LXI 总线技术特性

符合 LXI 标准的仪器使用开放的以太网技术作为通信手段，充分利用当前和未来以太网的能力，为用户提供更紧凑、更快捷、更经济的解决方案，一般有三个关键功能。

（1）标准化的 LAN 接口，用于提供一个可交互和编程控制的 Web 架构。

（2）一个基于 IEEE 1588 的触发机制，使模块能够提供时间戳，并通过 LAN 接口执行精确的触发。

（3）一个基于多点低压差分信号（Multipoint Low Voltage Differential Signaling, M-LVDS）电气接口的硬件触发系统。

4. 同步触发特性

LXI 仪器可提供多种触发模式，并引入用户可选的机制，灵活多样的触发方式可适应不同的测试系统。

（1）A、B、C 类 LXI 可提供基于 LAN 消息的触发（软件触发）。基于控制器到仪器间的驱动器命令或 LXI 仪器间的消息交换，LAN 消息的触发提供了一种纯软件编程实现的事件触发机制。但 LAN 通信无法对实时性提供保障，因此触发性能最差。

（2）A、B 类 LXI 可提供基于 IEEE 1588 同步时钟协议的触发。A 类和 B 类 LXI 仪器可以通过 IEEE 1588 时钟协议实现高精度的时钟同步，由此设置基于系统时间的触发事件。在 IEEE 1588 协议模式下，触发和事件在特定时间发起，可由软件或硬件实现，同步精度为 10ns~10μs，具体的精度与仪器的结构和协议的实现方式有关。

（3）A 类 LXI 可通过触发总线进行硬件触发。A 类仪器通过专用的硬件触发线以菊花链或星形方式互连，可以提供基于事件驱动或时间驱动的更高性能的触发。这种触发在电气上基于 M-LVDS 信号标准，并借鉴了 VXI 的触发模式，可配置为线或模式，用于实现总线上多仪器的同时驱动。

LXI 的触发机制以一种统一的架构工作，触发功能可以用任一种方式实现，只是在性能上有所不同。这些方式也可以结合以实现更复杂的应用，例如，一个基于硬触发线的触发输入可以产生一个基于 LAN 或者 IEEE 1588 时基的触发输出。

5. LXI 同步触发机制

LXI 的触发是 LXI 标准的重要组成部分，它把以太网通信、IEEE 1588 同步时钟协议和类似于 VXI 的底板触发能力很好地结合在一起，从而满足用户对实时测试的要求。

C 类 LXI 仪器对触发没有特殊要求。它允许仪器厂商定义的特定事件触发或基于 LAN 消息触发。LAN 触发即在 LAN 上发送消息，可以发送到指定的一台仪器（点对点），也可以发送到所有仪器（组播）。点对点触发灵活方便，触发可由总线上任何 LXI 仪器发起，并由任何其他仪器接收；组播触发类似于 GPIB 上的群触发，但这里 LXI 是在 LAN 上向所有其他仪器发送消息，这些仪器按照已编制的程序响应。点对点和组播消息本身即以太网标准的组成部分，但 LXI 实现了其在仪器触发中的应用。

B 类仪器的触发需要基于 LAN 消息和 IEEE 1588 同步时钟协议，即增加了 IEEE 1588 这种新型的触发方式。每一台 B 类仪器都包含一个内部时钟和 IEEE 1588 软件。在 IEEE 1588 系统中，LXI 仪器把它们的时钟与一个公共意义上的时间（网络中最精确的时钟）相同步。通过时钟同步，LXI 仪器为所有事件和数据加盖时间戳，从而能在规定时间开始（或停止）测试和激励，同步它们的测量和输出信号，该协议适用于以网线相连的相距甚远的仪器。IEEE 1588 与基于 LAN 消息的触发相结合后，测试信息不需要实时计算机也可方便地同步，分布式实时系统的组建由此变得可行、易行。

LXI A 类仪器增加了另一种触发，即 8 通道的 M-LVDS 事件触发线，它能以菊花链的方式连接相距很近的多台仪器，也可作星形连接或者是两者的组合，该触发总线反应非常快，是较 IEEE 1588 时基触发更为精确的触发方式。灵活多样的触发方式是 LXI 总线的核心，这些方式可以相互组合以适应不同的应用场合，见表 10.3.1。

表 10.3.1 LXI 触发方式的比较和应用场合

触发方式	触发精度	建议使用的场合	不建议使用的场合
基于 LAN 消息触发	毫秒级，精度最低	仪器相距很远； 不用触发电缆； 时间戳信号可用	触发精度要求很高
IEEE 1588 时基触发	亚微秒级 （10 ns～10 μs）	仪器相距很远； 触发精度要求较高； 不能有传输延时	要求低触发抖动
硬件触发	纳秒级，精度最高	仪器相距不太远； 触发精度要求很高； 要求低触发抖动	触发信号多于 8 路； 仪器相距 25 m 以上； 不能有传输延时
仪器厂商定义的触发	不确定	使用特殊信号或触发端子； 触发无法传输至 LXI 触发总线； 与非 LXI 仪器连接	LXI 触发功能充分可用

6. LXI 的编程

LXI 标准要求 LXI 仪器提供 IVI 的驱动和相关的 IVI 类定义，IVI 驱动器应该能支持 VISA 资源名。LXI 仪器使用 VXI-11 协议发现网络中的仪器。

LXI 编程规范为 A 类和 B 类仪器定义了管理和操作触发功能的方法，包括触发的架构和实现功能的具体函数，而实际上，一台 LXI 仪器只执行与它所支持功能相关的那部分标准。另外，在编程中要求所有基于 IEEE 1588 的时间都用统一的格式以确保信息解读的一致性。LXI 的编程需要遵循一定的规范和细节，这在 LXI 同步接口标准中有详细说明。LXI 总线与其他常用仪器总线的技术性能指标比较见表 10.3.2。

表 10.3.2 LXI 总线与现有其他测试总线的比较

技术指标	PCI	GPIB	VXI	PXI	LXI
吞吐量/（MB/s）	132/264/528	1/8	40/80	132/264/528	100/1000
物理形式	板卡式	分立式	插卡式	插卡式	标准化分立式
几何尺寸	小—中	大	中	小—中	小—中
软件规范	无	IEEE 488.2	VPP	IVI - C（推荐）	IVI - COM（推荐）
互换性	差	差	一般	较强	很强
系统成本	低	高	中—高	低—中	低—中

可以预见在未来的几年，随着 LXI 总线推广及其向下兼容的转接设备的丰富，将出现更多以 LXI 总线为中心、各种总线标准并存的混合系统（图 10.3.2），但作为测试系统发展的未来，网络化的 LXI 总线会有越来越大的发展空间。

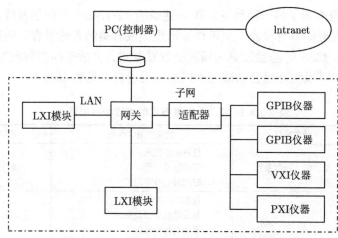

图 10.3.2　基于 LXI 架构的自动测试系统

*10.4　USB 技术发展历程

USB 的出现和发展离不开个人计算机的迅猛发展。随着 Intel 的 8088 微处理器芯片的问世，1981 年 8 月 12 日，总部设在美国纽约州阿蒙克的国际商业机器公司（IBM）推出 5150 的新款计算机，"个人计算机"这个新生市场随之诞生。IBM5150 看起来像个米色的"大盒子"，如图 10.4.1 所示。IBM5150 型计算机每台重约 11.34kg，仅键盘就重约 2.7kg，它的内存只有 16KB，安装了微软公司的磁盘操作系统（DOS）、电子表格软件 Visicale 和文本输入软件 Easywriter，配置了 16 位、4.77MHz 的 Intel 8088 微处理器，64KB 的内存，可以使用盒式录音磁带来下载和存储数据，此外也可配备 5.25in（13.335cm）的软盘驱动器。自此，计算机开始从宽大的机房走进千家万户。

个人计算机的发展呼唤便捷的接口技术。1987 年，IBM 推出 PS/2 键盘接口标准，PS/2 是在较早的计算机上常见的接口之一，用于鼠标、键盘等设备。一般情况下，PS/2 接口的鼠标接口为绿色，键盘接口为紫色。需要注意的是 PS/2 原是"Personal System 2"的意思，而"个人系统 2"是 IBM 公司在 20 世纪 80 年代推出的一种个人计算机。在此之前，IBM 是以开放的心态去发展个人计算机业务的，但以前完全开放的 PC 标准让 IBM 觉得利益受到损失。所以 IBM 设计了 PS/2 这种计算机，目的是重新定义 PC 标准，不再采用开放标准的方式。在这种计算机上，IBM 使用了新型 MCA 总线，新的 OS/2 操作系统。PS/2 计算机上使用的键盘鼠标接口就是现在的 PS/2 接口。因为标准不开放，PS/2 计算机在市场中失败了，只有 PS/2 接口一直沿用到今天，如图 10.4.2 所示。近年来，由于无线传输和 USB 总线的迅猛发展，PS/2 接口正逐渐退出历史舞台，从一个侧面也可以看到计算机技术的传承与变迁。

图 10.4.1　IBM5150 型计算机

图 10.4.2　PS/2 接口

后来，硬盘采用了 IDE 接口，IDE 的英文全称为 "Integrated Drive Electronics"，即 "电子集成驱动器"，它的本意是指把 "硬盘控制器" 与 "盘体" 集成在一起的硬盘驱动器。IDE 模式可以将 SATA 盘映射模拟成普通 IDE 硬盘，无须外加载 SATA 驱动，但不支持任何 SATA 接口的新特性。IBM 的个人计算机业务后来也不停地发展，但利润始终难以与商用服务器等业务项目相媲美，后来就把个人计算机业务在 2004 年 12 月以总价 12.5 亿美元卖给了联想集团，彻底退出了其赖以发家的 PC 业务。

Intel 以芯片见长，也需要高性能统一的接口技术以促进其芯片业务的发展，因而具有统一接口技术 "度量衡" 的现实需求。1994 年，Intel 联合 IBM、康柏、微软、NEC、DEC 等当时主要的 PC 业界公司成立了 USB-IF 组织，目的是设计一种通用的传输接口，支持热插拔、兼容性强而且能同时连接多个设备。

1996 年 1 月公布的 USB1.0 规范，可以支持实现 1.5Mbit/s 和 12Mbit/s 两个速度，不过这个版本有些问题，于是 1998 年又出了 USB1.1 规范来完善它，而且速度统一定为 12Mbit/s，这个速度在当时已经属于很快了，物理接口见图 10.4.3。USB1.0 中的 1.5Mbit/s 速度被称为 Low-Speed，USB1.1 中的 12Mbit/s 被称为 FullSpeed，USB2.0 的 480Mbit/s 则被称为 HighSpeed，到了 USB3.0 时代则叫作 Super-Speed。USB 协议支持 USB 外设在任何时候接入或离开 USB 系统，即热插拔。因此，系统软件必须支持物理总线拓扑结构的动态变化。但高速 USB2.0 的传输速度 480Mbit/s 也不够高，例如，无法支撑视频数据读取，而且能提供的最大的电压仅为 5V、最大的电流为 500mA，所以能对外提供的功率不超过 2.5W，扩展能力比较有限，物理接口见图 10.4.4。USB2.0 的不足成了 USB3.0 发展的动力和源泉。USB3.0 与 USB2.0 相比，新增了 5 根接线，其中一根是接地的，其余的四根 TX_+、TX_- 和 RX_+、RX_- 主要负责 USB3.0 信号数据传输，支持全双工运作，而 USB2.0 的 D_+、D_- 只能支持半双工模式，多出的这四个数据传输引脚就是 USB3.0 速度大幅提升的主要因素。如果做一个简单的传输速度对比，USB2.0 理论上有 60Mbit/s（480Mbit/s）的速度，实际上只能达到 40Mbit/s 左右，其他 eSATA、FireWire 就更慢了，USB3.0 的速度折算起来最高是 5Gbit/s，由于此时 10bit 中包含两位标志位，所以相当于 500Mbit/s，在实际中通常有 200Mbit/s，低于主流硬盘接口 SATA 的传输速度，即 6Gbit/s，而后者的问题在于通用性不足。所以，实际速度约 200Mbit/s 的 USB3.0 在目前的数据传输接口中是除了 SATA 外最快的，而且它最通用，相比 40Mbit/s 的 USB2.0 接口，它传输超大容量文件时所用时间只有后者的 1/5，大大缩短了用户的等待时间，USB3.0 一经出现，立刻受到用户的欢迎，物理接口见图 10.4.5。

图 10.4.3　USB1.1　　　　　　　　　　图 10.4.4　USB2.0A

到了 USB3.0 和 USB3.1，很多外接设备的问题已经解决了。但纵观 USB 从 1.0~3.1 的发展，实际上一直在走通用化、大众化的路线，主要目标是通过不断扩展外接设备的通用性，提高其适用范围，而其性能的提升是一个循序渐进的过程。仔细观察，我们会发现 Intel 在 USB 的发展过程中起到了非常重要的作用，但 Intel 并不是仅仅考虑 USB 技术的发展，可能是这种发展的动作太慢了，它还需要高性能的接口，那就是和苹果公司合作的雷电接口。

　　乔布斯时代的苹果公司以追求"极致性能"的"完美"产品为傲，自然也不会容忍接口的缓慢速度。雷电接口是 Intel 和苹果联合开发的，基于 Intel 早前提出的 100Gbit/s 速度的 Light Peak 技术，支持 DP 视频信号与数据信号双向传输，每路速率为 10Gbit/s，而且供电能力高达 10W，这两项指标几乎都是 USB3.0 的 2 倍，技术上的优势十分明显。雷电 Thunderbolt 有点迅雷不及掩耳的感觉，追求的就是快。2013 年 6 月，Thunderbolt2 的速率可达 20Gbit/s，而 Thunderbolt2 虽然提供 20Gbit/s 的速率，但只是把原本的 Thunderbolt 中两条独立的 10Gbit/s 合并，变成单向传输 20Gbit/s，而非双向传输。

　　但此时，可以看到 Intel 的"左右互搏"的功底了。2013 年 1 月 7 日，USB3.0 推广组织（The USB3.0 Promoter Group）在美国消费电子展（CES）上宣布，第一批传输速率达到 10Gbit/s 的 USB3.0 设备将于 2014 年面市，这将对英特尔 Thunderbolt 接口技术造成威胁。2013 年 4 月，英特尔宣称在 USB 技术上取得重大突破，将 USB 的最大输出功率从原来的 10W 提升至 100W。2013 年 12 月，USB3.0 推广组织宣布已经开始下一代 USB 接口的开发工作。正在开发的新 USB C 型接口最初将以现有的 USB3.1 和 USB2.0 技术为基础，支持更纤薄的产品设计，同时提升可用性，并为 USB 未来版本的性能提升铺平道路。USB3.1 标准于 2013 年 7 月发布，最大理论带宽相比 USB3.0 时翻了一番，达到 10Gbit/s（Super Speed+）。USB3.1 编码方式从此前 USB3.0 的 8bit/10bit 换成了 128bit/132bit，带宽损耗率从 20% 大幅下降到 3% 左右，换算之后的带宽同样超过了 1.2Gbit/s，这也意味着在真实使用中 USB3.1 的极限传输速率有望接近 1Gbit/s，物理接口见图 10.4.6。虽然像过去的升级一样，USB3.1 同样带来了更高的传输速率，并修复了此前存在的各方面问题，但人们谈论更多的都是随 USB3.1 引入的全新 Type-C 接口。与苹果的 Lightning 接口相似，Type-C 接口取消了曾经的防呆保护设计，因此不分正反均可正常插入使用，免去了辨识插入方向的麻烦。USB3.1 Type-C 的另一个大卖点就是对移动设备充电能力的增强。USB3.1 接口下的供电最高允许标准大幅提高到了 20V/5A（仅限于 Type-A/B），能够提供达 100W 的供电输出能力。而 Type-C 原定的最高标准为 12V/3A、36W 的充电能力已经足够一些轻薄型笔记本使用，这也是 New MacBook 敢于放弃 MagSafe 而采用 Type-C 作为充电接口的重要原因。

图 10.4.5　USB3.0

图 10.4.6　USB3.1

　　2016 年 3 月 1 日，以 ECNs（Engineering Change Notices）的形式批准了 USB3.1 的技术规范，速度可达 10Gbit/s。相较于 Thunderbolt，USB3.1 和 Thunderbolt1 已同样拥有 10Gbit/s 的速度，而 Thunderbolt2 虽然提供 20Gbit/s 的传输速，但只是把原本的 Thunderbolt1 中两条独立的 10Gbit/s 合并，变成单向传输 20Gbit/s，而非双向。USB 已彻底深入人心，且向下兼容。

　　与此同时，雷电接口也在继续发展，2015 年 6 月 2 日，Intel 宣布 Thunderbolt3 技术的传输速度可以达到 40Gbit/s，物理接口见图 10.4.7，似乎外接硬盘已毫无障碍，并且接口也换成了和 USB 一样的 Type-C 接口，而且支持 USB3.1 标准，本着"你能做到的我也能做到，你不行的我也可以行"的思路，USB 的广泛使用变成雷电接口的发展基石。2017 年 5 月 25 日，Intel 首席执行官 Jason Ziller 在接受 Wired 采访时表示，Next year Intel will offer its Thunderbolt interface technology as a royalty-free licence（明年英特尔将以特许权使用费的形式提供 Thunderbolt 接口技术）。

2019 年 3 月 4 日，英特尔宣布面向 USB 推广组织开放雷电协议规范，厂商可免费打造兼容雷电标准的芯片和设备。同时，USB 推广组织公布了基于雷电协议的 USB4.0 标准，将实现底层雷电、USB 协议的融合，物理接口见图 10.4.8。

于是乎，USB4.0 带着 USB 和 Thunderbolt 的"左右互搏"之势登场了！但无线的 5G 高速时代也已来临，练成"左右互搏"的 USB4.0 能否双拳打遍天下，我们拭目以待。

图 10.4.7　Thunderbolt3

图 10.4.8　USB4.0

习　　题

10-1　简述 RS-232、USB、GPIB、PXI 及 LXI 等总线的特点。

10-2　有人说，GPIB 总线采用三线挂钩技术以保证正确可靠地传递消息。请判断正误，并简述理由。

10-3　USB2.0 支持三种传输速率，其最高传输速率可达 ＿＿＿＿＿＿＿＿Mbit/s。

10-4　一栋教学科研楼的 2~11 层需要组建一个电压测量网络，可利用的总线有 RS-232、USB、GPIB、PXI 及 LXI，请给出一种有效的方式以满足该距离空间内的通信，并简述理由。

10-5　有人说，采用 GPIB 总线连接的两台仪器之间是可以相互通信的。请判断正误，并简述理由。

10-6　下列各项中不属于 RS-232 总线特点的是 ＿＿＿＿＿＿＿＿。

　　　A. 速度 20Kbit/s 以下；　　B. 电缆 15m 以内；　　C. 采用差分驱动；　　D. 9 针

10-7　有人说，PXI 总线采用三线挂钩技术保证模块间的可靠通信。请判断正误，并简述理由。

10-8　USB3.0 支持四种传输速率，其最高传输速率可达 ＿＿＿＿＿＿＿＿。

　　　A. 5Gbit/s；　　　　　　B. 625Mbit/s；　　　　　　C. 500Mbit/s；　　　　　　D. 以上均有误

10-9　下列各项中不属于 GPIB 总线特点的是 ＿＿＿＿＿＿＿＿。

　　　A. 速度 1Mbit/s 以下；　　B. 电缆 20m 以内；　　C. 差分驱动；　　D. 24 针

10-10　请列出至少五种总线的名称，并谈谈你对每种总线优缺点的理解。

第 11 章　仪器驱动器与软件平台

本章对自动测试系统仪器控制的软件技术，包括可编程仪器标准命令（SCPI）、虚拟仪器软件结构（VISA）、VXI 即插即用规范（VPP）和可互换虚拟仪器规范（IVI）等进行详细的介绍和阐述。

SCIP指令
实验

11.1　可编程仪器标准指令

可编程仪器标准命令（Standard Command for Programmable Instruments, SCPI）是一种用来控制仪器的命令语言，给出了描述各种各样仪器功能的标准方式，可结合 IEEE 488.1、VXI 总线、RS-232C 等总线接口一起使用。它规定了在控制器和仪器间信息交换层消息的构造和内容，以减少自动测试设备程序开发时间，适用于可编程仪器系统。SCPI 的形成经历了很长一段时间，可不断增加新命令以满足新技术和新仪器发展的需要。

1960 年，可编程仪器问世，但需涉及很多种专用接口和通信协议。当时，HP 公司即着手开发 HP 接口总线（HP-IB）作为可编程仪器的内部标准。HP-IB 为连接器和电缆规定了电气和机械接口标准，并且为可编程仪器与计算机之间的每个数据字节的传输规定了握手、寻址的方法和应遵守的协议。

1975 年，电气电子工程师学会（IEEE）以 HP 内部的 HP-IB 标准为基础，公布了可编程仪器数字接口标准（IEEE 488-1975）。虽然 IEEE 488 解决了仪器和计算机之间如何发送数据字节的问题，但没有规定数据字节的含义。因此，对于每一种仪器来说，都必须有自己唯一的命令集和解释规定，以便对发送到总线上的字节信息进行译码。另外，当人们应用带 HP-IB 接口的仪器组成自动测试系统时，还会遇到的一个难题就是编写语言的复杂性。虽然 HP-IB 接口为仪器和计算机之间交换信息和指令提供了硬件基础，但通过这一总线传递的指令（即编程语言）并不规范；有些仪器采用汇编语言来编程，另有些仪器使用高级语言编程，如 Pascal 或 C 语言等。数据的传输格式更是多种多样，有些用 ASCII 码，有些则用简单的二进制码。每当仪器厂家推出一种新产品时，即使同一个仪器厂家的产品更新换代，编程人员也要重新编写大部分程序。更严重的是，因为过去的仪器主要是根据前面板特性来设计和操作的，在同一类仪器中，助记符与参数的表示方式也会不一致，导致"语言不通"和"语义混乱"的通信困难，开发效率低。

1987 年，IEEE 公布了 IEEE 488.2-1987 标准。该标准规定了在测试系统中仪器和计算机的作用，以及进行通信的规则和结构化方案，描述了如何向仪器发送命令，如何向控制器发回响应的问题。但它一般不规定某一个具体仪器应当具备哪些特征和命令。IEEE 488.2 的问世，在一定程度上对信息和数据的格式、信息交换的协议以及大多数仪器经常用到的公用指令作了标准化规定，使得计算机能运用连续性和一致性较好的语言来控制各种仪器，从而便于编写更高级的测试程序。但是，IEEE 488.2 只对仪器操作功能相关的公用指令作了定义，并没有涉及测试和信号处理等工作所必需的指令，这样为仪器设计人员提高未来仪器的测试效率预留了空间。

1989 年 8 月，美国 HP 公司向工业界公开了一直在 HP 内部施行的测试与测量系统语言（TMSL）。它建立在 IEEE 488.2 标准的基础上，定义了一个通用的命令集，适用于各种类型的仪器。这种旨在使测试程序的开发人员便于掌握的富有逻辑性和一致性的编程语言，经过反复评估和研究，于 1990 年 4 月被重新命名为"可编程仪器标准命令（SCPI）"。HP 公司的 TMSL 作为 SCPI 标准的基础，没有做根本性的修改，但增加了 Tektronix 公司的模拟数据交换格式（Analog Data Interchange Format，ADIF）的修改版本，从而使 TMSL 的现有格式更加完善。因为其兼容性及编程的简单和方便性，所以现在世界上大部分仪器公司的产品均支持 SCPI 命令。SCPI 现采用 1991.0 标准。

11.1.1　命令分类

SCPI 是架构在 IEEE 488.2 上的仪器控制语言。整个 SCPI 命令可分为两个部分：一是 IEEE 488.2 公用命令，二是 SCPI 仪器特定控制命令。公用命令是 IEEE 488.2 规定的仪器必须执行的命令，其句法与语义均遵循 IEEE 488.2 规定。它与测量无关，用来控制重设、自动测试和状态操作。SCPI 的公用命令见表 11.1.1 中的 A 部分。SCPI 仪器特定控制命令用来完成量测、读取资料及切换开关等工作，包括所有测量函数及一些特殊的功能函数。仪器特定控制命令是与仪器相关的，针对不同的仪器，命令也不同。SCPI 仪器特定命令可分为必备命令（Required Commands）和选择命令（Optional Commands）。其必备命令见表 11.1.1 中的 B 部分，选择命令见表 11.1.1 中的 C 部分。

表 11.1.1　SCPI 命令子集

A 公用命令	B 必备命令	C 选择命令
*CLS	:SYSTem	:SENSe[1][2]
*ESE	:ERROR?	:EVEN
*ESE?	:STATus	:SLOPe<POSINEG>
*ESR?	:OPERation	:INPut<1|2>
*IDN?	[:EVENt]?	:COUPling<mode>
*OPC	:CONDition?	:ATTenuation<value>
*OPC?	:ENABle	:MEASure
*RST	:ENABle?	:FREQuence?
*SRE	:QUEStional	:PERiod?
*SRE?	:PRESet	:RATio?
*STB?		:TINTemal?
*TST?		:PWIDth?
*WAI		:NWIDth?

11.1.2　命令规范

SCPI 命令采用层次结构，属于"树结构"语言。相关的命令集合到一起构成一个子系统，各组成命令称为关键字、各关键字间用"："分隔。

可以看出，SCPI 命令可以通过其简写了解含义，实际上 SCPI 语言等于把各仪器的各种功能命令罗列起来完成某项测量任务。一般来说，对于任意一个测试仪器来讲，基本上可按图 11.1.1 中的步骤测量。上述流程图基本综合了 SCPI 的主要命令，如 CONFigure、TRIGger、MEASure、CALCulate 等。而对于每项命令，又由多种功能命令组成，根据编程者的需要进行调用。另外，SCPI 命令并不能独立进行编程，而需依靠其他高级语言，如 Basic 语言、C 语言等才能组成自动测试系统。SCPI 的作用是使仪器功能命令编程更简单化。

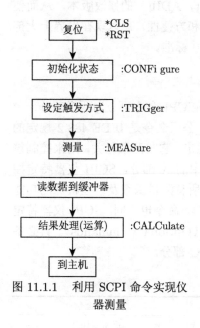

图 11.1.1　利用 SCPI 命令实现仪器测量

SCPI 的助记符均按简略式规则书写，具体规则如下。

（1）如果一个英文单词的字母个数少于 4 个，则这个词本身就是一个助记符。

（2）如果一个英文单词的字母个数超过 4 个，则用前 4 个字母作为助记符。

（3）如果一个助记符的结尾是一个元音字母，则去掉该元音字母，只保留 3 个字母。

（4）如果不是一个单词，而是一个句子，则使用第一个单词中的第一个字母和最后一个单词的全部字母。

下面通过实例来说明，见表 11.1.2，左边为单词，右边为助记符。这种结构的优点是，一旦选用一个特定的单词作指令，即可根据上述原则方便地写出助记符，从而能迅速地学习和掌握仪器的编程方法，更好地从事程序开发工作。由于可使用完整的单词作为助记符，所以能使测试程序非常容易看懂，而且便于作为文件保存起来。

（1）冒号（:）的使用方法。当冒号位于命令关键字的第一个字符前面时，表示接下来的命令是根命令。当冒号位于两个命令之间时，表示从当前的层次（根层次命令）向下移动一个层次。命令与命令之间必须用冒号分开，一行程序的第一个命令前的冒号可以省略，例如，语句":CONF:VOLT:DC 10, 0.1（设为直流电压挡，量程为 10V，分辨率为 0.1V）"和"CONF:VOLT:DC 10, 0.1"是等效的。

表 11.1.2　SCPI 助记符生成举例

单词	助记符
Frequency	FREQ
Power	POW
Free	FREE
ACVolts	ACV

（2）分号（;）的使用方法。分号用来分离同一个命令字符串中的两个命令，分号不能改变目前指定的路径。例如，语句":TRIG:DELAY 1;:TRIG:COUNT 10（触发延时 1s，连续触发 10 次）"和":TRIG:DELAY 1;COUNT 10"是等效的。

（3）逗号（,）的使用方法。如果一个命令需要一个以上参数时，相邻参数之间必须用逗号分开，如"CONF:VOLT:DC 10,0.1"。

（4）空格的使用方法。用空格或 Tab 键来分隔命令关键字和参数。在参数列表中，空格会被忽略。例如，语句":CONF:VOLT:DC 10,0.1"是正确的，而语句"CONF:VOLT:DC10,0.1"则是错误的。

（5）"?"命令的使用方法。控制器可以在任意时间发送命令，但是 SCPI 仪器只有在被明确指定要发送响应时，才会发送响应信息。而只有查询命令（以"?"结束的命令）可以指定仪器发送响应信息，查询的返回值为测量值或仪器内部的设置值。需要注意的是，如果发送了两个查询命令，而没有读取第一个命令的响应，便尝试读第二个命令的响应，可能会先接收第一个响应的信息，接着才是第二个响应的完整信息。若要避免这种情形发生，在没有读取响应信息之前，不要发送查询命令。当无法避免这种状况时，在发送第二个查询命令之前，先发送一个元件清除命令。在同一行程序中，不能同时有命令和查询。因为这可能会产生太多信息，造成输出缓冲器超载。

（6）"*"命令的使用方法。以"*"开头的命令称为公用命令，用来执行所有的 IEEE 488.2 标准规定的仪器功能。一般来说，"*"命令可以用来控制仪器的复位、自检和状态设置等操作。例如，*RST 命令可以将仪器设定为初始状态。

SCPI 语言定义了程序信息和响应信息的不同格式。虽然仪器本身都有一定的弹性，可以接收各种命令和参数，但是 SCPI 仪器都规定了比较精确的参数格式。也就是说，SCPI 仪器会以预先定义过的格式响应特定的查询。

（1）数值参数（Numeric Parameters）。在数值参数中，可以是常用的十进制数，包括正负号、小数点和科学记数法，也可以是特殊数值，如 MAXinum、MINimun 和 DEFault 等。如果输入的数值参数为特殊数值，仪器会自动将输入数值四舍五入。

（2）离散参数（Discrete Parameters）。离散参数用来设定状态数值，如 BUS、IMMediate 和 ExTernal 等。和命令关键字一样，离散参数有简略形式和完整形式两种，而且可以大小写混用。查询响应的返回值一定都是大写的简略形式。

（3）逻辑型参数（Boolean Parameters）。逻辑型参数表示单一的二进位状态，可以是真或假。如果状态为假，仪器可以接受"OFF"或 0；如果状态为真，仪器可以接受"ON"或 1。但是，在查询逻辑设定时，仪器返回值为 0 或 1。

（4）字符串参数（String Parameters）。原则上，字符串参数可以包含任何的 ASCII 字符。字符串的开头和结尾要有引号，引号可以是单引号或双引号。如果要将引号当作字符串的一部分，可以连续键入两个引号，中间不能插入任何字符。

11.1.3　工作流程

SCPI 命令的工作流程如图 11.1.2 所示。当主机通过 GPIB 接口和总线发送命令到一个 SCPI 测试仪器时，则按下面的步骤处理。

（1）控制器的主机通过 GPIB 接口访问测量仪器，并使该仪器为听者，把传送来的命令放入输入缓冲器中。

（2）程序分析单元对于输入缓冲器中的命令进行语法检查。若发现错误，则通过状态寄存器发出错误命令代码到主机。同时程序分析单元也判断控制器是否需要仪器对命令进行响应，也就是判断命令中有无"?"。例如，语句"MEAS：VOLT：DC? 10,0.004（测量直流电压，量程为 10V，分辨率为 0.004V）"中的"?"表示需要把测量值通过输出缓冲器送入 GPIB。

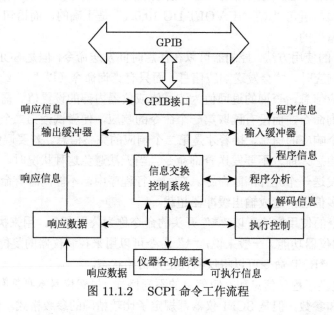

图 11.1.2　SCPI 命令工作流程

（3）可执行信息通过程序分析单元传送到执行控制单元。在这里，该模块寻找具有仪器功能的命令，并在恰当的时间请求执行该命令，同时对可执行命令进行检查，若发现错误，则通过状态寄存器发出错误命令代码到主机。

（4）当主机使仪器作为讲者时，则该仪器从输出缓冲器单元取出数据，通过 GPIB 接口和总线送到主机。

（5）信息交换控制单元规定了 GPIB 功能和仪器特殊功能联系标准，称为信息交换控制协议。该协议是 SCPI 的关键部分，它规定测试仪器怎样接收程序命令及怎样把响应信息送回主机，它还定义了当出现命令错误、问号错误、执行错误及仪器其他特定错误时如何响应。IEEE 488.2 标准定义了表 11.1.3 所列的信息交换协议。

表 11.1.3　信息交换协议

状态	功能
IDLE	等待命令
READ	读、执行命令
QUERY	存储将送出的响应
SEND	发送响应信息
RESPONSE	命令响应
DONE	结束响应
DEADLOCK	缓冲器数据满

除以上的功能外，信息交换协议还具有以下特征。

从作为讲者的仪器中读取数据之前,控制程序必须包含带有"?"的结束标志,如"MEAS：

CURRENT：AC?（测量交流电流）"。如果控制程序违反该规则，就会出现无"结束标志"错误。控制程序必须在读到某测量命令响应的数据之后，才能发送一个新的程序命令，若违反该规则，会出现一个"中止程序"的错误。

11.2 虚拟仪器软件结构

资源查询
实验

虚拟仪器软件结构（VISA）是 VPP 系统联盟制定的 I/O 接口软件标准及其相关规范的总称。VISA 是随着虚拟仪器系统，特别是 VXI 总线技术的发展而出现的。

在 VISA 出现之前有过不少 I/O 接口软件，许多仪器生产厂家在推出控制器硬件的同时，也纷纷推出不同结构的 I/O 接口软件。有的只针对某一类仪器，如 NI 公司用于控制 GPIB 仪器的 NI-488 及用于控制 VXI 仪器的 NI-VXI；有的在向统一化方向靠拢，如 HP 公司的 SICL（标准仪器控制语言）。这些都是行内优秀的 I/O 接口软件，但并不可互换，针对某一厂家的某种控制器编写的软件无法适用于另一厂商的控制器。为了使预先编写的仪器驱动程序和软面板在能使用各个厂商控制器的 VXI 系统中运行，确保用户的测试应用程序适用于各种控制器，作为迈向工业界软件兼容的一步，VPP 系统联盟制定了新一代的 I/O 接口软件规范，即 VPP4.x 系列规范，也称为虚拟仪器软件结构规范。

数字万用表
程控实验

对于驱动程序、应用程序开发者而言，VISA 库函数是一套可方便调用的函数，其中核心函数可控制各种类型仪器，而不用考虑器件的接口类型，VISA 也包含部分特定接口函数。VXI 用户可以用同一套函数为 GPIB 器件、VXI 器件等各种类型的器件编写软件，学习 VISA 就可以处理各种情况，而不必再学习不同厂家、不同接口类型的不同 I/O 软件的使用方法，用 VISA 开发的软件在各厂家的多种平台上工作具有更好的适应性。

对于控制器厂商，VISA 仅规定了该函数库应该向用户提供的标准函数、参数形式、返回代码等，关于如何实现并没有做任何说明。VISA 与硬件是密切相关的，厂商必须根据自己的硬件设备提供相应的 VISA 库，使它支持多种接口类型、多种网络结构。

利用 VISA 开发仪器控制应用程序有如下优势：使用方便，功能强大；保持长期的兼容性；保持多厂商的开放结构；具有多平台能力；最大限度地在系统框架结构中实现可扩展性和模块化；最大限度地实现开发软件的再利用；标准化系统软件、开发应用软件；把仪器驱动程序作为仪器的一部分对待；最大限度地容纳了已建立的标准，使得 VISA 不仅对 VXI 总线结构仪器有效，而且也适用于其他接口仪器，如 GPIB、串口等；最大限度地支持仪器最终用户的互操作性。

11.2.1 虚拟仪器软件结构的特点

VISA 创造了一个统一形式的 I/O 控制函数库，是现存的 I/O 接口软件的超集。GPIB 有 60 多个函数，VXI 有 130 多个函数，HP 的 SICL 有 100 多个函数，而 VISA 具有上述所有接口函数的功能，却只有 90 多个函数操作，且其在形式上与其他的 I/O 接口软件十分相似。对于初学者而言，VISA 提供了简单易学的控制函数集，应用形式十分简单；而对于复杂的系统组建者来说，VISA 却提供了非常强大的仪器控制功能。

VISA 具有下列特点：

（1）VISA 的 I/O 控制功能适用于各种类型的仪器，如 VXI 仪器、GPIB 仪器、RS-232 仪器等，既可用于 VXI 消息基器件，也可用于 VXI 寄存器基器件。

（2）与仪器硬件接口无关的特性，即利用 VISA 编写的模块驱动程序既可以用于嵌入式计算机 VXI 系统，也可用于通过 MXI、GPIB-VXI 或 IEEE 1394 接口控制的系统中。当更换不同厂家符合 VPP 规范的 VXI 总线器、嵌入式计算机或 GPIB 卡、IEEE 1394 卡时，模块驱动程序无须改动。

（3）VISA 的 I/O 控制功能适用于单处理器系统结构，也适于多处理器结构或分布式网络结构。

（4）VISA 的 I/O 控制功能适用于多种网络机制。

（5）由于 VISA 考虑了多种仪器接口类型与网络机制的兼容性，以 VISA 为基础的 VXI 总线系统不仅可以与过去已有的仪器系统相结合，将仪器系统从过去的集中式结构过渡到分布式结构，还保证新一代的仪器可以加入 VXI 总线系统中。

用户在组建系统时，可以从 VPP 产品中作出最佳选择，不必再选择某家特殊的软件或硬件产品；可利用其他公司生产的符合 VPP 规范的模块替代系统中的同类型模块而无须修改软件。这样就给用户带来了极大的便利，而且对于程序开发者来说，软件的编制无须针对某个公司的具体模块，可以避免重复性工作，保证了系统的标准化与兼容性。

11.2.2 虚拟仪器软件结构的组成

VISA 的结构模型框图如图 11.2.1 所示。

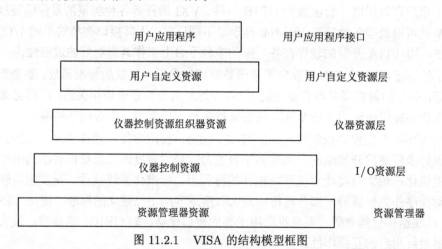

图 11.2.1 VISA 的结构模型框图

可以看出，VISA 采用一种自底向上的结构，依次定义了资源管理器资源、仪器控制资源、仪器控制资源组织器资源、用户自定义资源以及用户应用程序 5 个部分。

1. 资源管理器资源

VISA 资源管理器资源位于 VISA 结构的最底层，是其他各层资源实现的基础。作为 VISA 资源的中间调度器，其对 VISA 各子系统元件在整个系统中的配合工作起着重要的作用。VISA 资源管理器的操作功能主要包括资源寻址、资源创建与删除、资源属性的读取与修改、事件报告、存取控制等。

VISA 资源管理器提供的基本服务包括访问服务和查找服务。其中，访问服务是指由 VISA 资源管理器打开应用程序请求而建立的会话。应用程序通过 viOPen() 发出请求。当应用程序结束会话或无效时，再释放相关的系统资源。查找服务是指查找建立通信链接的资源。应用程序通过 viFindRsrc() 和 viFindNext() 发出请求，查找与接口相关的资源。

2. 仪器控制资源

位于 VISA 资源管理器资源基础上的仪器控制资源，列出了各种仪器的各种操作功能，并实现了操作功能的合并。在每一个资源内部，实质上就是各种操作的集合，包含各种仪器操作的资源称为通用资源，无法合并的功能则称为特定仪器资源。仪器控制资源定义了所有设备相关的资源类型、设备和接口的底层控制，包括仪器数据的读/写（输入/输出）、测量信号的触发等。

VISA 仪器控制资源提供的基本服务包括基本 I/O 服务、格式化 I/O 服务、存储 I/O 服务和共享 I/O 服务。这些服务将完成 VISA 对各类仪器控制接口的驱动。

3. 仪器控制资源组织器资源

在组建复杂系统时，需要使用多个仪器，打开多个会话。这就需要 VISA 定义与创建一个用应用程序接口（API）实现的资源，为用户提供单一地控制所有 VISA 仪器控制资源的方法，在 VISA 中就称为仪器控制资源组织器。仪器控制资源组织器实现了多仪器控制资源的管理机制，使多个仪器合理地分配通信信道，进行多会话通道操作。仪器控制资源组织器所定义的资源即 VISA 仪器控制资源组织器资源。因此，VISA 的结构模型是从仪器操作本身开始的，实现了深入到操作功能中而不是停留于仪器类型上的统一。

4. 用户自定义资源及用户应用程序

用户自定义资源层是 VISA 的可变层，实现了 VISA 的扩展性与灵活性。而在金字塔顶的用户应用程序是用户利用虚拟仪器（Virtual Instrument，VI）资源实现的应用程序，其本身并不属于 VI 资源。正是由于这种自底向上的设计，VISA 为虚拟仪器系统软件结构提供了一个统一的基础，使来自不同厂家的仪器软件可以运行于统一的平台上。

11.2.3 虚拟仪器软件结构与其他 I/O 软件的比较

VISA 库函数的调用与其他 I/O 软件库函数的调用在形式上并无太多差别，学习 VISA 并不比一般的 I/O 接口软件库任务重，尤其是 VISA 函数参数意义明确，结构一致，在理解与应用仪器程序时效率较高。同时 VISA 库的用户只需学习 VISA 函数应用格式就可以对多种仪器实现统一控制；不必在学会了 NI-488 对 GPIB 器件的操作之后，还得学会 NI-VXI 对 VXI 器件的控制。

通过与其他 I/O 接口软件相比，VISA 体现的是多种结构与类型的统一性，使不同仪器软件运行在同一平台上，为虚拟仪器系统软件结构提供了坚实的基础。

11.3 VXI 即插即用规范

VPP 即 VXI 即插即用。1993 年 9 月，由 GenRad 公司、NI 公司、Racal 公司、Tektronic 公司和 Wavetek 公司联合组成了 VXI Plug&Play 系统联盟，目的是在系统级上保持 VXI

对众多的生产厂商的真实、开放的体系结构，从而使它更易于使用，联盟成员对生产商和用户均开放。这五家公司合作规定并制定了标准准则，以及超出 VXI 总线规范所定义的基本标准范围之外的有关系统级问题的使用惯例。VPP 规范是对 VXI 总线标准的补充和发展，其核心是 VISA 库函数，主要解决了 VXI 总线系统级的软件标准问题。因此，各仪器模块的生产厂家都积极遵循 VPP 规范，并推进与促成了 VPP 规范的标准国际化。

VPP 不仅包括 VXI 仪器硬件模块与软件模块的设计，更注重结构化、模块化的虚拟仪器系统设计。图 11.3.1 是虚拟仪器系统结构图，由图可见，VPP 就是仪器驱动部分，是计算机应用程序与 I/O 接口软件层的连接，是应用程序开发者具体可调用的实用函数。

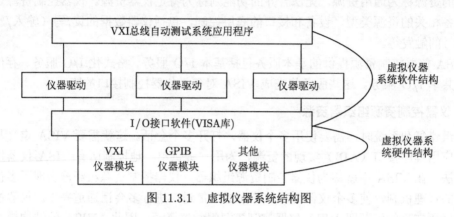

图 11.3.1　虚拟仪器系统结构图

VPP 规范具有以下特点。

（1）由仪器生产厂家提供。虚拟仪器的仪器驱动程序是一个完整的模块，一般包括通用功能和特定功能，由仪器模块厂商在提供仪器模块的同时提供给用户。

（2）提供程序源代码。仪器驱动程序必须尽可能以源代码形式提供，以便让用户按规格修改和优化他们的操作。VPP 规范需要提供如何使用子系统部件执行全部测试操作的高级实例的源代码。这样，用户可以将 VXI Plug&Play 仪器驱动程序作为通用的软件模块直接连接到系统中，而不是把驱动程序看作执行低级 I/O 操作的特殊封闭代码。源代码可以帮助用户理解、修改和增强驱动程序以适应自己的需要。有了源代码，用户可修改已有的驱动程序去驱动新的或定做的仪器。

（3）程序结构化与模块化。仪器驱动程序必须是模块化的，并提供多级函数调用，以便用户使用仪器的函数子集。仪器驱动程序的内部设计模型保证了 VPP 仪器驱动程序有一个很好定义的层次化、模块化设计。如果用户需要简单的单一函数接口，这种统一的接口可由应用函数提供。如果用户需要更大的灵活性和更多的函数，驱动程序的部件函数可作为独立的模块被用户调用。例如，用户可以在开始时初始化所有仪器，对多个仪器进行组态，同时触发多个仪器，然后从一个或多个仪器重复读取数据。

（4）仪器驱动程序的一致性。仪器驱动程序的设计与实现包括其错误的处理方法、帮助消息的提供、相关文档的提供以及所有修正机制都是统一的。用户在理解了一个仪器驱动程序之后，可以利用仪器驱动程序的一致性，方便而有效地理解另一个仪器驱动程序，并可以在一个仪器驱动程序的基础上进行适当的修改，为新的仪器模块开发出一个符合 VPP 规范的仪器驱动程序。统一的仪器驱动程序设计方法有利于仪器驱动程序开发人员提高开发效率，最大限度地减少开发重复性。

（5）完善的仪器驱动程序。仪器驱动程序应该提供全功能的控制，但是有明显的折中考虑。对于一个自动测试系统来说，其性能始终是一个重要因素，完善的仪器驱动程序应能准确地提供可完成用户对特定应用所需要的功能，未必是全部功能。全功能驱动程序并不适用于只需要仪器的小部分功能且对性能要求比较高的应用中。因此，仪器驱动工作组没有为每种仪器定义特定的要求（如数字多用表或数字化仪），而是采用模块化、层次化、源代码发行和访问性来定义。

（6）兼容性与开放性。仪器驱动程序必须能够被各种编程语言、应用开发环境和操作系统访问。VXI Plug&Play 仪器驱动程序规范规定了驱动程序的各种文件类型和格式，以便让用户将驱动程序应用到尽可能多的最终用户框架中。全部 VXI Plug&Play 仪器驱动程序都以标准 C 语言（ANSIC）源代码形式发行，可被大多数标准 C 语言编程环境访问。这些源代码驱动程序也可以 LabVIEW 和 LabWindows/CVI 应用环境下的文件形式，发行仪器驱动程序动态链接库（DLL），就可被诸如 Visual Basic 等其他 Windows 编程环境调用。通过 DLL，VXI Plug&Play 仪器驱动程序也具有 Windows 下的文件在线帮助功能。

（7）广泛的适用性。VPP 规范对仪器驱动程序的要求不仅适用于 VXI 仪器，也同样适用于 GPIB 仪器、PXI 仪器、串行接口仪器、网络仪器、USB 仪器等，已经成为虚拟仪器驱动程序设计的事实标准。

11.4 可互换虚拟仪器规范

随着 GPIB 和 VXI 总线程控仪器的广泛应用，仪器驱动器已经成为用户组建测试系统、设计测试系统软件、完成仪器控制的一个重要工具。尤其对于 VXI、PXI 或 LXI 仪器而言，由于它没有物理意义上的面板，仪器的操作与控制完全依赖于驱动软件。因此，如何利用和优化仪器厂家提供的仪器驱动器来设计定制测试软件，如何开发执行效率更高、互操作性更好的仪器驱动器，是应用和开发模块化仪器的一个重要研究方向。

从目前仪器驱动器技术发展现状来看，VPP 规范仪器驱动器的相关技术问题，如命名约定、开发框架和软面板设计格式等已建立统一标准，使得由不同厂家提供的仪器驱动器具有互操作性。此外，VPP 规范中定义了 VISA 接口软件，对各种总线仪器的操作提供了统一接口。然而 VPP 仪器驱动器与特定仪器密切相关，更换不同厂家或不同型号的仪器时，不仅要更换仪器驱动器而且要修改测试程序以适应新的仪器及仪器驱动器。

为实现同一功能仪器的可互换性，提高测试程序的执行效率，1998 年由 NI、Tektronix 等 9 家公司成立了可互换虚拟仪器（Interchangeable Virtual Instruments，IVI）基金会，在 VPP 的基础上为仪器驱动程序制定了新的编程接口标准。在符合该标准驱动程序的基础上，所设计完成的测试程序与仪器的厂家和型号等无关。

另外，IVI 技术虽然是建立在 VPP 规范之上的，但并不导致额外的复杂性和性能的下降；该标准的仪器驱动程序还增加了仪器仿真、状态缓存等机制，使测试程序的设计、调试及运行效率均有较大提高。它吸取了 VPP 技术的优点，大大地降低了测试系统中测试软件的开发周期和开发费用，极大地提高了测试系统的更新适应能力，为从软件出发消除冗余、提高测试速率提供了重要途径。

具体来说，IVI 技术具有以下特点。

（1）通过仪器的可互换性，节省测试系统的开发费用。

IVI 技术提升了仪器驱动器的标准化程度，使仪器驱动器从具备基本功能的互操作性提升到了仪器类的互操作性。通过为各仪器类定义明确的 API，测试系统开发人员在编写软件时可以做到在最大限度上与硬件无关。采用 IVI 技术的测试程序集能置于包含不同仪器的多种仪器系统中，并且可以在不改变测试程序源代码和重新编译的情况下，替换过时的仪器或采用更新的、高性能的或是低价格的仪器，实现系统的平稳升级。

除了代码的可重用性之外，基于标准编程接口的仪器互换性也降低了系统的长期维护和技术支持的费用。

（2）通过状态缓存，改善测试性能。

标准仪器驱动器中，最迫切需要具备的一种特性是仪器的状态跟踪或状态缓存。标准的 VPP 驱动器是由一组函数调用构成的，仪器的状态通常被认为是不可知的。因此，即使在仪器已经被正确配置的情况下，每次测量也都需要进行一系列仪器设置过程。这会使仪器进行不必要的参数重置，浪费测试时间。

在 IVI 属性模型中，驱动器能够自动地对仪器当前的状态进行缓存。每个仪器命令仅影响那些为特定测量而必须改变的仪器属性。这种对仪器 I/O 方式很小的改动却能够极大地缩短测试时间、降低测试费用。例如，一个应用程序对激励信号进行简单的频率扫描操作，重复发送信号的幅度、波形形状、相位和信号的其他信息的效率是很低的；使用状态检查时，只有当频率设置改变时，才将设置信息发送给仪器。状态缓存器允许用户对完整配置的仪器编写测试程序来使由多余 I/O 造成的性能下降最小化。

（3）量程检查及参数强制转换。

驱动程序包含仪器每个属性的量程表，保存属性的正确值，引擎利用量程表校验用户设置的值是否在有效的量程之内。量程检查包含一种强制属性，是指落入某一指定范围的值强制为一指定的值。例如，示波器的水平时基落入秒和纳秒之间的值只能以 $1x$、$2x$、$5x$ 递增，在发送值到仪器前，强制量程表会自动强制转换任何不符合规范的值为合适值，如强制 $4x$ 为 $5x$。

（4）仿真功能。

仿真功能是指 IVI 专用驱动器不使用实际的仪器 I/O，而通过驱动器产生输出参数的仿真数据。这一功能可以在不使用仪器时，在应用程序中调用仪器驱动器。IVI 专用驱动器在仿真模式下执行的量程检查和非仿真状态下的量程检查的范围不必相同。

通过仿真，使测试开发更容易、更经济，利用 IVI 仪器驱动器的仿真功能，用户可以在仪器不存在或者暂时不能使用的情况下输入所需参数来仿真特定的环境，就像仪器已经被连接好一样仿真仪器的操作，并返回仿真数据。通过仪器仿真，即使在没有仪器的情况下也可以开发测试系统软件代码。

IVI 驱动器可以通过用户配置输出值和状态码来执行更复杂的仿真。例如，用户在运行的应用程序中加入仿真的错误状态值，可以帮助用户验证错误处理程序的正确性。

（5）可配置的状态检查功能。

仪器的状态检查是一个 IVI 专用驱动器在进行了多个操作后自动检查仪器的状态的功

能。如果仪器出现错误，驱动器会返回具体的错误码。然后，用户通过调用错误处理函数来进行相应的处理。仪器状态检查在应用程序调试期间非常有用，当应用程序经过验证后，可以去掉这一功能以获得程序运行的最佳性能。

1. IVI 接口结构

IVI 接口结构定义了驱动器提供给测试开发者什么样的接口。IVI 基金会设计了两种结构：一种基于 ANSIC 技术，另一种基于 COM 技术。

（1）C 接口结构。

在 ANSIC 规范中定义的 C 驱动器，以动态链接库 DLL 的形式实现。所有驱动器函数的调用具有 C 函数原型，必须使用正确的方式调用。C 规范也定义了一些其他组件，如错误句柄、驱动器会话的生成和管理，这些对保证系统鲁棒性是必要的。

C 语言是一种成熟、稳定的编程语言，并且要使用相当长的一段时间。C 语言可以使用多种平台的系统，可以在包括 Windows、Macintosh、Linux 和 Sun Solaris 等系统中使用。C 语言也存在一些不利的条件，C 接口不易在 Visual Basic 开发环境中使用。另外，C 语言没有产生多个命名空间的方法。在同一个程序中，不能使用相同 C 函数名的多种 DLL。如果多个仪器驱动器 DLL 有相同的函数名，程序链接器返回一个错误。因此，每一个仪器专用接口的 C 函数名必须以唯一的仪器前缀开始。

（2）COM 接口结构。

基于 COM 的驱动器提供一个标准的 COM 接口，它通过属性和方法来输出类定义函数。COM 也具有很多优点，它是在 Visual Basic 中使用控件的标准方法。另外，COM 接口具有命名空间，因此，属性和方法不需要仪器前缀。分布式仪器通信可以使用 DCOM（Distributed COM）技术。同样，COM 接口也有一些缺点。COM 不宜在 C、LabVIEW、LabWindows/CVI 等标准开发环境中使用。

（3）IVI-MSS。

如果应用程序仅使用 IVI 类兼容专用驱动功能函数通用集的仪器函数，且另一台可用仪器对这些函数的使用也可以达到用户要求，使用 IVI-C/COM 驱动就可以实现同类仪器之间的互换，这时没必要使用 IVI-MSS（IVI Measurement and Stimulus Subsystem）驱动。按照 IVI 联盟对仪器分类的宗旨替换同类设备时，IVI-COM 或 IVI-C 驱动器就足以达到用户的互换要求。而 IVI-MSS 模型驱动器是在原来 IVI 模型基础上的进一步封装，实现了功能级的互换，其宗旨是解决不同类仪器之间或综合型仪器之间的互换问题，其主要指导思想就是隔离可能需要修改的代码，使系统在仪器互换后给出"同一结果"。

（4）信号导向技术。

当前，测试程序集开发有面向仪器和面向信号两种。ATLAS（Abbreviated Test Language for All System）语言就属于面向信号的产物，它最初仅用来描述 UTT 的测试需求，供系统开发者参考，后来发展成一种测试标准编程语言。IVI 基金会借鉴了这一思想，开始在 IVI-MSS 的基础上，对角色接口（Role Interface）进行进一步封装，定义 IVI 信号驱动器（IVI Signal Driver，IVI-SD），为最终实现仪器的完全互换提供了完美的解决方案。

之前的各种 IVI 或 VPP 仪器驱动都是面向仪器功能的，IVI-MSS 和 IVI-SD 仪器驱动器模型开发是面向信号设计的。在自动测试系统中当然可以将信号导向机制贯彻到底，即用 IVI-SD 的接口方法调用 VISA 标准函数直接实现具体仪器动作，但这种实现方式相当于颠覆了之前所有的驱动研究成果，需要重新开发所有仪器驱动器。这样就会造成对现有 IVI-C/COM、VPP 仪器驱动资源的极大浪费。另外，IVI-SD 也可以像 IVI-MSS 方案一样作为"同一结果"代码的一层封装形式出现，在 IVI-SD 接口方法内部进行面向信号到面向功能的转换工作，即根据信号导向形式的测试要求，将测试程序集转换为功能导向的测试步骤，继续利用 IVI-C/COM 和 VPP 等仪器驱动完成传统仪器操作控制。这种方式最大限度地降低了 IVI-SD 的开发成本和工作量，也是 IVI 联盟采用的方案。IVI-MSS 模型已采用了这种转换加封装的机制，而 IVI-SD 是对其角色控制模块的进一步封装。

2. 可互换性对比

不同的 IVI 接口类型采用不同的结构形式，获得的可互换程度也不一样。假设用户应用程序是通过四种方式来编写的：第一种就是直接利用 VPP 驱动或者 IVI 定制驱动器 API；第二种是利用 IVI 类驱动；第三种是利用基于 IVI-MSS 的方案；第四种是采用 IVI 信号接口。其实现的可互换程度如图 11.4.1 所示。

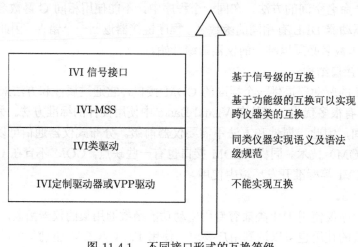

图 11.4.1　不同接口形式的互换等级

在应用程序中使用 VPP 或者 IVI 定制驱动器并不能实现可互换性，只要仪器及相应的驱动被更换后，原来的应用程序就无法继续工作，因为函数名是不同的，重新编译，链接就会出现错误。

如果在应用程序中使用了 IVI 类驱动，当仪器被更换时就不需要重新编译和链接，前提条件是在用户应用程序中没有用到仪器专用功能。如果仪器本身物理性能上没有什么缺点，替换后，用户就能得到所期望的结果。

如果在应用程序中使用了 IVI-MSS 方案，虽然额外增加了复杂性，但是方案提供商可以保证经过可支持的互换后能够得到相同的结果。可互换仪器可以是不同类型的仪器，只要它能提供方案所需求的激励或激励功能。在基于 IVI-MSS 的方案中，IVI 类驱动与 IVI-MSS 不是互相排斥的，也可以利用 IVI 类驱动实现互换。

最后，最高级别的互换性是通过采用基于信号的接口方式来获得的。IVI 信号接口可以提供自动测试资源的选择和分配，除此之外，信号接口层还提供了描述信号到 UUT 测试端口的方法。信号接口规范目前还处于发展中，可和 IVI-MSS、IVI 类驱动一起使用。

*11.5 仪器控制的常用软件

仪器控制的常用软件包括 VEE、LabVIEW、MATLAB、Python 以及 Measurement Studio 等，以下简要介绍 HP 公司（现为 Keysight 公司）和 NI 公司的商用软件，其他软件具体使用时可参照网络资源或帮助文档的例程。

1990 年 7 月，HP 公司正式发布 VEE1.0。1997 年 3 月，HP 公司推出 VEE4.0，在编译速度、程序质量、执行速度、灵活性上有了划时代的飞跃。随后，VEE 不断向更快、更强的方向发展，得到产品制造及控制领域的广泛认可。该软件使用仪器控制和测量处理的可视化编程语言，最新版本为 Keysight VEE9.33，可运行于多种平台的测试软件开发环境。其强大、实用的图形显示及便捷的程序设计能力，为过程控制及测试测量自动化提供了很好的解决方案。

LabVIEW 是实验室虚拟仪器集成环境（Laboratory Virtual Instrument Engineering Workbench）的简称，是目前应用最广、发展最快、功能最强的图形化软件集成开发环境，被工业界、学术界和研究实验室广泛接受，是一款标准的数据采集和仪器控制软件。

LabVIEW 集成并满足 GPIB、VXI、RS-232 和 RS-485 协议的硬件及数据采集卡通信的全部功能。它还内置了便于应用 TCP/IP、ActiveX 等软件标准的库函数。这是一个功能强大且灵活的软件。利用它可以方便地建立自己的虚拟仪器，其图形化的界面使得编程及使用过程都生动有趣。图形化的程序语言，又称为"G"语言。其编写的程序称为虚拟仪器，以.VI 后缀表示。使用这种语言编程时，基本上不写程序代码，取而代之的是流程图。它尽可能利用了技术人员、科学家、工程师所熟悉的术语、图标和概念，因此，LabVIEW 是一个面向最终用户的工具。它可以增强用户构建自己的科学和工程系统的能力，提供了实现仪器编程和数据采集系统的便捷途径。使用它进行原理研究、设计、测试并开发仪器系统时，可以大大提高工作效率。

使用 LabVIEW 开发平台编制的程序称为虚拟仪器程序，简称 VI。VI 包括三部分：程序前面板、框图程序和图标/连接器。程序前面板用于设置输入数值和观察输出量，用于模拟真实仪表的前面板。在程序前面板上，输入量被称为控制（Controls），输出量被称为显示（Indicators）。控制和显示以各种图标形式出现在前面板上，如旋钮、开关、按钮、图表、图形等，这使得前面板直观易懂。

Measurement Studio 是 NI 公司为 Visual Studio6.0 和 Visual Studio.NET 环境提供的集成式套件，包括常用的测量和自动化控件。面向对象的测量硬件接口、高级分析库、用户界面控件、测量数据网络化、应用程序向导、交互式代码编辑器和高级扩展性类库等功能。为相关开发环境提供的功能包括：VB，专门的 ActiveX 控件 ComponentWorks，含数据采集、仪器控制、科学分析、可视化和联网功能等；VC++，为 VC++ 环境提供集成式数据采集分析和显示功能的专用软件包，提供交互式设计方式；VS.NET，NET 控件包括自动格式菜单、编辑器和属性页面。

LabVIEW 具有多个图形化的操作模板，用于创建和运行程序。这些操作模板可以随意在屏幕上移动，并可以放置在屏幕的任意位置。操纵模板共有三类，为工具（Tools）模板、控制（Controls）模板和功能（Functions）模板。

习　题

11-1 简述 SCPI 指令的语法结构及 VISA 的特点。

11-2 简述 VPP 规范及 IVI 技术的特点。

11-3 从 SCPI 指令到 VISA 到 VPP 再到 IVI 技术，从技术的发展角度来看，这是一个不断深入的过程，请你从便利于使用者的角度，谈谈这一发展趋势的必然性。

11-4 有人说，虚拟仪器充分体现了"软件就是仪器"的思想，在虚拟仪器中可以取消硬件。请判断正误，并简述理由。

参 考 文 献

白居宪, 2007. 直接数字频率合成. 西安: 西安交通大学出版社.

丁康, 谢明, 杨志坚, 2008. 离散频谱分析校正理论与技术. 北京: 科学出版社.

冯勇, 1996. 现代计算机控制系统. 哈尔滨: 哈尔滨工业大学出版社.

古天祥, 王厚军, 习友宝, 等, 2006. 电子测量原理. 北京: 机械工业出版社.

关履泰, 2007. 小波方法与应用. 北京: 高等教育出版社.

胡晓军, 2010. 数据采集与分析技术. 2 版. 西安: 西安电子科技大学出版社.

李凯, 2017. 现代示波器高级应用——测试及使用技巧. 北京: 清华大学出版社.

林占江, 2007. 电子测量技术. 2 版. 北京: 电子工业出版社.

宁西京, 2012. 量子力学衍义. 北京: 科学出版社.

秦红磊, 路辉, 郎荣玲, 2007. 自动测试系统——硬件及软件技术. 北京: 高等教育出版社.

孙灯亮, 2012. 数字示波器原理和应用. 上海: 上海交通大学出版社.

孙立志, 2008. PWM 与数字化电动机控制技术应用. 北京: 中国电力出版社.

王兆安, 刘进军, 2009. 电力电子技术. 5 版. 北京: 机械工业出版社.

徐振英, 2000. 数模转换器应用技术. 北京: 科学出版社.

薛天宇, 2001. 模数转换器应用技术. 北京: 科学出版社.

远坂俊昭, 2006. 测量电子电路设计——滤波器篇. 彭军, 译. 北京: 科学出版社.

曾庆贵, 2012. 锁相环集成电路原理与应用. 上海: 上海科学技术出版社.

郑继禹, 张厥盛, 万心平, 等, 2012. 锁相技术. 2 版. 西安: 西安电子科技大学出版社.